Troßmann/Baumeister/Werkmeister
Fallstudien im Controlling

Fallstudien im Controlling

Lösungsstrategien für die Praxis

von

Ernst Troßmann

und

Alexander Baumeister

und

Clemens Werkmeister

3., überarbeitete und erweiterte Auflage

Verlag Franz Vahlen München

Professor Dr. Ernst Troßmann ist Inhaber des Lehrstuhls Controlling an der Universität Hohenheim. **Professor Dr. Alexander Baumeister** leitet den Lehrstuhl für Controlling an der Universität des Saarlandes. **Professor Dr. Clemens Werkmeister** lehrt Betriebswirtschaftslehre an der Wilhelm-Löhe-Hochschule in Fürth.

Die erste und zweite Auflage dieses Buches erschien unter dem Titel „Management-Fallstudien im Controlling".

ISBN 978 3 8006 4570 1

© 2013 Verlag Franz Vahlen GmbH, Wilhelmstraße 9, 80801 München
Satz: DTP-Vorlagen der Autoren
Druck und Bindung: Druckhaus Nomos
In den Lissen 12, 76547 Sinzheim
Umschlaggestaltung: Ralph Zimmermann – Bureau Parapluie
Bildnachweis: © .shock – fotolia.com, © barisonal – istockphoto.com
Gedruckt auf säurefreiem, alterungsbeständigem Papier
(hergestellt aus chlorfrei gebleichtem Zellstoff)

Vorwort

Controllerinnen und Controller haben in ihrer täglichen Arbeit sehr viel mit Fachleuten zu tun – allerdings mit Fachleuten anderer Gebiete. Ihre typischen Gesprächspartner sind Nicht-Controller. Die Controlling-Arbeit, das kommt hinzu, wird in ihren Anliegen und Vorgehensweisen nicht überall in gleicher Weise erkannt und geschätzt; mehr noch, sie trifft bisweilen auch auf eine gleichgültige bis ablehnende Grundhaltung. Sehr oft ist das Umfeld auch aufgeschlossen und erwartungsfroh, trotz besten Willens aber in der inhaltlichen Argumentation keineswegs zielführend.

Da müssen Controllerinnen und Controller nicht nur sattelfest in ihrem Instrumentarium sein, sie müssen es auch verstehen, problementsprechend die passende Methode zu wählen, sie situations- und adressatengerecht anzupassen und umzusetzen. Dazu gehört es, zutreffende von nur scheinbar richtigen Argumenten auseinanderzuhalten, mit ihnen geschickt umzugehen und den Widrigkeiten beim Einsatz der Methoden pfiffig zu begegnen.

Diese zentrale Controlling-Kompetenz lässt sich vor allem durch eigenes praktisches Üben erwerben und vervollkommnen. Hierfür bietet das vorliegende Buch ein breites Anwendungsfeld. Wir haben Ihnen in 19 Fallstudien typische Praxis-Szenarien aus unterschiedlichen Managementbereichen aufbereitet, mit denen die Controlling-Praxis inhaltlich und methodisch differenziert abgedeckt wird. Die Fälle stammen aus betrieblichen Anwendungen und sind im Controlling-Studium der Universitäten Hohenheim und Saarbrücken, unterdessen aber auch an vielen anderen Hochschulen erprobt. Mehrere Generationen unserer Studierenden haben mit ihren Lösungsvorschlägen, Diskussionen und Anmerkungen zur jetzigen Form von Problemauffächerung und Lösungspräsentation beigetragen. Dankbar aufgegriffen haben wir auch Anregungen von Kolleginnen und Kollegen, die unsere Fallstudien in ihrer Lehre einsetzen. Die jetzige, dritte Auflage enthält daher beliebte und bewährte Fallstudien der früheren Auflagen in überarbeiteter und ergänzter Form, aber auch neue Fälle zu aktuellen Themen, so zum Werttreibermanagement, zum Finanzcontrolling oder zum Customer Lifetime Value.

Für die Vorbereitung der dritten Auflage haben uns die Mitarbeiterinnen und Mitarbeiter an unseren Lehrstühlen tatkräftig unterstützt, sei es bei der Feinausgestaltung der Fallstudien, der Strukturierung der Lösungen, vielfacher Kontrollrechnungen oder der Gestaltung von Abbildungen und Tabellen. Besonders danken wir Herrn Dipl.-Math. oec. Thomas Alt, Herrn Dipl. oec. Manuel Kallabis, Frau Dipl.-Kffr. Caroline Schäfer, Herrn Jan-Philipp Simen, M. Sc., sowie dem Team von Frau Mariya Antoniou, M. Sc., und Herrn Christian Hieber, M. Sc., das neben konzeptionellen Beiträgen auch die gesamte Erstellung der Druckvorlage übernommen hat, kompetent, einsatzfreudig und in jeder Hinsicht verlässlich. Herrn Dennis Brunotte danken wir für die verlegerische Betreuung und eine wiederum vorbildliche Zusammenarbeit.

Liebe Leserinnen und Leser, Ihnen wünschen wir Freude daran, sich in die Fälle des Buches einzuarbeiten, sowie Erfolg und guten Erkenntnisgewinn bei ihrer Lösung.

Hohenheim, Saarbrücken und Fürth, im September 2013

Ernst Troßmann, Alexander Baumeister, Clemens Werkmeister

Inhaltsverzeichnis

Kapitel I: Strukturentscheidungen im Controlling

1. Überblick

- **Themenschwerpunkte**

Führungsfunktionen des Controlling

- Kennzeichnung des betrieblichen Managements
- Sach- und Personalfunktionen im betrieblichen Management
- Koordination als zentrale Controllingaufgabe
- Nebenfunktionen des Controlling

Organisation des Controlling

- Einordnung des Controlling in die betriebliche Aufbauorganisation
- Interne Organisation des Controlling
- Anforderungsprofil für Controller

Koordination von Managementprozessen

- Strukturierung betrieblicher Managementprozesse
- Konzepte zur Koordination von Managementprozessen
- Koordinationsansätze bei rollender Planung

- **Grundlegende Literatur**

Friedl, Birgit:	[Controlling] Controlling. 2. Aufl., Stuttgart 2013.
Horváth, Péter:	[Controlling] Controlling. 12. Aufl., München 2011.
Küpper, Hans-Ulrich u. a.:	[Controlling] Controlling. 6. Aufl., Stuttgart 2013.
Troßmann, Ernst:	[Controlling] Controlling als Führungsfunktion. Eine Einführung in die Mechanismen betrieblicher Koordination. München 2013, insbesondere Kapitel I und IV.
Troßmann, Ernst:	[Planung] Prinzipien der rollenden Planung. In: Wirtschaftswissenschaftliches Studium (21) 1992, S. 123 – 130.
Wild, Jürgen:	[Unternehmungsplanung] Grundlagen der Unternehmungsplanung. 4. Aufl., Opladen 1982.

2. Grundlagen zur Gestaltung des Controlling

a) Führungsfunktionen des Controlling

Management (Führung) bedeutet die zielorientierte Gestaltung und Steuerung von Betrieben und betrieblichen Prozessen. Letztere konkretisieren den betrieblichen Güterumsatz. Hier lassen sich der Realgüterprozess, die Produktion im weiteren Sinn, und der Nominalgüterprozess, die Finanzierung, unterscheiden. Typische Realgüterphasen sind Beschaffung, Fertigung und Absatz mit den dazwischenliegenden logistischen Phasen der Lagerung, des Transports und der Umgruppierung. Der Produktion entgegengesetzt verläuft der Finanzprozess; er umfasst die Nominalgüterphasen der Kassenhaltung, der Kreditaufnahme und der Kreditgewährung.

Auf diese Güterprozesse richtet sich die betriebliche Führung. Sie müssen geplant, in Gang gesetzt, gesteuert und überwacht werden. Dementsprechend gibt es verschiedene Teilfunktionen der Führung. Zunächst lassen sich einzelne **Sachfunktionen** unterscheiden. Sie ergeben sich aus der Sachaufgabe des Betriebs, nämlich bestimmte Güter zu produzieren, was wiederum Einsatz und Transformation anderer Güter mit sich bringt. Zu den Sachfunktionen der Führung gehören die Festlegung allgemeiner Führungsprinzipien, die Zielbildung, die Planung und Kontrolle, die Organisation sowie die Gestaltung der betrieblichen Informationssysteme. Letztere umfassen einerseits inhaltliche Aspekte, etwa die Gestaltung des betrieblichen Rechnungswesens, andererseits die informationstechnischen Aspekte, etwa den Aufbau von Datenbanken und die Konfiguration betrieblicher Rechnernetze. Wenn in einem Betrieb mehrere Personen tätig sind, werden die Sachfunktionen nicht nur umfangreicher – in der Organisation ist jetzt auch die personale Arbeitsverteilung zu regeln, die Planung ist auf die betroffenen Personen zu spezialisieren, der Informationszugang ist personenspezifisch zu regeln usw. – es treten auch weitere Führungsfunktionen hinzu, die **Personalfunktionen.** Zu ihnen gehören vor allem die Motivationsfunktion sowie die Personalentwicklung. Abb. I-1 zeigt die jeweiligen Funktionen im Güter- und im Führungsbereich des Betriebs (vgl. Troßmann [Controlling] 5).

Die Führungsteilfunktionen erfordern ein jeweils spezifisches Methodenspektrum. Je nach Umfang der Führungsaufgabe, der naturgemäß mit der Betriebsgröße wächst, bietet sich daher auch eine sachliche Delegation innerhalb des Führungsbereichs an, typischerweise in entsprechenden Stäben. Je mehr Führungsaufgaben aber delegiert werden, desto deutlicher schält sich eine zusätzliche Funktion der Führung heraus, die für das Zusammenwirken im gesamten Führungssystem von Bedeutung ist: die Koordination. Hierin wird die Aufgabe des **Controlling** gesehen.

Controlling dient der Koordination innerhalb der betrieblichen Führungsfunktionen und zwischen ihnen. Es verbindet die einzelnen Führungsteilfunktionen und befasst sich mit den Schnittstellen, die durch die Abgrenzung eigener Kompetenzbereiche entstehen. Solche Schnittstellen zeigen sich zum Beispiel darin, dass bei der Organisation sinnvollerweise Planungs- und Kontrollüberlegungen anzustellen sind und bei der Zielbildung ebenso die Besonderheiten der ins Auge gefassten Organisation zu beachten sind. Controlling ist damit eine Führungsfunktion wie die bisher beschriebenen anderen Füh-

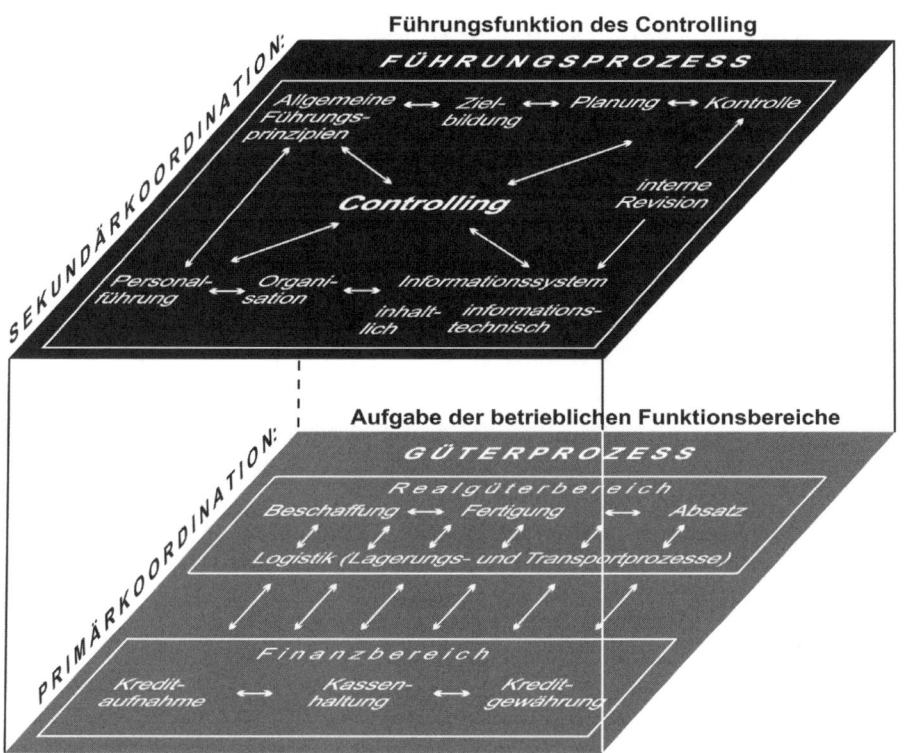

Abb. I-1: Funktionen im Güterbereich und im Führungsbereich des Betriebs

rungsfunktionen, wenn sich auch seine Aufgabe erst durch die Definition der anderen Führungsfunktionen erschließt. Die Aufgabe des Controlling wird kurz als **Sekundärkoordination** beschrieben, um sie von der entsprechenden Aufgabe im Güterbereich, der **Primärkoordination,** deutlich abzuheben.

Wie für alle Führungsfunktionen sind für das Controlling die betrieblichen Probleme die maßgebliche Orientierungsinstanz, an der die Aktivitäten auszurichten sind und ihre Güte gemessen werden kann (vgl. dazu Abb. I-2 sowie Küpper u. a. [Controlling] 33 ff.). Denn wenn auch manche der Controlling-Instrumente speziell auf formale, insbesondere finanzielle Größen ausgerichtet sind, ist Controlling wie die gesamte Führung allen Zielen verpflichtet, die im betrieblichen Zielsystem vorkommen. Neben den formalen zählen hierzu sachliche und soziale Ziele (vgl. z. B. Troßmann [Investition] 14 ff.). Eine der typischen Einzelaufgaben des Controlling ist es, mit geeigneten Messinstrumenten den zuständigen Managern die Zielerreichung ihrer Handlungsalternativen aufzuzeigen. Für formale Ziele dient dazu traditionell das interne Rechnungswesen, für andere Zielarten ist ein passendes Instrumentarium oft erst zu entwickeln.

Die Sekundärkoordination als Funktion des Controlling kann sich prinzipiell auf zwei Arten vollziehen: als systemdefinierende oder als systemausfüllende Koordination (vgl. Troßmann [Controlling] 13), zu einer entsprechenden Unterscheidung ursprünglich Horváth [Controlling] 106 ff.). Bei der **systemdefinierenden Koordination** wird das Prinzip von ganzen Führungsteilsystemen neu

Funktionen des Controlling

Hauptfunktion:

Sekundärkoordination, die Koordination in den Führungsteilfunktionen
und zwischen ihnen

- als **systemdefinierende** (systembildende, gestaltende) Koordination

- als **systemausfüllende** (systemkoppelnde, laufende) Koordination

Nebenfunktionen (Servicefunktionen):

- **Entscheidungsunterstützung**
- **Informationsbereitstellung**
- **Methodenbereitstellung**
- **Initiativfunktion**

Abb. I-2: Funktionen des Controlling

definiert. Beispiele hierfür sind die Einführung eines neuen Kostenrechnungs-
systems, eines anderen Planungsverfahrens oder eines erfolgsabhängigen Ent-
lohnungssystems. Soweit es sich nicht um die erstmalige Einführung von Systemen handelt, bringt dies in der Regel eine umfangreichere Umgestaltung mit
sich. Damit verbunden ist die Auseinandersetzung mit Widerständen und eine
entsprechende Überzeugungsarbeit. Daher wird man Maßnahmen der systemdefinierenden Koordination nur ergreifen, wenn vorhandene Systeme tatsächlich ungeeignet sind und nicht hinreichend anpassungsfähig erscheinen.

Mit weniger Realisierungsaufwand ist in der Regel die **systemausfüllende
Koordination** verbunden. Sie behält bestehende Systeme bei, koordiniert die
Führungsteilsysteme jedoch durch geeignete Anpassungsmaßnahmen innerhalb dieser Systeme. In Frage kommen vor allem die Festlegung oder Änderung von Parametern, mit denen diese Systeme arbeiten. Dies kann die Höhe
einzelner Kostenkomponenten oder bestimmter Verrechnungspreise sein, die
Höhe einer Restriktion, eines Budgets oder die Ausprägung eines Filters (Trig-
gers). So beeinflusst ein Lagerkostensatz das Optimierungsergebnis der
Bestellmengenplanung (siehe Kapitel III); mit der Wahl des Kalkulationszinssatzes lassen sich u. a. Investitions- und Finanzierungsplanungen und eine
erfolgsabhängige Entlohnung koordinieren (siehe Kapitel VII).

Die Hauptfunktion des Controlling wird in praktischen Erscheinungsformen
regelmäßig um **Nebenfunktionen** ergänzt, die zwar nicht zwingend ausschließlich dem Controlling zuzuordnen sind, sich aber aus Zweckmäßigkeits-
gründen, wegen der dort vermuteten Kompetenz, bisweilen auch nur aus Tradition dort finden (vgl. Troßmann [Controlling] 14 f.). Ein Schwerpunkt liegt
dabei in der **Informationsbereitstellung** für Entscheidungsträger. Originäre
Controlling-Aufgabe ist zunächst lediglich die Anpassung der Informationsbereitstellung an die Erfordernisse des Planungs- und Kontrollsystems und
der anderen Führungsteilsysteme sowie umgekehrt die Abstimmung jener
Systeme mit den Möglichkeiten des Informationssystems. Häufig wird das
gesamte interne Rechnungswesen dem Controlling zugeordnet. Dies ist deshalb

zweckmäßig, weil gerade die führungsorientierte Aufbereitung der Rechnungs-weseninformationen erhebliche Koordinationswirkung hat. Dies setzt sich fort in der Konzeption von Berichtssystemen und insbesondere Executive Information Systems.

Ähnliches gilt für die **Methodenbereitstellung.** Im Zuge der Koordinations-aufgabe befassen sich Controller ohnehin mit ausgewählten Methoden des Führungsbereichs; gegebenenfalls sind in der systemdefinierenden Koordina-tion dazu Vorschläge für Umgestaltungen und Neuentwicklungen zu formu-lieren. Als Nebenfunktionen ordnet man daher dem Controlling die Bereitstel-lung der Methoden bestimmter Führungsfunktionen zu. Neben den Methoden des Rechnungswesens gilt dies insbesondere für Planungs- und Kontrollver-fahren sowie für Instrumente der Erfolgsbeteiligung. Eindeutig zum Control-ling gehört die Bereitstellung von Methoden, die unmittelbar koordinierenden Charakter haben. Dies umfasst u. a. die Entwicklung und Anwendung von Kennzahlen, Budget- und Lenkpreissystemen (siehe Kapitel III). Sie wirken typischerweise auf verschiedene Führungsbereiche zugleich und gelten des-halb als übergreifende Koordinationsinstrumente. Gerade wegen des über-greifenden Charakters ist bei solchen Instrumenten sorgfältiges Durchdenken der unterschiedlichen Wirkungen erforderlich. Bei passender Ausgestaltung wirkt das System selbst koordinierend.

Über die Bereitstellung von Informationen und Methoden hinaus gehört die **Entscheidungsunterstützung** des Managements zu den Schwerpunkten der Controlling-Aufgaben. Sie zeigt sich in der Ausarbeitung von Handlungsalter-nativen, in ihrer Bewertung, insbesondere bei schwer fassbaren Zielwirkungen oder bei komplexen Zielsystemen, sowie bei der allgemeinen Beratung in der Entscheidungsfindung. Neben den regelmäßigen Entscheidungsproblemen des betrieblichen Alltags spielt dies eine besondere Rolle etwa bei Investitions-projekten, Unternehmensübernahmen, der Konzeption von Produktstrategien und allgemein bei konstitutiven Entscheidungen.

Als **Initiativfunktion** bezeichnet man schließlich die Aufgabe der Früherken-nung des Controlling. Sie ergibt sich vor allem als Konsequenz der Aufgaben im Bereich der Informationsbereitstellung und der Kontrolle. Anzustreben ist hier, mögliche künftige Probleme und sich entwickelnde Schwachstellen prä-ventiv zu erkennen und darauf aufmerksam zu machen. Die Initiativfunktion wird daher oft vorwiegend dem strategischen Controlling zugerechnet. Sie ist aber im operativen Bereich eine ebenso wichtige Aufgabe.

b) Organisation des Controlling

Alle Führungsteilfunktionen sind zunächst von den betrieblichen Managern zu übernehmen und können prinzipiell auf sie konzentriert werden. Soweit bei entsprechender Betriebsgröße der Aufgabenumfang jedoch erheblich an-wächst, bietet es sich an, insbesondere jene Teilfunktionen, die spezifische Fachkenntnisse erfordern, geeigneten Spezialisten zu übertragen. Dies gilt auch für das Controlling. Gerade dessen Hauptfunktion, die Koordination, wird bei kleineren Betrieben von der Unternehmungsleitung häufig selbst übernommen. Sobald aber eine besondere Controlling-Einheit eingerichtet wird, wirft dies – wie jede Stellenbildung – die Frage der Organisation auf. Sie ist allerdings im Fall des Controlling von besonderer Bedeutung, da die organisatorischen Festlegungen die Koordinationsaufgabe mehr oder weniger gut unterstützen können.

Die Organisation des Controlling lässt sich in zwei Teilfragen gliedern: die organisatorische Einordnung des Controlling in die betriebliche Aufbauorganisation sowie die interne Organisation der Controlling-Einheit selbst.

Bei der **Einordnung des Controlling in die betriebliche Aufbauorganisation** ist seine Stellung gegenüber anderen Bereichen zu problematisieren. Klar gelingt die Abgrenzung zum Güterbereich: Da Controlling eine Führungsfunktion ist (vgl. Abb. I-1), kommt eine Zuordnung zu den Stellen des Güterbereichs nicht in Frage. Die aufbauorganisatorischen Grundformen orientieren sich stets an einer Gliederung des Güterbereichs. So liegen der funktionalen, produkt-divisionalen und regional-divisionalen Organisation als Einliniensysteme und der Matrixorganisation als Zweiliniensystem jeweils unterschiedliche Aufteilungen des Güterbereichs zugrunde. Nur solche güterbezogenen Teilaufgaben finden sich in Linienstellen. Nach speziellen Teilaufgaben delegierte Führungsfunktionen dagegen sind nicht in Linien-, sondern in Stabsstellen unterzubringen. Controlling ist somit zweckmäßig als Fachstab vorzusehen; bei entsprechender Größe wird man auch von einer **Zentralabteilung** oder einem **Zentralbereich** sprechen.

Analoge Überlegungen gelten für alle anderen Führungsfunktionen. Dies wirft die Frage auf, wie Controlling im Verhältnis etwa zum Rechnungswesen positioniert werden soll, jenem Bereich also, mit dem es hinsichtlich der Instrumente oder der monetären Zielgrößen typischerweise besonders eng zusammenarbeitet. Ordnet man das Controlling dem betrieblichen Rechnungswesen oder dem Finanzbereich zu, so sind dadurch zwar durchaus Vorteile bei der Koordination innerhalb dieser Bereiche oder auch zwischen dem entsprechenden Bereich und anderen Führungs- und Ausführungsbereichen denkbar. Allerdings sind bei einer nachrangigen Einordnung des Controlling, etwa gerade unter dem Finanzvorstand oder dem Leiter des Rechnungswesens, Probleme bei der Wahrnehmung von Controlling-Aufgaben sowohl gegenüber der eigenen Bereichsleitung als auch gegenüber anderen Bereichen nicht auszuschließen. Die für die Zielausrichtung und die Akzeptanz durch die übrige betriebliche Führung notwendige kritische Distanz zu einzelnen Teilbereichen legt daher eine eigenständige Stellung des Controlling nahe. Am besten wird dies durch eine direkte Unterstellung unter die Unternehmensleitung erreicht.

Die Frage der **internen Organisation** des Controlling stellt sich, wenn die Controlling-Aufgabe auf mehrere Stellen aufgeteilt werden soll. Hierfür stellen sich zunächst zwei Möglichkeiten. Entweder wird

- nach Aufgabenkomplexen, also führungsfunktional,

- oder nach Anwendungsbereichen

gegliedert. Nach dem ersten Kriterium erhält man Controlling-Stellen, die auf die einzelnen Instrumente spezialisiert sind, etwa Kosten- und Leistungsrechnung, Investitionsrechnung, Berichtswesen, Budgetierung, Methodenentwicklung und Kennzahlensteuerung (vgl. Abb. I-3).

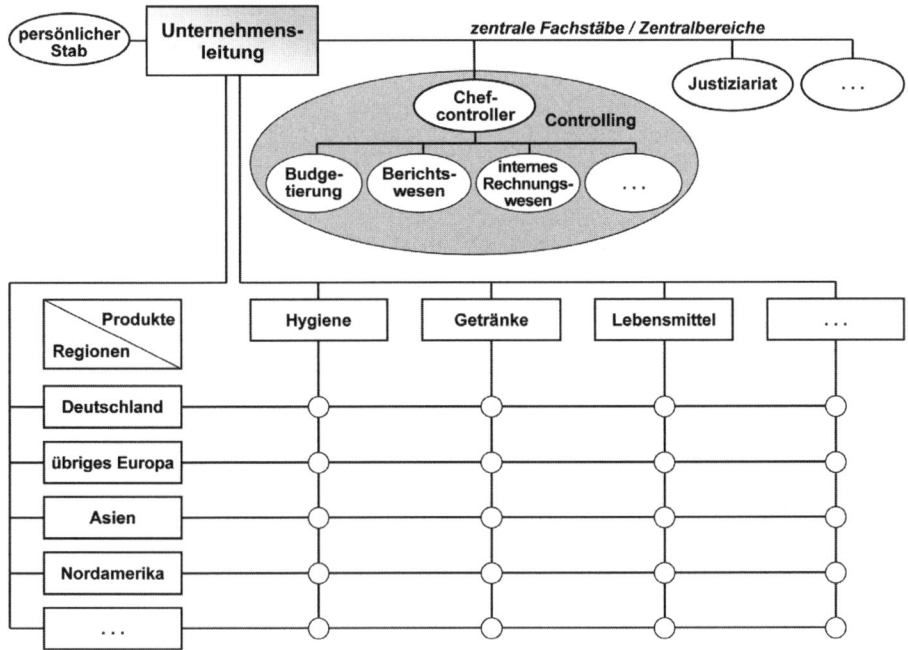

Abb. I-3: Beispiel eines zentralen methodenorientierten Controlling bei gesamtbetrieblicher Matrixorganisation

Anwendungsbereich des Controlling wie aller Führungsfunktionen ist der
Güterbereich. Daher ist für die Gliederung der Controlling-Aufgaben nach
Anwendungsbereichen zwangsläufig die Gliederung des Güterbereichs von
Bedeutung. Hierfür bieten sich deshalb alle Möglichkeiten, die man generell für
die Unternehmungsorganisation hat. Der Controlling-Bereich kann beispielsweise nach (Güter-)Funktionen, nach Produktgruppen, nach Regionen, nach
Kundengruppen oder nach Projekten organisiert werden. Auch eine Matrix-
zuordnung im Controlling-Bereich ist denkbar. Alle diese Möglichkeiten können sinnvoll und zweckmäßig sein.

Generell bietet ein nach Anwendungsbereichen gegliedertes Controlling bessere Voraussetzungen für die Erfüllung der Koordinationsaufgabe als eine
Gliederung nach **Aufgabenkomplexen.** Letztere bringt innerhalb des Control-
ling-Bereiches genau diejenigen Schnittstellen wieder hervor, zu deren Über-
windung das Controlling eigentlich dienen soll. Dennoch kann natürlich die
praktische Realisierung schon wegen der besonderen Qualifikation der Stellen-
inhaber sehr zielführend sein. Demgegenüber kann eine adäquate Besetzung
von Controllingstellen für einen Anwendungsteilbereich bisweilen schwierig
werden, weil hier schon wegen der fehlenden Tradition geeignete Personen
vielleicht schwieriger zu finden sind.

Unter den möglichen Organisationsformen mit anwendungsorientierter Gliederung hebt sich eine bemerkenswerte Variante ab, nämlich die, bei der im
Controlling-Bereich genau nach demselben Kriterium gegliedert wird, das bereits für die Organisation des Gesamtbetriebs herangezogen wurde. In diesem
Fall gibt es zu jeder größeren aufbauorganisatorischen Einheit des Betriebs eine

entsprechende Controlling-Stelle. Diese Form einer internen Controlling-Organisation heißt daher auch **begleitendes** oder **spiegelbildliches** Controlling. Es gibt gute Argumente für ein begleitendes Controlling. Letztlich sprechen dafür exakt die gleichen Gründe, die schon bei der Entscheidung für diese Form der Aufbauorganisation ausschlaggebend waren. Es gibt allerdings auch gute Gründe gegen ein begleitendes Controlling. Bleibt man bei einer Gliederung nach Anwendungsbereichen, dann kann es gerade zum Ausgleich der Schnittstellen, die sich bei der gewählten betrieblichen Aufbauorganisation ergeben, sinnvoll sein, den Controlling-Bereich nach einem der anderen Kriterien zu organisieren. Der funktional organisierte Betrieb hätte dann zum Beispiel ein nach Produktbereichen gegliedertes Controlling; der nach Produktgruppen divisionalisierte Betrieb hätte ein funktionales Controlling mit einem Beschaffungs-, Fertigungs-, Absatz-, Finanz- und gegebenenfalls einem Logistik-Controlling.

Beim begleitenden Controlling schließlich stellt sich eine weitere organisatorische Frage: Weil hier eine eindeutige Zuordnung der einzelnen Controlling-Stellen zu den Abteilungen des Betriebs besteht, ist es außer der Konzentration sämtlicher Controlling-Stellen im zentralen Stab auch möglich, die untergeordneten Controlling-Stellen unmittelbar dort zuzuordnen, wo ihr Tätigkeitsbereich ist. Es entsteht, wie in Abb. I-4 beispielhaft dargestellt, ein **dezentrales Controlling.**

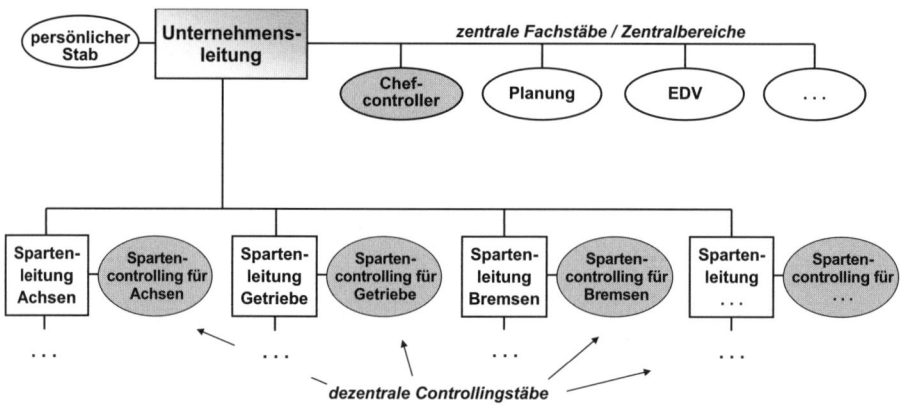

Abb. I-4: Beispiel eines dezentral begleitenden Controlling bei divisionaler Organisation des Gesamtbetriebs

Das dezentrale Controlling hat freilich eine Konsequenz, die unter Umständen als problematisch angesehen werden kann: Die Bereichscontroller sind hier Stäbe der dezentralen Manager. Sie sind also den jeweils zuständigen Linieninstanzen untergeordnet. Der zentrale Chefcontroller hingegen kann auf die Bereichscontroller nicht zugreifen, jedenfalls nicht formal. Für eine einheitliche Koordination bietet die dezentrale Form deshalb ungünstige strukturelle Voraussetzungen. Andererseits hat sie den besonderen Vorteil, dass die Bereichscontroller als eigene Mitarbeiter der dezentralen Einheiten keinerlei Fehlinterpretation als vermeintliche „Kontrolleure der Zentrale" befürchten müssen, wie es bei allen zentralen Formen der Fall sein kann. Vielmehr bewirkt die dezentrale Zuordnung eine vergleichsweise hohe Identifikation mit den Interessen des jeweiligen Bereiches. In Extremfällen kann sie sogar Rivalitäten zwischen zentralem Controlling und dezentralem Bereichs-Controlling hervorrufen.

Sowohl Hauptvorteil als auch -nachteil des dezentralen – und entsprechend umgekehrt des zentralen – Controlling treten nur soweit zutage, als sie durch die persönlichen Eigenschaften der Beteiligten nicht ausgeglichen werden. Um problematische Auswirkungen zu vermeiden, hat sich für das begleitende Controlling die Kompromisslösung der **Dotted-line-Organisation** als dritte Form herausgebildet (vgl. Küpper u. a. [Controlling] 690 f.; Schüller [Controllingsysteme] 210). Bei ihr werden die fachliche und die disziplinarische Zuordnung der Bereichscontroller getrennt. Wie Abb. I-9 (in Fallstudie 1) beispielhaft zeigt, liegt die disziplinarische Unterstellung beim Bereichsmanager, während der Chefcontroller die fachliche Vorgesetztenfunktion ausübt. Die disziplinarische Zuordnung des Controllers zum Leistungsbereich umfasst in der Regel dessen räumliche und soziale Integration. Dies erhöht dort tendenziell seine Akzeptanz als Gesprächspartner. Die fachliche Unterstellung unter die zentrale Controlling-Leitung trägt hingegen zur Vereinheitlichung der Controlling-Methoden und zu einer klareren Ausrichtung auf die Controlling-Zwecke bei.

Wie bei allen Aufgabenerfüllungen, kann auch beim Controlling die Organisationsform die Qualität der Leistung lediglich mehr oder weniger gut unterstützen. Letztlich hängt die Qualität des Controlling davon ab, wie die Controller das an sie zu stellende **Anforderungsprofil** erfüllen. Hierzu gehören die sachliche Kompetenz zu den speziellen Problemfeldern seines Zuständigkeitsbereichs sowie die Methodenkompetenz, d. h. das Wissen um Lösungsansätze und ihre Anwendungsbedingungen. Hinzu kommen aber **kommunikative Fähigkeiten** zur Vermittlung von Problembewusstsein und Lösungsmethoden. Die kommunikativen Fähigkeiten sind angesichts der potenziellen Konflikte zwischen Controlling und Leistungsbereichen besonders wichtig. Beispielsweise sind sie die Voraussetzung, um

- Planungsprozesse anzuregen und aktiv zu begleiten,
- den geeigneten Zeitpunkt zu finden, zu dem Betroffene einzubinden sind,
- Vorschläge in Einzelgesprächen oder Gruppensitzungen von Teams und Ausschüssen rhetorisch geschickt und mit passender Medienunterstützung einzubringen,
- den betrieblichen Entscheidungsträgern Probleme frühzeitig bewusst zu machen
- und sie insgesamt von erarbeiteten Lösungen zu überzeugen.

c) Koordination von Managementprozessen

Die Koordination von Managementprozessen bietet zwei grundsätzliche Ansatzpunkte: ihre Struktur und die Verteilung der personellen Kompetenzen. In struktureller Hinsicht ist insbesondere das betriebliche Planungssystem maßgeblich. Es bestimmt nicht nur (naheliegenderweise) die Struktur der betrieblichen Kontrolle, sondern liefert zentrale Orientierung auch für die meisten anderen Führungsfunktionen. In der Planung tritt die Koordinationsproblematik in mehreren Dimensionen auf. Grundsätzlich gilt: Wird in jeder Hinsicht simultan geplant, ergibt sich ein Gesamtplan, der keiner weiteren Koordination bedarf, erfülle er nun die Ziele besser oder schlechter. Während simultane Planungen prinzipiell alle Problemaspekte zugleich berücksichtigen, werden diese in sukzessiven Ansätzen nacheinander abgearbeitet. Nun ist aber eine in jeder Hinsicht simultane Vorgehensweise aus verschiedenen Gründen teils nicht möglich, teils nicht zweckmäßig. Daher ist jedes betriebliche Planungskonzept in gewissen Dimensionen in sukzessiv zu planende Komponenten zu unterteilen. Diese Komponenten bedürfen der nachträglichen Koordination, bieten also natürliche Ansatzpunkte für das Controlling. Solche Dimensionen der Koordination sind (vgl. Troßmann [Controlling] 5):

- die sachliche,
- die zeitliche,
- die planungshierarchische,
- die unternehmungsorganisatorische Struktur.

Die **sachliche Struktur** betrifft die Unterscheidung von Teilbereichen des Gütersystems. Beispiel für die sachlich sukzessive Planabstimmung ist die insbesondere in der Konsumgüterindustrie verbreitete Verfahrensweise, vom betrieblichen Absatzplan auszugehen und alle übrigen sachlichen Teilpläne und Budgets daraus abzuleiten. Wird dabei gemäß dem auf Gutenberg zurückgehenden „Engpassgesetz der Planung" (vgl. Gutenberg [Produktion] 162 ff.) vorgegangen, führt dies unmittelbar zu gut abgestimmten Lösungen. Freilich sind damit Probleme durch weitere Engpässe im sukzessiven Planungsablauf noch nicht gelöst.

Bei der **zeitlichen Struktur** geht es um die Aufteilung in Teilplanungen für unterschiedliche Planungszeiträume. Zur genaueren Charakterisierung dienen die in Abb. I-5 (vgl. Troßmann [Planung] 129) aufgeführten Merkmale.

Merkmale	sachliche Problemstruktur	zeitliche Problemstruktur
(1) Reichweite der Planung	sachlicher Planungsumfang: Welche betrieblichen Teilbereiche umfasst die Planung?	Planungshorizont: Zeitraum, für den ein Plan aufgestellt wird
(2) Differenziertheit der Planung	Anzahl der Sachbereiche, die im Plan unterschieden werden	Anzahl der Teilperioden, die im Plan unterschieden werden
(3) Detailliertheit der Planung	Art und Umfang der sachlichen Teilpläne; Ausmaß, in dem sachliche Einzelheiten erfasst werden	Länge der Teilperioden; Ausmaß, in dem zeitliche Einzelheiten erfasst werden
(4) Berücksichtigung von Interdependenzen verschiedener Teilpläne	Art der berücksichtigten sachlichen Interdependenzen	Art der berücksichtigten zeitlichen Interdependenzen: statische, komparativ-statische, stationär-dynamische oder evolutorisch-dynamische Planung
(5) Präzision der Planung	sachliche (betragsmäßige) Genauigkeit der Plangrößen; Ein-/Mehrwertigkeit nicht zeitlicher Plangrößen	terminliche Genauigkeit der Plangrößen; Ein-/Mehrwertigkeit von Zeitangaben

Abb. I-5: Einteilung von Planungsarten

In der **planungshierarchischen Struktur** sind Planungen verschiedener Ebenen zu unterscheiden. Häufig geht man von einer dreistufigen Einteilung in eine strategische, eine taktische und eine operative Planung aus. Die grundsätzlichen Unterschiede zeigt Abb. I-6 (vgl. zu einer ähnlichen Darstellung Pfohl/Stölzle [Planung] 87).

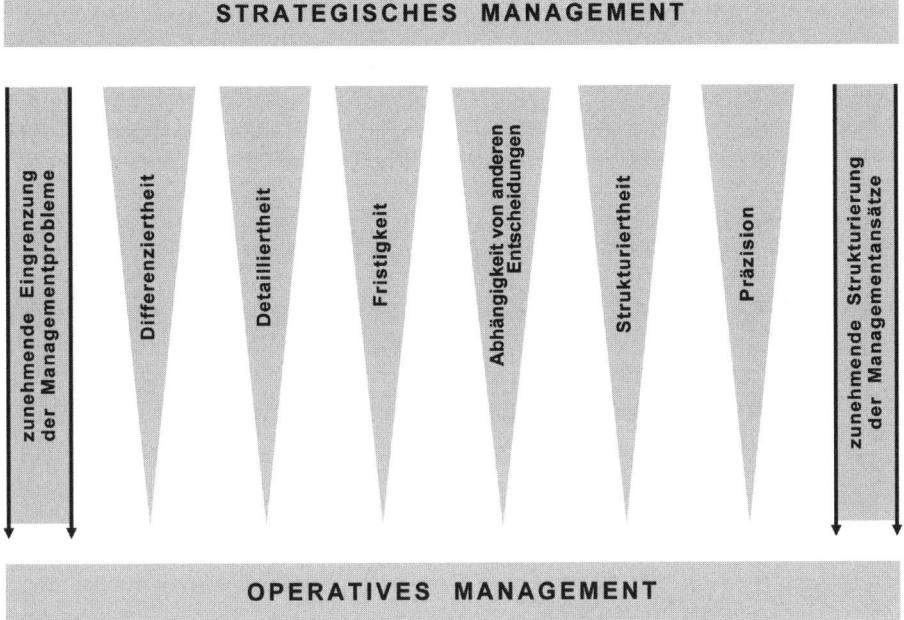

Abb. I-6: Merkmale zur hierarchischen Differenzierung der Managementaufgaben

Unternehmungsorganisatorisch ist die Planung in Teilplanungen für alle Einheiten der betrieblichen Aufbauorganisation aufzugliedern. Zur sukzessiven Planentwicklung hierfür bieten sich der Top-down-Ansatz, der Bottom-up-Ansatz sowie das Gegenstromverfahren an. Beim **Top-down-Ansatz** wird die Planung ausgehend von der Unternehmensspitze bis in die unteren Instanzen aufgegliedert und spezifiziert. Bei der **Bottom-up-Vorgehensweise** entwickelt man aus Einzelvorstellungen der Instanzen den Plan für den Gesamtbetrieb. Der Bedarf an Rückkopplungen zeigt das grundsätzliche Problem bei den Planentwicklungsvarianten. In beiden Fällen gehen Informationen und Interessen wichtiger Beteiligter erst spät in den Managementprozess ein; dies erfordert entsprechende Anpassung. Im Gegenstromverfahren wird die Top-down-Vorgabe mit einem Bottom-up-Rücklauf systematisch verbunden. Dabei wird der entsprechende Kommunikationsaufwand von vornherein in Kauf genommen und gestaltet.

Ein eigenes Problem der Koordination ergibt sich durch den Zeitablauf. Je länger der Planungszeitraum gewählt wird, desto eher scheint während der Laufzeit eine erneute Planung erforderlich oder zumindest zweckmäßig. Dann aber stellt sich die Frage nach dem Verhältnis des bisherigen zum neuen Plan für den gleichen Zeitraum. Einen bekannten Ansatz hierzu bietet die **rollende**

Planung (vgl. Troßmann [Controlling] 102 ff.). Ausgangspunkt ist ein mehrstufiges Planungssystem, in dem die übergeordneten Stufen die untergeordneten nach dem Prinzip der Schachtelung umfassen (vgl. Wild [Unternemungsplanung] 173). Darüber hinaus werden die einzelnen Stufen nach eigenen Regeln geplant. Die Planungszeiträume der oberen Stufe sind länger, ihre Teilpläne weniger differenziert und ihre Größen weniger präzise als die der unteren. Die Teilpläne werden regelmäßig aktualisiert. Der Aktualisierungsrhythmus ist grundsätzlich unabhängig von den Planungszeiträumen. Im allgemeinen ist er deutlich kürzer. Das Kernmerkmal der rollenden Planung ergibt sich aus der Fortschreibung im Zeitablauf. Hierbei wird eine weitreichende Überlappung der zeitlichen Teilplanungen gewählt. Dies ermöglicht iterative Anpassungen und Planverbesserungen (vgl. Troßmann [Planung] 126). Abb. I-7 zeigt die Prinzipien der rollenden Planung im Überblick.

Revolvierende Planung

Rollende Planung

(1) (a) **Mehrstufigkeit** des Planungssystems (mindestens zwei Stufen)

    (b) Verknüpfung der Planungsstufen nach dem Prinzip der **Schachtelung**

(2) (a) ▪ In jeder Stufe Differenzierung in **zeitliche Teilplanungen**

       ▪ Prinzip einer weitreichenden **Überlappung** der Teilplanungen

       ▪ Festgelegte Rhythmen der Entwicklung der Teilpläne **(rhythmische Fortschreibungen)**

(1) (c) **Deduktive** Entwicklung der Pläne

    (d) **Rhythmische Konkretisierung** bei Übergang zu einer tieferen Planungsstufe (mit von den Fortschreibungsrhythmen unabhängigen, eigenen Rhythmen)

(2) (b) **Rhythmische Überprüfung** und **rhythmische Änderungsmöglichkeit** der Teilpläne (jeweils eigene Rhythmen)

    (c) Prinzip der **Gesamtoptimierung**

Abb. I-7: Prinzipien der rollenden und der revolvierenden Planung

Die Koordinationsprobleme bei der rollenden Planung konzentrieren sich auf die Fragen,

▪ wie viele Planungsstufen es gibt und wie die Planungszeiträume festzulegen sind,

▪ in welchen Rhythmen und bei welchen Abweichungen die Pläne überprüft und geändert werden,

▪ wie die Konkretisierung, d. h. der Übergang zwischen übergeordneten und untergeordneten Planungen zu gestalten ist

- und welche Prinzipien exakter oder heuristischer Art zur Planoptimierung eingesetzt werden.

Die rollende Planung beruht so im Kern auf einer zeitlichen Vorstrukturierung der zu bearbeitenden Probleme. Sie ermöglicht gleichzeitig einen langen Planungshorizont und eine nur kurzfristige Festlegung auf konkrete Maßnahmen.

Nicht alle denkbaren Ausgestaltungsmöglichkeiten der rollenden Planung sind gleichermaßen zweckmäßig. In einer **revolvierenden Planung** werden zusätzliche Prinzipien befolgt, die ebenfalls Abb. I-7 zusammenfasst (vgl. Wild [Unternehmungsplanung] 179). So werden die Pläne hierarchisch nachfolgender Stufen deduktiv aus den umfassendsten Plänen der höchsten Stufe entwickelt. Die Feinpläne, die in der Regel zudem kürzerfristig ausgerichtet sind, werden aus übergeordneten Grobplänen abgeleitet. Ihre Alternativen bewegen sich innerhalb des Rahmens, den die Ergebnisse der übergeordneten Stufe setzen. Dies gilt allgemein als vorteilhafter als die umgekehrte induktive Verallgemeinerung von kürzerfristigen Feinplänen zu längerfristigen Grobplänen. Nach dem Prinzip der Gesamtoptimierung ist anzustreben, dass die Zusammenfassung von Teilplänen einer Stufe ein Optimum für das Gesamtproblem ergibt. Beim Aufbau eines Teilplans sind daher die von ihm ausgehenden Wirkungen zu berücksichtigen, um eine insgesamt nicht zieladäquate Suboptimierung zu vermeiden. Dies kann durch eine dynamische Planungsrechnung oder ein anderes Optimierungsverfahren geschehen. Generell bietet sich jedoch für diese Koordinationsaufgabe das gesamte Spektrum an Controlling-Instrumenten an.

Fallstudie 1: Paper Press AG

Gestaltung des Controlling

Problembeschreibung:

Paul Trescherer und Hans Kodroll sitzen beim Mittagessen und klagen sich gegenseitig ihr Leid. Kaum haben sie den Jahresabschluss ihrer hauptsächlich im Zeitschriftendruck tätigen Paper Press AG erfolgreich hinter sich gebracht, da kämpfen sie mit der mittelfristigen Finanz- und Erfolgsplanung. Diesmal ist es die „große" Mittelfristplanung, die nicht nur die Quartalswerte, sondern auch die Planung der nächsten Jahre umfasst. Zudem sind über die Anpassung der Personal- und Materialkosten um die Tarif- sowie Preis- bzw. Wechselkurseffekte hinaus die anstehenden strategischen Entscheidungen zu beachten und in operative Planvorgaben umzusetzen. Als Leiter der Abteilung Buchhaltung und Finanzierung ist Paul Trescherer selbstverständlich daran beteiligt, selbst wenn die Planungsdurchführung Aufgabe von Hans Kodroll, dem Leiter der Abteilung Kostenrechnung und Controlling der Paper Press AG, ist.

Kodroll hätte gerne Zahlen von Paul Trescherer, nichts als Zahlen. Doch Trescherer (unter Freunden wegen der hohen Reserven in seiner Kasse auch Knete-Paule genannt) windet sich in Ausflüchten und beginnt, auf den Innenrevisor zu schimpfen. Dieser habe bei der letzten Innenprüfung zwar keine Einwendungen gegen die Buchhaltung gehabt. Doch habe er in seinem Bericht an den Vorstandsvorsitzenden deutlich bemängelt, dass die Finanzierung der Paper Press AG zu teuer sei. Innerlich gibt Kodroll dem Innenrevisor sogar recht, da er selbst mit einem eigenen Vorstoß in diese Richtung bei ihrem gemeinsamen Chef, H. Forst, Vorstand für den Bereich Finanzen und Rechnungswesen, auf taube Ohren gestoßen war. Andererseits passt ihm die Kritik ebensowenig wie Trescherer, da der Innenrevisor schließlich nicht zum eigenen Bereich gehört.

Da über den Innenrevisor jetzt aber der Vorstandsvorsitzende informiert ist, will Trescherer jedenfalls erst recht möglichst wenig fremdfinanzieren und den Finanzbedarf ganz genau kennen, bevor er Zahlen nennt. Vom Finanzbedarf würden nämlich die Bankkonditionen abhängen. Schließlich hätten sie immer die Umsatzplanung abgewartet, um daran die Personal-, Material- und Investitionsplanung anzuhängen. Ohne diese Angaben könne er keine vernünftige Prognose des Finanzbedarfs machen. Hans Kodroll weiß selbst nur zu gut, dass Produktion und Vertrieb sich immer sträuben, nicht nur Projekte zu entwerfen, sondern auch die dazugehörigen Zahlen an die „Erbsenzähler" im Finanzbereich zu liefern. Aber wenigstens Paul Trescherer aus dem eigenen Bereich könnte ihm doch Zahlen zu Finanzierungsmöglichkeiten nennen, so dass man diese schon von vornherein berücksichtigen könnte.

So streiten beide weiter, bis ihr gemeinsamer Chef, Herr Forst, sich an ihren Tisch setzt. Ohne Zögern wechseln Trescherer und Kodroll zu unverfänglicheren Themen und freuen sich einmütig über das schöne Wetter. Doch Herr Forst bringt Neuigkeiten von der letzten Vorstandssitzung:

- Der Vertriebsvorstand hat dort im Zuge der Strategiediskussion das Projekt VHK präsentiert. Es sieht vor, in den nächsten drei Jahren verstärkt in den wachsenden Markt der Versandhauskataloge einzudringen und damit die bisherigen Produktgruppen Zeitschriften, Unternehmenspublikationen sowie Bücher zu ergänzen.

- Der Fertigungsvorstand würde sofort mitziehen, wenn er die nötigen neuen Druckmaschinen bekäme. Dies überrascht nicht, da der Fertigungsvorstand sowieso ständig den modernsten High-Tech-Maschinenpark will, koste es, was es wolle. Denn nur so könne er Printprodukte bester Qualität schneller als die Konkurrenz und mit hoher Liefertreue ausliefern.

- Auch der Personalvorstand und zugleich Arbeitsdirektor der Paper Press AG spricht sich für ein solches Investitionsprojekt aus, da ansonsten ein Personalüberhang zu befürchten sei. Dieser wäre durch innerbetriebliche Qualifizierungsprogramme, wie sie seine Abteilung Weiterbildung seit Jahren mit großem Erfolg anbiete, nur teilweise abzufedern. Er als Personalvorstand mache sich für die Ausweitung der Weiterbildung immer besonders stark, da er sie als entscheidend für das ausgeprägte Qualitätsverständnis der Paper Press ansieht.

- Hier greift der Vorstandsvorsitzende ein. Er möchte die traditionell sehr kooperative Haltung von Betriebsrat und Belegschaft in den anstehenden Tarifverhandlungen nicht durch Gerüchte über einen Personalabbau kompromittieren. Er nimmt dies zum Anlass, nochmals die Bedeutung engagierter und loyaler Mitarbeiter für die Unternehmensphilosophie zu betonen. Dies zeige schon die geringe Fluktuation und die zahlreichen Verbesserungsvorschläge. Nur sie könnten den angestrebten langfristigen und nachhaltigen Erfolg der Paper Press und die dafür immer wieder notwendigen flexiblen Anpassungen an die Marktentwicklung garantieren.

- In der einsetzenden Pause meldet sich der Vorstand des Bereichs Beschaffung und Logistik. Er befürchtet eine höhere Durchlaufzeit und zusätzliche Belastungen für die Lagerhaltung durch eine ausufernde Produktvielfalt.

- Diese Bedenken wischt der Vertriebsvorstand rasch mit dem Hinweis beiseite, dass der Beschaffungsbereich ja günstigere Bezugskonditionen für das Papier und andere Rohstoffe aushandeln könne. Dies sei doch der beste Beweis für die Synergieeffekte mit anderen Projekten. Er spricht sich nochmals für das Projekt aus, weil es sich nach zweidreiviertel Jahren amortisiere. Der ebenfalls anwesende Vertriebsassistent gibt auf Nachfrage des Vorstandsvorsitzenden einen internen Zinsfuß von 6,5 % an. Dieser Wert berücksichtige noch keine kalkulatorischen Zinsen und Steuereffekte, deren Ermittlung schließlich Aufgabe des Controlling sei.

Beschluss des Vorstands der Paper Press AG war daraufhin, das Projekt VHK in die Planung aufzunehmen und die verschiedenen Bereiche mit der Detailkonzeption zu beauftragen. Herr Forst sollte Finanzierungsvorschläge entwickeln sowie speziell mit seinem Controlling die Federführung übernehmen und die Projektentwicklung überwachen.

Herr Forst gibt den Auftrag umgehend an Paul Trescherer und Hans Kodroll weiter, zusammen mit den Unterlagen für die Vorstandssitzung. Diese wurden vom Assistenten der Vertriebsleitung zusammengestellt und enthalten folgende Angaben:

Jahr	1	2	3
prognostizierte Absatzmenge	2 Mio. Kataloge	2,5 Mio. Kataloge	3 Mio. Kataloge
prognostizierter Umsatz	4,00 Mio. €	5,00 Mio. €	6,00 Mio. €
Kapazitätsbedarf	12.000 Std.	14.000 Std.	15.000 Std.
Materialkosten	1,50 Mio. €	1,75 Mio. €	2,00 Mio. €
Personalkosten	1,70 Mio. €	1,90 Mio. €	2,00 Mio. €
Abschreibungen	1,20 Mio. €	1,20 Mio. €	1,20 Mio. €
Gewinn	− 0,40 Mio. €	0,15 Mio. €	0,80 Mio. €

Aus der Diskussion im Vorstand sind Herrn Forst noch ergänzende Einzelheiten im Gedächtnis: Die Angaben zum Kapazitätsbedarf sowie die Kosten gelten für die volle Realisierung des möglichen Umsatzes, da der Vertriebsvorstand nur diese Absatzstrategie als erfolgversprechend ansieht. Er strebt generell einen möglichst hohen Marktanteil an. Die angegebenen Material- und Personalkosten enthalten pro Jahr jeweils 500.000 € fixe Kosten. Den gemessen am Umsatz geringeren Anstieg des Kapazitätsbedarfs hatte der Vertriebsvorstand nach Rücksprache mit dem Fertigungsvorstand und dessen Verantwortlichen für die Fertigungsplanung durch Lerneffekte in der Produktion begründet. Zur Sicherstellung der Lerneffekte sollte der Personalbereich ein entsprechendes Schulungsprogramm ausarbeiten. Da ähnliche Schulungsprogramme bisher 120.000 € pro Jahr gekostet haben, wird dieser Betrag auch für künftige Jahre angesetzt. Er ist in den fixen Personalkosten pro Jahr enthalten. Über den Planungszeitraum hinweg werden gleichbleibende Zusammenhänge zwischen den Kosten und Erlösen erwartet.

Der Fertigungsplaner hatte auf Nachfrage seines Vorgesetzten darauf hingewiesen, dass eine neue Druckmaschine eine Jahreskapazität von 3.000 Stunden hat. Deshalb liegt den angegebenen Zahlen die Anschaffung von fünf (identischen) Maschinen zugrunde. Sie werden, wie in der Paper Press AG üblich, linear über die Nutzungsdauer abgeschrieben und führen zu den in der Tabelle aufgeführten Abschreibungen. Zwar könnte man die Maschinen länger nutzen, doch sind sie spätestens in drei Jahren durch den schnellen technischen Fortschritt völlig überholt. Der Fertigungsvorstand möchte danach schon deswegen nicht mehr mit ihnen arbeiten, da dies den Anteil neuer Maschinen senken würde.

Die Erinnerung an den Fertigungsplaner bringt Herrn Forst in Rage: Dieser habe doch tatsächlich vorgeschlagen, zur degressiven Abschreibung zu wechseln, denn nur so könne man erfassen, dass beispielsweise eine zwei Jahre alte Maschine bloß noch einen Liquidationserlös von 300.000 € erziele. Auf Forsts Einwand, der Verlust in Jahr 1 fiele dadurch noch höher aus, habe der Assistent geantwortet, dies sei nur vorübergehend und würde durch die nachfolgenden höheren Gewinne mehr als ausgeglichen. Immerhin habe der Fertigungsvorstand bestätigt, dass die Abschreibungspolitik in Forsts Kompetenz falle und Kodroll das immer hervorragend gemacht habe.

Von seinem Chef, Finanzvorstand Forst, auf die Finanzierungsmöglichkeiten angesprochen, legt Paul Trescherer die Konditionen der Hausbank auf den Tisch. Er hat sie ja im Kopf: Überschüsse können auf ein Jahr zum Zinssatz von 4 % pro Jahr angelegt werden. Diese Anlagen belaufen sich momentan (zum Ende von Jahr 0) auf 1.000.000 €. Darlehen über ein Jahr werden zu einem Zinssatz von 7 % verzinst. Hierfür wurde ein Kreditrahmen von 2.000.000 € vereinbart, der derzeit zu 1.200.000 € ausgeschöpft ist. Höhere Darlehensbeträge sind mit 9 % jährlich zu verzinsen. Allerdings verlangt die Bank spätestens ab einer Gesamthöhe der Darlehen von 4.000.000 € zusätzliche Sicherheiten, was die Finanzierung erschwert. Auch in den Folgejahren stehen diese Finanzierungsmöglichkeiten zur Verfügung, doch sind die Zinssätze voraussichtlich um einen halben Prozentpunkt höher.

Herr Forst hört sich diese Zahlen an und stellt fest, dass die Finanzierung jedenfalls möglich ist. Dies sei wichtig, wiewohl er vom Projekt VHK nicht völlig überzeugt ist. Doch zögert er, die 1.000.000 € vom Guthabenkonto abzuziehen, da er sie trotz der Vorgabe eines hohen Finanzergebnisses lieber als Liquiditätsreserve durchgängig in der Kasse halten möchte. Um die Einzelheiten sollen sich Trescherer und Kodroll kümmern. Die sozialen Bedenken des Vorstandsvorsitzenden hält er für übertrieben. Die beste Sozialpolitik seien Gewinne und stabile Investitionen. Deshalb soll Kodroll sicherheitshalber wie bei allen Projekten mit einem Investitionsvolumen über 2.000.000 € überprüfen, ob sie sich auch lohnen. Zudem soll er darauf achten, dass der versprochene Gewinn auch eintrifft. Wie üblich soll er alle Plan-Ist-Abweichungen feststellen und Korrekturvorschläge machen.

Aufgabenstellung zu Fallstudie 1 (Paper Press AG):

Aufgabe 1: Aufgaben des Controlling

(a) Fassen Sie die Aufgaben von Hans Kodroll zusammen und stellen Sie sie den allgemeinen Aufgaben eines koordinationsorientierten Controlling gegenüber.

(b) Welche Aufgaben würden Sie dem Controller der Paper Press AG, Hans Kodroll, übertragen, welche würden Sie ihm eher entziehen?

Aufgabe 2: Organisation des Controlling

(a) Kennzeichnen Sie die Organisation der Paper Press AG und zeichnen Sie dazu ein Organigramm. Gehen Sie bei Ihrer Kennzeichnung insbesondere auf die Wahrnehmung von Controlling-Aufgaben ein.

(b) Nach Konsultation einschlägiger Fachbücher stellt Kodroll drei Alternativvorschläge zusammen, wie das Controlling der Paper Press organisatorisch umgestaltet werden könnte:

- Das Controlling sollte zentral begleitend als Stab unter dem Gesamtvorstand stehen, erweitert um die interne Revision.

- Das Controlling sollte einem neu zu gründenden Bereich „Unternehmensplanung" zugeordnet werden, der direkt dem Vorstandsvorsitzenden unterstellt ist.

- Das Controlling sollte, mit einem zentralen Chef-Controller unter dem Vorstand, begleitend nach dem sogenannten Dotted-line-Prinzip gestaltet werden.

Beurteilen Sie die Vorschläge.

(c) Entwickeln Sie für die Paper Press AG ein begleitendes Controlling nach dem Dotted-line-Prinzip. Nennen Sie Beispiele für die Aufgaben der dezentralen Controller.

(d) Entwickeln Sie eine Stellenbeschreibung für einen beim Vorstandsvorsitzenden angesiedelten Chef-Controller der Paper Press AG, wenn der Controlling-Bereich nach dem Dotted-line-Prinzip organisiert ist.

Aufgabe 3: Koordination der Zielbildung und Zielausrichtung

(a) Kodroll möchte sich Klarheit über die in der Paper Press verfolgten Ziele verschaffen. Dazu orientiert er sich an der klassischen Unterscheidung von formalen Zielen, Sachzielen und Sozialzielen.

Entwerfen Sie eine Grafik, welche die in der Problembeschreibung genannten Ziele der Paper Press diesen drei Zielgruppen zuordnet.

(b) Zur Zuordnung von Zielen und Verantwortlichen sieht Kodroll zwei grundsätzliche Ansätze: Einerseits kann jedes Ziel ausschließlich einem Verantwortlichen zugewiesen werden, andererseits kann ein Ziel mehreren oder allen Managern in Gesamtverantwortung übergeben werden.

Zeigen Sie am Beispiel von produktbezogenen Qualitätszielen mögliche Vor- und Nachteile der beiden Ansätze auf. Mit welcher organisatorischen Maßnahme könnte auf diese Probleme reagiert werden?

(c) Welche konkrete Verbesserungsmaßnahme, die die Zielwirkung des Projektes VHK steigert und zugleich die Kapazitätssituation beachtet, könnte Kodroll vorschlagen?

(d) Wie könnte der Beitrag des Finanzbereichs zu formalen Zielen verbessert werden?

Aufgabe 4: Koordination der Planung

(a) Kennzeichnen Sie das Planungssystem der Paper Press AG. Gehen Sie dabei auf die Gesamtplanung und die Planung des Projektes VHK ein. Welche Defizite in der Plankoordination sehen Sie?

(b) Die vom Vertriebsvorstand genannten Werte für den internen Zinsfuß und die Amortisationsdauer machen Hans Kodroll skeptisch. Was könnte bei der Beurteilung des Projektes VHK gegen sie sprechen?

(c) Zur Verbesserung der eigenständigen Projektbeurteilung will Kodroll den Bereichen Kalkulationszinssätze vorgeben. Inwiefern vereinfacht dies die Planungsprobleme der Bereiche? Genügt ein Kalkulationszinssatz oder sollten es mehrere sein? Welches Problem wirft die Bestimmung von Kalkulationszinssätzen für Hans Kodroll auf?

(d) Einen Ansatz zur Bestimmung der Kalkulationszinssätze sieht Kodroll in der Zusammenfassung aller Projektalternativen und Finanzierungsbedingungen zu einem simultanen Planungsmodell. Bei geeigneter Formulierung können aus seiner Lösung die Kalkulationszinssätze hergeleitet werden (vgl. Troßmann [Investition] 227). Alternativ überlegt er, den Bereichen für ihre Planungen zunächst einen vorläufigen Kalkulationszinssatz zu nennen und diesen in einer weiteren Planungsrunde anzupassen, falls sich ein zu hoher oder zu niedriger Finanzbedarf der Bereiche abzeichnet.

Vergleichen Sie allgemein sukzessive Vorgehensweisen wie die der Paper Press AG mit der zentralen Formulierung eines simultanen Planungsmodells sowie der Alternativüberlegung von Kodroll.

Lösungshinweise zu Fallstudie 1 (Paper Press AG):

Aufgabe 1: Aufgaben des Controlling

(a) Als Kodrolls Aufgaben werden allgemeine Führungsaufgaben wie Planung, Controlling, Überwachung der Projektentwicklung sowie speziellere Aufgaben wie Kostenrechnung, Abschreibungs- und Steueroptimierung, Gewinnsicherung, Abweichungsanalysen und die Formulierung von Korrekturvorschlägen genannt.

Sie decken sich nur teilweise mit den allgemeinen Aufgaben des Controlling. So tritt für Kodroll die Koordination der Führungsteilsysteme gegenüber der Wahrnehmung anderer Führungsteilaufgaben (Planung, Kontrolle) durch ihn selbst in den Hintergrund. Ähnliches gilt für die Nebenfunktionen des Controlling. Hier dominiert die Anwendung insbesondere von gewinnorientierten Informationen und Methoden deren Bereitstellung für die übrige Führung. Es steht aber zu befürchten, dass die übrige Führung ihre Entscheidungen nicht primär auf die Interessen der Paper Press ausrichtet, wenn sie die Zielkompatibilität der Entscheidungen mangels Informationen und Methodenkenntnis nicht selbst feststellen kann, sondern dies Kodroll überlässt. Dies könnte Kodroll eher in die Rolle eines Bremsers denn eines Koordinators zwingen.

Widersprüchlich sind die Zielvorgaben für Kodrolls Aufgaben. Die engere Gewinnorientierung von H. Forst deckt sich nicht zwangsläufig mit den umfassenderen Zielvorstellungen des Vorstandsvorsitzenden.

(b) Nach diesen Überlegungen sind generell die unterstützenden Funktionen auszubauen, die eigenständige Wahrnehmung der Aufgaben anderer Führungsbereiche jedoch zurückzuführen. Dazu gehört eine bessere Koordination der Bereichsziele (Marktanteil im Vertrieb, High-Tech-Maschinen in der Fertigung, geringe Fremdfinanzierung im Finanzbereich) hinsichtlich der gesamtbetrieblichen finanziellen, qualitätsbezogenen und sozialen Ziele, so dass Kodroll nicht alleine für deren Erreichung verantwortlich ist.

Spezielle Zusatzaufgaben liegen in der geeigneten Konzeption des Informationssystems als Planungsgrundlage der Bereiche, hier insbesondere hinsichtlich der Kosten- und Steuerwirkungen ihrer Alternativen. Hinzu kommen die Bereitstellung besserer Entscheidungskriterien und -methoden sowie Einzelhinweise (etwa zur Nutzlosigkeit der degressiven Abschreibung wegen der kurzen Nutzungsdauer im vorliegenden Fall). Entsprechend könnte Kodroll von der routinemäßigen Berechnung von Kosten, Abschreibungen und Steuerwirkungen der Bereichsmaßnahmen sowie der Plan-Ist-Abweichungen entlastet werden. Er sollte sich zunächst auf die Frage konzentrieren, wann Systeme neu zu gestalten bzw. vorhandene anzupassen sind. Handlungsbedarf kann er besser identifizieren, wenn er die Feststellung von Plan-Ist-Abweichungen durch Vergleiche mit Sollgrößen und prognostizierten Größen ergänzt.

Aufgabe 2: Organisation des Controlling

(a) Abb. I-8 zeigt die Organisation der Paper Press AG in der vorgefundenen Form. Sie ist teilweise funktional, teilweise sind auch Führungsfunktionen im Ausführungsbereich zugeordnet. Stellen, die Controlling-Aufgaben wahrnehmen, sind grau unterlegt:

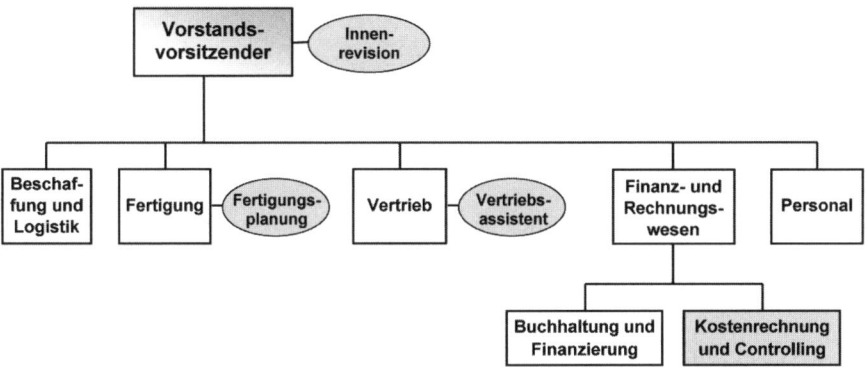

Abb. I-8: Organigramm der Paper Press AG (Istzustand)

Es handelt sich um eine dezentrale Wahrnehmung von Controlling-Aufgaben durch den Vertriebs- und den Fertigungsassistenten, den internen Revisor sowie Hans Kodroll. Die Gesamtkoordination ist allerdings gering, da der eigentliche Controller (Hans Kodroll) einerseits hierarchisch nicht hoch genug eingebunden ist, um gesamtbetrieblich wirken zu können, und er sich andererseits in hohem Maße mit dem Finanzbereich identifiziert.

(b) Zur Beurteilung der organisatorischen Alternativen sind die Unabhängigkeit und Akzeptanz sowie das Durchsetzungsvermögen gegenüber den anderen betrieblichen Bereichen abzuwägen, um einerseits Koordinationsbedarf feststellen und andererseits Lösungsvorschläge in Zusammenarbeit mit den Bereichen entwickeln und umsetzen zu können.

Unter diesen Aspekten fördert ein zentral begleitendes Controlling (**Variante 1**) als Stab unter dem Gesamtvorstand die Erfüllung der Controllingaufgaben, da es vergleichsweise unabhängig gegenüber Linieninstanzen ist und eine einheitliche Durchführung vereinfacht. Allerdings gilt ein zentral angesiedelter Controller vielfach als Fremdkörper, der möglicherweise bereichsspezifische Besonderheiten und Interessen vernachlässigt und dort daher auf wenig Kooperationsbereitschaft stößt.

Speziell für die Verknüpfung mit der internen Revision ist festzustellen, dass der Innenrevisor der Paper Press durchaus die üblichen Aufgaben sowohl der Ordnungsmäßigkeitsprüfung als auch der Wirtschaftlichkeitsprüfung wahrnimmt. Eine Übertragung von Controllingaufgaben auf die Innenrevision beeinträchtigt jedoch sowohl die Erfüllung von Revisionsaufgaben, da dies die Überwachung eigener Vorschläge impliziert, als auch der Koordinationsaufgaben. Sie ist daher nicht zu empfehlen.

Die Einrichtung eines beim Vorstandsvorsitzenden angesiedelten Stabes Unternehmensplanung (**Variante 2**) mag zwar durchaus sinnvoll sein, doch mit der zusätzlichen Übernahme der Controllingaufgaben durch die Unternehmensplanung schwindet zugleich wiederum deren kritische Distanz zu den eigenen Vorschlägen. Diese Variante ist daher ebenfalls nicht unproblematisch.

Bei einem begleitenden Controlling nach dem Dotted-line-Prinzip mit einem zentralen Chefcontroller unter dem Vorstand **(Variante 3)** bestehen vergleichsweise gute Möglichkeiten, die Vorteile der hohen Verankerung in der Betriebshierarchie mit einer problemnahen Einbindung von Controllern in den Bereichen zu verknüpfen. Dies verringert die psychologischen Barrieren der Bereiche gegenüber „ihren" Controllern und vereinfacht die bereichsspezifische Anwendung gesamtbetrieblicher Führungs- und Koordinationsinstrumente. Allerdings verlagert die Doppelunterstellung tendenziell Konflikte zwischen Gesamtbetrieb und Bereich in die Person des Controllers. Das Dotted-line-Prinzip stellt daher tendenziell höhere Anforderungen an die Konfliktresistenz und das Konfliktmanagement eines Controllers als eine einfache Unterstellung.

(c) Abb. I-9 zeigt einen Vorschlag zu einem Controlling nach dem Dotted-line-Prinzip für die Paper Press AG. Stellen mit Controllingaufgaben sind wiederum grau unterlegt.

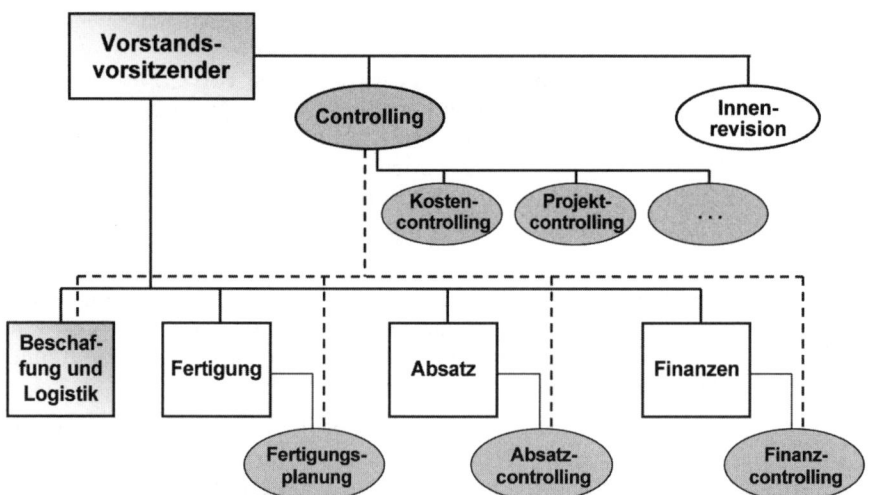

Abb. I-9: Vorschlag eines begleitenden Controlling für die Paper Press AG nach dem Dotted-line-Prinzip

Ein begleitendes Controlling für die Paper Press AG könnte die in den einzelnen Bereichen angesiedelten Assistenten umfassen, also insbesondere den Fertigungsplaner, den Vertriebsassistenten und einen Finanzcontroller. Sie unterstehen disziplinarisch ihrem jeweiligen Bereichsvorstand und unterstützen diesen grundsätzlich bei der bereichsinternen Koordination. Dies verlangt beispielsweise im Vertrieb die Integration der neuen Produktgruppe Versandhauskataloge in den Außendienst und die Lösung der damit verbundenen Probleme der Zielvorgabe, Planung und Organisation.

Fachlich unterstehen die Bereichscontroller nach dem Dotted-line-Prinzip dem unter dem Vorstandsvorsitzenden angesiedelten gesamtbetrieblichen Controlling. Dieser sollte einheitliche Konzepte für das Informationssystem, die Kosten- und Leistungsrechnung oder das Projektcontrolling erstellen, die den Bereichscontrollern eine gesamtbetrieblich sinnvolle Koordination ihrer Bereiche ermöglichen.

Konkret verlangt die fachliche Koordination bei der Paper Press AG beispielsweise

- Vorschläge zur Integration bzw. Anpassung der Bereichsziele (geringe Fremdfinanzierung, moderner Maschinenpark, Qualitätsziele, hoher Marktanteil, Mitarbeiterloyalität) sowie gegebenenfalls auch zu Umsetzungsmaßnahmen;

- Konzepte zur Koordination von Quartals- und Jahresplanungen der Bereiche;

- eine integrierte Kosten- und Investitionsrechnung unter anderem zur Vermeidung pauschaler Abschreibungen und zur Erfassung der Synergieeffekte im Beschaffungsbereich;

- Warnungen vor der Problematik der Amortisationsdauer und des internen Zinsfußes als Projektkennzahlen;

- die Entwicklung besserer Investitionsbeurteilungskriterien und die Bereitstellung notwendiger Methoden (etwa zur Berücksichtigung der Steuereffekte) und Kennzahlen (Kalkulationszinssatz).

Da im Beschaffungs- und Personalbereich keine eigenen Controllingstellen ausgewiesen sind, hätte der Zentralcontroller sich wegen fachlicher Probleme an den entsprechenden Bereichsvorstand zu wenden.

Die eingezeichnete aufgabenorientierte Untergliederung des zentralen Controllingstabes ist nicht zwangsläufig. Die beispielhaft gewählten Spezialisierungen bieten aber weitere Ansatzmöglichkeiten zur Unterstützung des Koordinationsgedankens.

(d) Abb. I-10 enthält einen Vorschlag einer Stellenbeschreibung für den Controller der Paper Press AG.

Aufgabe 3: Koordination der Zielbildung und Zielausrichtung

(a) Abb. I-11 stellt das Zielsystem der Paper Press AG grafisch dar.

(b) Produktbezogene Qualitätsziele betreffen vor allem den Fertigungs- und den Personalvorstand. Im Fertigungsbereich äußern sie sich beispielsweise in den vom Kunden wahrgenommenen (materiellen oder immateriellen) Produkteigenschaften oder in Ausschussquoten. Sie können outputbezogen gemessen werden. Dies fällt im Personalbereich schwerer, da man hier über Auswahl, Anreiz und Schulung der Mitarbeiter unmittelbar eher den Input als die Produkte beeinflussen kann. Eine Gesamtverantwortung für die Qualitätsziele könnte daher an den unterschiedlichen Einfluss- und Kontrollmöglichkeiten der beteiligten Bereiche scheitern. Eine separate Vorgabe, z. B. niedrige Ausschussquoten an den Fertigungsbereich und umfangreiche Qualifizierungsnachweise an den Personalbereich, kann jedoch kontraproduktiv wirken, wenn als Folge die zu schulenden Mitarbeiter in der Fertigung fehlen oder besonders wichtige Mitarbeiter nicht für entsprechende Programme freigestellt werden.

Merkmal	Stellenbeschreibung
1 Stellenbezeichnung	Chefcontroller
2 Rang	Leiter eines Zentralbereichs
3 Unterstellung	Vorstandsvorsitzender
4 Überstellung	Kostencontrolling, Projektcontrolling, Berichtswesen, zentrale Informationssysteme
5 Vertretung	Leiter des Kostencontrolling
6 Zielsetzung	Koordination der Führungsaufgaben der Bereiche und des Gesamtunternehmens hinsichtlich der formalen, sachlichen und sozialen Unternehmensziele
7 Aufgaben	Verantwortung für die Gestaltung des Führungsinformations-systems hinsichtlich der • Verhaltensgrundsätze für die Informationswirtschaft, • Informationsinhalte: Datenstrukturierung für Planung und Kontrolle, ggf. getrennt nach Mengen, Zeiten und Werten, • Zugriffs- und Eingaberechte, Informationssicherheit; Wirtschaftlichkeitsanalysen für alle Projekte mit einem Investitionsvolumen über 2.000.000 €; Mitwirkung bei der standardisierten Informationsaufbereitung, insbesondere bei • Aufbau und Überarbeitung eines Berichtswesens, • Bereitstellung von Formularen, • Bereitstellung eines Methodenkatalogs, • physische Datensicherheit; Mitwirkung bei der Zielausrichtung aller Bereiche, insbesondere • Entwicklung geeigneter Zielgrößen, • laufende Beobachtung der Zielerreichung, • Feststellung und Analyse der Abweichungen, • Unterrichtung der Unternehmensleitung, • Anregung und Erarbeitung von Anpassungsmaßnahmen, • Beratung und Schulung aller Bereiche; Entwicklung eines gesamtbetrieblichen Kennzahlensystems; Vorschlag neuer Managementtechniken.

Abb. I-10: Stellenbeschreibung eines Controllers der Paper Press AG

Ein organisatorischer Koordinationsansatz wäre die Bildung eines Qualitätsausschusses, in dem die beteiligten Bereiche regelmäßig Art und Umfang qualitätsstiftender Maßnahmen absprechen und dessen Ergebnisse in die (separate) Zielbildung der Bereiche eingehen.

(c) Da im ersten Jahr lediglich 12.000 Std. Kapazität benötigt werden, ist zunächst die Beschaffung von vier Maschinen ausreichend. Die Verschiebung der Anschaffung der fünften Maschine um ein Jahr führt wegen des Grenzzinssatzes von 9 % zu einer Zinsersparnis von 720.000 € · 9 % = 64.800 € in Jahr 1 sowie zu einem Restwert von 300.000 € in Jahr 3.

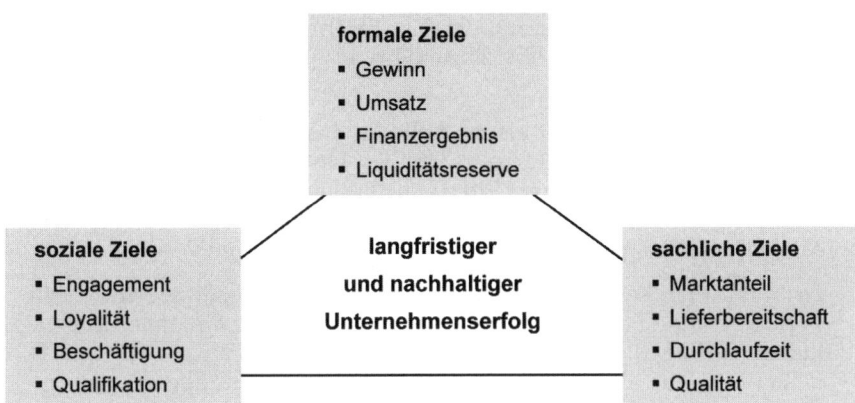

Abb. I-11: Ausschnitt aus dem Zielsystem der Paper Press AG

(d) Eine Verringerung des vierprozentigen Guthabens führt bei entsprechend geringerer Überziehung des Kreditrahmens zu einer Zinsersparnis von 5 % bezogen auf die Höhe der Guthabenverringerung. Die Liquidität ist durch die genannten Finanzierungsmöglichkeiten sichergestellt.

Aufgabe 4: Koordination der Planung

(a) Sowohl bei der Gesamtplanung wie auch bei der Planung des Projektes VHK handelt es sich um eine sachlich sukzessive Planung, die von den Absatz- bzw. Umsatzzahlen ausgeht. In hierarchischer Sicht ist die Gesamtplanung top down ausgerichtet, zeitlich erfolgt die Planentwicklung rollend, teils über eine Fortschreibung der Personal- und Materialkosten. Systematische sachliche, zeitliche oder planungshierarchische Rückkopplungen sind nicht erkennbar. Angaben zum Umgang mit Zieldivergenzen zwischen den funktionalen Bereichen liegen nicht vor.

Die Planung des Projektes VHK erfolgt zwar mehrperiodig differenziert, allerdings ohne angemessene Berücksichtigung des zeitlichen Zahlungsanfalls. Zudem werden die Teilprobleme des Projektes VHK sachlich sukzessive geplant. Zielinterdependenzen werden nicht beachtet. Eine Überprüfung auf Ressourceninterdependenzen durch Kapazitätsabgleich mit entsprechenden Rückkopplungen erfolgt nur in Ansätzen für die Fertigung und speziell im Personalbereich, nicht jedoch für die Finanzierung sowie die Beschaffung und Logistik.

(b) Der Verwendung von Amortisationsdauer und internem Zinsfuß stehen grundsätzliche Bedenken entgegen, da im einen Falle die Projektergebnisse nach der Amortisationsdauer vernachlässigt werden und im anderen Falle die im internen Zinsfuß enthaltene Wiederanlageprämisse nicht realistisch ist (vgl. Troßmann [Investition] 102).

Im vorliegenden Fall ist wegen der differenzierten und über die Jahre schwankenden Finanzierungsbedingungen nicht einmal eine eingeschränkte Aussagekraft des internen Zinsfußes zur isolierten Vorteilhaftigkeit eines einzelnen Projektes gegeben. Zudem liegt der interne Zinsfuß von 6,5 %

zwar unter den Konditionen des Kreditrahmens und seiner Überziehung, jedoch deutlich über den sinnvollerweise ebenfalls zu verwendenden Konditionen der Anlage.

(c) Die Bereiche können mit einem Kalkulationszinssatz einen Kapitalwert für ihre Projekte ohne Rückfragen bei der Unternehmensleitung bzw. beim Finanzbereich bestimmen. Unter Umständen nützt ihnen ein Kalkulationszinssatz auch bei der Preisgrenzenkalkulation für ihre Produkte, sofern zusätzliche Aufträge zurechenbare Finanzierungskosten verursachen.

Grundsätzlich sollten es mehrere Kalkulationszinssätze sein, da für jede Periode eigene Bedingungen für Finanzbedarf und Finanzierungsmöglichkeiten vorliegen. Jedoch sollten innerhalb einer Periode für alle betrieblichen Bereiche einheitliche Zinssätze gelten, soweit alle mit den gleichen Finanzierungsmöglichkeiten auch den gleichen Knappheitsbedingungen unterliegen.

Hans Kodroll steht vor dem bereits von Trescherer beklagten Problem, dass die Finanzierungskonditionen und damit der Kalkulationszinssatz von den Einnahmenüberschüssen der potenziellen Projekte abhängen.

(d) Abb. I-12 vergleicht simultane und sukzessive Planungsmodelle anhand ausgewählter Merkmale:

Merkmale	simultaner Planungs-ansatz	sukzessiver Planungsansatz	
		mit Rück-kopplungen	ohne Rück-kopplungen
Informationsverteilung	zentral	←——————→	dezentral
Berücksichtigung von Interdependenzen	hoch	←——————→	gering
Komplexität der Planung	hoch	←——————→	gering
Zeitbedarf der Planung	abhängig von Durchführungsaspekten		
Umsetzbarkeit der Planung	hoch	←——————→	gering
Motivationswirkung und Akzeptanz der Planung	gering	←——————→	hoch
Elastizität der Planung	gering	←——————→	hoch

Abb. I-12: Vergleich simultaner mit sukzessiven Planungsmodellen

Kodrolls Ansatz liegt dabei zwischen einer rein simultanen und einer rein sukzessiven Planung, da Interdependenzen zwischen den Teilplanungen durch die Rückkopplung in der zusätzlichen Planungsrunde zumindest teilweise berücksichtigt werden können. Mit der Anzahl der Rückkopplungen steigt die Abstimmungsgüte, gleichzeitig nimmt jedoch der Planungsaufwand zu. Unter Umständen kann dieser sogar über dem Aufwand bei Simultanplanung liegen.

Fallstudie 2: RadelRoll GmbH

Koordination in der rollenden Planung

Problembeschreibung:

Die RadelRoll GmbH produziert seit längerer Zeit und mit Erfolg das Standardfahrradmodell *Tourenradler*. Dessen Verkaufszahlen steigen seit Jahren unabhängig von den Moden des Fahrradmarktes kontinuierlich an. Hinzu kam nach einer Grundsatzentscheidung zur strategischen Diversifizierung vor drei Jahren das sportliche Modell *Rennradler* für den ambitionierten Fahrer. Die beiden Typen wurden in den vergangenen drei Jahren in folgenden Mengen hergestellt und abgesetzt:

Jahr	Rennradler	Tourenradler
01	20.000 Stück	44.000 Stück
02	24.000 Stück	46.000 Stück
03	28.800 Stück	48.000 Stück

Die Gesamtplanung der RadelRoll GmbH beruht auf den Absatzmengen der beiden Modelle und enthält sowohl Jahres- als auch Quartalswerte. Ihre Jahrespläne erstellt sie jährlich immer für die nächsten vier Jahre jeweils auf 100 Stück genau. Bei ihrer Planung für die Jahre 04 bis 05 ging die RadelRoll GmbH davon aus, dass sich die Entwicklung der vergangenen drei Jahre mit einer starken Wachstumsrate für die Rennradler sowie konstanten Zuwächsen bei den Tourenradlern in diesen Jahren fortsetzt.

An die grundsätzliche Festlegung der Gesamtmengenplanung schließt sich zunächst eine verfeinerte Quartalsplanung, an diese wiederum Planungen der einzelnen Abteilungen der RadelRoll GmbH an. Für diese sind folgende Einzelheiten bekannt:

Die Quartalspläne rechnen immer für die nächsten vier Quartale mit jeweils exakten Mengen. Für die einzelnen Quartalsmengen haben sich in den letzten Jahren regelmäßige saisonale Schwankungen herauskristallisiert. Das erste Quartal weist immer durchschnittliche Absatzmengen auf, während im zweiten und dritten Quartal um jeweils 10 % höhere und im vierten Quartal um 20 % niedrigere Absatzmengen erzielt werden.

In der **Absatzabteilung** wurden für das Jahr 04 Listenpreise von 330 € für das Modell Rennradler sowie 230 € für die Tourenradler festgelegt. Am Ende des ersten Quartals 04 stellt sich heraus, dass 9.200 Stück des Modells Rennradler abgesetzt wurden, die hohe Wachstumsrate der Vorjahre also noch übertroffen wurde. Da der Absatzbereich keine Anzeichen für eine Nachfrageabschwächung sieht, soll die höhere Wachstumsrate auch in die anstehende reguläre Überarbeitung der Quartalsplanung bis zum ersten Quartal des Jahres 05 einfließen.

Die RadelRoll GmbH bezieht für die Rennradler spezielle Schaltsysteme von der Gango AG, wobei jeder Rennradler ein Schaltsystem benötigt. Aufgrund der Absatzvorgaben für 04 konnte die **Beschaffungsabteilung** als Kunde mit stark wachsenden Absatzmengen mit der Gango AG einen Rahmenvertrag über eine Grundmenge von 35.000 Schaltsystemen im Jahr 04 zu Vorzugskonditionen abschließen. Dieser Rahmenvertrag verpflichtet die RadelRoll GmbH zur Abnahme von mindestens 95 % der Grundmenge. Sofern die genaue Absatzmenge, die sich im Laufe des Jahres durch die quartalsweisen Bestellungen ergibt, um höchstens 5 % von dieser Grundmenge abweicht, berechnet die Gango AG der RadelRoll GmbH einen Vorzugspreis von 25 € je Schaltsystem. Für darüber hinaus gehende Mengen gilt der Normalpreis von 35 € je Schaltsystem. Um die Kapitalbindung gering zu halten, will die Beschaffungsabteilung die Quartalsbestellungen so festlegen, dass nach Möglichkeit kein Lager aufgebaut wird. Für die Jahresbestellungen ist wichtig, dass die RadelRoll GmbH keine Vorjahresbestände an Schaltsystemen einsetzen will, überzählige Schaltsysteme aber kostenlos entsorgen kann.

Auch der **Fertigungsabteilung** wird die Absatzplanung als Grundlage für die Fertigungsplanung vorgegeben. Dort werden die Fahrradrahmen geschweißt, lackiert und endmontiert. Der Zeitbedarf beträgt für das Schweißen eines Rennradlers 11 Minuten, für das Lackieren 9 Minuten und für die Montage 20 Minuten. Für einen Tourenradler betragen die Arbeitszeiten 7 Minuten für das Schweißen, 8 Minuten für das Lackieren sowie 15 Minuten für die Montage. Die Kapazitäten der Fertigungsanlagen reichen für die voraussichtlichen Fertigungsmengen des Jahres 04 aus. Bei weiter wachsenden Mengen wäre für das Jahr 05 eine Kapazitätserweiterung zu prüfen.

Bisher sind in der Fahrradfertigung 28 Mitarbeiter beschäftigt, die planmäßig durchschnittlich jeweils 1.670 Stunden im Jahr arbeiten und denen für diese Stunden der Lohn auch garantiert wird. Die RadelRoll GmbH rechnet mit einem Fertigungskostensatz von 50 € je Stunde. Für Überstunden gilt ein Zuschlag von 30 %. Soweit fixe Kosten der Personalverwaltung anfallen, sind sie in den allgemeinen Fixkosten der Unternehmung enthalten.

C. Roll, der **Geschäftsführer** der RadelRoll GmbH, geht neben den bereits genannten Materialkosten für Schaltsysteme der Rennradler und den Fertigungskosten von weiteren variablen Stückkosten von 235 € bei Rennradlern sowie 195 € bei Tourenradlern aus. Für diese Kosten und bei den von der Absatzabteilung geplanten Preisen erwartet er einen auskömmlichen Deckungsbeitrag. Er rechnet für Jahr 04 mit produktartfixen Kosten von 300.000 € für die Rennradler und 200.000 € für die Tourenradler sowie mit weiteren Fixkosten auf Unternehmensebene in Höhe von 1.000.000 €.

Angesichts der erfreulichen Akzeptanz der bisherigen beiden Modelle durch die Kunden fasst C. Roll eine Erweiterung der Produktpalette um ein Modell *Stadtradler* oder ein Modell *Bergradler* ins Auge. Da er noch die Entwicklung des laufenden Jahres abwarten will, verschiebt er diese Grundsatzentscheidung jedoch auf das Ende des Jahres 04. Zu Beginn des Jahres 05 könnten die einzelnen Abteilungen diese Entscheidung dann in ihren Planungen berücksichtigen und mit den übrigen strategischen Produkt- und Abteilungsplanungen für die nächsten Jahre abstimmen.

Aufgabenstellung zu Fallstudie 2 (RadelRoll GmbH):

Aufgabe 1: Kennzeichnung der Planung

(a) Kennzeichnen Sie die Planung der RadelRoll GmbH allgemein. Inwieweit erfüllt sie die Merkmale einer rollenden Planung? Stellen Sie die zeitliche Abfolge der Teilplanungen grafisch dar.

(b) Welche Prognosetechniken werden verwendet?

Aufgabe 2: Durchführung der Absatzplanung

(a) Führen Sie die ursprüngliche Absatzplanung für die Jahre 04 bis 07 sowie für die Rennradler die Quartalsplanung für das Jahr 04 durch.

(b) Versetzen Sie sich in den Informationsstand am Ende des ersten Quartals. Aktualisieren Sie mit den Absatzzahlen des ersten Quartals 04 die Planung der folgenden vier Quartale für den Rennradler. Legen Sie für das erste Quartal 05 die Wachstumsrate des ersten Quartals 04 gegenüber dem gleichen Vorjahresquartal zugrunde.

(c) Welches Problem entsteht für die Planung der RadelRoll GmbH?

Aufgabe 3: Beurteilung von Rahmenverträgen in der Beschaffung

Die Beschaffungsabteilung verhandelt nun über eine Verlängerung des Rahmenvertrages für das Jahr 05. Wegen der weiter steigenden Mengen können niedrigere Preise durchgesetzt werden, und zwar 32 € als Normalpreis bei Überschreiten der Grundmenge um mehr als 5 % und 23 € als Vorzugspreis. Offen ist die Höhe der jährlichen Grundmenge, die auf Lose zu je 5.000 Schaltsysteme genau festzulegen ist. Die Quartalsbestellungen hingegen können auch genauer ausfallen.

(a) Welche Grundmenge an Schaltsystemen für den Rennradler soll im Rahmenplan 05 festgeschrieben werden, wenn man von der ursprünglichen Jahresplanung ausgeht?

(b) Zwar liegt noch kein aktualisierter Jahresplan für das Jahr 05 vor, doch zeichnen sich ja für das Modell Rennradler bereits höhere Absatzmengen ab. Geben Sie jeweils an, für welche Absatzmenge eine Grundmenge von 40.000 Schaltsystemen, von 45.000 Schaltsystemen oder von 50.000 Schaltsystemen optimal wäre.

Aufgabe 4: Personal- und Kostenplanung in der Fertigung

Die Fertigungsabteilung möchte zusätzliche Mitarbeiter einstellen, um mit der steigenden Nachfrage nach Rennradlern Schritt halten zu können, denn zusätzlich zur Normalarbeitszeit sind höchstens 5 % Überstunden zulässig.

(a) Planen Sie die Fertigungskosten für das ursprüngliche Produktionsprogramm des Jahres 04 und die bisherige Zahl von 28 Mitarbeitern.

(b) Hätte es sich gelohnt, bereits zu Beginn des Jahres 04 einen zusätzlichen Mitarbeiter einzustellen?

(c) Für das Jahr 05 plant die Fertigungsabteilung mit 32 Mitarbeitern, doch befürchtet sie Engpässe wegen der unsicheren Absatzmengen bei Rennradlern. Stellen Sie daher fest, ab welcher Absatzmenge von Rennradlern sich ein zusätzlicher Mitarbeiter lohnt.

Aufgabe 5: Koordination sachlich differenzierter Teilpläne

Angesichts der unterschiedlichen Planungen in den einzelnen Abteilungen befürchtet C. Roll Kapazitäts- und Planabstimmungsprobleme. Er möchte daher die Einzelprobleme mit einem umfassenden Planungsmodell erfassen. Um die Nützlichkeit des Modell erst einmal zu testen, soll dies zunächst nur auf Grundlage der Planung für das Jahr 04 geschehen.

(a) Ziel des Planungsmodells ist ein möglichst hoher Gesamtdeckungsbeitrag. Bestimmen Sie dazu die Stückdeckungsbeiträge der beiden Fahrradmodelle.

(b) Formulieren Sie die Nebenbedingungen eines Planungsmodells, das die Grundmenge des Beschaffungsrahmenvertrages für die Schaltsysteme, die Mitarbeiterzahl der Fertigungsabteilung sowie die Absatzmengen auf einen möglichst hohen Deckungsbeitrag hin ausrichtet. Vernachlässigen Sie dabei die Vereinbarung, dass mindestens 95 % der Grundmenge zu bezahlen sind. Rechnen Sie mit Absatzobergrenzen von 35.000 Rennradlern und 50.000 Tourenradlern und legen Sie Ihrem Modell die zu maximierende Zielfunktion

$$D = 70x_R + 35x_T - 50 \cdot 1.670x_M - 65x_{\ddot{U}} - (35 - 25) \cdot (x_R - 1{,}05 \cdot 5.000 \cdot x_G) \cdot (1 - v)$$

sowie die folgenden Variablen zugrunde:

x_R: Absatzmenge Rennradler

x_T: Absatzmenge Tourenradler

x_M: Anzahl Mitarbeiter in der Fertigung

$x_{\ddot{U}}$: Anzahl der Überstunden

x_G: Anzahl der Lose in der Grundmenge für Schaltsysteme

v: Binärvariable mit $v = 0$ im Falle des Überschreitens der Grundmenge um mehr als 5 %.

(c) Die Zielfunktion aus b beachtet nicht, dass mindestens 95 % der Grundmenge zu bezahlen sind. Formulieren Sie eine neue Zielfunktion, die dies berücksichtigt.

(d) Beurteilen Sie die Anwendbarkeit Ihres Modells im vorliegenden Fall. Gehen Sie dabei auch auf die Plankoordination und die rechentechnische Lösbarkeit ein.

Aufgabe 6: Preisplanung für den Rennradler

Der Außendienst darf auf die Listenpreise der Rennradler Preisnachlässe bis zu 10 % gewähren. Rückfragen im Vertrieb ergeben, dass die Planmenge der

Rennradler für das Jahr 04 bei einem durchschnittlichen Abschlag von 3 % auf den Listenpreis gilt. Bei einem durchschnittlichen Abschlag von 6 % könnte sogar eine 5 % höhere Menge abgesetzt werden. Größere Abschläge erlauben auch entsprechend größere Mengensteigerungen, ohne Preisnachlässe sind jedoch nur 95 % der Planmenge absetzbar.

(a) Bestimmen Sie eine Preis-Absatz-Funktion für den Rennradler.

(b) Passen Sie Ihr Planungsmodell an diese Preis-Absatz-Funktion an.

(c) Welcher Prohibitivpreis ergibt sich bei dieser Preis-Absatz-Funktion. Was nützt er C. Roll für die Preisplanung?

Aufgabe 7: Preisgrenzenplanung für den Außendienst

Mit seinem Modell und zusätzlichen Erwägungen kommt C. Roll zu dem Ergebnis, dass für das Jahr 04 eine Beschäftigung von 29 Mitarbeitern in der Fertigung und ein Rahmenvertrag über 35.000 Schaltsysteme aus Sicht der Gesamtunternehmung optimal sind, wenn ein Absatz von 34.600 Rennradlern und 50.000 Tourenradlern geplant wird. Sorgen bereiten ihm allerdings die hohen Preisnachlässe im Außendienst bei Rennradlern.

(a) Bestimmen Sie den Planerfolg nach diesen Vorgaben mit einer Deckungsbeitragsrechnung. Gehen Sie in Ihrer Rechnung von einem durchschnittlichen Abschlag von 3 % auf die Listenpreise von Rennradlern aus.

(b) Bestimmen Sie ausgehend von der Planmenge die Preisuntergrenzen aufgrund der Kostensituation der RadelRoll GmbH für bis zu 5.000 zusätzliche Rennradler.

(c) Beurteilen Sie die Vorteilhaftigkeit von Preisnachlässen im vorliegenden Fall.

Lösungshinweise zu Fallstudie 2 (RadelRoll GmbH):

Aufgabe 1: Kennzeichnung der Planung

(a) Die RadelRoll GmbH geht planungshierarchisch deduktiv und unternehmungsorganisatorisch gemäß einer Top-down-Planung vor. Dies zeigt sich in der Herleitung von Quartalsplänen aus übergeordneten Jahresplänen und der Entwicklung von Abteilungsplanungen erst nach der strategischen Grundsatzentscheidung für neue Produkte. Sachlich handelt es sich um eine sukzessive Festlegung der Gesamtabsatzmenge und anschließend der funktionalen Teilpläne ohne ersichtliche Rückkopplungen.

Die Planung ist zweistufig und verfügt über ineinander geschachtelte Teilplanungen mit unterschiedlicher zeitlicher Reichweite und eigenen Fortschreibungsrhythmen:

1. Stufe: Planung für vier Jahre mit Jahreswerten, auf 100 Stück genau;

2. Stufe: Planung für vier Quartale mit Quartalswerten, genaue Mengen.

Diese Vorgehensweise erfüllt damit die Merkmale einer rollenden Planung. Abb. I-13 zeigt ihre zeitliche Struktur:

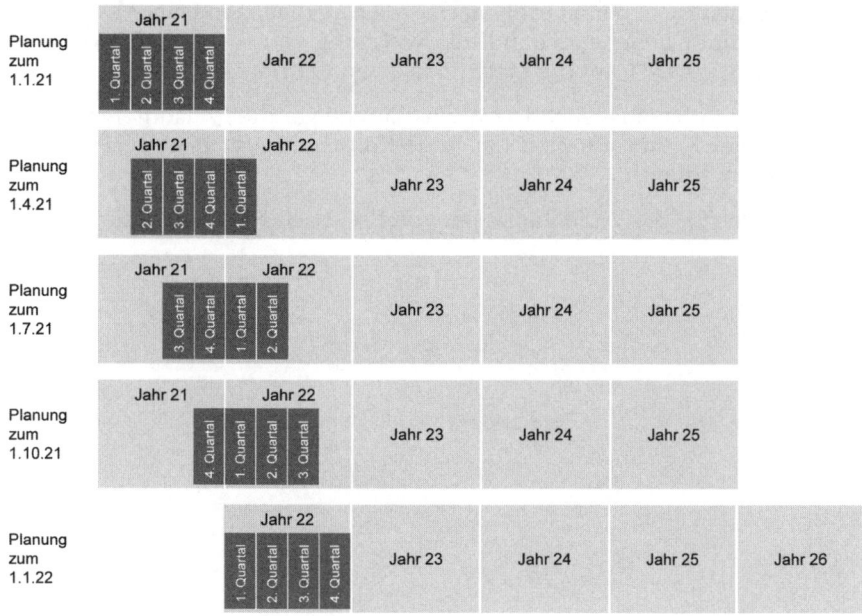

Abb. I-13: Struktur der rollenden Planung der RadelRoll GmbH

(b) Bei der RadelRoll GmbH lassen sich folgende Prognosetechniken identifizieren (zu Einzelheiten vgl. Troßmann [Investition] 59 ff.; Brockhoff [Prognosen] 759 ff.):

▪ Trendextrapolation der Jahresabsatzmengen
  Tourenradler mit linearem Trend: + 2.000 Stück im Jahr,

Rennradler mit gleichbleibender Wachstumsrate: +20 % im Jahr.
Der Rennradlerabsatz wächst damit exponentiell;

▪ Indikatorprognose mit Gliederungszahlen für Quartalswerte. Diese ergeben sich als Spezialisierung aus den Jahresprognosewerten durch Annahme einer speziellen Aufteilung;

▪ kausale Prognose des Bedarfs an Schaltsystemen, der Arbeitszeit sowie der Arbeitskosten durch Annahme einer ursächlichen Abhängigkeit von den Absatzmengen.

Aufgabe 2: Absatzplanung der RadelRoll GmbH

(a) Eine Fortschreibung der bisherigen Wachstumsraten bzw. Zuwachszahlen ergibt folgende Jahresplanung:

Jahr	Rennradler	Tourenradler
04	34.600 Stück	50.000 Stück
05	41.500 Stück	52.000 Stück
06	49.800 Stück	54.000 Stück
07	59.800 Stück	56.000 Stück

Zur ursprünglichen Quartalsplanung der Rennradler siehe Teilfrage b.

(b) Die Berücksichtigung der saisonalen Schwankungen führt zu folgender Quartalsplanung:

Quartal	Rennradler ursprünglich	Rennradler aktualisiert
I / 04	8.650 Stück	9.200 Stück
II / 04	9.515 Stück	10.120 Stück
III / 04	9.515 Stück	10.120 Stück
IV / 04	6.920 Stück	7.360 Stück
Summe	34.600 Stück	36.800 Stück
I / 05	---	11.756 Stück

(c) Nach der Berücksichtigung der aktuelleren Quartalszahlen gibt es für den gleichen Planungszeitraum (Quartal I / 05 und auch der gesamte Zeitraum bis zu diesem Quartal) mehrere Prognosewerte mit unterschiedlicher Prognosegrundlage, da sie einerseits auf der übergeordneten und unveränderten Gesamtplanung, andererseits auf den aktuelleren Quartalswerten beruhen.

Die Differenz zwischen dem

neuen Planwert für Q I / 05: $9.200 \cdot (4 \cdot 9.200 / 28.800) = 11.756$ Stück

und dem bisherigen Planwert: $41.500 / 4 = 10.375$ Stück

ergibt eine Abweichung von 1.381 Stück bzw. immerhin 13,3 %.

Dabei ist nicht von vornherein klar, welche Prognose verlässlicher ist. Selbst wenn die aktuellere Prognose verlässlicher scheint, ist sie vor einer Weitergabe an die übrigen Abteilungen eigens zu prüfen, da (zu) häufige Plananpassungen sowohl den Planungsaufwand erhöhen als auch die Glaubwürdigkeit und Akzeptanz der Planung unterminieren können. Diese Wirkungen sind gegen die Verbesserung der Planungsgrundlage abzuwägen.

Aufgabe 3: Beurteilung von Rahmenverträgen in der Beschaffung

(a) Die ursprüngliche Bedarfsprognose gibt 41.500 Schaltsysteme an. Als Rahmenvertragsalternativen kommen daher die Grundmengen 40.000 oder 45.000 Schaltsysteme bzw. 8 oder 9 Lose in Frage. Zu ihrer Beurteilung sind ihre Kosten zu vergleichen:

bei Grundmenge   40.000 Stück: $41.500 \cdot 23\,€ = 954.500\,€$
                   45.000 Stück: $95\,\% \cdot 45.000 \cdot 23\,€ = 983.250\,€.$

Beide Alternativen unterscheiden sich in den Kosten der höheren Kapitalbindung und dem Lagerplatzbedarf. Beides hängt von den detaillierteren Quartalsplanungen für Anlieferung und Bedarf ab.

(b) Für jede Grundmenge X lassen sich für die Kosten der Schaltsysteme drei Intervalle für den Bedarf x angeben. Im ersten Intervall (für $x \leq 0{,}95 \cdot X$) sind jedenfalls 95 % des Einstandspreises der Grundmenge zu bezahlen, im zweiten Intervall (für $0{,}95 \cdot X < x \leq 1{,}05 \cdot X$) gilt der Vorzugspreis 23 €, im dritten Intervall (für $x > 1{,}05 \cdot X$) gilt der Normalpreis 32 € je Schaltsystem. Im Einzelnen führt dies je nach Bedarf zu den Kostenfunktionen der folgenden Tabelle:

Intervall des Bedarfs an Schaltsystemen	Kosten bei der Grundmenge		
	40.000 Stück	45.000 Stück	50.000 Stück
$x \leq 38.000$	874.000	$23 \cdot 45.000 \cdot 0{,}95$ $= 983.250$	$23 \cdot 50.000 \cdot 0{,}95$ $= 1.092.500$
$38.000 < x \leq 42.000$	$23 \cdot x$		
$42.000 < x \leq 42.750$	$966.000 +$		
$42.750 < x \leq 47.250$		$23 \cdot x$	
$47.250 < x \leq 47.500$	$+ 32 \cdot (x - 42.000)$		
$47.500 < x \leq 52.500$		$1.086.750 +$ $+ 32 \cdot (x - 47.250)$	$23 \cdot x$
$52.500 < x$			$1.207.500 +$ $+ 32 \cdot (x - 52.500)$

Gesucht sind die genauen Break-even-Mengen für den Übergang von einer Grundmenge auf die nächsthöhere. Es handelt sich um einen Verfahrensvergleich (vgl. zu diesem Problemtyp Schweitzer/Troßmann [Break-even-Analysen] 76 ff.). Es gilt für den Wechsel:

- von Grundmenge 40.000 auf 45.000 (bzw. 8 auf 9 Lose):

$$966.000 + 32 \cdot (x_{8,9} - 42.000) = 983.250$$

und damit: $x_{8,9} \approx 42.539$ Stück

- von Grundmenge 45.000 auf 50.000 (bzw. 9 auf 10 Lose):

$$1.086.750 + 32 \cdot (x_{9,10} - 47.250) = 1.092.500$$

und damit: $\qquad x_{9,10} \approx 47.430$ Stück.

Bei expliziter Berücksichtigung der Kapitalbindung verschieben sich diese Grenzen noch geringfügig nach oben. Da mit einem Jahresbedarf von 41.500 Schaltsystemen geplant wird, sollte die RadelRoll GmbH einen Rahmenvertrag über 40.000 Schaltsysteme abschließen.

Falls trotz des Planwertes Unsicherheit über den tatsächlichen Bedarf besteht, etwa wegen der starken Expansion und weil die Break-even-Menge vergleichsweise nahe an der Planmenge liegt, könnte versucht werden, die Entscheidung mit Hilfe von Wahrscheinlichkeitsschätzungen für den Bedarf an Schaltsystemen zu untermauern.

Aufgabe 4: Personal- und Kostenplanung in der Fertigung

(a) Die Fertigungskosten setzen sich aus den fixen Kosten für die Normalarbeitszeit sowie gegebenenfalls den Kosten für Überstunden zusammen:

Modell	Rennradler	Tourenradler
Zeitbedarf	40 Min./Stück	30 Min./Stück
· ursprüngliche Planmenge	34.600 Stück	50.000 Stück
Zeit je Modell	23.067 Std.	25.000 Std.
Gesamtzeit	48.067 Std.	
Anzahl der Mitarbeiter	28 MA à 1.670 Std.	
Kosten für Normalzeit	46.760 Std. · 50 €/Std. =	2.338.000 €
Kosten für Überstunden	1.307 Std. · 65 €/Std. =	84.955 €
Fertigungskosten mit 28 MA		2.422.955 €

(b) Mit einem zusätzlichen Mitarbeiter ergibt sich eine Normalarbeitszeit von 29 MA · 1.670 Std./MA = 48.430 Std. Die Kosten betragen 2.421.500 €. Sie sind somit niedriger als die Fertigungskosten bei 28 Mitarbeitern. Zu demselben Ergebnis führt ein Vergleich der zusätzlichen Kosten eines Mitarbeiters von 1.670 Std. · 50 €/Std. = 83.500 € mit den Kosten für Überstunden für die vorhandenen Mitarbeiter. Zudem bietet der zusätzliche Mitarbeiter eine Restkapazität (von 363 Std.), die durch seine garantierte Normalbezahlung bereits abgedeckt ist.

(c) Bei 32 Mitarbeitern beträgt die Normalarbeitszeit 53.440 Std. Nach Abzug der Arbeitszeit für die Tourenradler verbleiben für Rennradler:

53.440 Std. – 52.000 · 0,5 Std. = 27.440 Std. bzw. 41.160 Rennradler.

Zu vergleichen sind Kosten für Überstunden mit Normalarbeitszeitkosten. Wenn für die zusätzliche Arbeitszeit x_A gilt:

$$65 \cdot x_A \geq 1.670 \cdot 50 \quad \text{bzw.} \quad x_A \geq 1.670 \cdot 50 / 65 = 1.285 \text{ Stunden,}$$

dann lohnt sich ein neuer Mitarbeiter. Dies entspricht 1.927 zusätzlichen Rennradlern bzw. einer Gesamtmenge von 43.087 Rennradlern im Jahr 05.

Aufgabe 5: Koordination sachlich differenzierter Teilpläne

(a) Der Deckungsbeitrag vor Fertigungskosten und höheren Normalkosten für Schaltsysteme beträgt

bei Rennradlern: $\qquad$ $330 - 235 - 25 = 70\ €$

und bei Tourenradlern: $\qquad$ $230 - 195 \qquad = 35\ €.$

Eine Berücksichtigung der Fertigungskosten in den Stückdeckungsbeiträgen ist entscheidungslogisch nicht sinnvoll, da die zu bezahlende Arbeitszeit wegen des garantierten Lohns für 1.670 Stunden nicht zwangsläufig mit der Zahl der Fahrräder variiert, sondern von eigenen Entscheidungen über Mitarbeiterzahl und Überstunden abhängt.

(b) Das Optimierungsmodell lautet mit den Angaben des Jahres 04:

$$D = 70x_R + 35x_T - 50 \cdot 1.670x_M - 65x_{\ddot{U}} - (35\text{-}25) \cdot (x_R - 1{,}05 \cdot 5.000 \cdot x_G) \cdot (1\text{–}v) \to \max!$$

unter den Nebenbedingungen

$x_{\ddot{U}} \geq 40 \cdot x_R/60 + 30 \cdot x_T/60 - 1.670 \cdot x_M$	(Anzahl der Überstunden)
$0 \leq x_{\ddot{U}} \leq 0{,}05 \cdot 1.670 \cdot x_M$	(Grenze der Überstunden)
$(x_R - 5.000 \cdot x_G) \cdot v \leq 0{,}05 \cdot 5.000 \cdot x_G$	(Überschreiten der Grundmenge)
$0 \leq x_R \leq 35.000;\ 0 \leq x_T \leq 50.000$	(Absatzgrenzen)
$x_M, x_G \in \mathbb{N};\quad v \in \{0, 1\}.$	

Zielgünstig ist es, wenn die Binärvariable v den Wert eins annimmt. Dies ist nur dann möglich, wenn die Grundmenge um höchstens 5 % überschritten wird.

(c) Eine korrigierte Zielfunktion D^{neu} lautet beispielsweise:

$$D^{neu} = 70x_R + 35x_T - 50 \cdot 1.670x_M - 65x_{\ddot{U}} - (35 - 25) \cdot (x_R - 1{,}05 \cdot 5.000 \cdot x_G) \cdot (1 - v) +$$
$$- \max\{0;\ 25 \cdot (0{,}95 \cdot 5.000 \cdot x_G - x_R)\}$$

(d) Das vorgestellte Modell ist ein simultaner Planungsansatz mit der gleichzeitigen Berücksichtigung aller Teilprobleme anstelle der bisherigen sukzessiven Vorgehensweise ohne Rückkopplungen. Dies ermöglicht tendenziell eine bessere Plankoordination, aber auch eine geringere Autonomie, die eventuell auch die Motivation der Abteilungen verringert.

Rechentechnisch handelt es sich um ein gemischt-ganzzahliges Modell mit zwei ganzzahligen Variablen für Kapazitätsentscheidungen (x_M, x_G) und einer Binärvariablen (v), die prüft, ob die Grundmenge um mehr als 5 % überschritten wird oder nicht. Solche Modelle sind im allgemeinen schwer lösbar (vgl. Neumann/Morlock [OR] 380). Im vorliegenden Fall könnte die Lösung vergleichsweise leicht fallen, da für die ganzzahligen Variablen nur wenige Werte in Frage kommen (etwa $x_M \in \{28, 29, 30\}$ und $x_G \in \{6, 7, 8\}$). Für jede dieser Variablenkombinationen kann separat eine lineare Planungsrechnung durchgeführt und daraus die beste Alternative gewählt werden.

Aufgabe 6: Preisplanung für den Rennradler

(a) Mit diesen Informationen lässt sich für die Rennradler eine lineare Preis-Absatz-Funktion der Form $x_R = f(p) = a \cdot p + b$ mit p als Absatzpreis eines Rennradlers formulieren:

Angabe	Preis	Absatz von Rennradlern
1	0,94 · 330 € = 310,20 €	36.330 Stück
2	0,97 · 330 € = 320,10 €	34.600 Stück
3	1,00 · 330 € = 330,00 €	32.870 Stück

Beispielsweise ergibt sich aus den Angaben 1 und 3 für den Steigungskoeffizienten a und den Achsenabschnitt b:

$$a = \frac{36.330 - 32.870}{310,20 - 330,00} = -174,7475$$

b = 36.330 + 310,20 · 174,7475 = 90.536,67.

Damit lautet die Preis-Absatz-Funktion für Rennradler:

f(p) = 90.536,67 − 174,7475 · p.

(b) Mit der Preis-Absatz-Funktion lautet die Zielfunktion des Gesamtplanungsmodells:

$$D^{neu} = (p - 260) \cdot (90.536,67 - 174,7475 \cdot p) + 35x_T - 50 \cdot 1.670x_M - 65x_Ü +$$
$$- (35 - 25) \cdot (90.536,67 - 174,7475 \cdot p - 1,05 \cdot 5.000 \cdot x_G) \cdot (1 - v) +$$
$$- \max\{0; 25 \cdot (0,95 \cdot 5.000 \cdot x_G - 90.536,67 + 174,7475 \cdot p)\}$$

Auch in den Nebenbedingungen ist x_R durch $90.536,67 - 174,7475 \cdot p$ zu ersetzen. Die bisherige Absatzobergrenze von 35.000 Rennradlern kann entfallen.

(c) Die Preis-Absatz-Funktion erlaubt die simultane Bestimmung des Angebotspreises und der Absatzmenge. Die Absatzgrenze hängt damit vom Angebotspreis nach Rabatten ab. Gilt die Preis-Absatz-Funktion nicht nur im Bereich der bisherigen Planmengen, sondern generell, so ergibt sich ein Prohibitivpreis von 518,10 €, über dem kein Rennradlerabsatz mehr möglich ist. Jedoch sind bei derart stark vom ursprünglichen Listenpreis abweichenden Preisen einerseits die Gültigkeit der Linearitätsannahme und andererseits die preisstrategische Positionierung des Rennradlers zu prüfen, so dass der Nutzen des so bestimmten Prohibitivpreises vermutlich eher gering ist. Alternativ wäre eine eigenständige Preis-Absatz-Prognose für andere Preisbereiche sinnvoll.

Aufgabe 7: Preisgrenzenplanung für den Außendienst

(a) Die Berechnung des Planerfolges mit einer mehrstufigen Deckungsbeitragsrechnung zeigt Abb. I-14. Von der üblichen Einordnung der Fertigungslöhne als variable Kosten wird hier wegen der garantierten Normallöhne abgesehen. Variabel sind allenfalls die Überstundenlöhne. Jene fallen jedoch

Modell	Rennradler	Tourenradler
Nettoerlös	320,10 €	230,00 €
– Einzelkosten des Schaltsystems	– 25,00 €	
– sonstige variable Kosten	– 235,00 €	– 195,00 €
Stückdeckungsbeitrag (vor Fertigungskosten)	60,10 €	35,00 €
· Menge	34.600 Stück	50.000 Stück
Deckungsbeitrag I	2.079.460 €	1.750.000 €
– produktartfixe Kosten	– 300.000 €	– 200.000 €
Deckungsbeitrag II	1.779.460 €	1.550.000 €
Deckungsbeitragssumme II	3.329.460 €	
– Fertigungskosten (29 MA)	– 2.421.500 €	
– unternehmensfixe Kosten	– 1.000.000 €	
Planerfolg (Planverlust)	– 92.040 €	

Abb. I-14: Berechnung des Planerfolges mit einer Deckungsbeitragsrechnung

nicht für die Gesamtmengen, sondern allenfalls für Grenzfahrräder bzw. bei der Kalkulation von Zusatzaufträgen an.

(b) Preisuntergrenzen für bis zu 5.000 zusätzliche Rennradler gegenüber einer Planbeschäftigung von 34.600 Rennradlern und 50.000 Tourenradlern bei 29 Mitarbeitern:

Begründung	Preis-unter-grenze	zusätzlicher Stück-deckungs-beitrag	in Pro-zent des Listen-preises	kumulierte maximale Zusatz-menge	neue Gesamt-menge
freie Kapazität (363,3 Std.)	260,00 €	70,00 €	21 %	545 Stk.	35.145 Stk.
Überstunden	303,33 €	26,67 €	8 %	2.150 Stk.	36.750 Stk.
Mehrkosten für Schaltung	313,33 €	16,67 €	5 %	4.177 Stk.	38.777 Stk.
Verdrängung Tourenradler	316,67 €	13,33 €	4 %	5.000 Stk.	39.600 Stk.

Die maximalen Zusatzmengen ergeben sich durch

- die freie Kapazität: $363,3 \text{ Std.} \cdot \dfrac{3 \text{ Stk.}}{2 \text{ Std.}} = 545 \text{ Stk.}$,

- die Schaltungen zum Vorzugspreis: $35.000 \cdot 1,05 - 34.600 = 2.150$,

- die Begrenzung der Überstunden auf $0,05 \cdot 29 \cdot 1.670 = 2.421,5 \text{ Std.}$

Sie betragen daher insgesamt $2.421,5 \text{ Std.} \cdot \dfrac{3 \text{ Stk.}}{2 \text{ Std.}} + 545 \text{ Stk.} = 4.177 \text{ Stk.}$

Für höhere Zusatzmengen ist ohne Kapazitätserweiterungen auf Touren-radler zu verzichten. Bei Verdrängung eines Tourenradlers entgehen ge-messen an dessen ursprünglicher Kalkulation 35 €/Stk. bzw. 70 €/Std. an Deckungsbeitrag. Ein Rennradler benötigt 40 Min. bzw. 2/3 Std. und sollte daher $2/3 \cdot 70 € = 46,67 €$ Deckungsbeitrag erzielen. Zusammen mit den variablen Kosten von 235 € + 35 € = 270 € ergibt dies eine Preisuntergrenze von 316,67 €.

Im Fall von Überstunden beträgt der Grenzdeckungsbeitrag für Touren-radler 35 – 0,5 · 65 = 2,50 € je Stück bzw. 5 €/Std. Ein Rennradler sollte für 40 Min. also mehr als 5 € · 2/3 = 3,33 € zusätzlich verdienen.

(c) Die obige Tabelle zeigt, dass größere Nachlässe auf den Listenpreis nur für sehr kleine Mengen vorteilhaft sind. Bei größeren Mengen steigt die Preis-untergrenze an, der zusätzliche Deckungsbeitrag gemessen am Planpro-gramm sinkt und somit auch mögliche noch vorteilhafte Rabatte.

Wichtig ist insbesondere, ob Rabatte für die gesamte Absatzmenge gewährt werden müssen, oder ob es der RadelRoll gelingt, durch differenzierte Ab-satzpreise einen Teil des möglichen Zusatzgewinns abzuschöpfen. Gelten die Preis-Absatz-Zusammenhänge aus Aufgabe 6 für die gesamte Absatz-menge, so ergeben sich an den Grenzen der aus Kostensicht interessanten Mengenintervalle die Preise, durchschnittlichen Rabatte (gerundet) und Gewinne gemäß der folgenden Tabelle.

Menge	Grenz-kosten	Preis	Rabatt (gerundet)	Umsatz	variable Kosten	Gewinn (Verlust)
32.870 Stk.	260,00 €	330,00 €	0 %	10.847.100 €	8.546.200 €	129.400 €
34.600 Stk.	260,00 €	320,10 €	3 %	11.075.460 €	8.996.000 €	– 92.040 €
35.145 Stk.	260,00 €	316,98 €	4 %	11.140.262 €	9.137.700 €	– 168.938 €
36.750 Stk.	303,33 €	307,80 €	7 %	11.311.650 €	9.624.545 €	– 484.395 €
38.777 Stk.	313,33 €	296,20 €	10 %	11.485.747 €	10.259.665 €	– 945.417 €
39.600 Stk.	316,67 €	291,49 €	12 %	11.543.004 €	10.520.284 €	–1.148.780 €

Nach diesen Preisgrenzenüberlegungen in Verbindung mit der Preis-Ab-satz-Funktion ist es für die RadelRoll GmbH nicht vorteilhaft, die Mengen-expansion durch Rabatte zusätzlich voranzutreiben, sondern es sollten eher Preiserhöhungen geprüft werden.

Höhere Rabatte könnten im vorliegenden Fall allenfalls aus anderen, bis-lang nicht beachteten Gründen Vorteile bieten, beispielsweise wenn bisher nicht eigens ausgewiesene auftragsspezifische Kosten identifiziert werden können. Dann wäre die Kostenrechnung bzw. Kalkulation entsprechend anzupassen (vgl. Fallstudie 5, S. 77).

Kapitel II: Entscheidungsorientierte Erfolgsinformationen

1. Überblick

■ **Themenschwerpunkte**

Entscheidungsorientierte Informationsaufbereitung
- Gestaltung der betrieblichen Kosten- und Leistungsrechnung
- Struktur von Rechensystemen auf Teilkostenbasis
- Überblick über die betriebliche Erfolgsrechnung
- Datenmodellierung als Grundlage einer EDV-gestützten Kosten- und Leistungsrechnung

Kosten- und Leistungsinformationen für das betriebliche Management
- Entscheidungsorientierte Absatzerfolgsanalyse mit Deckungsbeiträgen über relative Einzelkosten
- Kostenplanung und Kalkulation in der Grenzplankostenrechnung
- Typische Anwendungsfälle von Prozesskostenrechnungen: Kostenanalysen und Variantenkalkulation

■ **Grundlegende Literatur**

Kilger, Wolfgang, Jochen *Pampel* und Kurt *Vikas:*	[Plankostenrechnung] Flexible Plankostenrechnung und Deckungsbeitragsrechnung. 13. Aufl., Wiesbaden 2012.
Riebel, Paul:	[Einzelkosten] Einzelkosten- und Deckungsbeitragsrechnung. Grundfragen einer markt- und entscheidungsorientierten Unternehmensrechnung. 7. Aufl., Wiesbaden 1994.
Schweitzer, Marcell und Hans-Ulrich *Küpper:*	[Systeme] Systeme der Kosten- und Erlösrechnung. 10. Aufl., München 2011.
Troßmann, Ernst:	[Rechnungswesen] Internes Rechnungswesen. In: Betriebswirtschaftslehre. Hrsg. von H. Corsten und M. Reiß. 4. Aufl., München, Wien 2008, S. 99–220.
Troßmann, Ernst und Alexander *Baumeister:*	[Rechnungswesen] Internes Rechnungswesen. München 2013 (im Druck).

2. Grundlagen zur betrieblichen Erfolgsrechnung

a) Leistungen und Kosten als zentrale Erfolgsinformationen

Entscheidungen zur Gestaltung betrieblicher Prozesse und Teilbereiche erfordern Informationen über deren Erfolgswirkung. Sie sind vom **internen Rechnungswesen** zu erbringen. Dazu gehören insbesondere die **Investitionsrechnung** (siehe Kapitel VII) sowie die **Kosten-** und **Leistungsrechnung.** Während erstere auf Zahlungsgrößen abstellt, sind es bei der Kosten- und Leistungsrechnung bewertete sachzielbezogene Güterverbräuche und -entstehungen einer betrieblichen Maßnahme oder einer Periode. Bereits in der Abgrenzung der Erfolgsgrößen interner Rechnungen zu denjenigen des externen Rechnungswesens zeigt sich die Unterstützung betrieblicher Führungsentscheidungen. Die entscheidungsorientierte Gestaltung solcher betrieblichen Informationssysteme zählt daher zu den zentralen Aufgaben des Controlling.

Einer der Zwecke der Kosten- und Leistungsrechnung ist es, Informationen über den Erfolg des Produktionsprozesses bereitzustellen. Dazu gehören produktbezogene Informationen, etwa die in der **Kalkulation errechneten Stückkosten** (siehe Kapitel V), der Artikelerfolg oder ein interner Wert selbsterstellter Leistungen. Ein zweiter Bereich sind stellenbezogene Kostenprognosen und -budgets (siehe Kapitel III) zur Planung und Kontrolle der Wirtschaftlichkeit in abgegrenzten Verantwortungsbereichen. Je nach Ausrichtung handelt es sich dabei um eine Prognose- oder eine Standardkostenrechnung. Während im einen Fall die künftigen Kosten vorhergesagt werden, sind im anderen Fall Budgets als Kostenvorgaben für die betriebliche Steuerung gesucht.

Aus dem Entscheidungsbezug einer Kosten- und Leistungsrechnung folgt das Relevanzprinzip, nach dem nur Informationen bereitgestellt werden, in denen sich die zu beurteilenden Alternativen unterscheiden können. Entscheidungsrelevant sind Kosten und Leistungen, die künftig entstehen, noch beeinflussbar und alternativenspezifisch sind. Entscheidungen setzen Kosten- und Leistungsprognosen voraus. Grundlage von Kostenprognosen sind Kostenhypothesen. In ihrer genauesten quantitativen Form handelt es sich um **Kostenfunktionen.** Sie bilden den Zusammenhang zwischen der Kostenhöhe und ihren Einflussgrößen in mathematisch präziser Formulierung ab. Die Kostenplanung basiert häufig auf wenigen, einfach erfassbaren Bezugsgrößen, etwa der Produktionsmenge oder der Produktionszeit. Hintergrund vereinfachter Berechnungen sind grobe Kategorisierungen der Kosten. Die wichtigste dieser Einteilungen ist die in Einzel- und Gemeinkosten. Sie richtet sich nach der Zurechenbarkeit auf die Bezugsgrößen. Nach der Veränderlichkeit wird gemäß Abb. II-1 zwischen (bezugsgrößen-)fixen und (bezugsgrößen-)variablen Kosten unterschieden (vgl. Troßmann [Rechnungswesen] 122). Bei geeigneter Bezugsgrößenwahl erweisen sich in bestimmten Fällen variable Kosten als entscheidungsrelevant und Fixkosten als entscheidungsirrelevant (siehe Kapitel VI). Eine Kostenkategorisierung führt auch zu den Rechnungssystemen auf **Teilkostenbasis:** Da eine Zurechnung sämtlicher Kosten auf die Kalkulationsobjekte **(Vollkostenrechnung)** zu Fehlentscheidungen führen kann, werden nur bestimmte Kostenteile zugerechnet. Als produktorientierte Steuerungsgröße interessiert dann der **Stückdeckungsbeitrag** als Differenz von Verkaufserlös und diesen Teilkosten.

Gliederungskriterium	Kosten		
Zurechenbarkeit auf eine Ausbringungsmengeneinheit	direkt: Einzelkosten	indirekt: Gemeinkosten	
		unechte	echte
	(hinsichtlich der Ausbringungsmenge)		
Abhängigkeit von der Ausbringungsmenge	(ausbringungsmengen-) variable Kosten	(ausbringungsmengen-) fixe Kosten	

Abb. II-1: Ausgewählte Möglichkeiten der Kostenkategorisierung

Die Kosten- und Leistungsrechnung umfasst eine Kostenarten-, Kostenstellen- und Kostenträgerrechnung. Abb. II-2 (Troßmann [Rechnungswesen] 155) zeigt schematisch den Fluß der Kostenrechnungsdaten über die drei kostenrechnerischen Hauptkomponenten. Zweck der **Kostenartenrechnung** ist die vollständige und systematisierende Kostenerfassung. Die Gemeinkosten der Produkte werden in der **Kostenstellenrechnung** auf Kostenstellen verteilt. In der **Kostenträgerrechnung** schließlich werden die Kosten stückbezogen (so in der Kalkulation) oder zeitbezogen (so in der Kostenträgerzeitrechnung) definierten Kostenträgern zugerechnet. Die Kostenträgerzeitrechnung ist die zentrale Komponente der Betriebsergebnisrechnung.

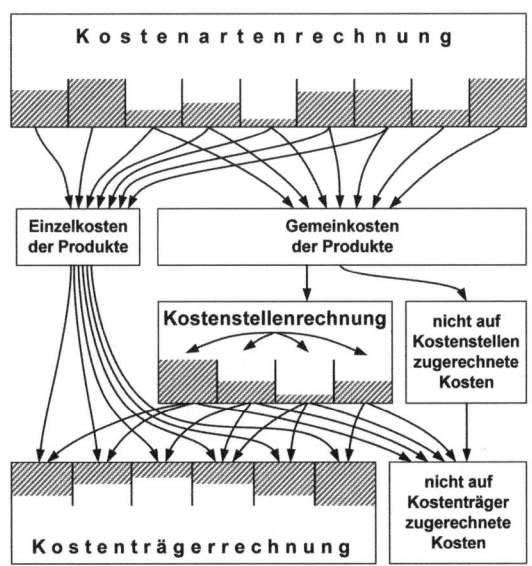

Abb. II-2: Standardstruktur der Kostenerfassung und -verteilung

b) Die Rechnung mit relativen Einzelkosten und Deckungsbeiträgen

Die Rechnung mit relativen Einzelkosten und Deckungsbeiträgen geht auf Paul Riebel zurück. Charakteristisch ist ihre Entscheidungsorientierung. Im Mittelpunkt stehen betriebliche Handlungsalternativen sowie die zugehörigen Umsetzungsmaßnahmen. Entscheidungsorientierte Kosten sind nach Riebel die durch die betreffende Entscheidung ausgelösten zusätzlichen Ausgaben; analog werden Erlöse definiert. Kosten und Erlöse werden nur dann einander gegenübergestellt, wenn sie auf dieselbe Entscheidung zurückgeführt werden können **(Identitätsprinzip).** Damit setzt die Kosten- und Erlöszurechnung eine Analyse der betrieblichen Entscheidungsobjekte voraus. Sie können je nach Entscheidungssituation und Auswertungserfordernissen zu unterschiedlichen **Bezugsobjekthierarchien** zusammengestellt werden. Zwei Beispiele sind in Abb. II-3 (Riebel [Einzelkosten] 178 ff.) dargestellt. Kosten und Erlöse werden dann dem am tiefsten in der Hierarchie stehenden Entscheidungsobjekt zugerechnet, das noch eine direkte Zuordnung ermöglicht. Da die Zuordnung von der betrachteten Bezugsobjekthierarchie abhängt, spricht man von relativen Einzelkosten und -erlösen. Sie führen zu **relativen Deckungsbeiträgen** der einzelnen Bezugsobjekte. Die für einen bestimmten Zielgewinn mindestens nötigen Deckungsbeiträge können als **Deckungsbudget** der Gesamtunternehmung oder Teileinheiten mit Entscheidungsbefugnis (Profit Centers) vorgegeben werden.

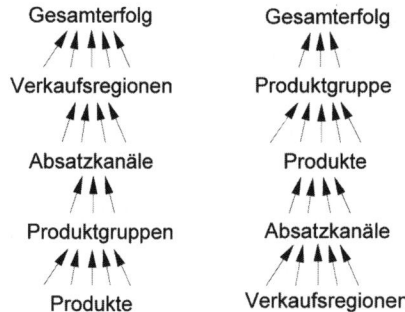

Abb. II-3: Beispiele absatzorientierter Bezugsobjekthierarchien

Bezugsobjekthierarchien sind (je nach inhaltlicher Ausrichtung) auch mögliche Gliederungsprinzipien in der sogenanten Grundrechnung der Kosten. Jene ist eine kombinierte Kostenarten-, Kostenstellen- und Kostenträgerrechnung und stellt sich in tabellarischer Form im **Kostensammelbogen** dar, der im System Riebels den herkömmlichen Betriebsabrechnungsbogen ersetzt. In seinen Zeilen sind die nach Kategorien differenzierten Kosten aufgeführt, in den Spalten die einzelnen Elemente der Bezugsobjekthierarchie. Bei der Differenzierung von Kostenkategorien ist wichtig, ob und in welchem Ausmaß die Kosten disponibel sind. Abb. II-4 zeigt die typische Einteilung Riebels ([Einzelkosten] 151). Statt variabler und fixer Kosten unterscheidet er sogenannte Leistungs- und Bereitschaftskosten. **Leistungskosten** sind als mengenvariable Kosten vom realisierten Leistungsprogramm abhängig und ändern sich mit Art, Menge oder Preis der Produkte. **Bereitschaftskosten** entstehen dagegen mengenunabhängig dann, wenn Voraussetzungen einer Leistungserstellung und -verwertung geschaffen werden.

Die Trennung zwischen periodischen **Grundrechnungen** und fallweisen **Auswertungsrechnungen,** etwa zur Optimierung des Absatzprogramms, ermöglicht einen flexiblen Einsatz des Rechnens mit relativen Einzelkosten. Aufgabe des Controlling bei der Konzeption der Grundrechnung ist es, darauf zu achten, dass die hier erfassten Kosten-, Erlös- und Potenzialdaten durch solche

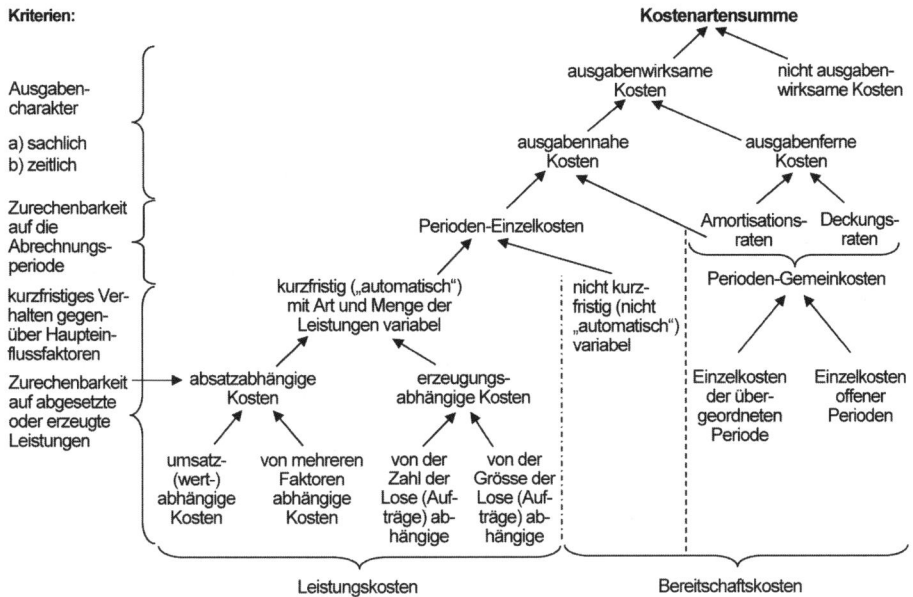

Abb. II-4: Beispiel für Kostenkategorien

Merkmale gekennzeichnet sind, die für mögliche Auswertungsrechnungen relevant sein könnten. Außerdem soll eine übermäßige Datenaggregation unterbleiben. Dies gelingt zum Beispiel durch geeignet gestaltete Erfassungsmasken der EDV-Eingabe. Beispielsweise kann die Datenspeicherung voraussetzen, dass festgelegte Pflicht-Eingabefelder bearbeitet sind. So ist für eine spätere Erfolgsauswertung einzelner Absatzkanäle die Hinterlegung der Vertriebswegdaten bei der Fakturierung nötig. Damit werden mehrdimensionale Informationselemente abgebildet. **Relationale Datenbanken** unterstützen auf diese Weise eine flexible Berichtsgenerierung. Situationsabhängig zusammengestellte **Berichte** (siehe Kapitel III) können durch entsprechende Merkmalseingabe aus der Datenbank gespeist werden.

c) Die Grenzplankostenrechnung nach Kilger

Die Grenzplankostenrechnung nach Kilger unterstützt typische Planungszwecke (vgl. Kilger/Pampel/Vikas [Plankostenrechnung]). Ein Schwerpunkt der Grenzplankostenrechnung liegt in der Kostenstellenplanung. Charakteristisch ist die detaillierte Analyse der betrieblichen Kostenentstehung. Die Abbildung in **Kostenfunktionen** erfordert die Definition geeigneter Kostenbestimmungsgrößen. Da die Grenzplankostenrechnung eher auf kurzfristige Planungsprobleme gerichtet ist, kann sich die Kostenanalyse auf Produktionsmengen- und -strukturentscheidungen bei festgelegten Rahmenbedingungen konzentrieren.

Lassen sich die Kosten einer Kostenstelle mit nur einer Kostenbestimmungsgröße erklären, so handelt es sich um **homogene Kostenverursachung**. Dies kann bei Einproduktfertigung zutreffen oder dann, wenn andere Kosteneinflussgrößen für die Planperiode bereits festgelegt sind oder mehrere davon zueinander proportional sind. So gelingt eine eindimensionale Kostenabbildung einer mehrdimensionalen Ausbringung häufig über die Verwendung der Produktfertigungszeiten als Indexgröße. **Heterogene Kostenverursachung** liegt vor, wenn die Abbildung des Kostenzusammenhangs mehrerer Kostenbestimmungsfaktoren bedarf. Gründe hierfür können in den Produkteigenschaften **(produktbedingte Heterogenität)** oder in unterschiedlich möglichen Produktionsverfahren **(verfahrensbedingte Heterogenität)** liegen.

Grundlegend für die Grenzplankostenrechnung ist das Arbeiten mit linearen Kostenfunktionen. Durch das Auftreten einer Vielzahl verschiedener Produktionsmengen und -zeiten in den einzelnen Kostenstellen sowie bei heterogener Kostenverursachung gegebenenfalls auch weiterer Einflussgrößen sind die verwendeten Kostenfunktionen prinzipiell mehrvariablig. Es wird aber angenommen, dass sie in einzelne Teilfunktionen zerlegbar **(separabel)** sind, die alle mit nur einer einzigen Variable auskommen und zudem linear sind. Daher haben die Kostenfunktionen mit den Kostenbestimmungsgrößen b_i (i = 1, 2, ..., n) in der Grenzplankostenrechnung allgemein die Gestalt

$$K = K_0^f + \overbrace{\underbrace{(K_1^f}_{\text{Fixkosten}} + \underbrace{k_1^v \cdot b_1)}_{\text{variable Kosten}}}^{\text{einvariablige Kostenfunktion}} + (K_2^f + k_2^v \cdot b_2) + ... + (K_n^f + k_n^v \cdot b_n)$$

(vgl. Troßmann [Kilger] 232). Nichtlineare Kostenverläufe lassen sich durch lineare Teilstücke approximieren. Kilger favorisiert eine **analytische** Ermittlung von Kostenfunktionen, indem jede Kostenart einer Kostenstelle einzeln auf ihre Abhängigkeiten hin untersucht und danach eine gemeinsame Kostenfunktion der Stelle ermittelt wird. Die zentrale Rolle spielen somit geeignete Kostenbestimmungsgrößen. Auf ihnen fußen Kostenplanung und -vorgabe zu Beginn der Planperiode sowie Kosten- und Erfolgskontrolle nach Ablauf der Planperiode. Dies verdeutlicht der in Abb. II-5 (Troßmann [Rechnungswesen] 192) dargestellte Ablauf der stellenbezogenen Rechnung.

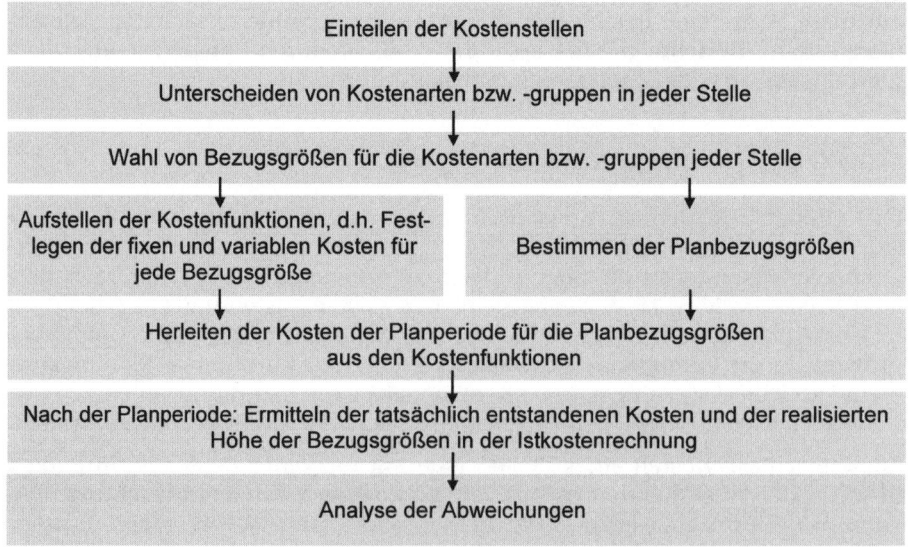

Abb. II-5: Ablaufschritte der Grenzplankostenrechnung nach Kilger

Als Hauptbestimmungsgröße kommt in erster Linie die Kostenstellenleistung in Frage. Soweit möglich, wählt man eine quantitative Maßgröße für die Ausbringung der Stelle. Scheidet eine derartige **direkte Bezugsgröße** aus oder erscheint deren Erhebung als nicht vertretbar, geht man auf **indirekte Bezugsgrößen** über. Die einzelnen Möglichkeiten und Gesichtspunkte der Bezugsgrößenwahl sind in Abb. II-6 zusammengestellt.

Arten der Kostenverursachung		
homogen Alle kostenbestimmenden Größen einer Kostenstelle lassen sich auf eine einzige Bezugsgröße b zurückführen, so dass einvariablige Kostenfunktionen vorliegen: $K = K^f + k^v \cdot b$. Es werden folgende Fälle unterschieden:		
Einprodukt-fertigung	Proportionalität unabhängiger Einflussgrößen	Vorabfestlegung aller weiterer Einflussgrößen
heterogen Mehrere Bezugsgrößen b_i bestimmen die Kostenhöhe. Nach der Seperabilitätsannahme sind die mehrvariabigen Kostenfunktionen jedoch in einvariablige zerlegbar: $$K = K_0^f + \sum_{i=1}^{n}(K_f^i + k_i^v \cdot b_j)$$		
produktbedingte Heterogenität		**verfahrensbedingte Heterogenität**
Produkteigenschaften verhindern den Einsatz nur einer Bezugsgröße, z. B. aufgrund unterschiedlicher Fertigungszeit-Gewichts-Relationen oder Materialarten und -mischungen je Produkt.		Mehrere Bezugsgrößen sind nötig, da dieselbe Produktionsleistung auf verschiedene Weise mit unterschiedlichen Kosten erbringbar ist. Beispiele sind Serienproduktion, Mehrstellenarbeit, intensitätsmäßige Anpassung, Überstundenarbeit.
Bezugsgrößen **direkte Bezugsgrößen**		**indirekte Bezugsgrößen**
Die Produktionsergebnisse der Kostenstelle, soweit sie quantitativ messbar sind, können unmittelbar als Bezugsgrößen dienen.		Indirekte Bezugsgrößen werden bei nicht oder nur unverhältnismäßig aufwendig messbarem Produktionsergebnis verwendet, z. B. für geplante Beiträge einzelner Kostenarten.

Abb. II-6: Bezugsgrößenwahl der Grenzplankostenrechnung nach Kilger

d) Die Prozesskostenrechnung

Im Mittelpunkt der Prozesskostenrechnung stehen die Prozesskosten: die Kosten, die für betriebliche Prozesse anfallen. Für Entscheidungszwecke ist sie als Teilkostenrechnung in folgenden vier Schritten aufzubauen:

(1) Prozessabgrenzung:

Grundlegend ist eine gegenüber der herkömmlichen Betrachtung tiefere Untergliederung der Kostenstellen. Die entstehenden Untereinheiten werden als **Prozesse** angesehen. Bei ihrer Abgrenzung ist zu beachten, über welche Teilbereiche überhaupt eigenständig entschieden werden kann und für welche von ihnen Kosten feststellbar sind. Bei einer durchgängigen Prozesskostenrechnung kommen alle betrieblichen Prozesse in Frage. Dies können einerseits stückbezogene Produktprozesse sein, also die Abfolge aller

Arbeitsgänge, die zur Herstellung eines Absatzproduktes erforderlich sind. Andererseits können sich Kunden- oder Auftragsprozesse über alle Schritte von der Anbahnung eines möglichen Auftrags bis hin zu seinem Abschluss erstrecken. Je nach Anwendungsfall kann die Unterscheidung von Teilprozessen sinnvoll sein, die in verschiedenen Kostenstellen ablaufen. Werden Prozesskostenrechnungen ergänzend zu anderen Kostenrechnungen betrieben, konzentrieren sie sich typischerweise auf Sekundärleistungsprozesse, so etwa Materialeingangsprüfung oder Reklamationsbearbeitung.

(2) Cost-Driver-Festlegung:

Cost Driver sind Bezugsgrößen, von denen die Häufigkeit der Prozesse hinreichend verlässlich abhängt. Kriterien für die Anzahl der Cost Driver sind die Realisierbarkeit eines eigenständigen Kostenausweises, die Relevanz der Kostenhöhe sowie die Korrelation zwischen verschiedenen potenziellen Cost Drivern. Im Standardfall wirken mehrere Cost Driver additiv auf einen Prozess. Dann handelt es sich um mehrvariablige Kostenfunktionen, wobei der Genauigkeitszuwachs regelmäßig mit jedem weiteren zusätzlichen Cost Driver abnimmt. Umgekehrt kann ein Cost Driver auf mehrere Prozesse wirken. Für die Entscheidungsanalyse günstig sind Cost Driver, die vom Entscheider beeinflusst werden können; doch kommen auch andere (umweltabhängige) Cost Driver in Frage.

(3) Bestimmung der Cost-Driver-Rate:

Die Cost-Driver-Rate gibt an, wie sich die Kosten des betrachteten Prozesses ändern, wenn der Cost Driver variiert. Im Regelfall werden sie als **konstant** angenommen, also proportionale Kostenabhängigkeiten vorausgesetzt. Cost-Driver-Raten können prozessspezifisch oder prozessübergreifend angegeben werden.

(4) Kostenprognose:

Zur Kostenprognose für einen Prozess, eine Produkteinheit, eine Produktart, einen Auftrag oder eine andere betrachtete Entscheidungsgröße werden die dafür geplanten Ausprägungen der Cost Driver festgestellt und mit den jeweiligen Cost-Driver-Raten multipliziert. Die Summe ergibt dann die **relevanten Kosten**.

In dieser Verfahrensabfolge sind, abgesehen von den speziellen Bezeichnungen, deutliche Ähnlichkeiten zur Grenzplankostenrechnung erkenbar. Dies betrifft vor allem die **Mehrvariabligkeit,** die **Linearität** und die **Additivität** der Kostenabhängigkeit eines Prozesses sowie ihre **Reproduktivität** über mehrere Prozessstufen hinweg. Die an eine betonte Prozess-Betrachtung orientierten Begrifflichkeiten machen es einfacher, den Ansatz unmittelbar zum (kostenstellenübergreifenden) Prozessmanagement heranzuziehen (vgl. Kloock [Prozesskostenmanagement]). Für Entscheidungen, die Cost Driver mit hohen Cost-Driver-Raten deutlich verändern, legt der Ansatz durch seine Aufgliederung sorgfältige Kosten-Leistungs-Abwägungen nahe. Cost Driver können damit als Steuerungsgrößen für Prozessdispositionen eingesetzt werden. Die **Steuerungswirkung** wird um so besser erreicht, je eher die Cost Driver tatsächlich disponible Größen der Unternehmung gegenüber unbeeinflussbaren Umweltvariablen abbilden. Abb. II-7 (Troßmann [Prozesskostenmanagement] 13) zeigt schematisch die Entstehungs- und Zurechnungsfolge in der Prozesskostenrechnung.

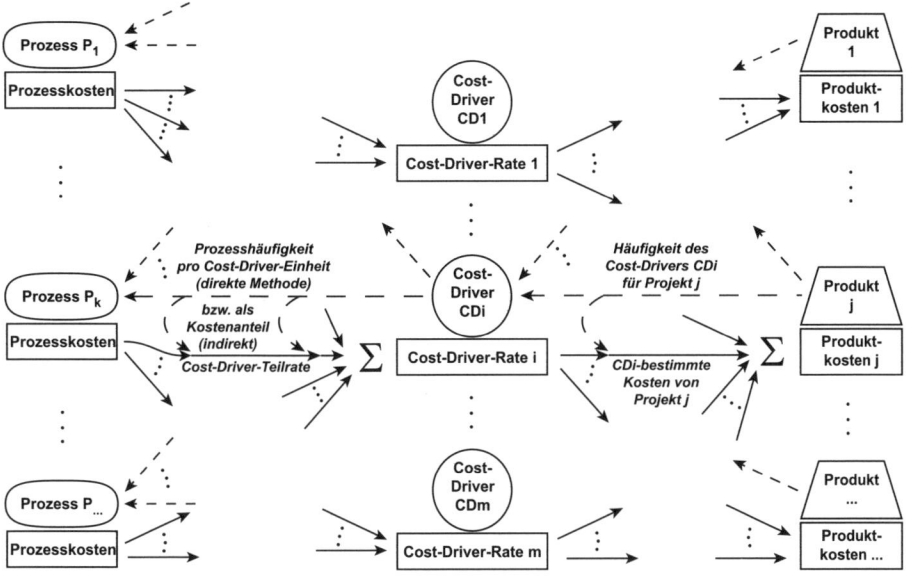

Abb. II-7: Prinzip der Prozesskostenrechnung

Differenzierte Cost Driver über mehrere Prozessstufen erlauben eine Anwendung der Prozesskostenrechnung auf vielfältige Entscheidungsprobleme. Dies sind etwa die Verfahrenswahl innerhalb eines Prozesses, die ablauforganisatorische Gestaltung bei gegebener Prozessstruktur oder die technische und organisatorische Gestaltung des Gesamtprozesses selbst. Soweit Prozesskosten mit einem Cost Driver nicht variieren, gehen sie als **Fixkostenblock** in eine **Break-even-Analyse,** eine **Deckungsbeitragsrechnung** oder eine allgemeine **Erfolgsrechnung** ein.

Fallstudie 3: Klettermax S.A.

Erfolgsanalysen mit der Einzelkosten- und Deckungsbeitragsrechnung

Problembeschreibung:

Die Klettermax S.A. veranstaltet in den Schweizer Alpen zwei verschiedene Bergtouren. Die Tour *Challenge* ist eine zweitägige Extrem-Tour mit dem Mountain-Bike, verbunden mit Steilwandklettern und Biwakübernachtung in luftiger Höhe. Die Tour *LuxuryAdventure* enthält einen Helikopterflug zu einem Wildwasser-Rafting sowie einen Bungee-Sprung in eine 150 Meter tiefe Schlucht am Rande eines Wasserfalls mit anschließendem Exklusivbuffet.

Die Klettermax S.A. teilt ihre Kunden nach den Herausforderungen bei beiden Touren in drei Kategorien ein:

- *Kinder*, die aufgrund der extremen Beanspruchung die Touren nicht in vollem Umfang mitmachen dürfen, dafür jedoch ein separates Unterhaltungsprogramm erhalten;

- Erwachsene, die *Anfänger* in einer der betroffenen Sportarten sind und daher zunächst eine Einweisung erhalten müssen;

- Erwachsene, die von Klettermax S.A. als *Profis* bezeichnet werden, da sie bereits die Einweisung bei früheren Touren erhalten haben.

Angaben zur Challenge-Tour:

Kostensituation der Challenge-Tour:

Die Kinder werden im ersten Tag durch eine Betreuerin (Person A) in einen nahe gelegenen Freizeitpark gefahren. Der von Klettermax S.A. zu entrichtende Eintrittspreis, der zur ganztägigen Benutzung sämtlicher Angebote im Park berechtigt, liegt bei 32 Schweizer Franken (sfr) inklusive Verpflegung je Kind. Da der Freizeitpark eine Aufsichtskraft stellt, kann Betreuerin A tagsüber parallel bei der Erwachsenentour mitarbeiten. Gegen Abend werden die Kinder wieder abgeholt und per Seilbahn auf das Bergplateau zu ihren Eltern gebracht, um ebenfalls in den Zelten zu übernachten. Für die Seilbahn-Benutzung fallen für Auf- und Abfahrt 14 sfr je Kind an, die Klettermax übernimmt. Den zweiten Tag verbringen die Kinder in einem Märchenpark mit Wildgehege. Für den Eintritt muss die Klettermax S.A. hier inklusive Verpflegung und Aufsicht durch die Parkbetreiber 25 sfr pro Kind entrichten. Der Einsatz der Betreuerin A ist prinzipiell wie am ersten Tag.

Insgesamt sind zwei Betreuer (A und B) für die *Challenge*-Tour eingeplant. Während die Betreuerin A die Kinder mit einem Fahrzeug der Klettermax S.A. zum Freizeitpark fährt, beginnt die Kraft B mit der Vorstellung der Tour bei einem kleinen Sektfrühstück. Hier erhält jeder Teilnehmer ein standardmäßig bestücktes Frühstückstablett, das die Klettermax S.A. für 9 sfr je Tablett anliefern lässt. Sobald die Betreuerin A von dem Freizeitpark zurück ist, beginnt die Einweisung für die Anfänger. Diese erhalten gratis von der Klettermax S.A. Schulungsmaterial sowie Berghaken zur Übung im Wert von 15 sfr je Anfänger. Währenddessen werden die Profis in ein nahes Silberbergwerk gefahren, das für 15 sfr Eintritt pro Person auch das Innere der Bergwelt greifbar machen soll. Wie üblich, übernimmt auch diesen Eintrittspreis die Klettermax S. A. Zurück beim Ausgangscamp startet die Tour zusammen mit den Anfängern und der Betreuungskraft B mit dem Mountain-Bike zur 60 Kilometer entfernten Kletterstelle. Dort holt Betreuer A die Mountain-Bikes mit einem Transporter ab und bringt sie zum Ausgangscamp, wo für 25.000 sfr Jahresmiete eine Lagerhalle für die Unterstellung angemietet ist.

Auf dem Plateau konnte vor einigen Jahren ein kleiner Schuppen für die Unterstellung der Zelte sowie eine Blockhütte mit Sanitärräumen und Schlafmöglichkeiten für schlechtes Wetter errichtet werden. Eine Fremdunternehmung übernimmt den Unterhalt der Blockhütte, insbesondere die Reinigung, für 6.000 sfr pro Jahr. Für die Wartung der Mountain-Bikes hat man einen Pauschalvertrag mit einer örtlichen Werkstatt abgeschlossen. Diese verpflichtet sich für 8.400 sfr pro Jahr, die Räder zu pflegen und zu reparieren. Die beiden Tourenbegleiter A und B erhalten ein Gehalt von jeweils 35.000 sfr pro Jahr, wobei quartalsweise Kündigungsfristen bestehen.

Nach der Übernachtung am Berg fahren auch die Erwachsenen mit der Seilbahn ab. Der Preis, den die Klettermax S. A. für die einfache Fahrt zahlt, liegt bei 8 sfr pro Person. Danach beginnt eine Rundwanderung, bei der in einer Hütte ein üppiges Mittagessen vorbestellt ist, für das Klettermax 27 sfr je Person inklusive Getränke entrichten muss. Am Spätnachmittag werden die Erwachsenen ebenso wie die Kinder mit dem Transporter wieder zum Ausgangscamp zurückgefahren. Damit endet die *Challenge*-Tour, es sei denn, die Reise war über die Reisebürokette Metzel gebucht, die als einzige bereit war, die Touren zu vermitteln und daher Besonderheiten in der Touren- und Preisgestaltung ausgehandelt hat.

So ist bei Buchung über das Reisebüro Metzel in dem Tourenpaket noch der Besuch einer Falknerei auf Burg Rutzenstein mit anschließender Rittermahlzeit enthalten. Die An- und Abfahrt wird mit den bekannten Transportern erledigt. Mit dem Burgbesitzer ist eine Jahrespauschale von 82.000 sfr vereinbart, unabhängig davon, wie viele Tourbesucher tatsächlich erscheinen. Enthalten ist auch die Fahrt mit einer Sesselliftbahn. Als besonderes Schmankerl wird in den Reiseprospekten von Metzel angepriesen, dass der Teil der Reisebürobucher, der als Berg-Profi einzustufen ist, die Steilwand zur Burg bezwingen kann. Um nicht komplette hochalpintaugliche Sicherheitsausrüstungen bereithalten zu müssen, bedient sich Klettermax hierfür der Dienste eines Konkurrenten, der 90 sfr pro Person von der Klettermax S. A. fordert.

Erlössituation der Challenge-Tour:

Der Grundpreis der Tour liegt bei 180 sfr pro Person. Kinder erhalten bei Buchung über Metzel eine Ermäßigung von 50 %, bei Direkt-Buchung sogar von 80 %. Das Reisebüro Metzel erhält eine Provision in Höhe von 10 % auf den Endverkaufspreis.

Prognostizierte Buchungszahlen der Challenge-Tour im Planjahr:

Buchungen über Reisebüro Metzel		Direktbuchungen	
Profis	1.000 Buchungen	Profis	1.150 Buchungen
Anfänger	750 Buchungen	Anfänger	850 Buchungen
Kinder	300 Buchungen	Kinder	350 Buchungen

Angaben zur LuxuryAdventure-Tour:

Kostensituation der LuxuryAdventure-Tour:

Für Kinder besteht ein ähnliches Programm wie bei der *Challenge*-Tour. Es fallen insgesamt 120 sfr je Kind für Eintrittspreise sowie Verpflegung an. Mit Metzel ist vereinbart, dass über Metzel gebuchten Kindern bereits vor Reisebeginn ein Helikoptermodell und ein Drei-D-Puzzle einer Alpenkette zugesandt wird. Hierfür entstehen Klettermax Kosten von 30 sfr je Set.

Sämtliche Erwachsene müssen aus rechtlichen Gründen, unabhängig von ihrer tatsächlichen Erfahrung zunächst eine Rafting-Einweisung erhalten. Diese übernimmt ein Kooperationspartner, der für die Einweisung inklusive einer Übungsfahrt 46 sfr pro Person von der Klettermax S. A. erhält. Auch das Bungee-Jumping wird durch ein darauf spezialisiertes Unternehmen durchgeführt. Der Klettermax S. A. entstehen hierfür Kosten in Höhe von 90 sfr pro Person. Am Bungee-Jumping nehmen alle Erwachsenen teil, außer Anfängern, die über das Reisebüro buchen, da für diese anstelle des Bungee-Sprungs ein Einführungskurs in Esoterik angeboten wird. Der Leiter des Esoterikkurses (Person C) ist fest angestellt. Er ist auch für die Tour-Abwicklung und den Transport der Kunden zuständig. Erwachsenen, die die Tour direkt buchen, wird zu Weihnachten im Jahr der Tour ein Kunstdruckkalender mit Werbebroschüren der Klettermax S. A. zugesandt. Die Kosten hierfür betragen 14 sfr pro versandtem Kalender.

Anfänger- und Profi-Touren werden von zwei Betreuern (C und D) begleitet, die beide festangestellt sind. Das Jahresgehalt des Tourbetreuers mit einer Fachausbildung für Esoterikkurse (C) liegt mit 47.920 sfr über dem des anderen (D) mit 42.360 sfr. Eine Kündigung ist quartalsweise möglich. Mit dem Unternehmen, das die Helikopterflüge durchführt, ist eine Jahrespauschale von 35.000 sfr vereinbart, unabhängig von der tatsächlichen Fluganzahl. Ebenso hat man mit dem Party-Service, der das Abschlussbuffet organisiert, eine Jahrespauschale von 15.000 sfr aushandeln können. Auch bei diesen Touren ist für die Metzel-Bucher ein separates Anschlussprogramm vorgesehen, das für 78.000 sfr pro Jahr von einer Fremdunternehmung durchgeführt wird. Vorgesehen ist hier die Teilnahme an einem Ritterturnier in einer Alpenburg und eine anschließende Rittermahlzeit mit Minnesängern.

Erlössituation der LuxuryAdventure-Tour:

Der Grundpreis der Tour liegt bei 420 sfr pro Person mit einer Kinderermäßigung von 50 %. Das Reisebüro Metzel erhält eine Provision von 20 % vom Endverkaufspreis. Profis, die direkt buchen, wird 15 % Preisnachlass auf den Grundpreis gewährt.

Prognostizierte Buchungszahlen der LuxuryAdventure-Tour im Planjahr:

Buchungen über Reisebüro Metzel		Direktbuchungen	
Profis	300 Buchungen	Profis	350 Buchungen
Anfänger	250 Buchungen	Anfänger	150 Buchungen
Kinder	200 Buchungen	Kinder	150 Buchungen

Sonstige Kosten der Klettermax S.A.:

Mit einer Werbeagentur ist ein Fünf-Jahres-Vertrag geschlossen, der die Erstellung und Verteilung von Faltwurfzetteln vorsieht, mit denen im regionalen Umfeld beide Touren für Direktbucher beworben werden. Die jährlichen Werbeausgaben liegen hierfür bei 7.000 sfr. Aus Erfahrung weiß man, dass aufgrund der regionalen Ausrichtung der Faltwurfaktion das Buchungsverhalten der Metzelkunden nicht beeinflusst werden kann und umgekehrt bei Metzel nur Kunden buchen, die über die Werbung von Metzel aufmerksam werden. Mit Metzel ist vereinbart, dass für Werbeaktionen, die Metzel organisiert, 103.000 sfr pro Jahr zur Verfügung gestellt werden.

Eine Angestellte, die die Buchungen entgegennimmt und die Buchhaltung erledigt, erhält als Halbtageskraft 18.000 sfr pro Jahr. Auch hier ist eine quartalsweise Kündigung möglich. Pro Jahr fallen ferner 10.400 sfr für Steuern, Versicherungen und Kraftstoffverbrauch der Transporter an. Die Wartung der Transporter ist an eine Werkstatt für 6.500 sfr pro Jahr vergeben. Die Transporter werden jährlich mit 18.000 sfr abgeschrieben. Die Miete für ein Büro in einem Container am Basiscamp beträgt 7.500 sfr pro Jahr. Die Verträge für die Transporterwartung und Büromiete sind jährlich kündbar.

Bislang erfolgt die Kostenzurechnung für die Kosten der Klettermax S.A. nach der in Abb. II-8 wiedergegebenen Bezugsobjekthierarchie.

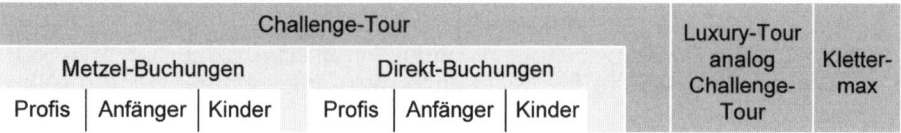

Abb. II-8: Kostenzurechnungsobjekte der Klettermax S.A.

Aufgabenstellung zu Fallstudie 3 (Klettermax S.A.):

Aufgabe 1: Absatzerfolgsanalyse

(a) Erläutern Sie am Beispiel der Klettermax S.A. die Bedeutung mehrdimensionaler Bezugsobjekte für die Analyse des Absatzerfolgs. Inwieweit ist dabei die Verwendung unterschiedlicher Bezugsobjekthierarchien im Fall der Klettermax S.A. sinnvoll?

(b) Skizzieren Sie denkbare Bezugsobjekthierarchien für die Analyse des Absatzerfolgs der Klettermax S.A.

Aufgabe 2: Grundrechnung der Kosten

(a) Erstellen Sie für die Klettermax S.A. eine Übersicht der Kosten für das Planjahr, indem Sie einen Kostensammelbogen mit den Zurechnungsobjekten der Abb. II-8 entwerfen. Unterscheiden Sie dabei Leistungs- und Bereitschaftskosten und differenzieren Sie beide Kostenkategorien so weit wie möglich tiefer. Erläutern Sie Ihre Differenzierungen und Zuordnungen der Kosten.

(b) Welche Probleme könnten bei der Zurechnung der Kosten nach dem Schema der Abb. II-8 auftreten? Gehen Sie insbesondere auf die Eignung der verwendeten Bezugsobjekthierarchie ein.

Aufgabe 3: Deckungsbeitragsrechnung

(a) Erläutern Sie, an welcher Stelle Abschreibungen in der Deckungsbeitragsrechnung nach *Riebel* eine Rolle spielen. Gibt es im Fall der Klettermax S. A. weitere Kosten, die ebenso zu behandeln sind?

(b) Erstellen Sie eine mehrstufige Deckungsbeitragsrechnung für die Klettermax S. A. Legen Sie dafür die im Kostensammelbogen angegebene Bezugsobjekthierarchie zugrunde.

(c) Erstellen Sie eine zweite mehrstufige Deckungsbeitragsrechnung für die Klettermax S. A. Der Aufbau soll sich nun nach folgendem Aufbau der Bezugsobjekthierarchie richten:

- an oberster Stelle wird nach Buchungsarten,

- an zweiter Stelle nach Tourenarten und

- an dritter Stelle nach Tourenteilnehmern unterschieden.

(d) Welche Empfehlungen können der Klettermax S. A. aufgrund der beiden mehrstufigen Deckungsbeitragsrechnungen für ihr Absatzprogramm gegeben werden? Erläutern Sie dabei auch die Voraussetzungen, an die Ihre Handlungsempfehlung gebunden ist.

(e) Angenommen, man habe dem Inhaber der Falknerei bereits mündlich zugesagt, sein Pauschalangebot auch im Planjahr in Anspruch zu nehmen. Wie würde sich dies auf ihre Empfehlung aus d auswirken?

Aufgabe 4: Auswertungsrechnungen mit Deckungsbudgets

(a) Was ist ein Deckungsbudget?

(b) Berechnen Sie ein kostenorientiertes Deckungsbudget der Klettermax S. A. und berücksichtigen Sie außerdem, dass ein Gewinn von 6.000 sfr angestrebt wird.

(c) Skizzieren Sie eine Übersichtsgrafik zur Deckungsbudget-Erreichung im Zeitablauf mit Plan- und Istkomponenten. Führen Sie dazu die erforderlichen Berechnungen durch. Nehmen Sie an, dass man Ende Juni bereits einen Deckungsbeitrag von 184.500 sfr realisiert hat. Treffen Sie im Übrigen – soweit erforderlich – weitere Annahmen, die Sie aber entsprechend erläutern. Welche Information erbringt eine derartige Rechnung?

Lösungshinweise zu Fallstudie 3 (Klettermax S. A.):

Aufgabe 1: Absatzerfolgsanalyse

(a) Eine Auswertung des Absatzerfolges nach verschiedenen Entscheidungs-
merkmalen setzt entsprechend differenzierte **Grundrechnungen** von
Kosten und Erlösen voraus, die flexible Berichtsstrukturen überhaupt erst
ermöglichen.

Im Fall der Klettermax S. A. ergeben sich drei mögliche Ansatzpunkte für
Gestaltungsentscheidungen: die beiden Tourvarianten, die beiden Absatzkanäle und die Teilnehmerdifferenzierung bei den Touren. Wichtig wird
eine Erfassung von Kosten und Erlösen nach verschiedenen, für spätere
Auswertungsrechnungen relevanten Merkmalen insbesondere, wenn sich
durch unterschiedliche Bezugsobjekthierarchien auch veränderte Zurech-
nungsmöglichkeiten von Kosten und Erlösen ergeben, so dass eine Entscheidung über entsprechend differenzierte Bezugsobjekte möglich wird.

Dies ist bei der Klettermax S. A. der Fall. So liegen aufgrund der jährlichen
Pauschalzahlungen für Metzel deutliche Kostenunterschiede in den Ab-
satzkanälen vor, gleichzeitig sorgen z. B. die gestaffelte Provisions- und
Rabattpolitik sowie beträchtliche tourenspezifische Jahreseinzelkosten dafür, dass auf jeder der drei Bezugsobjektstufen Entscheidungsbedarf auftreten kann. So kann etwa geprüft werden, ob die Tourenvarianten oder die
Absatzkanäle lohnend sind oder ob die vorgenommene Teilnehmerdifferenzierung sinnvoll ist. Für diese unterschiedlichen Entscheidungsaspekte
sind aufgrund der Zurechnungsunterschiede verschiedene Bezugsobjekthierarchien erforderlich. Dies bedarf einer Erfassung von Kosten- und
Erlösdaten zusammen mit Informationen für eine Zuordnung zu den drei
Bezugsobjekten. Beispielsweise setzt eine Entscheidung über den Absatz-
kanal eine direkte Zurechnung der Jahreseinzelkosten für Metzel zu diesem Absatzweg voraus, so dass die Bezugsobjekthierarchie auf oberster
Ebene die beiden Buchungsmöglichkeiten aufweisen muss.

(b) Abb. II-9 zeigt die möglichen Bezugsobjekthierarchien.

Aufgabe 2: Grundrechnung der Kosten

(a) Aufbau und Einzelwerte sind aus Abb. II-10 (S. 57) ersichtlich.

Leistungskosten sind kurzfristig mit Art und Menge des Leistungspro-
gramms variabel, das sich aus den angebotenen Touren zusammensetzt
(vgl. ausführlich Riebel [Einzelkosten] 150 ff.). Zu den absatzabhängigen
Leistungskosten zählen die Provisionen, die vom Umsatzwert abhängen.
Bei deren Ermittlung sind daher die gewährten Rabatte vorab als Erlös-
schmälerungen zu berücksichtigen, jedoch nicht in den Kostensammelbogen aufzunehmen. Die erzeugungsabhängigen Kosten hängen direkt
von der Anzahl in den Touren betreuter Personen ab.

Bereitschaftskosten fallen für den Aufbau und den Erhalt der Voraussetzungen für die Leistungserstellung an. Hier kann nach der zeitlichen Zurechenbarkeit der Kosten differenziert werden, so dass in der Regel zahl-

Bezugsobjekthierarchie 1:

Klettermax	Gesamtunternehmung	
Tourvariante	Challenge	LuxuryAdventure
Absatzkanal	Metzel Direkt	Metzel Direkt
Bucherart	Pro. Anf. Kin. Pro. Anf. Kin.	Pro. Anf. Kin. Pro. Anf. Kin.

Bezugsobjekthierarchie 2:

Klettermax	Gesamtunternehmung	
Absatzkanal	Metzel	Direkt
Tourvariante	Challenge Luxury	Challenge Luxury
Bucherart	Pro. Anf. Kin. Pro. Anf. Kin.	Pro. Anf. Kin. Pro. Anf. Kin.

Bezugsobjekthierarchie 3:

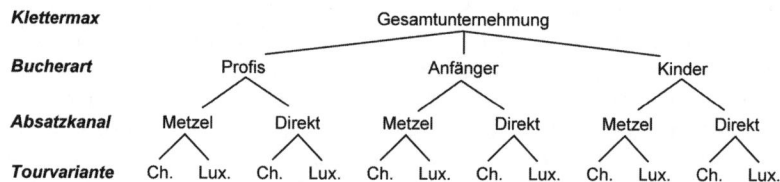

Klettermax	Gesamtunternehmung		
Bucherart	Profis	Anfänger	Kinder
Absatzkanal	Metzel Direkt	Metzel Direkt	Metzel Direkt
Tourvariante	Ch. Lux. Ch. Lux.	Ch. Lux. Ch. Lux.	Ch. Lux. Ch. Lux.

Bezugsobjekthierarchie 4:

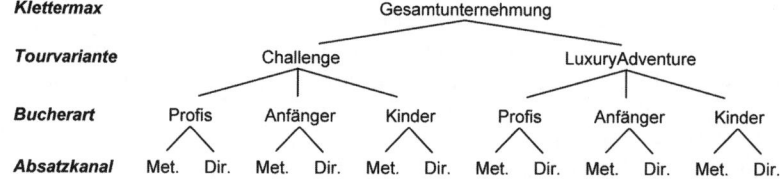

Klettermax	Gesamtunternehmung	
Tourvariante	Challenge	LuxuryAdventure
Bucherart	Profis Anfänger Kinder	Profis Anfänger Kinder
Absatzkanal	Met. Dir. Met. Dir. Met. Dir.	Met. Dir. Met. Dir. Met. Dir.

Bezugsobjekthierarchie 5:

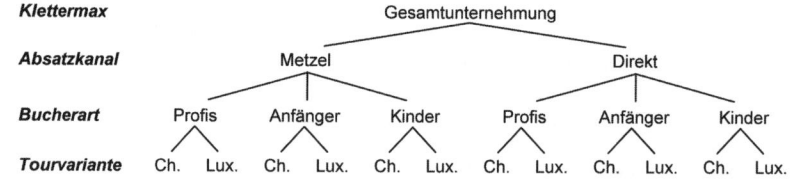

Klettermax	Gesamtunternehmung	
Absatzkanal	Metzel	Direkt
Bucherart	Profis Anfänger Kinder	Profis Anfänger Kinder
Tourvariante	Ch. Lux. Ch. Lux. Ch. Lux.	Ch. Lux. Ch. Lux. Ch. Lux.

Bezugsobjekthierarchie 6:

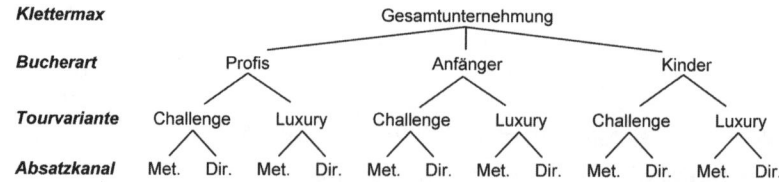

Klettermax	Gesamtunternehmung	
Bucherart	Profis	Anfänger	Kinder
Tourvariante	Challenge Luxury	Challenge Luxury	Challenge Luxury
Absatzkanal	Met. Dir. Met. Dir.	Met. Dir. Met. Dir.	Met. Dir. Met. Dir.

Abb. II-9: Denkbare Bezugsobjekthierarchien für die Analyse des Absatzerfolgs der Klettermax S. A.

Zurechnungs-objekte	Challenge-Tour							
	Metzel-Buchungen				Direkt-Buchungen			
Kostenkategorie	Profis	Anfänger	Kinder		Profis	Anfänger	Kinder	
Leistungskosten:								
absatzabhängige	18.000	13.500	2.700					
erzeugungsabhängige	149.000	44.250	21.300		67.850	50.150	24.850	
Bereitschaftskosten:								
geschlossener Perioden								
– Quartalseinzelkosten								70.000
– Jahreseinzelkosten				82.000				39.400
– mehrjährige Bindung								
offener Perioden								

Zurechnungs-objekte	Challenge-Tour								Kletter-max S.A.
	Metzel-Buchungen				Direkt-Buchungen				
Kostenkategorie	Profis	Anfänger	Kinder		Profis	Anfänger	Kinder		
Leistungskosten:									
absatzabhängige	25.200	21.000	8.400						
erzeugungsabhängige	40.800	11.500	30.000		52.500	22.500	18.000		
Bereitschaftskosten:									
geschlossener Perioden									
– Quartalseinzelkosten								90.280	18.000
– Jahreseinzelkosten				78.000				50.000	127.400
– mehrjährige Bindung									7.000
offener Perioden									18.000

Abb. II-10: Übersicht zu den Kosten der Klettermax S. A. für das Planjahr

reiche unterschiedliche Bindungsfristen zu berücksichtigen sind. Bei der Klettermax gehören dazu die Fünfjahresfestlegung für die Werbeausgaben ebenso wie die Einjahreszuordnung von Steuern und Versicherung des Transporters wegen der jährlichen Rechnungsstellung. Eine direkte Zurechenbarkeit zu einer fest umrissenen Periode führt zu Bereitschaftskosten geschlossener Perioden; nach der Disponierbarkeit der Kostengrößen werden bei Klettermax innerhalb der Planungsperiode Quartals- und Jahreseinzelkosten unterschieden. Eine differenziertere Aufstellung könnte die Steuern und Versicherungskosten des grundsätzlich täglich stilllegbaren Transporters als tagweise disponibel ausweisen. Eine derartige exakte Abbildung der Kostendisponibilität in der Grundrechnung erhöht grundsätzlich die Auswertungsflexibilität für unterschiedliche Entscheidungszusammenhänge. Eine mögliche Vereinfachung in der Kostenabbildung ist daher stets der dadurch ausgelösten Einschränkung in der Informationsauswertung gegenüberzustellen.

Bei Bereitschaftskosten offener Perioden fehlt eine fest umrissene Periodenzuordnung von vornherein. Die Abschreibungen als Periodengemeinkosten stellen ausgabenferne Kosten dar, während bei den Werbekosten ausgabennahe Periodengemeinkosten vorliegen, die als Periodeneinzelkosten einer übergeordneten, fest umrissenen Periode einzuordnen sind.

(b) Durch die gewählte Bezugsobjekthierarchie können Kosten, die als Jahreseinzelkosten entstehen, nur auf Gesamtunternehmungsebene zugeordnet werden. Verwendet man daher diese Grundrechnung der Kosten, so könnte keine Absatzkanalentscheidung unterstützt werden.

Ferner können die dem Leistungsprogramm direkt zurechenbaren Perioden-einzelkosten von 119.900 sfr und die Periodengemeinkosten von 25.000 sfr nur der Gesamtunternehmung zugerechnet werden. Eine Differenzierung zwischen der Geschäftsstelle und dem Leistungsprogramm als Zurech-nungsobjekte würde die Kostentransparenz erhöhen.

Ebenfalls kritisch ist die Einordnung der Kinder als eigenständiges Bezugs-objekt. Dies ist kostenseitig unproblematisch; insbesondere können diesen Einzelkosten zugerechnet werden. Allerdings ergeben sich Probleme in der Erfolgsanalyse. Zwar können Kindertouren alleine gebucht werden; in der Regel werden sie jedoch zusammen mit mindestens einer Erwachsenen-tour gebucht, so dass ein **Deckungsbeitragsverbund** vorliegt. So können sich etwa Änderungen in der Preisgestaltung (z. B. Kinderermäßigung) mengenmäßig auf die restlichen Bucherzahlen auswirken. Daher müssten Bezugsobjekte verwendet werden, die eine Mitbuchung von Kindern bei Erwachsenenbuchungen ausdrücken (vgl. Aufgabe 3 d).

Auch die bei der Challenge-Tour den Erwachsenen insgesamt zuorden-baren Kosten des Betreuers B können nicht separat ausgewiesen werden. Der Ausweis dieser Kosten verzerrt die Kosteninformation im Vergleich zum Betreuer A, der auch für die Kinder zuständig ist.

Aufgabe 3: Deckungsbeitragsrechnung

(a) Abschreibungen stellen in der Regel **ausgabenferne Periodengemein-kosten** offener Perioden dar, da sie sich nur einer offenen Periode direkt zurechnen lassen. Führt man eine Periodenerfolgsrechnung mit einer mehrstufigen Deckungsbeitragsrechnung durch, so sind diese Kosten nicht entscheidungsgerecht der betrachteten Periode zuzurechnen; eine isolierte Entscheidung auf Basis periodisierter Kosten aus offenen Perioden miss-achtet zeitliche Verbundbeziehungen. Daher werden solche Periodenge-meinkosten in der Einzelkostenrechnung nach *Riebel* in Deckungsbudgets als **Deckungsraten** angesetzt (vgl. Aufgabe 4). Die nach der Abdeckung von Leistungs- und Periodeneinzelkosten verbleibenden Deckungsbeiträge dienen zur Abdeckung dieser Deckungsraten. Entsprechendes gilt für aus-gabennahe Periodengemeinkosten mit fest umrissener Periodenzugehö-rigkeit, wie hier für die Werbeausgaben der Faltblätter.

(b) Die mehrstufige Deckungsbeitragsrechnung für Aufgabe 3 b zeigt Abb. II-11.

(c) Die mehrstufige Deckungsbeitragsrechnung für Aufgabe 3 c zeigt Abb. II-12.

(d) Direkt gebuchte Kinder führen bei der *Challenge*-Tour zu einem negativen Deckungsbeitrag I. Es kann dennoch vorteilhaft sein, Kinder zuzulassen oder hohe Kinderermäßigungen bei Direkt-Buchungen vorzusehen, wenn **Verbundbeziehungen** zu den Erwachsenenbuchungen vorliegen. Um dies zu berücksichtigen, reichen die vorhandenen Informationen aufgrund der gewählten Bezugsobjekthierarchie nicht aus (vgl. Aufgabe 2 c). Eine Ent-scheidung erfordert die Prognose, wie eine Reduzierung der Kinderermä-ßigung auf die Buchungszahlen Erwachsener wirkt.

Der Vergleich der Kosten nach den Bezugsobjekthierachien unter b und c zeigt, dass sich die Einschaltung des Reisebüros Metzel zu den gegebenen

	Challenge-Tour						Luxury-Adventure					
	Metzel-Buchungen			Direkt-Buchungen			Metzel-Buchungen			Direkt-Buchungen		
	Profis	Anf.	Kinder	Profis	Anf.	Kinder	Profis	Anf.	Kinder	Profis	Anf.	Kinder
je Buchung:												
Grundpreis	180	180	180	180	180	180	420	420	420	420	420	420
Rabatt	---	---	90	---	---	144	---	---	210	63	---	210
Provision	18	18	9	---	---	---	84	84	42	---	---	---
Netto-Erlös	162	162	81	180	180	36	336	336	168	357	420	210
Einzelkosten	149	59	71	59	59	71	136	46	150	150	150	120
Deckungsbeitrag	13	103	10	121	121	-35	200	290	18	207	270	90
Deckungsbeitrag I	13.000	77.250	3.000	139.150	102.850	-12.250	60.000	72.500	3.600	72.450	40.500	13.500
Kosten des Absatzkanals	82.000			---			78.000			---		
Deckungsbeitrag II	11.250			229.750			58.100			126.450		
Tourenkosten	109.400						140.280					
Deckungsbeitrag III	131.600						44.270					
Unternehmungskosten	145.400											
Deckungsbeitrag IV	30.470											

Hinweis: Alle Angaben in sfr ohne Ansatz von Periodengemeinkosten. Der Deckungsbeitrag IV steht somit zur Abdeckung der Deckungsrate für Abschreibungen und Periodengemeinkosten für Werbung zur Verfügung. Werden diese berücksichtigt, verbleibt ein Unternehmungserfolg von 5.470 sfr.

Abb. II-11: Mehrstufige Deckungsbeitragsrechnung für Aufgabe 3 b

	Metzel-Buchungen						Direkt-Buchungen					
	Challenge-Tour			Luxury-Tour			Challenge-Tour			Luxury-Tour		
	Profis	Anf.	Kinder	Profis	Anf.	Kinder	Profis	Anf.	Kinder	Profis	Anf.	Kinder
Deckungsbeitrag je Buchung	13	103	10	200	290	18	121	121	-35	207	270	90
Deckungsbeitrag I	13.000	77.250	3.000	60.000	72.500	3.600	139.150	102.850	-12.250	72.450	40.500	13.500
Tourenkosten	82.000			78.000			---			---		
Deckungsbeitrag II	11.250			58.100			229.750			126.450		
Kosten des Absatzkanals	103.000						7.000					
Deckungsbeitrag III	-33.650						349.200					
Unternehmungskosten	285.080											
Deckungsbeitrag IV	30.470											

Hinweis: Alle Angaben in sfr ohne Ansatz von Periodengemeinkosten. Der Deckungsbeitrag IV steht somit zur Abdeckung der Deckungsrate für Abschreibungen und Periodengemeinkosten für Werbung zur Verfügung. Werden diese berücksichtigt, verbleibt ein Unternehmungserfolg von 5.470,-- sfr.

Abb. II-12: Mehrstufige Deckungsbeitragsrechnung für Aufgabe 3 c

Konditionen nicht lohnt. Wenn keine ausreichende Senkung der Provisionen oder hohen jährlichen Pauschalzahlungen erreicht werden kann, sollte die Zusammenarbeit beendet werden, sofern nicht in Zukunft ein so hoher Anstieg in den Bucherzahlen über Metzel erwartet wird, dass die ausgelöste Deckungsbeitragsverbesserung eine Aufrechterhaltung der Geschäftsbeziehung rechtfertigt. Dies müsste **investitionsrechnerisch** geprüft werden. Da sich die von Metzel durchgeführte Werbung nicht auf die Direktbucher auswirkt, ist bei Einstellung der Geschäftsbeziehungen kein negativer Ausstrahlungseffekt auf Direktbucher zu erwarten.

(e) Voraussetzung der Handlungsempfehlungen ist die Annahme, dass die betreffenden Kostengrößen noch **disponibel** sind. Wären durch die mündliche Zusage an die Falknerei Ausgaben in Höhe von 82.000 sfr irreversibel vordisponiert, so sollte die Geschäftsbeziehung zu Metzel in der Planperiode aufrecht erhalten bleiben, um einen Beitrag zur Abdeckung der Pauschalzahlung an die Falknerei zu erhalten. Es ist damit zu prüfen, wie disponibel die Zahlungen noch sind. Kann die Klettermax unter Zahlung einer Konventionalstrafe von der mündlichen Zusage zurücktreten, so würde sich bei einer Strafsumme bis 33.650 sfr ein Abbruch, darüber eine Fortführung der Geschäftsbeziehung empfehlen.

Aufgabe 4: Auswertungsrechnungen mit Deckungsbudgets

(a) Ein **Deckungsbudget** stellt eine Vorgabegröße dar, die im Fall von kostenorientierten Deckungsbudgets sämtliche den einzelnen Leistungsobjekten nicht direkt zurechenbaren Kosten sowie eine Gewinnvorgabe beinhaltet (vgl. ausführlich Riebel [Einzelkosten] 475 ff.). Je nach interessierender Rechengröße lassen sich aufwands- und ausgaben- bzw. finanzorientierte Deckungsbudgets abgrenzen. Ziel ist es, im Vorgabezeitraum mindestens Beiträge aller Leistungsobjekte für die Abdeckung des Deckungsbudgets zu erwirtschaften.

(b) Zur Ermittlung eines kostenorientierten Deckungsbudgets müssten für die Klettermax S. A. sämtliche Periodeneinzelkosten als direkter Deckungsbedarf der Periode sowie als Deckungslast der Periode die pro rata verrechneten **Periodengemeinausgaben** mit fester Bindungsdauer, in diesem Fall die Werbeausgaben für die Faltblätter, sowie die **Deckungsraten** für Abschreibungen und den **Sollgewinn** angesetzt werden. Damit kommt man auf ein Deckungsbudget von 586.080 sfr.

(c) Zur Abbildung des Zeitablaufs müssen Annahmen über die zeitliche Absatzentwicklung getroffen werden. So könnte die Annahme einer im Jahresablauf gleichmäßigen Umsatzentwicklung getroffen werden. Durch die Zusammenfassung der Bezugsobjekte auf Ebene der Absatzkanäle kann das Problem vermieden werden, dass die Kinder eigentlich nicht als eigenständige Bezugsobjekte verwendet werden können, da teilweise Absatzverbunde vorliegen. Zur Abbildung der Plansituation kann mit diesen Annahmen ein Korridor der geplanten Deckungsbeitragsentwicklung im Zeitablauf gewonnen werden. Hierzu kann einmal eine optimistische und einmal eine pessimistische Deckungsbeitragsentwicklung unterstellt werden, die, wie in Abb. II-13 verdeutlicht, aus den **Deckungsbeitragsquoten** der aggregierten Bezugsobjekte herleitbar ist.

Es ist nun noch eine zeitliche Umgruppierung vorzunehmen; je Quartal werden bei gleichmäßiger Umsatzverteilung 301.762,50 sfr erzielt. Nach der Neugruppierung ergibt sich die in Abb. II-13 dargestellte Aufstellung der Deckungsbeitragsentwicklungen.

Dies führt zu einem Plankorridor der zeitlichen Deckungsbeitragsentwicklung zur Abdeckung des Deckungsbudgets, der in einer **Szenarioanalyse** wie in Abb. II-14 durch Best- und Worst-case-Verläufe der zeitlich aggregierten Deckungsbeitragserzielung begrenzt wird.

	Challenge-Tour		LuxuryAdventure	
	Metzel-Buchung	Direkt-Buchung	Metzel-Buchung	Direkt-Buchung
Gesamtdeckungs-beitrag in sfr	93.250,00	229.750,00	136.100,00	126.450,00
Gesamtumsatz in sfr	342.000,00	372.600,00	273.000,00	219.450,00
Deckungsbeitragsquote	27,27 %	61,66 %	49,85 %	57,62 %
Rang	4	1	3	2
durchschnittliche Deckungsbeitragsquote	48,51 %			

	1. Quartal	2. Quartal	3. Quartal	4. Quartal
Deckungsbeitrags-verlauf in sfr bei				
• pessimistischer Entwicklung	82.278,81	223.629,31	399.479,32	585.550,00
• optimistischer Entwicklung	186.070,68	361.920,69	503.271,19	585.550,00
• durchschnittlicher Entwicklung	146.387,50	292.775,00	439.162,50	585.550,00

Abb. II-13: Korridor der geplanten Deckungsbeitragsentwicklung im Zeitablauf

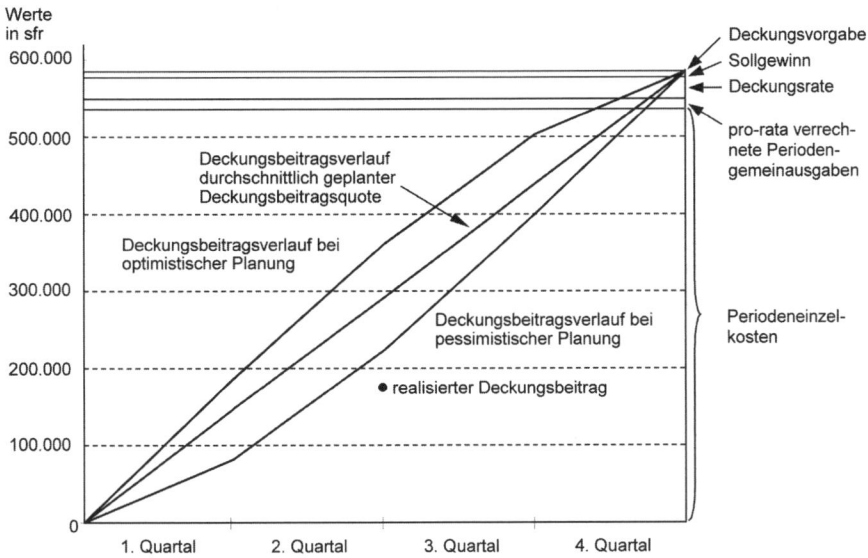

Abb. II-14: Plankorridor der Deckungsbeitragsentwicklung

Dem Plankorridor kann die tatsächliche Deckungsbeitragsentwicklung im Zeitablauf gegenübergestellt werden. Ziel ist ein rechtzeitiges Erkennen von

Problemen durch eine zu geringe Deckungsbeitragsgenerierung. In diesem Fall ist die Zeit als **Engpassfaktor** zu sehen, so dass bei einem Zurückbleiben der Ist-Deckungsbeitragsentwicklung unter dem Plankorridor das Angebotsprogramm geprüft werden müsste, um gegebenenfalls die Deckungsvorgabe noch erreichen zu können.

Es zeigt sich, dass zum einen die Ist-Deckungsbeitragserzielung selbst unterhalb einer ungünstigen Deckungsbeitragsgenerierung im Jahresverlauf zurückbleibt, so dass entsprechender Handlungsbedarf besteht. Vergleicht man jedoch das Deckungsbudget in Höhe von 586.080 sfr mit der geplanten Deckungsbeitragserzielung von insgesamt 585.550 sfr zeigt sich, dass die gesetzte Gewinnvorgabe mit dem geplanten Leistungsprogramm insgesamt gar nicht vollständig erreichbar ist.

Problematisch an den Annahmen ist, dass innerhalb der auf Buchungskanalebene aggregierten Zahlen die Buchungsanteile stets in gleichbleibendem Verhältnis anfallen müssen. Ein anderes Problem betrifft die in der Fallbeschreibung nicht weiter thematisierte Zusammenstellung der Touren; tatsächlich werden vermutlich bestimmte Mindestteilnehmerzahlen erfüllt sein müssen; sicher werden jedoch die Direkt- und die Metzel-Bucher nicht jeweils separate Touren erhalten, so dass die dafür aufgebaute Rechnung kritisch zu sehen ist. Auch die Annahme einer gleichmäßigen Absatzerzielung ist zu hinterfragen. Insbesondere eine stark saisonale Komponente, wie hier mit hohen Buchungszahlen im Sommer zu erwarten, kann die Aussagekraft einschränken. In solchen Fällen sind zur besseren Lagebeurteilung genauere Prognosen zum zeitlichen Absatzverlauf notwendig.

Fallstudie 4: Spindel GmbH

Kostenplanung und -kontrolle mit der Grenzplankostenrechnung

Problembeschreibung:

Die Spindel GmbH ist ein alteingesessener metallverarbeitender Betrieb mit fünf Kostenstellen: Werkstatt, Lager, Dreherei, Fräserei und Vertrieb. Das Produktionsprogramm umfasst verschiedene Arten von Spindeln für Textilmaschinen. Die Spindeln werden teilweise nur in der Dreherei bearbeitet, teilweise nur gefräst. Außerdem werden auch einige Produkte erst in der Dreherei bearbeitet und dann gefräst.

Der Geschäftsführer der Firma Spindel ist zwar von der technischen Qualität seiner Produkte überzeugt. Er weiß aber nicht genau, ob die Herstellung wirtschaftlich ist und welchen Preis er für die Produkte verlangen soll. Daher wendet er sich an Sie mit der Bitte um betriebswirtschaftliche Unterstützung.

Um seinen guten Willen und seine umfangreichen Vorarbeiten zu belegen, überreicht der Geschäftsführer Ihnen die auf S. 64 als Abb. II-15 wiedergegebene Übersicht zu den im vergangenen Monat bei der Spindel GmbH angefallenen Gemeinkosten: Sie enthält Nummerierung und Bezeichnungen der drei Gemeinkostenarten. Die Kostenbeträge werden nach den Kostenstellen getrennt ausgewiesen, in denen sie entstanden sind.

Weiterhin enthält die Übersicht Angaben dazu, ob und inwieweit diese Kosten für innerbetriebliche Leistungen anfielen. Zunächst werden die in der betreffenden Kostenstelle angefallenen Fixkosten aufgeführt. Sie sind unabhängig von der Höhe und dem Empfänger der erstellten Leistung.

Die verbleibenden Kosten sind variabel. Ihre Höhe hängt von der Ausprägung der für die jeweilige Kostenstelle relevanten Bezugsgrößen ab. Deswegen enthalten die beiden folgenden Spalten die Bezugsgrößen der jeweiligen Kostenstelle und ihre Maßeinheit. Daran schließen sich die Gesamtmengen der Bezugsgrößeneinheiten an, die sich im letzten Monat ergeben haben.

Die letzten drei Spalten führen die Mengen innerbetrieblicher Leistungen (gemessen in Bezugsgrößeneinheiten) an, die an die verschiedenen Kostenstellen abgegeben wurden.

Weitere Informationen zu den Kostenstellen stehen derzeit nicht zur Verfügung. Nach Aussagen des Geschäftsführers können Sie aber auch im anstehenden Monat mit diesen Kosten und Mengendaten rechnen.

Aufgabenstellung zu Fallstudie 4 (Spindel GmbH):

Aufgabe 1: Kostenstellenplanung

(a) Entwerfen Sie für die Spindel GmbH einen Betriebsabrechnungsbogen. Tragen Sie die für den kommenden Monat geplanten primären Kosten der Spindel GmbH in diesen Betriebsabrechnungsbogen ein.

Kostenart		fällt an in		mit Kosten (€)	davon fix (€)	für Leistungen				an folgende Kostenstellen:								
Nr.	Bezeichnung	Kosten-stelle	Nr.			Bezugsgröße	Nr.	Ein-heit	Gesamt-menge	Nr.	Kosten-stelle	Menge	Nr.	Kosten-stelle	Menge	Nr.	Kosten-stelle	Menge
410	Hilfsstoffe	Werkstatt	01	7.000	2.000	Arbeitszeit	01	Std.	200	02	Lager	100	03	Dreherei	40	04	Fräserei	60
410	Hilfsstoffe	Lager	02	9.000	2.000	Lagerbedarf	02	m²	500	01	Werkstatt	200	03	Dreherei	150	04	Fräserei	150
410	Hilfsstoffe	Dreherei	03	24.000	8.000	Drehzeit	03	Min.	12.000	04	Fräserei	1.200						
410	Hilfsstoffe	Fräserei	04	24.000	9.000	Fräszeit	04	Min.	12.000									
430	Lohnkosten	Werkstatt	01	16.000	6.000	Arbeitszeit	01	Std.	200	02	Lager	100	03	Dreherei	40	04	Fräserei	60
430	Lohnkosten	Lager	02	18.000	7.000	Lagerbedarf	02	m²	500	01	Werkstatt	200	03	Dreherei	150	04	Fräserei	150
430	Lohnkosten	Dreherei	03	31.000	12.000	Drehzeit	03	Min.	12.000	04	Fräserei	1.200						
430	Lohnkosten	Fräserei	04	39.000	26.800	Fräszeit	04	Min.	12.000									
430	Lohnkosten	Vertrieb	05	10.000	10.000	Absatzmenge	05	Stk.	1.000									
450	sonstige Gemeinkosten	Werkstatt	01	8.000	3.000	Arbeitszeit	01	Std.	200	02	Lager	100	03	Dreherei	40	04	Fräserei	60
450	sonstige Gemeinkosten	Lager	02	17.000	5.000	Lagerbedarf	02	m²	500	01	Werkstatt	200	03	Dreherei	150	04	Fräserei	150
450	sonstige Gemeinkosten	Dreherei	03	23.000	13.000	Drehzeit	03	Min.	12.000	04	Fräserei	1.200						
450	sonstige Gemeinkosten	Fräserei	04	42.000	19.000	Fräszeit	04	Min.	12.000									
450	sonstige Gemeinkosten	Vertrieb	05	30.000	20.000	Absatzmenge	05	Stk.	1.000									
450	sonstige Gemeinkosten	Vertrieb	05	10.000	0	Versand-gewicht	06	kg	4.000									

Abb. II-15: Angaben zu den Gemeinkosten bei der Spindel GmbH

(b) Verrechnen Sie die geplanten innerbetrieblichen Leistungen der Firma Spindel nach dem Gleichungsverfahren und erläutern Sie Ihre Vorgehensweise. Führen Sie die Sekundärkostenverrechnung in Ihrem Betriebsabrechnungsbogen durch.

Aufgabe 2: EDV-Einsatz in der Kostenrechnung

Die vom Geschäftsführer zur Verfügung gestellten Daten sollen nach einem relationalen Datenbankmodell redundanzfrei gespeichert werden. Dazu ist eine Normalisierung notwendig.

(a) Skizzieren Sie wichtige Controlling-Aufgaben bei der EDV-Unterstützung der Kostenrechnung.

(b) Beschreiben Sie allgemein die ersten drei Normalformen.

(c) Führen Sie die Normalisierung bis zur dritten Normalform durch. Gehen Sie dabei von der Annahme aus, dass in allen Kostenstellen homogene Kostenverursachung vorliegt. Geben Sie für jede der von Ihnen entwickelten Relationen einen Datensatz als Beispiel an. Machen Sie jeweils die Schlüsselattribute durch Unterstreichen kenntlich.

(d) Ihre Analysen ergeben, dass Teile der Vertriebskosten von den Absatzmengen und andere Teile vom Versandgewicht abhängen. Welche Auswirkungen hat dies auf die von Ihnen normalisierten Relationen?

(e) Zeichnen Sie für die entwickelte Datenstruktur ein Entity-Relationship-Diagramm.

Aufgabe 3: Kalkulation in der Grenzplankostenrechnung

Zur Herstellung einer Präzisionsspindel wird ein Metallrohling mit einer Fläche von $0,1 \, m^2$ zuerst 10 Minuten in der Drehmaschine bearbeitet und anschließend 12 Minuten gefräst. Der Metallrohling als einziger Rohstoff kostet 62 € / Stück. Sie müssen mit Lohneinzelkosten in Höhe von 18 € für das Drehen und 22 € für das Fräsen einer Spindel rechnen. Das Versandgewicht der Spindel liegt bei 2 Kilogramm.

Stellen Sie ein Schema zur Kalkulation der variablen Selbstkosten pro Spindel auf und ermitteln Sie diese.

Aufgabe 4: Abweichungsanalyse zur Kostenkontrolle

Nach Ablauf der Planperiode wird für die Kostenstelle Fräserei eine Fertigungszeit von 190 Stunden festgestellt. Eine nun durchgeführte detaillierte Aufgliederung der geplanten und tatsächlichen Verbrauchsmengen und Güterpreise ergibt folgendes das in Abb. II-16 zusammengestellte Bild.

(a) Skizzieren Sie mögliche Abweichungsarten einer kumulativen Abweichungsanalyse bei einer Bezugsgröße und erläutern Sie diese.

(b) Führen Sie eine differenzierte Abweichungsanalyse auf Ebene der einzelnen Kostenarten, der Summe primärer und sekundärer Gemeinkosten und

Kostenart	Planmenge	Planpreis	Istmenge	Istpreis
410 Hilfsstoffe	4.800 ME	5,00 € / ME	4.450 ME	5,20 € / ME
430 Lohnkosten	1.000 Std.	39,00 € / Std.	920 Std.	38,50 € / Std.
450 sonstige Gemein-kosten	8.000 ME	5,25 € / ME	8.040 ME	5,10 € / ME
530 Kostenumlage Werkstatt			58 Std.	245,00 € / Std.
531 Kostenumlage Lager	*Plandaten entsprechend Sekundärkosten-verrechnung*		140 m²	124,00 € / m²
532 Kostenumlage Dreherei			1.260 Min.	6,10 € / Min.

Abb. II-16: Grunddaten zur Abweichungsanalyse der Kostenstelle Fräserei

der gesamten Gemeinkosten durch. Inwieweit eignet sich diese Analyse zur Beurteilung der Effizienz in der Fräserei?

Nach der Planperiode stellt man in der Vertriebskostenstelle Gesamtkosten auf Basis mit Planpreisen bewerteter Güterverbräuche von 52.000 € fest. Insgesamt wurden 900 Spindeln mit einem Gesamtgewicht von 4.200 Kilogramm abgefertigt.

(c) Berechnen Sie die Höhe der Verbrauchsabweichung in der Vertriebskostenstelle.

Lösungshinweise zu Fallstudie 4 (Spindel GmbH):

Aufgabe 1: Kostenstellenplanung

(a)

Kostenarten	Werkstatt gesamt	Werkstatt fix	Werkstatt variabel	Lager gesamt	Lager fix	Lager variabel	Dreherei gesamt	Dreherei fix	Dreherei variabel	Fräserei gesamt	Fräserei fix	Fräserei variabel	Vertrieb gesamt	Vertrieb fix	Vertrieb variabel	Vertrieb variabel
Einzelkosten																
Hilfsstoffe	7.000	2.000	5.000	9.000	2.000	7.000	24.000	8.000	16.000	24.000	9.000	15.000			---	---
Lohnkosten	16.000	6.000	10.000	18.000	7.000	11.000	31.000	12.000	19.000	39.000	26.800	12.200	10.000	10.000	---	---
sonstige Gemeinkosten	8.000	3.000	5.000	17.000	5.000	12.000	23.000	13.000	10.000	42.000	19.000	23.000	40.000	20.000	10.000	10.000
Summe primärer Gemeinkosten	31.000	11.000	20.000	44.000	14.000	30.000	78.000	33.000	45.000	105.000	54.800	50.200	50.000	30.000	10.000	10.000
Kostenumlage Werkstatt			−40.000			20.000			8.000			12.000				
Lager			20.000			−50.000			15.000			15.000				
Dreherei									−6.800			6.800				
Gemeinkosten	11.000	11.000	0	14.000	14.000	0	94.200	33.000	61.200	138.800	54.800	84.000	50.000	30.000	10.000	10.000
Bezugsbasis							10.800 Drehminuten			12.000 Fräsminuten					1.000 Stk.	4.000 kg
Zuschlagsätze							5,67 €/Min.			7,00 €/Min.					10 €/Stk.	2,50 €/kg

Abb. II-17: Betriebsabrechnungsbogen der Spindel GmbH

(b) Der getrennte Ausweis fixer und variabler Kosten verdeutlicht, dass eine **Teilkostenrechnung auf Basis variabler Kosten** vorliegt. In derartigen Kostenrechnungssystemen bezieht sich die Sekundärkostenverrechnung ausschließlich auf variable Gemeinkosten. Ein Ziel dabei ist die Gewinnung von **Deckungsbeiträgen** der Kostenträger, die in einer ein- oder mehrstufigen Deckungsbeitragsrechnung den Fixkosten der Betrachtungsperiode gegenübergestellt werden.

Aufgrund identischer Bezugsgrößen für die Kostenarten durch die **homogene Kostenverursachung** in den leistungsabgebenden Kostenstellen der Spindel GmbH können die variablen Gemeinkosten einer Kostenstelle auf einmal verrechnet werden. Da die Kostenstellen wechselseitige Leistungsbeziehungen aufweisen, ist ein **Kostenstellenausgleichsverfahren** nötig. Ausgangspunkt für den hier anzuwendenden Gleichungsansatz sind die von einer Kostenstelle bezogenen und abgegebenen Leistungen. Ausschließlich leistungsempfangende Kostenstellen brauchen nicht in den Ansatz einbezogen zu werden. Aus der Lösung des entstehenden Gleichungssystems erhält man die Kostenverrechnungssätze der innerbetrieblichen Leistungsflüsse.

Verwendet man die Symbole d, l und w für die gesuchten Kostenverrechnungssätze der Leistungen der Dreherei, des Lagers und der Werkstatt, so kommt man zu folgendem Gleichungssystem:

	entstehende Kosten		gutzu-
	primäre variable Gemeinkosten	sekundäre Gemeinkosten aus innerbetrieblicher Leistungsverflechtung	gutzuschreibende Leistungen
Werkstatt:	$20.000 + 200 \cdot l$		$= 200 \cdot w$
Lager:	30.000	$+ 100 \cdot w$	$= 500 \cdot l$
Dreherei:	$45.000 + 150 \cdot l +$	$40 \cdot w$	$= 12.000 \cdot d$

Eine Umformung führt zu:

Werkstatt:	$20.000 + 200 \cdot l - 200 \cdot w$	$= 0$	(1)
Lager:	$30.000 - 500 \cdot l + 100 \cdot w$	$= 0$	(2)
Dreherei:	$45.000 + 150 \cdot l + 40 \cdot w - 12.000 \cdot d$	$= 0$	(3)

Aus (1) + 2 · (2) ergibt sich: $80.000 - 800 \cdot l = 0 \Leftrightarrow l = 100,00 \, € / m^2$.

In (2) eingesetzt ergibt sich: $- 13.750 + 100 \cdot w = 0 \Leftrightarrow w = 200,00 \, € / \text{Std.}$

In (3) eingesetzt ergibt sich: $68.000 - 12.000 \cdot d = 0 \Leftrightarrow d \approx 5,67 \, € / \text{Min.}$

Damit können die beiden **Vorkostenstellen** Werkstatt und Lager vollständig entlastet werden. Die Dreherei stellt eine **Endkostenstelle** dar, die jedoch auch Leistungen für die Fräserei erbringt.

Aufgabe 2: EDV-Unterstützung der Kostenrechnung

(a) Zu den Kernaufgaben des Controlling (siehe Kapitel I) gehört die Gestaltung **betrieblicher Informationssysteme** (systemdefinierende Koordination). Insbesondere erfordert eine Führungsunterstützung die Abstimmung von Bedarf und Bereitstellung von Kosten- und Leistungsinformationen. Damit ist die Festlegung der inhaltlichen Bestückung einer EDV-gestützten Kostenrechnung zentraler Gestaltungsgegenstand des Controlling.

Ausgewählte Aufgabenbeispiele sind (vgl. z. B. Küpper u. a. [Controlling] 215 ff.):

- Gestaltung betrieblicher Datenbanken, indem deren konzeptionelles Schema entwickelt wird. Hier geht es u. a. um die Abbildung der betrieblichen Kosten- und Leistungszusammenhänge durch Festlegung der Datenbankinhalte. Bei der Entwicklung des konzeptionellen Schemas können z. B. Entity-Relationship-Modelle eingesetzt werden.

- Erstellung von Pflichtenheften, die der Auswahl einer Standardsoftware für die Kostenrechnung oder als Vorlage für die Eigenentwicklung einer Individualsoftware dienen.

- Anpassung von Standardsoftware auf die Belange der betrieblichen Kostenrechnung.

- Definition geeigneter Schnittstellen für die Ankopplung der EDV-gestützten Kostenrechnung an weitere betriebliche EDV-Systeme.

- Projektkoordination bei der Implementierung EDV-gestützter Kostenrechnungssysteme.

- Durchführung von Informationsbedarfsanalysen als Grundlage einer empfängergerechten Versorgung mit entscheidungsrelevanten Kosten- und Leistungsinformationen.

- Festlegung von Berichtsinhalten EDV-gestützter Berichtssysteme.

- Gestaltung computergestützter Kosten- und Leistungsberichtssysteme, die auf Anfragen des Benutzers oder nach vordefinierten Auslöseereignissen standardmäßig Berichte bereitstellen.

- Festlegung benutzer- und aufgabengerechter Zugriffsberechtigungen auf Kosten- und Erlösdaten und passender Auswertungsmethoden.

(b) Unter Normalisierung versteht man die Beseitigung bestimmter Redundanzen und Mehrdeutigkeiten in relationalen Datenbanken (vgl. Stahlknecht/ Hasenkamp [Wirtschaftsinformatik] 173 ff.). Ergebnis der Normalisierung sind Relationen, die durch eindeutige Primärschlüssel identifizierbar sind und von denen die anderen Attribute ausschließlich direkt abhängen und gegenseitig unabhängig sind. Im einzelnen sind die verschiedenen Normalisierungsformen wie folgt charakterisiert:

- Die **erste Normalform** stellt sicher, dass die Attribute der betrachteten Relationen nicht selbst wieder Relationen sind, sondern ausschließlich elementare Attribute. Wiederholungsrelationen in der unnormalisierten Form können durch Aufteilung in mehrere Relationen beseitigt werden.

- In der **zweiten Normalform** müssen zusätzlich alle Attribute vom gesamten Primärschlüssel, der die Relation identifiziert, und nicht nur von einem Teil davon abhängig sein. Es wird damit eine volle funktionale Abhängigkeit erzeugt. Eine Relation der ersten Normalform ist automatisch in der zweiten Normalform, wenn sie ohnehin nur ein Primärschlüsselattribut aufweist.

- In der **dritten Normalform** sind schließlich transitive Abhängigkeiten vom Primärschlüssel beseitigt, so dass alle weiteren Attribute direkt von diesem abhängen und gegenseitig unabhängig sind.

(c) **Relationen der ersten Normalform:**

Kostenanfall:

Kostenart-Nr.	Kostenartbezeichnung	KostenstellenNr.	Kostenstellenbezeichnung	Kosten	Fixkosten	BezugsgrößenNr.	Bezugsgrößenbezeichnung	Einheit	Gesamtmenge
410	Hilfsstoffe	01	Werkstatt	7.000	2.000	01	Arbeitszeit	Std.	100

innerbetriebliche Leistungserfassung:

Kostenstellen-Nr.	Kostenstellenbezeichnung	Kostenstellen-Nr.	Kostenstellenbezeichnung	Menge
01	Werkstatt	02	Lager	100

Relationen der zweiten Normalform:

Kostenerfassung:

Kostenart-Nr.	Kostenstellen-Nr.	Kosten	Fixkosten
410	01	7.000	2.000

Kostenart:

Kostenart-Nr.	Kostenartbezeichnung
410	Hilfsstoffe

Kostenstelle:

Kostenstellen-Nr.	Kostenstellenbezeichnung	Bezugsgrößen-Nr.	Bezugsgrößenbezeichnung	Einheit	Gesamtmenge
01	Werkstatt	01	Arbeitszeit	Std.	200
02	Lager	02	Lagerbedarf	m²	500

innerbetriebliche Leistung:

Kostenstellen-Nr.	Kostenstellen-Nr.	Menge
01	02	100

Relationen der dritten Normalform:

Kostenerfassung, Kostenart und innerbetriebliche Leistung: unverändert

Kostenstelle:

Kostenstellen-Nr.	Kostenstellenbezeichnung	Bezugsgrößen-Nr.	Gesamtmenge
01	Werkstatt	01	200

Bezugsgröße:

Bezugsgrößen-Nr.	Bezugsgrößenbezeichnung	Einheit
01	Arbeitszeit	Stunden

(d) In der Vertriebskostenstelle liegt heterogene Kostenverursachung vor, da die Vertriebskosten von mehreren Bezugsgrößen abhängig sind. Daher sind einige der in c ermittelten Relationen nicht eindeutig. So muss beachtet werden, dass

▪ die zu erfassenden fixen und gesamten Kosten einer Kostenart auf verschiedene Bezugsgrößen einer Kostenstelle zu beziehen sind;

▪ aufgrund mehrerer Bezugsgrößen je Kostenstelle ein Ausweis der Bezugsgrößenmenge nicht mehr nach dem Muster in c möglich ist.

Damit ergeben sich die folgenden Änderungen:

Kostenstelle:

Kostenstellen-Nr.	Kostenstellenbezeichnung
05	Vertrieb

Bezugsgrößenplanung:

Kostenstellen-Nr.	Bezugsgrößen-Nr.	Gesamtmenge
05	05	1.000
05	06	4.000

Kostenerfassung:

Kostenart-Nr.	Kostenstellen-Nr.	Bezugsgrößen-Nr.	Kosten	Fixkosten
450	05	05	30.000	20.000
450	05	06	10.000	0

(e)

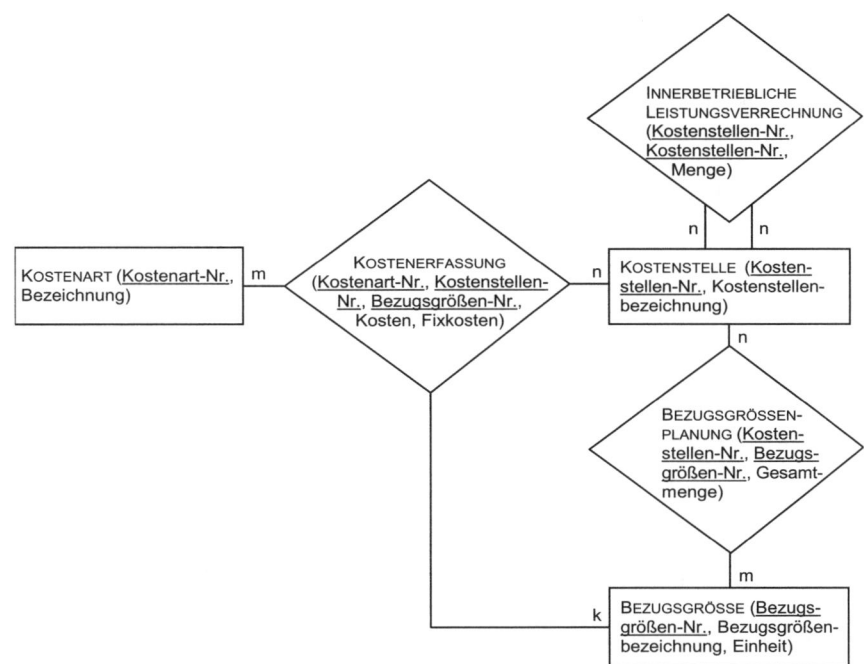

Abb. II-18: Entity-Relationship-Diagramm für heterogene Kostenverursachung

Aufgabe 3: Kalkulation in der Grenzplankostenrechnung

Für eine differenzierte Zuschlagskalkulation benötigt man im vorliegenden Fall Zuschlagsätze der Endkostenstellen. Dazu gehören die Dreherei, die Fräserei und der Vertrieb, da diese nach der Sekundärkostenverrechnung noch variable Kosten aufweisen. Für die angegebenen Bezugsgrößen der Dreh- und Fräszeit erhält man Gemeinkosten von 5,10 € je Drehminute und 7 € je Fräsminute. Im Vertrieb liegt **heterogene Kostenverursachung** vor. Hier erhält man variable Vertriebskosten von 10 € je abgesetzter Einheit und 2,50 € je Kilogramm Versandgewicht. In einer Teilkostenrechnung auf Basis variabler Kosten werden keine Fixkosten in der Kalkulation angesetzt.

Die variablen Herstellkosten ergeben sich damit zu:

Materialeinzelkosten		62,00 €
Lohneinzelkosten		
Dreherei		18,00 €
Fräserei		22,00 €
variable Gemeinkosten		
Dreherei	10 Min. · 5,67 € / Min. =	56,67 €
Fräserei	12 Min. · 7,00 € / Min. =	84,00 €
variable Herstellkosten je Spindel		**242,67 €**

Zur Kalkulation der variablen Selbstkosten sind die stück- und gewichtsabhängigen variablen Vertriebskosten zu addieren:

variable Herstellkosten je Spindel		242,67 €
variable Vertriebskosten		
stückabhängig	1 Stk. · 10,00 € / Stk. =	10,00 €
gewichtsabhängig	2 kg. · 2,50 € / Min. =	5,00 €
variable Selbstkosten je Spindel		**257,67 €**

Der Lagerbedarf ist für die Kalkulation nicht mehr relevant, da er schon in der Kostenstellenrechnung berücksichtigt wurde.

Aufgabe 4: Abweichungsanalyse zur Kostenkontrolle

(a) Abb. II-19 stellt die Abweichungsarten grafisch dar. Ein Ausweis verrechneter Plankosten und der Beschäftigungs-Kostenabweichung erfolgt nur innerhalb einer Vollkostenrechnung.

Bei der kumulativen Abweichungsanalyse ist zu entscheiden, welchen Abweichungsarten die Abweichungen höherer Ordnung zuzurechnen sind (vgl. Friedl [Controlling] 376 ff.). Der Controller hat darauf zu achten, dass eine Leistungskontrolle aus motivatorischen Gesichtspunkten nur an Größen ansetzen darf, die vom Kostenstellenverantwortlichen tatsächlich beeinflussbar sind (Controllability-Prinzip).

Abb. II-20 kennzeichnet die verschiedenen Abweichungsarten allgemein. Im vorliegenden Fall geht es um eine Fertigungsstelle, so dass die Effizienz

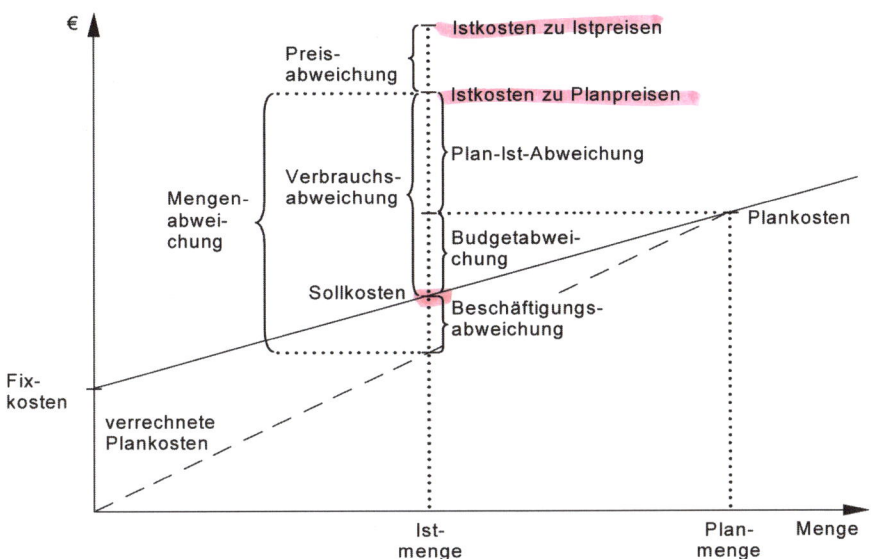

Abb. II-19: Zusammenhang ausgewählter Abweichungen

des Güterverbrauchs Mittelpunkt der Kontrolle sein muss, nicht die vom Fertigungsstellenleiter meist nicht beeinflussbare Preisentwicklung der Einsatzgüter. Demnach umfasst die Preisabweichung in diesem Fall auch die Preis-Mengen-Abweichung, die als Mischgröße auf eine gleichzeitige Abweichung der Güterverbrauchsmenge und des Gütereinsatzpreises zurückgeht.

(b) Aus dem Betriebsabrechnungsbogen ergeben sich die Plankosten der einzelnen Kostenarten. Die Sollkosten für einen Beschäftigungsgrad von 190 Std. / 200 Std. = 95 % erhält man, indem die variablen Plankosten mit diesem Beschäftigungsgrad multipliziert und zu den Fixkosten addiert werden. Dies ist in Abb. II-21 berechnet. So ergibt sich z. B. für Hilfsstoffe ein Kostenbetrag von

9.000 € + 15.000 € · 95 % = 23.250 €.

Die verrechneten Plankosten ergeben sich aus den mit dem Beschäftigungsgrad multiplizierten Plankosten. Hier erfolgt somit eine Fixkostenschlüsselung. Beispielsweise für Hilfsstoffe ergibt sich

24.000 € · 95 % = 22.800 €.

Die Istkosten ergeben sich aus der Bewertung der Istverbrauchsmengen, einmal zu Istpreisen und einmal zu Planpreisen. Diese Rechnung ist in Abb. II-22 wiedergegeben.

Die reine Preisabweichung ergibt sich aus der Abweichung des Einsatzgüterpreises multipliziert mit der Planverbrauchsmenge, z. B. für die Lohnkosten:

(38,50 € / Std. – 39,00 € / Std.) · 1.000 Std. = – 500,-- €.

Abweichungsart	Ermittlung / Kurzcharakterisierung
Preisabweichung	Istkosten zu Istpreisen – Istkosten zu Planpreisen Kostenabweichung aufgrund veränderter Einsatzgüterpreise und gleichzeitiger Abweichung von Verbrauchsmengen und -preisen
Plan-Ist-Abweichung	Istkosten zu Planpreisen – Plankosten Kostenabweichung zum ursprünglichen Planansatz
Budget-abweichung	Plankosten – Sollkosten Betrag, um den das ursprünglich geplante Kostenbudget angepasst werden müsste, wenn man mit der tatsächlichen Beschäftigung geplant hätte.
Verbrauchs-abweichung	Istkosten zu Planpreisen – Sollkosten Kostenabweichung, die auf einen mengenmäßigen Mehr- oder Minderverbrauch zurückzuführen ist; diese ist prinzipiell vom Kostenstellenleiter zu verantworten.
Beschäftigungs-abweichung	(a) Interpretation nach der Bezeichnung: Planbeschäftigung – Istbeschäftigung Abweichung der Beschäftigungsgröße (z. B. als Produktionsmenge) in der Planperiode, die unter Umständen eine Kostenabweichung rechtfertigt. (b) traditionelle Interpretation: Sollkosten – verrechnete Plankosten Kostenabweichung, die auf eine Fixkostenschlüsselung zurückzuführen ist und damit ebenso entscheidungsirrelevant ist wie die Aufspaltung der Fixkosten in Leer- und Nutzkosten.
Mengen-abweichung	Istkosten zu Planpreisen – verrechnete Plankosten Kostenabweichung, die auf Güterverbrauchsabweichungen zurückgeht, jedoch aufgrund der anteiligen Fixkostenverrechnung nicht entscheidungsrelevant ist.

Abb. II-20: Inhaltliche Charakterisierung ausgewählter Abweichungen

Kostenart	Plankosten	Sollkosten	verrechnete Plankosten
410 Hilfsstoffe	24.000 €	23.250 €	22.800 €
430 Lohnkosten	39.000 €	38.390 €	37.050 €
450 sonstige Gemeinkosten	42.000 €	40.850 €	39.900 €
primäre Gemeinkosten	105.000 €	102.490 €	99.750 €
530 Umlage der Werkstatt	12.000 €	11.400 €	11.400 €
531 Umlage des Lagers	15.000 €	14.250 €	14.250 €
532 Umlage der Dreherei	6.800 €	6.460 €	6.460 €
sekundäre Gemeinkosten	33.800 €	32.110 €	32.110 €
gesamte Gemeinkosten	138.800 €	134.600 €	131.860 €

Abb. II-21: Plankosten bei einem Beschäftigungsgrad von 95 %

Kostenart	Istkosten zu Istpreisen	Istkosten zu Planpreisen
410 Hilfsstoffe	23.140 €	22.250 €
430 Lohnkosten	35.420 €	35.880 €
450 sonstige Gemeinkosten	41.004 €	42.210 €
primäre Gemeinkosten	99.564 €	100.340 €
530 Umlage der Werkstatt	14.210 €	11.600 €
531 Umlage des Lagers	17.360 €	14.000 €
532 Umlage der Dreherei	7.686 €	7.140 €
sekundäre Gemeinkosten	39.256 €	32.740 €
gesamte Gemeinkosten	138.820 €	133.080 €

Abb. II-22: Berechnung der Istkosten

Die Preis-Mengen-Abweichung als Abweichung höherer Ordnung setzt sich aus der mit der Einsatzgüterpreisabweichung multiplizierten Verbrauchsmengenabweichung zusammen, also für die Lohnkosten:

(38,50 € / Std. – 39,00 € / Std.) · (920 Std. – 1.000 Std.) = + 40,-- €.

Im Einzelnen ergeben sich die in der folgenden Tabelle ausgewiesenen Abweichungen.

Kostenart	gesamte Preisabweichung	Preis-Mengen-Abweichung	reine Preisabweichung	Mengenabweichung
410 Hilfsstoffe	890,-- €	- 70,-- €	960,-- €	- 550,-- €
430 Lohnkosten	- 460,-- €	40,-- €	-500,-- €	- 1.170,-- €
450 sonstige Gemeinkosten	- 1.206,-- €	- 6,-- €	- 1.200,-- €	2.310,-- €
primäre Gemeinkosten	- 776,-- €	- 36,-- €	- 740,-- €	590,-- €
530 Umlage der Werkstatt	2.610,-- €	- 90,-- €	2.700,-- €	200,-- €
531 Umlage des Lagers	3.360,-- €	- 240,-- €	3.600,-- €	- 250,-- €
532 Umlage der Dreherei	546,-- €	26,-- €	520,-- €	680,-- €
sekundäre Gemeinkosten	6.516,-- €	- 304,-- €	6.820,-- €	630,-- €
gesamte Gemeinkosten	5.740,-- €	- 340,-- €	6.080,-- €	1.220,-- €

Der rein preisbedingte Kostenanstieg beträgt 6.080 €. Auffällig ist eine preisbedingte Verringerung der primären Gemeinkosten, während die Preise der innerbetrieblichen Leistungen so stark angestiegen sind, dass die sekundären Gemeinkosten insgesamt höher ausfallen.

Kostenart	Plan-Ist-Abweichung	Budget-abweichung	Verbrauchs-abweichung	Beschäftigungs-abweichung
410 Hilfsstoffe	- 1.750,-- €	750,-- €	- 1.000,-- €	450,-- €
430 Lohnkosten	- 3.120,-- €	610,-- €	- 2.510,-- €	1.340,-- €
450 sonstige Gemeinkosten	210,-- €	1.150,-- €	1.360,-- €	950,-- €
primäre Gemeinkosten	- 4.660,-- €	2.510,-- €	- 2.150,-- €	2.740,-- €
530 Umlage der Werkstatt	- 400,-- €	600,-- €	200,-- €	0,-- €
531 Umlage des Lagers	- 1.000,-- €	750,-- €	-250,-- €	0,-- €
532 Umlage der Dreherei	340,-- €	340,-- €	680,-- €	0,-- €
sekundäre Gemeinkosten	- 1.060,-- €	1.690,-- €	630,-- €	0,-- €
gesamte Gemeinkosten	- 5.720,-- €	4.200,-- €	- 1.520,-- €	2.740,-- €

Während die Gesamtkosten der Fräserei gestiegen sind, zeigt die negative Verbrauchsabweichung, dass insgesamt effizient gearbeitet wurde. Die Kosten blieben unter den Sollkosten. Eine Detailanalyse zeigt dabei Unterschiede: während auf Primärkostenebene insgesamt Kosten stärker als zu erwarten eingespart werden konnten, stiegen die Kosten der innerbetrieblichen Leistungen. Zu dem ungünstigen Preiseffekt kommt bei diesen also auch ein mengenmäßiger Mehrverbrauch hinzu. Das Bild in den einzelnen Kostenarten fällt dabei wiederum unterschiedlich aus.

(c) Im Vertrieb liegt heterogene Kostenverursachung vor. Die Kostenfunktion ist daher mehrvariablig. Sie lautet:

Kosten = f (Absatzmenge, Versandgewicht) =

$= 30.000 € + 10 € / Stk. \cdot Absatzmenge + 2,50 € / kg \cdot Versandgewicht.$

Die Sollkosten ergeben sich demnach zu

$K^{Soll} = 30.000 € + 10 € / Stk. \cdot 900 Stk. + 2,50 € / kg \cdot 4.200 kg = 49.500 €.$

Die Verbrauchsabweichung liegt bei

$52.000 € - 49.500 € = 2.500 €.$

Fallstudie 5: HiTecSe AG

Variantenmanagement mit der Prozesskostenrechnung

Problembeschreibung:

Seit vielen Jahren besitzt die High Tech Sensoren AG (HiTecSe) einen herausragenden Ruf auf dem Gebiet der optischen Sensorik. Nach starkem Wachstum ist HiTecSe mit einem Marktanteil von 45 % Marktführer in Deutschland, auf dem Weltmarkt ist das Unternehmen zweitgrößter Anbieter von optischen Sensoren. Zum Kundenkreis von HiTecSe zählen die Hersteller großer Industrieanlagen ebenso wie Automobilfabriken und Werkzeugmaschinenhersteller.

Derzeit bietet die HiTecSe drei Produktreihen an. Dies sind die Sensoren OS-200, OS-300 und OS-500. Jede Produktreihe umfasst verschiedene Varianten, die auch nach speziellen Kundenvorgaben hergestellt werden. Kontakte zu Kunden und Aufträge ergeben sich sowohl auf Initiative der HiTecSe selbst als auch auf Anfragen der Kunden hin. Vielfach werden neue Varianten in enger Zusammenarbeit mit den Kunden entwickelt. Trotz ihrer guten Marktpositionierung, ihrer Kundenfreundlichkeit und des hohen technischen Standards ihrer Sensoren liegt das Ergebnis der HiTecSe unter den branchenüblichen Werten. HiTecSe kalkuliert knapp und kann gerade ihre Kosten decken. Da die von HiTecSe für die starke Expansion in Anspruch genommenen Kredite derzeit mit bis zu 12 % zu verzinsen sind, wirkt sich der hohe Fremdkapitalanteil zusätzlich belastend aus.

Helga Heitek kommt als neue Controllerin zur HiTecSe und soll dem Problem der schwachen Ertragslage nachgehen. Schon ein erster Blick in die Kostenrechnung zeigt ihr, dass die HiTecSe in kaufmännischer Hinsicht viel stärker traditionell geführt wird als in technischer. So verwendet die HiTecSe zur Produktkalkulation bis heute eine wenig differenzierte Zuschlagskalkulation, bei der die Gemeinkosten über prozentuale Zuschläge auf die jeweiligen Einzelkosten oder andere indirekte Bezugsgrößen kalkuliert werden. Das Kalkulationsschema sowie die Planwerte für die kommende Periode zeigt die folgende Tabelle:

Kalkulationsschema	Plankosten
Materialeinzelkosten	2.000.000 €
+ Materialgemeinkostenzuschlag	2.000.000 €
Fertigungslöhne Anlage 1	1.700.000 €
Fertigungslöhne Anlage 2	1.300.000 €
+ Fertigungsgemeinkostenzuschlag	1.800.000 €
+ Sondereinzelkosten der Fertigung	
Herstellkosten	8.800.000 €
+ Zuschlag für sonstige Gemeinkosten	4.400.000 €
Plan-Selbstkosten	**13.200.000 €**

In Zusammenarbeit mit den Bereichen Beschaffung, Fertigung und Absatz schätzt Heitek für die durchschnittlichen Stückerlöse, Materialeinzelkosten sowie die voraussichtliche Absatzmenge die folgenden Werte:

Produktreihe	OS-200	OS-300	OS-500
durchschnittliche Nettoerlöse je Stück	145 €	450 €	400 €
durchschnittliche Materialeinzelkosten	40 €	60 €	50 €
Planabsatz in Stück	14.000 Stk.	9.000 Stk.	18.000 Stk.

Alle Produkte durchlaufen die Fertigungsanlagen 1 und 2. Insgesamt wird mit einer Arbeitszeit von 3.400 Stunden auf Anlage 1 und 1.900 Stunden auf Anlage 2 geplant. Die Kalkulation wird dadurch erschwert, dass die einzelnen Produktarten in ihren Stückkosten, Materialeinzelkosten und Fertigungszeiten von den durchschnittlichen Werten ihrer Produktreihen deutlich abweichen können. Zudem gewährt die HiTecSe für Aufträge über 50.000 € einen Rabatt von 1 % des Erlöses, bei Aufträgen über 100.000 € sind es 1,5 %. Die durchschnittlich gewährten Rabatte sind in den oben genannten Nettoerlösen bereits berücksichtigt.

Helga Heitek hat bereits anderweitig Erfahrungen mit der Prozesskostenrechnung gesammelt und möchte nun deren Auswirkungen bei der HiTecSe abschätzen. Dazu versucht sie, typische Prozesse zu identifizieren sowie Cost Driver zu finden, welche die Kostenabhängigkeiten bei der HiTecSe hinreichend genau darstellen. Dabei stützt sie sich auf Befragungen der Mitarbeiter der betroffenen Bereiche sowie ihre eigenen Erfahrungen aus vergleichbaren Projekten. Ergebnis ihrer Untersuchungen ist folgende Liste von Kostenstellen und Prozessen:

Bezeichnung	Kostenstelle	Nummer	Prozess
UL	Unternehmensleitung	-	-
VV	Verwaltung und Vertrieb	VV1	Kundenbetreuung
		VV2	Auftragsabwicklung
		VV3	Allgemeine Verwaltung
MW	Materialwirtschaft	MW1	Lieferantenbetreuung
		MW2	Warenannahme
		MW3	Eingangskontrolle
		MW4	Lagerhaltung
		MW5	Transport
FE	Forschung und Entwicklung	FE1	Grundlagenforschung
		FE2	Produktentwicklung
		FE3	Design
		FE4	Prozessforschung
FT	Fertigung	FT1	Rüsten Anlage 1
		FT2	Rüsten Anlage 2
		FT3	Betrieb Anlage 1
		FT4	Betrieb Anlage 2

Trotz der Skepsis der beteiligten Mitarbeiter versucht Helga Heitek, die Kosten der Kostenstellen den einzelnen in der Kostenstelle ablaufenden Prozessen zuzuordnen. Außerdem glaubt sie, mit sechs Cost Drivern (C1 - C6) die Kostenabhängigkeiten der HiTecSe hinreichend genau abbilden zu können. Diese sind mit ihren Planwerten für die kommende Periode in der folgenden Tabelle aufgeführt.

Cost Driver	Beanspruchung für Produktreihe			nicht zuordenbar
	OS-200	OS-300	OS-500	
C1: Anzahl der Bestellungen	40 Stk.	50 Stk.	45 Stk.	15 Stk.
C2: Anzahl der Angebote	150 Stk.	140 Stk.	100 Stk.	50 Stk.
C3: Anzahl der Aufträge	120 Stk.	100 Stk.	90 Stk.	40 Stk.
C4: Anzahl der Produktarten	20 Stk.	50 Stk.	30 Stk.	
C5: Laufzeit auf Anlage 1	700 Std.	1.500 Std.	1.200 Std.	
C6: Laufzeit auf Anlage 2	700 Std.	300 Std.	900 Std.	

Cost Driver C1 erfasst dabei die Anzahl der eigenen Bestellungen von Einsatzgütern, nicht die Kundenaufträge. Cost Driver C4 bezeichnet die Anzahl der hergestellten Produktarten. Varianten werden als eigene Produktart gezählt. Die Planwerte geben zudem an, in welchem Ausmaß die Produktreihen die Cost Driver beanspruchen, soweit Helga Heitek dies zuordnen konnte. Einige Bestellungen, Angebote oder Aufträge betreffen nicht nur eine, sondern mehrere Produktreihen. Diese sind in der letzten Spalte extra aufgeführt.

Abb. II-23 fasst weitere Ergebnisse von Helga Heiteks Untersuchungen zusammen. Insbesondere enthält sie die geplanten Gesamtkosten der Prozesse und die Anteile, die sich proportional zu den einzelnen Cost Drivern verhalten. Diese Schätzungen basieren auf der Annahme, dass die Cost Driver voneinander unabhängig sind. Beispielsweise sind die direkt mit einem Auftrag in Zusammenhang stehenden Bestellkosten bereits in „C3: Anzahl der Aufträge" enthalten, der Cost Driver „C1: Anzahl der Bestellungen" erfasst nur die darüber hinausgehenden Sonderbestellungen.

Mit der Tabelle aus Abb. II-23 will Helga Heitek auch die Cost-Driver-Raten bestimmen.

Während der Planperiode produziert die HiTecSe die drei Produktreihen und plant mit ihren ursprünglichen Plankosten. Nach der Planperiode ergibt eine Abrechnung, dass die HiTecSe AG 15.000 optische Sensoren der Produktreihe OS-200, 10.000 Geräte der Produktreihe OS-300 sowie 18.000 Geräte der Produktreihe OS-500 fertigen und absetzen konnte. Dazu gab sie 140 Bestellungen auf, erstellte 480 Angebote und erhielt 400 Aufträge über insgesamt 50 Produktarten. Die Gesamtkosten betrugen 13.000.000 €.

Aufgabenstellung zu Fallstudie 5 (HiTecSe AG):

Aufgabe 1: Zuschlagskalkulation der HiTecSe

(a) Charakterisieren Sie die herkömmliche Kalkulation der HiTecSe AG. Geben Sie die Art der Bezugsgrößen und der Kostenverursachung an.

Prozesse		Gesamt-kosten	C1	C2	C3	C4	C5	C6	nicht abhängig	Pro-zess
UL	Unternehmensleitung	1.100.000 €			5 %	5 %			90 %	UL
VV	Verwaltung und Vertrieb									VV
	VV1 Kundenbetreuung	400.000 €		20 %	30 %	10 %			40 %	VV1
	VV2 Auftragsabwicklung	400.000 €	5 %	3 %	50 %	10 %	4 %	2 %	26 %	VV2
	VV3 Allg. Verwaltung	700.000 €			4 %	10 %	3 %	3 %	80 %	VV3
	Zwischensumme	1.500.000 €								
MW	Materialwirtschaft									MW
	MW1 Lieferantenbetreuung	200.000 €	20 %		11 %			1 %	68 %	MW1
	MW2 Warenannahme	400.000 €	30 %			5 %	2 %	6 %	57 %	MW2
	MW3 Eingangskontrolle	400.000 €	30 %			10 %	5 %	7 %	48 %	MW3
	MW4 Lagerhaltung	500.000 €	20 %		10 %	10 %	5 %	4 %	51 %	MW4
	MW5 Transport	500.000 €	10 %		20 %	20 %	10 %	9 %	31 %	MW5
	Zwischensumme	2.000.000 €								
FE	Forschung und Entwicklung									FE
	FE1 Grundlagenforschung	300.000 €				10 %			90 %	FE1
	FE2 Produktentwicklung	700.000 €		10 %		30 %			60 %	FE2
	FE3 Design	200.000 €		10 %		40 %			50 %	FE3
	FE4 Prozessforschung	600.000 €	5 %	10 %		30 %			55 %	FE4
	Zwischensumme	1.800.000 €								
FT	Fertigung									FT
	FT1 Rüsten von Anlage 1	600.000 €			39 %	40 %	12 %		9 %	FT1
	FT2 Rüsten von Anlage 2	500.000 €			30 %	40 %		10 %	20 %	FT2
	FT3 Betrieb von Anlage 1	2.200.000 €			21 %	5 %	29 %		45 %	FT3
	FT4 Betrieb von Anlage 2	1.500.000 €			21 %	10 %		40 %	29 %	FT4
	Zwischensumme	4.800.000 €								
Summe		11.200.000 €								
Cost-Driver-Dimension			Stück	Stück	Stück	Anzahl der Produkt-arten	Stun-den	Stun-den		

Abb. II-23: Abhängigkeit der Prozesskosten von den Cost Drivern

(b) Bestimmen Sie die Gemeinkostenzuschlagsätze nach der herkömmlichen Kalkulation.

(c) Die HiTecSe AG wird um ein Angebot für 1000 Sensoren des Standard-modells OS-500 gebeten. Die Materialeinzelkosten für dieses Standard-modell betragen 48 €, die Fertigungszeit auf Anlage 1 beläuft sich auf 3,5 Minuten je Sensor, auf Anlage 2 sind es 3 Minuten je Sensor.

Berechnen Sie die Selbstkosten dieses Auftrags nach der herkömmlichen Kalkulation.

(d) Ein weiterer Kunde bittet um ein Angebot über 40 Stück OS-521 und 60 Stück OS-522. Dies sind kundenspezifische Varianten des Sensors OS-500 mit Materialeinzelkosten von 50 € je Sensor bei OS-521 und 45 € je Stück bei Sensor OS-522. Zusätzlich werden bei Produktart OS-522 zwei Sonder-bauteile benötigt, die bei verschiedenen Lieferanten zu beschaffen sind. Zusammen kosten sie 11 €. Durch den Einbau erhöht sich die Ferti-gungsdauer je Sensor OS-522 auf Anlage 1 um 2,5 Minuten gegenüber dem Standardmodell, auf Anlage 2 erhöht sie sich um zwei Minuten.

Berechnen Sie die Selbstkosten dieses Auftrags nach der herkömmlichen Kalkulation.

Aufgabe 2: Kalkulation ausgewählter Aufträge und Varianten

(a) Bestimmen Sie die Cost-Driver-Raten für die Cost Driver C1 bis C6. Stellen Sie eine Gesamtkostenfunktion für die HiTecSe AG auf, die diese Cost Driver berücksichtigt.

(b) Berechnen Sie die Selbstkosten für die beiden in Aufgabe 1 beschriebenen Aufträge nach diesem prozessorientierten Kalkulationsverfahren.

(c) Vergleichen Sie die Ergebnisse Ihrer Kalkulationen. Lassen sich daraus allgemeine Aussagen über die Wirkung derartiger Kalkulationsverfahren herleiten?

(d) Helga Heitek überlegt, ob sie nach den Ergebnissen ihrer Kalkulationen empfehlen soll, auf die auftragsgrößenabhängigen Rabatte zu verzichten. Was meinen Sie?

Aufgabe 3: Mehrstufige Deckungsbeitragsrechnung

(a) Führen Sie auf Basis der Planwerte und des Heitekschen Kostenrechnungsansatzes eine mehrstufige Deckungsbeitragsrechnung für die drei Produktreihen der HiTecSe durch. Gehen Sie davon aus, dass die Aufträge aus Aufgabe 1 bereits in der Gesamtplanung enthalten sind. Sie brauchen daher nicht eigens berücksichtigt werden.

(b) Welche Informationen können Sie dieser Rechnung entnehmen? Welche Konsequenzen schlagen Sie vor?

(c) Vergleichen Sie die Vorgehensweise von Helga Heitek mit derjenigen der Grenzplankostenrechnung.

Aufgabe 4: Abweichungsanalysen

(a) Führen Sie für die Planperiode eine Abweichungsanalyse auf Basis der herkömmlichen Kostenrechnung sowie auf Basis der prozessorientierten Kostenrechnung durch. Geben Sie für beide Verfahren jeweils die Sollkosten sowie die Plan-Ist-Abweichung, die Budgetabweichung und die Verbrauchsabweichung (Soll-Ist-Abweichung) an.

(b) Wie sind die angegebenen und die von Ihnen berechneten Abweichungen zu beurteilen?

(c) Eine detailliertere Analyse ergibt Materialeinzelkosten in Höhe von 2.200.000 € und Beschäftigungen der Anlage 1 von 3.500 Stunden sowie der Anlage 2 von 2.000 Stunden. Wie ist dies bei der Abweichungsanalyse zu berücksichtigen?

Lösungshinweise zu Fallstudie 5 (HiTecSe AG):

Aufgabe 1: Zuschlagskalkulation der HiTecSe

(a) Es handelt sich um eine wenig differenzierte Zuschlagskalkulation, bei der die Gemeinkosten über prozentuale Zuschläge auf die jeweiligen Einzelkosten oder andere indirekte Bezugsgrößen kalkuliert werden.

(b) Berechnung der Zuschlagsätze für die herkömmliche Kalkulation:

herkömmliches Kalkulationsschema	Plankosten	Zuschlagsätze
Materialeinzelkosten	2.000.000 €	
+ Materialgemeinkostenzuschlag	2.000.000 €	100 %
Fertigungslöhne Anlage 1	1.700.000 €	
Fertigungslöhne Anlage 2	1.300.000 €	
+ Fertigungsgemeinkostenzuschlag	1.800.000 €	60 %
+ Sondereinzelkosten der Fertigung		
Herstellkosten	8.800.000 €	
+ Zuschlag für sonstige Gemeinkosten	4.400.000 €	50 %
Selbstkosten	**13.200.000 €**	

(c) Herkömmliche Kalkulation der Selbstkosten des Standardauftrags:

Kostenposition	Menge	Wert	gesamt
Materialeinzelkosten	1.000 Stk.	48,00 €	48.000,00 €
Materialgemeinkosten		100 %	48.000,00 €
Fertigungslöhne I	58,33 Std.	500,00 €	29.165,00 €
Fertigungslöhne II	50,00 Std.	684,21 €	34.210,50 €
Fertigungsgemeinkosten		60 %	38.025,30 €
Herstellkosten			197.400,80 €
Zuschlag für sonstige Gemeinkosten		50 %	98.700,40 €
Selbstkosten			**296.101,20 €**

Bei einem Rabatt von 1,5 % sollte der Preis bei 300.610 € liegen.

(d) Die herkömmliche Kalkulation der Selbstkosten des Variantenauftrags zeigt Abb. II-24. Da kein Rabatt zu gewähren ist, ist dies auch die Preisuntergrenze.

Aufgabe 2: Kalkulation ausgewählter Aufträge und Varianten

(a) Die Cost-Driver-Raten ergeben sich aus der in Abb. II-25 wiedergegebenen Lösungstabelle. Die Kostenfunktion für die HiTecSe lautet mit x_{200}, x_{300}, x_{500} als Gesamtmengen der Produktreihen sowie C1, C2, ..., C6 als Häufigkeiten der Cost Driver:

$$K = 5.479.000 + 40 \cdot x_{200} + 60 \cdot x_{300} + 50 \cdot x_{500} +$$
$$+ 3.200 \cdot C1 + 550 \cdot C2 + 4.960 \cdot C3 + 16.150 \cdot C4 + 250 \cdot C5 + 420 \cdot C6.$$

Kostenposition	Bezugs-menge	Wert pro Einheit	gesamt
40 Sensoren OS-521			
Materialeinzelkosten	40 Stk.	50,00 €	2.000,00 €
Materialgemeinkosten		100,00 %	2.000,00 €
Fertigungslöhne I	2,33 Std.	500,00 €	1.165,00 €
Fertigungslöhne II	2,00 Std.	684,21 €	1.368,42 €
Fertigungsgemeinkosten		60,00 %	1.520,05 €
Herstellkosten			8.053,47 €
Zuschlag für sonstige Gemeinkosten		50,00 %	4.026,74 €
Selbstkosten für 40 OS-521			12.080,21 €
60 Sensoren OS-522			
Materialeinzelkosten	60 Stk.	45,00 €	2.700,00 €
Materialgemeinkosten		100,00 %	2.700,00 €
Fertigungslöhne I	6,00 Std.	500,00 €	3.000,00 €
Fertigungslöhne II	5,00 Std.	684,21 €	3.421,05 €
Fertigungsgemeinkosten		60,00 %	3.852,63 €
Sondereinzelkosten der Fertigung	60 Stk.	11,00 €	660,00 €
Herstellkosten			16.333,68 €
Zuschlag für sonstige Gemeinkosten		50,00 %	8.166,84 €
Selbstkosten für 60 OS-522			24.500,52 €
Selbstkosten des gesamten Auftrags			36.580,73 €

Abb. II-24: Herkömmliche Kalkulation der Selbstkosten des Variantenauftrags

(b) Die prozessorientierte Kalkulation der Selbstkosten des Standardauftrags nach zeigt Abb. II-26. Unter Beachtung des Rabatts von 1,5 % sollte die HiTecSe nach dieser Kalkulation mindestens einen Preis von 106.845,18 € verlangen. Die Selbstkosten des Variantenauftrags nach der prozessorientierten Vorgehensweise sind in Abb. II-27 berechnet. Mit dem Rabatt von 1 % beträgt Mindestpreis 55.144,78 €.

(c) Die prozessorientierte Kalkulation weist für den Standardauftrag mit großen Mengen deutlich geringere Kosten aus als die herkömmliche. Hingegen rechnet sie dem Variantenauftrag mit kleinen Stückzahlen beträchtlich höhere Kosten zu als die herkömmliche Kalkulation, und dies obwohl es sich bei der Heitekschen Kalkulation um eine Teilkostenrechnung, bei der herkömmlichen Kalkulation um eine Vollkostenrechnung handelt.

Nach herkömmlicher Kalkulation hängen die Gemeinkostenzuschläge nur von den Produkteinzelkosten ab. Sie sind unabhängig von Fertigungsmengen, Losgrößen oder speziellen Auftragsgrößen. Die HiTecSe erhält indes Aufträge sehr unterschiedlicher Größe und Anzahl von Produktarten. Zugleich ist ein beträchtlicher Teil der Kosten in allen Kostenstellen auftrags- bzw. produktartenabhängig. Die herkömmliche Kalkulation verzerrt hier die

Prozesse	Gesamtkosten	C1	C2	C3	C4	C5	C6	nicht abhängig	Prozess
UL Unternehmensleitung	1.100.000 €			55.000 €	55.000 €			990.000 €	UL
VV Verwaltung und Vertrieb									VV
VV1 Kundenbetreuung	400.000 €		80.000 €	120.000 €	40.000 €			160.000 €	VV1
VV2 Auftragsabwicklung	400.000 €	20.000 €	12.000 €	200.000 €	40.000 €	16.000 €	8.000 €	104.000 €	VV2
VV3 Allg. Verwaltung	700.000 €			28.000 €	70.000 €	21.000 €	21.000 €	560.000 €	VV3
Zwischensumme	1.500.000 €	20.000 €	92.000 €	348.000 €	150.000 €	37.000 €	29.000 €	824.000 €	
MW Materialwirtschaft									MW
MW1 Lieferantenbetreuung	200.000 €	40.000 €		22.000 €			2.000 €	136.000 €	MW1
MW2 Warenannahme	400.000 €	120.000 €				8.000 €	24.000 €	228.000 €	MW2
MW3 Eingangskontrolle	400.000 €	120.000 €			40.000 €	20.000 €	28.000 €	192.000 €	MW3
MW4 Lagerhaltung	500.000 €	100.000 €		50.000 €	50.000 €	25.000 €	20.000 €	255.000 €	MW4
MW5 Transport	500.000 €	50.000 €		100.000 €	100.000 €	50.000 €	45.000 €	155.000 €	MW5
Zwischensumme	2.000.000 €	430.000 €		172.000 €	210.000 €	103.000 €	119.000 €	966.000 €	
FE Forschung und Entwicklung									FE
FE1 Grundlagenforschung	300.000 €				30.000 €			270.000 €	FE1
FE2 Produktentwicklung	700.000 €		70.000 €		210.000 €			420.000 €	FE2
FE3 Design	200.000 €		20.000 €		80.000 €			100.000 €	FE3
FE4 Prozessforschung	600.000 €	30.000 €	60.000 €		180.000 €			330.000 €	FE4
Zwischensumme	1.800.000 €	30.000 €	150.000 €		500.000 €			1.120.000 €	
FT Fertigung									FT
FT1 Rüsten Anlage 1	600.000 €			234.000 €	240.000 €			54.000 €	FT1
FT2 Rüsten Anlage 2	500.000 €			150.000 €	200.000 €	72.000 €	50.000 €	100.000 €	FT2
FT3 Betrieb Anlage 1	2.200.000 €			462.000 €	110.000 €	638.000 €	600.000 €	990.000 €	FT3
FT4 Betrieb Anlage 2	1.500.000 €			315.000 €	150.000 €			435.000 €	FT4
Zwischensumme	4.800.000 €			1.161.000 €	700.000 €	710.000 €	650.000 €	1.579.000 €	
Summe	11.200.000 €	480.000 €	242.000 €	1.736.000 €	1.615.000 €	850.000 €	798.000 €	5.479.000 €	
Cost-Driver-Menge		150 Stk.	440 Stk.	350 Stk.	100 Stk.	3.400 Std.	1.900 Std.		
Cost-Driver-Rate		3.200 €	550 €	4.960 €	16.150 €	250 €	420 €		

Abb. II-25: Berechnung der Cost Driver-Raten für die Fa. HiTecSe

Kostenposition	Menge	Wert	Gesamt
Materialeinzelkosten	1.000 Stk.	48,00 €	48.000,00 €
Prozesskosten verursacht durch			
C1: Anzahl der Bestellungen	0	3.200,00 €	- €
C2: Anzahl der Angebote	1	550,00 €	550,00 €
C3: Anzahl der Aufträge	1	4.960,00 €	4.960,00 €
C4: Anzahl der Produktarten	1	16.150,00 €	16.150,00 €
C5: Laufzeit auf Anlage 1	58,33 Std.	250,00 €	14.582,50 €
C6: Laufzeit auf Anlage 2	50,00 Std.	420,00 €	21.000,00 €
variable Selbstkosten (Preisuntergrenze)			**105.242,50 €**

Abb. II-26: Kalkulation der Selbstkosten des Standardauftrags nach der prozessorientierten Vorgehensweise

Kostenposition	Menge	Wert	Gesamt
Materialeinzelkosten OS-521	40 Stk.	50,00 €	2.000,00 €
Materialeinzelkosten OS-522	60 Stk.	45,00 €	2.700,00 €
Bezugskosten Sonderbauteile	60 Stk.	11,00 €	660,00 €
Prozesskosten verursacht durch			
C1: Anzahl der Bestellungen	2	3.200,00 €	6.400,00 €
C2: Anzahl der Angebote	1	550,00 €	550,00 €
C3: Anzahl der Aufträge	1	4.960,00 €	4.960,00 €
C4: Anzahl der Produktarten	2	16.150,00 €	32.300,00 €
C5: Laufzeit auf Anlage 1	8,33 Std.	250,00 €	2.083,33 €
C6: Laufzeit auf Anlage 2	7,00 Std.	420,00 €	2.940,00 €
Selbstkosten des gesamten Auftrags über 100 Sensoren:			**54.593,33 €**

Abb. II-27: Kalkulation der Selbstkosten des Variantenauftrags nach der prozessorientierten Vorgehensweise

produktbezogene Kostenbelastung. Kleinen Aufträgen werden tendenziell zu wenig, großen Aufträgen zu viel Kosten zugerechnet. Grundsätzlich wird diese Fehlsteuerung durch den prozessorientierten Ansatz von Helga Heitek vermieden. Daher ist von ihrem Vorschlag, für einen Auftrag dessen Einzelkosten zuzüglich der Cost-Driver-abhängigen variablen Kosten zu kalkulieren, hier tendenziell eine Begünstigung großer Aufträge und eine Benachteiligung sehr kleiner Aufträge im Vergleich zur herkömmlichen Kalkulation zu erwarten.

(d) Die Gewährung pauschaler Rabatte zur Berücksichtigung von Größeneinflüssen ist angesichts der Kalkulation mit speziellen Einflussgrößen unnötig, sie kann aber verhandlungstaktische Vorteile bieten. Allgemein zeigt die Auftragsgrößenberücksichtigung im Beispiel, dass eine differenzierte Kalkulation nachträgliche Pauschalkorrekturen ersparen kann.

Aufgabe 3: Mehrstufige Deckungsbeitragsrechnung

(a) Die mehrstufige Deckungsbeitragsrechnung zeigt Abb. II-29. Darin ist zu berücksichtigen, dass nach der vorliegenden Prozesskostenrechnung den Produktreihen nicht nur die Einzelkosten, sondern auch Cost-Driver-abhängige Kosten zurechenbar sind.

Produktreihen	OS-200	OS-300	OS-500
Stückerlös	145,00 €	450,00 €	400,00 €
Materialeinzelkosten	40,00 €	60,00 €	50,00 €
C5: Laufzeit auf Anlage 1	12,50 €	41,67 €	16,67 €
C6: Laufzeit auf Anlage 2	21,00 €	14,00 €	21,00 €
variable Kosten	73,50 €	115,67 €	87,67 €
Stückdeckungsbeitrag	71,50 €	334,33 €	312,33 €
Planabsatz	14.000 Stk.	9.000 Stk.	18.000 Stk.
Produktreihen-Deckungsbeitrag I	1.001.000 €	3.009.000 €	5.622.000 €
Prozesskosten, die den Produktreihen zurechenbar sind			
C1: Anzahl der Bestellungen	128.000 €	160.000 €	144.000 €
C2: Anzahl der Angebote	82.500 €	77.000 €	55.000 €
C3: Anzahl der Aufträge	595.200 €	496.000 €	446.400 €
C4: Anzahl der Produktarten	323.000 €	807.500 €	484.500 €
Zwischensumme	1.128.700 €	1.540.500 €	1.129.900 €
Produktreihen-Deckungsbeitrag II	**– 127.700 €**	**1.468.500 €**	**4.492.100 €**
Gesamtdeckungsbeitrag II		5.832.900 €	
Prozesskosten, die den Produktreihen nicht zurechenbar sind			
C1: Anzahl der Bestellungen		48.000 €	
C2: Anzahl der Angebote		27.500 €	
C3: Anzahl der Aufträge		198.400 €	
C4: Anzahl der Produktarten		– €	
C5: Laufzeit auf Anlage 1		– €	
C6: Laufzeit auf Anlage 2		– €	
Zwischensumme		273.900 €	
Gesamtdeckungsbeitrag III		5.559.000 €	
nicht Cost-Driver-abhängige Kosten		5.479.000 €	
Periodenerfolg		**80.000 €**	

Abb. II-29: Mehrstufige Deckungsbeitragsrechnung auf Basis einer Prozesskostenrechnung

(b) Die Deckungsbeitragsrechnung erlaubt eine differenzierte Zuordnung von Kosten zu Entscheidungsalternativen. Hier sind dies Entscheidungen über einzelne zusätzliche Stückzahlen innerhalb eines Auftrags und über Produktreihen. Größere Stückzahlen vorhandener Aufträge sind zu den gegebenen Preisen generell vorteilhaft. Allerdings sollte man Produktreihe OS-200 durch weniger Produktarten straffen, möglicherweise auch durch weniger, aber größere Aufträge oder rationellere Bestellungen. Gelingt dadurch kein Kostenabbau und liegen keine Erlösverbundeffekte vor, so ist Produktreihe OS-200 abzubauen. Für andere Entscheidungsfragen, etwa über Aufträge, einzelne Varianten oder Beschaffungsvereinbarungen verläuft die Beurteilung analog.

(c) Bei der Grenzplankostenrechnung handelt es sich um eine Teilkostenrechnung mit variablen Kosten sowie grundsätzlich linearen und separablen Kostenfunktionen (vgl. Abschnitt 3.2). Dies gilt auch für die prozessorientierte Kostenrechnung von Helga Heitek. Beide unterscheiden sich zwar terminologisch, aber nicht prinzipiell.

Aufgabe 4: Abweichungsanalysen

(a) Abb. II-30 zeigt die Abweichungsanalyse nach herkömmlicher Kostenrechnung, Abb. II-31 diejenige nach prozessorientierter.

Kalkulation der Sollkosten			Plankosten
Materialeinzelkosten für OS-200	15.000 Stk.	40,00 €	600.000 €
Materialeinzelkosten für OS-300	10.000 Stk.	60,00 €	600.000 €
Materialeinzelkosten für OS-500	18.000 Stk.	50,00 €	900.000 €
+ Materialgemeinkostenzuschlag		100 %	2.100.000 €
Fertigungslöhne der Anlage 1	3.616,67 Std.	500,00 €	1.808.335 €
Fertigungslöhne der Anlage 2	1.983,33 Std.	684,21 €	1.357.014 €
+ Fertigungsgemeinkostenzuschlag		60 %	1.899.210 €
Herstellkosten			9.264.559 €
+ Zuschlag für sonstige Gemeinkosten		50 %	4.632.279 €
Sollkosten			13.896.838 €
Istkosten			13.000.000 €
Plankosten			13.200.000 €
Plan-Soll-Abweichung (Budgetabweichung)			– 696.838 €
Plan-Ist-Abweichung			– 200.000 €
Soll-Ist-Abweichung (Verbrauchsabweichung)			– 896.838 €

Abb. II-30: Abweichungsanalyse nach der herkömmlichen Kostenrechnung

(b) Grundsätzlich sind die Kosten geringer als geplant, damit tritt eine negative Plan-Ist-Abweichung auf (vgl. auch Abb. II-19). Die Budgetabweichung bei der herkömmlichen Kalkulation besagt, dass ein um 696.838 € höheres Budget angemessen gewesen wäre. Berücksichtigt man zusätzlich die Veränderung der Produktionsmenge, ergibt sich daraus eine vergleichsweise hohe und scheinbar günstige (negative) Verbrauchsabweichung. Dies könnte für eine günstige Durchführung der Produktionsprozesse sprechen. Möglicherweise beruht es aber auch auf Unzulänglichkeiten der herkömmlichen Kalkulation. Für die zweite Interpretation der Abweichung spricht die Analyse nach der prozessorientierten Kostenrechnung: Hier zeigt die Budgetabweichung, dass man das Budget um 380.333 € hätte senken müssen.

Kostenposition	Menge	Wert	gesamt
Materialeinzelkosten für OS-200	15.000 Stk.	40,00 €	600.000 €
Materialeinzelkosten für OS-300	10.000 Stk.	60,00 €	600.000 €
Materialeinzelkosten für OS-500	18.000 Stk.	50,00 €	900.000 €
Prozesskosten verursacht durch			
C1: Anzahl der Bestellungen	140 Stk.	3.200,00 €	448.000 €
C2: Anzahl der Angebote	480 Stk.	550,00 €	264.000 €
C3: Anzahl der Aufträge	400 Stk.	4.960,00 €	1.984.000 €
C4: Anzahl der Produktarten	50 Stk.	16.150,00 €	807.500 €
C5: Laufzeit auf Anlage 1	3.617 Std.	250,00 €	904.167 €
C6: Laufzeit auf Anlage 2	1.983 Std.	420,00 €	833.000 €
nicht zurechenbare Gemeinkosten			5.479.000 €
Sollkosten			12.819.667 €
Istkosten			13.000.000 €
Plankosten			13.200.000 €
Plan-Soll-Abweichung (Budgetabweichung)			380.333 €
Plan-Ist-Abweichung			- 200.000 €
Soll-Ist-Abweichung (Verbrauchsabweichung)			180.333 €

Abb. II-31: Abweichungsanalyse nach der prozessorientierten Kostenrechnung

Mit der positiven Verbrauchsabweichung von 180.333 € wird auf eine ungünstige Situation hingewiesen. Trotz der höheren Stückzahlen hätte angesichts der Werte der übrigen Einflussgrößen der Kostenrückgang noch stärker ausfallen sollen, als dies der Fall war.

(c) Die Materialeinzelkosten liegen um 100.000 € über dem Sollwert. Dies kann eine Preisabweichung oder eine Mengenabweichung wegen ungeplanter Mehrverbräuche sein. Die Fertigungsdauer auf Anlage 1 ist kürzer, als es dem tatsächlichen Produktionsprogramm angemessen wäre, auf Anlage 2 ist sie länger.

Sofern jedoch die ursprünglich geplanten durchschnittlichen Materialeinzelkosten und die Fertigungsdauer je Stück weiter als verlässlich gelten, wirken sich diese Abweichungen nicht auf die Beurteilung des Gesamtprozesses, sondern nur auf die der Fertigungs- und der Einkaufsabteilungen aus.

Kapitel III: Erfolgssteuerung im Controlling

1. Überblick

■ **Themenschwerpunkte**

Ansatzpunkte zur Erfolgssteuerung im Controlling

- Erfolgsmaßgrößen als Voraussetzung
- Bedeutung organisatorischer Verantwortungsbereiche
- Einsatz erfolgsorientierter Anreizsysteme

Instrumente der Erfolgssteuerung

- Lenkpreise zur Erfolgskoordination
- Erfolgsplanung mit Budgets
- Erfolgssteuerung mit Kennzahlen
- Berichtssysteme als informatorische Erfolgsgrundlage

■ **Grundlegende Literatur**

Friedl, Birgit:	[Controlling] Controlling. 2. Aufl., Konstanz, München 2013.
Ewert, Ralf und Alfred *Wagenhofer*:	[Unternehmensrechnung] Interne Unternehmensrechnung. 7. Aufl., Berlin, Heidelberg 2008.
Küpper, Hans-Ulrich u. a.:	[Controlling] Controlling. 6. Aufl., Stuttgart 2013.
Reichmann, Thomas:	[Kennzahlen] Controlling mit Kennzahlen und Managementberichten. 8. Aufl., München 2011.
Schweitzer, Marcell und Hans-Ulrich *Küpper*:	[Systeme] Systeme der Kosten- und Erlösrechnung. 10. Aufl., München 2011.
Troßmann, Ernst:	[Controlling] Controlling als Führungsfunktion. Eine Einführung in die Mechanismen betrieblicher Koordination. München 2013.

2. Grundlagen zur Erfolgssteuerung im Controlling

a) Elemente der Erfolgssteuerung im Controlling

Für eine wirksame Erfolgssteuerung müssen die betrieblichen Ziele durch geeignete Maßgrößen operationalisiert werden, die Erfolgsverantwortlichen sind zu bestimmen und passende **Anreiz- und Kontrollstrukturen** einzurichten. Dies sind zugleich typische Gestaltungselemente des Controlling (siehe Kapitel I). Zentral für die Erfolgssteuerung ist eine geeignete Informationsbasis, die neben Ergebniskontrollen auch Planfortschrittskontrollen ermöglicht. Aufgabe des Controlling ist es hierbei insbesondere, ein geeignetes **Berichtssystem** zu gestalten, das die Zielerreichungsinformationen entscheidungsbezogen und empfängerorientiert aufbereitet (siehe Abschnitt e). Außerdem sind Methoden bereitzustellen, die bei der Erfolgssteuerung unterstützen und eine Ausrichtung der Unternehmung auf die betrieblichen Ziele bewirken (siehe Abschnitte b bis d).

Wichtig ist, die Beurteilungsmaßgrößen konsistent im betrieblichen Zielsystem zu definieren. Gängige **Kennzahlen** sind z. B. Deckungsbeiträge, Gewinne oder Renditegrößen. Bei der Wahl von Vorgabe-, Kontroll- und Berichtsgrößen besteht eine Controlling-Aufgabe darin, den Entscheidungsgehalt der möglichen Größen zu problematisieren. Unter dem Schlagwort des wertorientierten Managements wird insbesondere versucht, den Erfolg der Managementleistung im Hinblick auf die Erwartungen der betrieblichen Anspruchsgruppen, der Stakeholder, zu operationalisieren. Der Ausdruck „Wertorientierung" wird allerdings in der Regel enger definiert und speziell auf Anteilseigner, die Shareholder, bezogen. Daher steht im wertorientierten Management der finanzielle Wert für sie im Mittelpunkt. Er wird durch Kapitalwertgrößen, wie etwa den Shareholder Value und seine Veränderungen, oder durch einen explizit hierfür definierten periodenbezogenen Mehrwert erfasst (siehe Kapitel VII).

Die Vorgabe von Erfolgszielen muss mit einem passenden **organisatorischen Steuerungskonzept** verknüpft werden. So ist bei dezentraler Unternehmungsstruktur die Verantwortlichkeit der abgegrenzten Autonomiebereiche festzulegen. Die Größen für Zielvorgabe und Zielerreichung sind je nach eingeräumtem Autonomie-Umfang unterschiedlich weit gefasst. Beim **Service Center (oder Cost Center)** sind inhaltlich und im Umfang definierte Leistungen zu erbringen und dabei eine vorgegebene Kostenhöhe einzuhalten. Ein **Profit Center** wird an einer formalen Erfolgsgröße gemessen, die Produktionsgrößen sind jedoch höchstens grob vorgegeben. Ein **Investment Center** schließlich ist nicht nur für die Erzielung periodenbezogener Erfolge verantwortlich, sondern auch teilweise für deren zweckmäßige Verwendung. Wichtig bei der Abgrenzung und Steuerung der Verantwortungsbereiche ist aus grundsätzlich organisatorischen, aber auch aus motivatorischen Gründen, dass diese nur für die Erreichung von Zielgrößen verantwortlich gemacht werden, die sie auch tatsächlich beeinflussen können. Dies fordert das Prinzip der **Controllability.** Danach muss sich der Entscheidungsspielraum der Center-Verantwortlichen, ausgehend von einem Cost Center hin zu einem Investment Center also zunehmend erhöhen.

Abgestimmte Entscheidungen unabhängiger Entscheidungsträger können vor allem dann erwartet werden, wenn hierfür geeignete **Anreize** gesetzt werden, die zielkonformes Verhalten durch Belohnung oder Bestrafung fördern. Dies gilt insbesondere, wenn Entscheidungsträger eigene Interessen verfolgen, die den betrieblichen Zielen teilweise entgegenlaufen (Principal-Agent-Problematik; zum Überblick vgl. Laux [Anreiz]).

Positive und negative Anreize können dabei materieller oder immaterieller Art sein. Ein gängiger Ansatzpunkt sind **erfolgsabhängige Entlohnungssysteme**, die z. B. Prämien bei Erreichen bestimmter Vorgaben gewähren. Hier ist eine Belohnungsfunktion festzulegen, die die Höhe der Belohnung in Abhängigkeit von klar zu definierenden Erfolgsbemessungsgrundlagen angibt (zu Details vgl. Troßmann [Controlling] 232 ff.). Um eine Anreizwirkung zu erzielen, muss einerseits die Controllability sichergestellt werden; die Kontrollierten sollen durch ihr Verhalten die Bemessungsgrundlage beeinflussen können. Andererseits muss das System anreizkompatibel sein, das heißt, die Bemessungsgrundlage muss das Unternehmungsziel abbilden. Weiter soll das Belohnungssystem transparent gestaltet sein und beim Kontrollierten einen spürbaren Zusammenhang zwischen Erfolgserreichung und Entlohnung erzeugen. Dazu gehört auch, dass es nicht überlistet werden kann, also kollusionsfrei ist. Schließlich darf die zusätzliche Entlohnung eine durch sie ermöglichte Erfolgssteigerung aus Sicht der Unternehmung nicht überkompensieren.

Ein wichtiges Anreizinstrument sind **Aktienoptionspläne.** Bei ihnen wird die Erfolgsbestimmung auf den Kapitalmarkt übertragen, indem aktienkursbezogene Ausübungshürden vorgesehen werden. Damit soll eine Kongruenz zwischen den Zielen der Eigenkapitalgeber und denjenigen der Manager erreicht werden, da eine Erfolgszahlung erst eintritt, wenn sich der Marktwert der Unternehmung als Zielgröße der Shareholder verbessert. Aktienoptionspläne sind nicht unproblematisch. Zum einen sind Marktwertänderungen nur teilweise auf Managementleistungen zurückzuführen. Insoweit ermangelt es ihnen an einer durchgängigen Controllability. Zum anderen kann das Management den Aktienwert unter Umständen kurzfristig durch Maßnahmen steigern, die den Aktionärsinteressen entgegenstehen. Insoweit sind sie nicht völlig anreizkompatibel.

b) Lenkpreise zur Erfolgskoordination

Lenkpreise (Verrechnungspreise, Transferpreise) sind vom Betrieb selbst festgelegte Preise für eingesetzte, erzeugte oder abgesetzte Güter, die im internen oder externen Rechnungswesen verwendet werden. Solange man solche Preise vorwiegend für Abrechnungszwecke verwendet, spricht man eher von Verrechnungspreisen. Dagegen dominiert die Bezeichnung als Lenkpreise, je mehr eine Steuerung von Güterströmen hervortritt. Lenkpreise können mit Marktpreisen übereinstimmen, dies muss jedoch nicht der Fall sein. Mit Lenkpreisen können unterschiedliche Zwecke verfolgt werden. Sie lassen sich genauer in drei Gruppen gliedern: die Verrechnungsfunktion, die Güterlenkungsfunktion sowie die Funktion der Leistungsbeurteilung und -honorierung. In der **Verrechnungsfunktion** dienen die internen Preisansätze der Vereinfachung im Rechnungswesen, der Standardisierung, insbesondere wenn in der Kostenrechnung externe Preisschwankungen herausgerechnet werden sollen, sowie der Bilanzierung. Im internationalen Konzern bewirken sie zum Beispiel einen Gewinntransfer zu Konzerngesellschaften in Niedrigsteuerländern, um so die Konzernsteuerlast zu verringern. In der **Güterlenkungsfunktion** dienen sie dazu, Güterströme innerbetrieblich zielentsprechend zu lenken. In der Funktion der **Leistungsbeurteilung und -honorierung** bezwecken Lenkpreise die Erfolgsbestimmung abgegrenzter betrieblicher Verantwortungsbereiche, indem sie unternehmungsinterne Güterflüsse bewerten. Damit wird eine Erfolgssteuerung einzelner durch Güterbeziehungen verbundener Verantwortungsbereiche erst ermöglicht. Wird dies mit Anreizen erfolgsabhängiger Vergütungssysteme verbunden, führt es bei anreizkompatibler Wahl der Preise auf eine Harmonisierung von Bereichszielen und gesamtbetrieblichen Zielen hin. In der Kombination von Güterlenkungs- und Leistungshonorierungsfunktion sollen Lenkpreise bewirken, dass dezentrale Entscheidungen zum selben Ergebnis führen wie zentrale Entscheidungen. Da sie so der Koordination dezentraler Entscheidungen dienen, stellen sie ein typisches Controlling-Instrument dar. Insbesondere wenn Lenkpreise zur Erfolgsberechnung von Verantwortungsbereichen und damit als Anknüpfungspunkt einer erfolgsabhängigen Vergütung herangezogen werden, stellen sich zahlreiche Ausgestaltungsaufgaben für das Controlling (vgl. ausführlich dazu Trost [Verrechnungspreise] sowie Fallstudie 6, S. 100).

Lenkpreise können zentral festgelegt oder in Verhandlungen dezentraler Entscheidungsträger gewonnen werden. Eine Mischform stellt eine Lenkpreisermittlung in einem iterativen Prozess zwischen Zentrale und dezentralen Verantwortungsbereichen dar. Zentralen Einfluss auf die Lenkpreishöhe hat die für den internen Güterbezug bzw. die interne Güterlieferung relevante Alternativensituation. So ist zu prüfen, ob die Güter auch unternehmungsextern bezogen bzw. abgesetzt werden können. Die Vorteilhaftigkeit der internen Lieferung bzw. des internen Absatzes ergibt sich dann aus dem Vergleich zur **Marktalternative**.

Als Lenkpreis für Absatzgüter kommt der mögliche Absatzpreis auf dem externen Markt abzüglich noch anfallender Absatznebenkosten in Frage. Entsprechend ist bei Beschaffungsgütern der Markt-Beschaffungspreis zuzüglich entstehender Beschaffungsnebenkosten relevant. Die interne Gütererstellung wird damit an einer marktbezogenen Vergleichsgröße gemessen. Daneben ist die unternehmungsinterne Alternativenlage zu berücksichtigen. Dabei ermittelt man die **Lenkpreise** kostenorientiert. Untergrenze ist hier – wie bei der Preisuntergrenzenermittlung für den Marktabsatz (siehe Kapitel V) – der Grenzkostenbetrag des Kalkulationsobjekts, da sich bei kleineren Preisen für den liefernden Betrieb stets vermeidbare Verluste einstellen. Vergleichsalternative ist also das Unterlassen der betreffenden Produktion. Bestehen unterschiedliche Verwendungsmöglichkeiten, die jedoch nicht alle zugleich realisiert werden können, dann ist zusätzlich der Erfolgsbeitrag der besten entgehenden Alternative anzusetzen. Bei Kapazitätsengpässen werden demnach **Opportunitätskosten** relevant. Sie erhöhen den Lenkpreis. Damit stellen sie sicher, dass auch bei dezentraler Entscheidung die gesamtbetrieblich optimale Güterverwendung gewählt wird. Der liefernde Bereich hat an einer Lieferung unter diesem Lenkpreis kein Interesse, da ihm alternative Verwendungsmöglichkeiten offenstehen, die einen Deckungsbeitrag in Höhe der angesetzten Opportunitätskosten erbringen. Umgekehrt wird der empfangende Bereich zu diesem Preis nur dann Mengen abnehmen, wenn er durch deren weitere Verwendung zusätzliche, darüber hinausgehende Deckungsbeiträge erwirtschaften kann. Abb. III-1 (Schweitzer/Küpper [Systeme] 511 – geringfügig abgeändert) zeigt die typischen Fälle der Lenkpreisermittlung.

Fall	Anwendungsbedingungen der Entscheidungssituation	Lenkpreise
1	Nur interner Markt: – keine Beschaffungs- und Produktionsbeschränkungen	Grenzkosten (= variable Stückkosten bei linearen Kostenfunktionen)
2	Wahlmöglichkeiten zwischen internem und externem Markt:	
a)	– für Einsatzgüter	Beschaffungspreis auf externem Markt + Beschaffungsnebenkosten
b)	– für Ausbringungsgüter	Absatzpreis auf externem Markt – Absatznebenkosten
3	Nur interner Markt mit Beschränkungen:	
a)	– nur eine Beschränkung bei konstanten Deckungsbeiträgen	Ableitung aus Deckungsbeiträgen je Engpasseinheit
b)	– mehrere Beschränkungen bei konstanten Deckungsbeiträgen	Ableitung aus Dualwerten der Planungsrechnung

Abb. III-1: Typische Fälle der Lenkpreisermittlung

c) Erfolgsplanung mit Budgets

Unter einem **Budget** versteht man eine spezielle Plangröße in Geld, die einem organisatorischen Verantwortungsbereich für eine bestimmte Periode vorgegeben wird. Als Verantwortungsbereiche kommen einzelne Stellen, Abteilungen oder ganze Teilbetriebe in Frage. Die Budgetperiode kann von einem Tag bis zu mehreren Jahren reichen. Das Budget kann inhaltlich in positiven oder negativen Rechnungsgrößen oder als deren Differenz definiert sein. Positivbudgets sind als Einnahmen, Umsätze, Erlöse, Leistungen oder Erträge formuliert; Negativbudgets als Ausgaben, Kosten oder Aufwendungen. Weiter kommen Deckungsbeiträge, Gewinne, Kapitalwerte sowie weitere Überschüsse als Budgetgrößen in Frage.

Die Budgetierung steht im Gegensatz zur **Maßnahmenplanung.** Bei jener werden konkrete Maßnahmen oder Maßnahmenprogramme festgelegt. Demgegenüber wird bei der Budgetierung nur ein finanzieller Rahmen gezogen. Der Handlungsspielraum fällt daher bei der Planung mit Budgets generell höher aus. Der höhere Entscheidungsspielraum wirkt beim Budgetempfänger in der Regel motivationsfördernd. Dies wird verstärkt, wenn die Budgeterfüllung als Maßstab zur Leistungsbeurteilung dient und daran erfolgsabhängige Vergütungen anknüpfen.

Die Budgetierung kann zu verschieden weit greifenden Funktionen herangezogen werden (vgl. Troßmann [Controlling] 190 f.). Im einfachsten Fall handelt es sich um eine reine **Prognosefunktion.** Nach ihr werden mit dem Budget die darin ausgedrückten Wertgrößen vorhergesagt. Eine weitere führungspolitische Bedeutung kommt ihnen dann nicht zu; insbesondere eignen sich nur prognostizierte Werte nicht zur Vorgabe. Üblicher ist es freilich, Budgets den jeweiligen Organisationseinheiten vorzugeben. Hiermit verbindet sich zunächst eine **Bewilligungsfunktion.** Bei einem Positivbudget gilt das Erreichen, bei einem Negativbudget das Nichtüberschreiten als akzeptiertes Ausmaß der Zielerfüllung. Sobald implizit oder explizit mit der Budgetvorgabe diese Bewilligung verbunden ist, erfüllt sie eine Motivationsfunktion. Jene wird umso stärker, je mehr die Budgeterfüllung auch als Maßstab zur **Leistungsbeurteilung** dient. Zum besonderen Controlling-Instrument wird die Budgetierung durch ihre **Koordinationsfunktion.** So kann eine zentrale Koordination durch Delegation auf dezentrale Einheiten ersetzt werden, indem mit der Budgetvorgabe Kompetenzen weitergegeben werden. Dies trifft für je zwei aufeinanderfolgende Stufen des aufbauorganisatorischen Zusammenhangs zu. Das Budget der oberen Einheit wird dann auch als **Masterbudget,** die Budgets der untergeordneten Einheiten werden als Abteilungsbudgets, bei funktionaler Arbeitsteilung speziell auch als Funktionsbudgets (Operating Budgets) bezeichnet.

Zur Aufstellung der Budgets bieten sich verschiedene **Budgetierungstechniken** an. Sie lassen sich nach mehreren Merkmalen charakterisieren. Von vorherrschender Bedeutung sind die Ableitungsrichtung und die Ausgangsbasis der Budgetierung. Nach der **Ableitungsrichtung** unterscheidet man outputorientierte und inputorientierte Budgetierungsverfahren. Die outputorientierten Verfahren legen der Budgetbegründung die prognostizierten Leistungsmengen zugrunde, die inputorientierten dagegen die als notwendig erachteten Einsatzmengen. Als Ausgangsbasis der Planung dient bei der Fortschreibung das Budget der Vorperiode; bei der Nullbasis-Planung ist das Budget in einer Neuaufwurfsplanung vollständig zu begründen. Eine Übersicht über die Merkmale von Budgetierungstechniken mit typischen Beispielen vermittelt Abb. III-2 (zu den einzelnen Budgetierungstechniken vgl. Troßmann [Controlling] 200 ff.).

Budgetierungstechniken	
Merkmale von Budgetierungstechniken	**typische Budgetierungstechniken**
– **Ableitungsrichtung:** Input- oder Outputorientierung	– **mit Inputorientierung:** ▪ inputorientierte Fortschreibung
– **Ausgangsbasis**: Nullbasis oder Fortschreibung	– **mit Outputorientierung:** ▪ allgemeine Programmbudgetierung
– **Rhythmus der Anwendung:** bei jeder Budgeterstellung oder als singuläre Neujustierung	▪ PPBS-Technik ▪ Zero-Base-Budgetierung
– **rechenmethodische Grundlage:** ▪ Zweck: Prognose oder Optimierung ▪ Schätzung oder fundierte Prognosetechnik ▪ Freihandvorgabe, heuristisches Verfahren oder exaktes Optimierungsverfahren	– **mit Elementen von Input- und Output-Orientierung:** ▪ Gemeinkostenwertanalyse (Overhead-Value-Analysis)

Abb. III-2: Zentrale Merkmale der Budgetplanung

Bei der inputorientierten **Fortschreibung,** einem gleichermaßen einfachen wie verbreiteten Verfahren, wird das Budget der Vorperiode ohne explizite Begründung durch Output-Größen an vermutete, akzeptierte oder erwünschte Entwicklungen des Stelleninputs angepasst. Dies kann ein pauschaler Inflationsausgleich sein, die Auswirkung veränderter Personalkapazität in der Abteilung oder insbesondere im Falle von Kostenbudgets ein Einsparungsabschlag.

Die Einfachheit der inputorientierten Fortschreibung resultiert aus dem Verzicht auf eine fundierte Kostenplanung und ist so mit schwerwiegenden Mängeln erkauft. Vor allem entzieht sich der Verantwortungsbereich einer wirksamen Budgetkontrolle, da Ineffizienzen mangels Input-Output-Zusammenhang nicht erkennbar sind. Demgegenüber wählt die **allgemeine Programmbudgetierung** das geplante Produktionsprogramm als Ausgangspunkt und leitet daraus den notwendigen Input ab. Dies setzt die Messung der Produktion und einen quantitativ formulierten Zusammenhang zwischen Input und Output voraus. Derartige Input-Output-Beziehungen werden insbesondere in Produktions- und in Kostenfunktionen abgebildet. Am ehesten liegen sie üblicherweise für Fertigungsbereiche vor. Als Anwendung der Plankostenrechnung trifft man daher gerade dort die allgemeine Programmbudgetierung. Besonders durch die Verbreitung der Prozesskostenrechnung hat jedoch auch die Anwendung in betrieblichen Sekundärleistungsbereichen zugenommen (siehe Kapitel II).

Zur outputorientierten Kosten-Budgetierung gehört ferner das **Zero Base Budgeting**. Es ist eine Neuaufwurfsplanung vornehmlich für Sekundärleistungsbereiche. Den Ablauf zeigt Abb. III-3 (Troßmann [Budgetierung] 519). Wegen der Problematik einer hinreichend exakten kardinalen Messbarkeit des Outputs solcher Stellen wählt man hier eine nur für wenige, üblicherweise drei Punkte formulierte Kostenfunktion (vgl. Troßmann [Budgetierung] 511). Man definiert drei unterschiedliche Output-Ausprägungen, sogenannte Leistungsniveaus, von hinreichend kleinen Untersuchungseinheiten der betrachteten Stelle, sucht dafür jeweils möglichst günstige Verfahrensweisen und schätzt die dafür entstehenden Kosten. Insgesamt erhält man Entscheidungspakete aus Leistungsniveau,

---

Vorgehensweise beim Zero Base Budgeting

1. Vorbereitungsphase
   Präzisieren der Untersuchungsziele und Abgrenzen der zu budgetierenden Bereiche

2. Analysephase
   2.1 Einteilen jedes Untersuchungsbereichs in Entscheidungseinheiten
   2.2 Definieren von drei Leistungsniveaus je Entscheidungseinheit
   2.3 Zuordnen je einer günstigen Verfahrensart für jedes Leistungsniveau
   2.4 Zusammenfassen von Leistungsniveau, zugehörigem Verfahren und entstehenden Kosten zu einem Entscheidungspaket je Leistungsniveau
   2.5 Schrittweises Bilden einer Rangordnung über die Entscheidungspakete in Abteilungen, Bereichen, Gesamtbetrieb
   2.6 Entscheiden über die Realisierungsgrenze (Budgetschnitt)

3. Realisierungsphase
   3.1 Festlegen der zusätzlichen und der wegfallenden Maßnahmen im Vergleich zum bisherigen Zustand
   3.2 Durchsetzen der Budgets
   3.3 Vorgabe der Budgets

4. Überwachungsphase
   Ständiges Überwachen der Budgeterfüllung

Abb. III-3: Vorgehensweise beim Zero Base Budgeting

zugrundeliegendem Verfahren und entsprechenden Kosten. Die so formulierten Input-Output-Zusammenhänge erlauben den Vergleich alternativer Budgethöhen für unterschiedliche Stellen.

Weit weniger differenziert als beim Zero Base Budgeting ist die Vorgehensweise beim verbreiteten Verfahren der **Gemeinkostenwertanalyse.** Auch hier handelt es sich um ein Verfahren der Kostenbudgetierung. Man geht vom Budget der Vorperiode aus und unterwirft es einer kritischen Diskussion. Dabei wird, führungspolitisch gewollt, die bisherige Kostenhöhe regelmäßig als ungerechtfertigt dargestellt. Dies soll einen Diskussionsprozess in Gang setzen, in dem insbesondere der Nutzen der von der betreffenden Stelle erbrachten Leistung problematisiert wird. An dessen Ende steht oft tatsächlich eine Budgetreduzierung. Dies entspricht der üblicherweise als Ziel der Gemeinkostenwertanalyse formulierten Vorgabe einer drastischen Kostensenkung. Die Gemeinkostenwertanalyse dient somit in der Regel weniger einer guten Fundierung des Input-Output-Zusammenhangs für die Kostenbudgetierung, sondern ist eher eine Budgetierungstechnik, die gleichzeitig einem gezielten Kostenmanagement zuzurechnen ist.

d) Erfolgssteuerung mit Kennzahlen

Kennzahlen geben einen Sachverhalt in komprimierter Form quantitativ gemessen wieder. Sie erlauben durch Informationsverdichtung die übersichtliche Darstellung komplexer Zusammenhänge. Generell können Kennzahlen als absolute Zahlen, etwa Einzelzahlen (z. B. die Kostenhöhe) oder Summen (z. B. der Deckungsbeitrag), oder als Verhältniszahlen (z. B. der Pro-Kopf-Umsatz) definiert sein. Kennzahlen erfüllen drei Hauptfunktionen. Sie dienen als allgemeine Möglichkeit einer kompakten Informationsübermittlung, als Hilfsmittel der sachlichen Führung und als Instrument der organisatorischen Führung (vgl. Troßmann [Controlling] 125 ff.). Einen Überblick über Einsatzfälle gibt Abb. III-4 (Troßmann [Kennzahlen] 525). Die Informationsfunktion ergibt sich schon aus dem Charakter von Kennzahlen. Aufgabe des Controlling ist hierbei vor allem, auf eine adressatengerechte Kennzahlenbereitstellung zu achten.

Die Unterstützung der **sachlichen Führung** rührt daher, dass Kennzahlen den betrieblichen Planungs- und Kontrollprozess an verschiedenen Stellen unterstützen und insbesondere vereinfachen können. Beispielsweise operationalisieren Kennzahlen Ziele oder sie bieten Orientierungsgrößen für Kontrollen oder Maßgrößen für ein inner- und zwischenbetriebliches Benchmarking. Als Instrument der **organisatorischen Steuerung** erfüllen Kennzahlen unmittelbar Steuerungszwecke in der betrieblichen Hierarchie, indem sie zur Vorgabe, Motivation und Ergebnismessung eingesetzt werden. Dabei ist zwischen einer direkten und einer nur indirekten Beeinflussbarkeit der vorgegebenen Kennzahlen zu unterscheiden. Bei direkt steuerbaren Kennzahlen kennt die gesteuerte, untergeordnete Einheit die einzelnen Maßnahmen zum Erreichen der vorgegebenen Kennzahlenhöhe. Sie kann sie punktgenau treffen. Die Kennzahlenvorgabe ist damit prinzipiell als eine Generalanweisung zu interpretieren. Im Gegensatz dazu sind bei der Steuerung mit nur indirekt beeinflussbaren Kennzahlen die Maßnahmen zum unmittelbaren und exakten Erreichen der Vorgabegrößen nicht im Einzelnen bekannt. Vielmehr weiß man nur prinzipiell, welche Maßnahmenkategorien in Frage kommen. Eine eindeutige und

allgemeine Informationsfunktion:
Kennzahlen als kompakte quantitative Information

Zielbildung:
Kennzahlen als operationalisierte Zielgröße

Problemwahrnehmung:
Kennzahlen als (Früh-)Warnindikatoren

Problemstrukturierung:
Kennzahlen zur Ursachenanalyse

Alternativensuche:
Kennzahlen zur Systematisierung von Alternativen

Prognose:
Kennzahlen als Bezugsgrößen

Zuordnung einer Lösungskategorie:
Kennzahlen als Einordnungskriterien

Konstruktion von Lösungen:
Kennzahlen als Vorteilhaftigkeits-/Optimalitäts-
kriterien für Maßnahmen

isolierte Bewertung interdependenter Größen:
Kennzahlen als Beurteilungsmaße von
Restriktionsgrößen

parametrische Lösung von Entscheidungsproblemen:
Kennzahlen zur Reduktion der Entscheidungs-
komplexität

pauschale Kennzeichnung von Optimallösungen:
Kennzahlen als Sekundärzielgröße zwischen ursprünglicher Zielgröße und konkreten Maßnahmen

Kontrolle:
Kennzahlen als Vergleichsgrößen

**Kennzahlen-
funktionen
als Instrument
der sachlichen
Führung**

**Funktionen
von
Kennzahlen**

direkte Lenkung:
Kennzahlenvorgabe als Generalanweisung bei
bekannten Einzelmaßnahmen

indirekte Lenkung:
Kennzahlenvorgabe als Zielgröße bei unbekannten
Einzelmaßnahmen

**Kennzahlen-
funktionen
als Instrument
der organisa-
torischen
Führung**

Abb. III-3: Systematik der Funktionen von Kennzahlen

verlässliche zwangsläufige Beziehung zwischen bestimmten Maßnahmen und der Kennzahlenerreichung gibt es nicht. Es ist gerade Gegenstand der delegierten Stellenaufgabe der gesteuerten Einheit, sich bereichsspezifisches Wissen zu verschaffen, um passende Maßnahmen zur Zielerreichung auszuwählen. Bei der Steuerung mit indirekt beeinflussbaren Kennzahlen liegt also die sachliche Führungsverantwortung für die zielentsprechende Vorgehensweise zu großen Teilen bei der dezentralen Einheit. Auch Budgets können in diesem Sinne genau genommen als indirekt steuerbare Kennzahlen besonderen Typs aufgefasst werden.

Die Notwendigkeit, für Entscheidungen Informationen zu verdichten und eine Transparenz der Entscheidungssituation herzustellen, kann es erforderlich machen, mehr als nur eine Kennzahl bereitzustellen. Stehen die Kennzahlen in einer geordneten Beziehung, spricht man von einem **Kennzahlensystem** (vgl. zum Überblick Reichmann [Kennzahlen]). Ordnungsbeziehungen in einem solchen System können **definitionslogisch** sein – dann hängen die einzelnen Kennzahlen bereits rechnerisch zusammen; sie können **empirisch** sein – dann handelt es sich um Mittel-Zweck-Hypothesen –, oder sie können auch postulierte **Präferenzbeziehungen** abbilden. Das bekannteste definitionslogisch aufgebaute Kennzahlensystem ist das DuPont-Schema. Es hat als Spitzenkennzahl den Return on Investment (RoI). Seine Berechnung wird im Kennzahlenschema schrittweise immer feiner zerlegt, woraus sich die Unterkennzahlen ergeben.

Kennzahlensysteme gehören seit Jahrzehnten zu den beliebtesten Instrumenten der betrieblichen Führung. Besonderen Auftrieb hat die Kennzahlen-Idee zusätzlich durch das Konzept der **Balanced Scorecard** erhalten (vgl. ursprünglich Kaplan/Norton [Scorecard], zur Interpretation vgl. auch Troßmann [Controlling] 138 ff.). Eine Balanced Scorecard ist im Kern ein Kennzahlensystem, das besondere Strukturierungsmerkmale aufweist. So unterscheidet man inhaltlich vier Teile, sogenannte Perspektiven: die finanzielle, die der Kunden, die der internen Prozesse sowie die der Potenziale. Die Idee der Balanced Scorecard gibt kein fertiges System vor, sondern versteht sich eher als Rahmenkonzept, das es mit Definition geeigneter Kennzahlen und der Wahl der jeweils passenden Vorgabehöhe zu füllen gilt. Dabei ist, der generellen Controlling-Aufgabe entsprechend, besonders auf die Zielbezogenheit der Kennzahlen und die Beachtung eines entsprechenden Ableitungszusammenhangs von den strategischen Zielen bis hin zum operativen Bereich und der Konkretisierung in Kennzahlen zu achten.

e) Berichtssysteme als informatorische Erfolgsgrundlage

Zentral für jede Art von Entscheidung ist eine geeignete Informationsbasis. Zu einem Teil wird sie aus dem institutionalisierten Informationssystem geliefert. Hierbei ist das betriebliche **Berichtssystem** von besonderer Bedeutung. Es stellt dem Management ausgewählte Teile der regelmäßig bereitgestellten Informationen zur Verfügung. Dadurch lenkt es die Aufmerksamkeit auf die Berichtselemente und erfüllt so eine wichtige Funktion zunächst für die Problemwahrnehmung. Über die Art der Darstellung und die Darstellung von Vergleichsinformationen hinaus erfüllen Berichte weitere wichtige Funktionen im sachlichen Führungsprozess. Daher ist die zweckentsprechende Gestaltung von Berichtssystemen eine wichtige Controlling-Aufgabe (vgl. zu Details ausführlich Troßmann [Controlling] 149 ff.).

Ein Bericht ist eine organisierte Form der Informationsübermittlung im betrieblichen Hierarchiesystem. Charakteristisch ist seine **Vorstrukturierung**. Sie betrifft nicht nur den Inhalt, sondern auch die äußere Darstellung sowie vor allem den Informationsweg und den Anlass der Berichtserstellung. In Berichtssystemen werden diese Merkmale generell festgelegt (zu Einzelheiten vgl. Mertens/Griese/Meier [Informationsverarbeitung]). Grundlegend ist die Unterscheidung von generatoraktiven und benutzeraktiven Berichtssystemen, die sich nach der Berichtsauslösung richtet. **Generatoraktive Berichtssysteme** erzeugen die Berichte automatisch, entweder in vorher definierten periodischen Abständen oder bei Eintritt bestimmter anderer Auslöse-Ereignisse, zum Beispiel das Überschreiten bestimmter Toleranzniveaus im Zeitablauf. Demgegenüber erscheinen bei **benutzerorientierten Systemen** die Berichte erst nach Anforderung durch den Manager.

Für die Gestaltung des Berichtsinhalts ist es unter Controlling-Gesichtspunkten entscheidend, Normalfälle von Ausnahmen adäquat abzugrenzen (vgl. Troßmann [Controlling] 168 ff.). Da es einerseits hierzu keine eindeutig und beweisbar richtige Lösung gibt, dies andererseits aber von erheblicher koordinativer Wirkung ist, fällt dem Controlling eine hohe Verantwortung zu. Als Möglichkeiten der Abgrenzung **berichtenswerter Abweichungen** bietet sich zum einen an, Schwellenwerte zu definieren (Prinzip des Toleranzniveaus), zum anderen, vorab die Anzahl der (Ausnahme-)Berichtspositionen festzulegen (sogenanntes Tagesschau-Prinzip).

Bei komfortabler Ausgestaltung der Computerunterstützung können Berichtssysteme fallweise zu **Executive Information Systems** ausgebaut werden (vgl. Hansen/Neumann [Wirtschaftsinformatik] 1048 ff., Troßmann [Controlling] 175 ff.). Dies sind personenspezifische Berichtssysteme, die bestimmte Eigenschaften von Entscheidungsunterstützungssystemen bieten. Beispielsweise erlauben Executive Information Systems

- mit der Slicing-and-Dicing-Funktion, aus mehrdimensionalen Datenbeständen die jeweils interessierenden Berichtstabellen zu generieren,

- mit der Drill-down-Funktion, Berichtselemente in ihrer Entstehung tiefer nachzuverfolgen,

- mit der Roll-up-Funktion, Auswirkungen in der Berichtshierarchie nach oben zu erkennen

- sowie mit What-if- und How-to-achieve-Fragen Zusammenhänge zu analysieren.

Soweit als Informationsgrundlage ein Data-Warehouse-Konzept realisiert ist, werden auch Auswertungen ermöglicht bzw. erleichtert, die sich auf längere Vergangenheitszeiträume beziehen oder in größerem Umfang betriebsexternes Datenmaterial mit einbeziehen.

Im Verhältnis von Bereitstellung der Daten in Datenbanken und ihrer Auswertung für empfänger- und situationsspezifische Berichte zeigt sich wiederum die typische Problematik der Trennung zwischen Grundrechnung und Auswertungsrechnungen, wie sie generell für die betrieblichen Informationssysteme typisch ist (siehe Kapitel II).

Fallstudie 6: Fensterbau GmbH

Profit-Center-Steuerung mit Lenkpreisen

Problembeschreibung:

Die Fensterbau GmbH stellt vier verschiedene Arten von Fenstern mit Holzrahmen in Standardgrößen her: das hohe, schmale Modell Austria (A), das breite Modell Bavaria (B), das Sprossenfenster Christa (C) und die Glastüre Dastra (D). Derzeit werden sie ausschließlich im süddeutschen Raum abgesetzt. Jedes Fenster durchläuft drei Fertigungsbereiche: Das angelieferte Holz wird in der Sägerei (S) gesägt und zu Fensterrahmen zusammengefügt. Diese werden in der Lackiererei (L) lackiert und anschließend in der Montage (M) mit den Glasscheiben und Beschlägen zu fertigen Fenstern zusammengebaut. Der Vertriebsbereich (V) übernimmt die fertigen Fenster vom Montagebereich und ist für den Marktabsatz zuständig. Im Vertriebsbereich entstehen fixe Kosten in Höhe von 15.000 €.

Herr Glaser, Geschäftsführer der Fensterbau GmbH, ist glühender Verfechter des Profit-Center-Konzepts. Daher hat er sämtliche Bereiche als erfolgsverantwortliche Profit Center ausgestaltet. Und dies, obwohl es normalerweise nicht möglich ist, Zwischenprodukte, also unlackierte oder lackierte Fensterrahmen, am Markt zu beziehen oder abzusetzen.

Die Planungsabteilung hat für die vier Fenster die Absatzpreise, die in den einzelnen Produktionsstufen anfallenden Materialkosten pro Fenster und die Absatzhöchstmengen zusammengestellt und Herrn Glaser in folgender Tabelle vorgelegt:

Modell	Austria	Bavaria	Christa	Dastra
Listenpreis	149 €	249 €	99 €	229 €
Materialkosten pro Stück in der				
• Sägerei S	39 €	93 €	26 €	50 €
• Lackiererei L	22 €	23 €	16 €	18 €
• Montage M	20 €	55 €	10 €	91 €
Höchstabsatz	8.000 Stk.	6.000 Stk.	4.000 Stk.	8.000 Stk.
Ausgaben für Werbung	2.500 €	3.000 €	1.500 €	2.000 €
Vertriebskosten pro Stück	3 €	5 €	2 €	4 €

Insbesondere für die Unternehmensverwaltung (U) der Fensterbau GmbH fallen zusätzlich Fixkosten in Höhe von 35.000 € an. Die Fensterbau hat jüngst den Vertrag mit der Werbeagentur um weitere fünf Jahre unter Garantie der Werbebudgets verlängert.

Die nächste Tabelle zeigt die fixen und variablen Kosten, die verfügbaren Kapazitäten in den drei Fertigungsbereichen sowie die Produktionskoeffizienten für die Beanspruchung der Bereiche durch die Fertigung der vier Modelle.

Bereich	Sägerei	Lackiererei	Montage
Fixkosten der Fertigungsbereiche	25.000 €	20.000 €	10.000 €
Kosten pro Fertigungsminute	5 €	4 €	6 €
verfügbare Kapazität	48.000 Min.	48.000 Min.	38.000 Min.
Produktionskoeffizient für			
• Austria	2 Min./Stk.	3 Min./Stk.	5 Min./Stk.
• Bavaria	5 Min./Stk.	4 Min./Stk.	2 Min./Stk.
• Christa	3 Min./Stk.	2 Min./Stk.	2 Min./Stk.
• Dastra	2 Min./Stk.	4 Min./Stk.	4 Min./Stk.

Aufgabenstellung zu Fallstudie 6 (Fensterbau GmbH):

Aufgabe 1: Erfolgssteuerung durch Produktionsprogrammplanung

(a) Ermitteln Sie die jeweiligen Stückdeckungsbeiträge für die vier Fenstermodelle. Welche Information liefern diese Kennzahlen?

(b) Erstellen Sie ein lineares Planungsmodell zur Bestimmung des gewinnmaximalen Produktionsprogramms für die Fensterbau GmbH. Ganzzahligkeitsbedingungen sollen dabei vernachlässigt werden.

(c) Ermitteln Sie das gewinnmaximale Produktionsprogramm und den Gesamtgewinn der Fensterbau GmbH.

(d) Interpretieren Sie Ihr Simplextableau für die Optimallösung.

(e) Zeigen Sie rechnerisch, wie sich die Dualwerte aus dem Endtableau bestimmen lassen.

Aufgabe 2: Erfolgsorientierte Absatzentscheidungen bei Engpässen

(a) Ein regionaler norddeutscher Baumarkt sieht gute Chancen, 50 Fenster des Modells Bavaria zu verkaufen und fragt bei der Fensterbau GmbH an, zu welchem Preis sie diese liefern könnte. Ermitteln Sie die Preisuntergrenze für diesen Zusatzauftrag. Gilt diese Preisgrenze auch für größere Zusatzaufträge?

(b) Ein Kunde ist nicht mehr bereit, für das Modell Austria den Listenpreis zu zahlen. Geben Sie die Preisgrenze für Austria an, unterhalb der sich das optimale Produktionsprogramm ändert.

(c) Wie weit könnte der Listenpreis von Austria erhöht werden, ohne dass sich das optimale Produktionsprogramm ändert?

Aufgabe 3: Lenkpreisermittlung zur Profit-Center-Steuerung

(a) Bestimmen Sie die Lenkpreise für die Zwischenprodukte der Fensterbau GmbH.

(b) Geschäftsführer Glaser will den Erfolg durch die Vorgabe von Kennzahlen für die Bereiche und Produkte steigern. Er möchte bei der Fensterbau GmbH eine Rentabilität von 10 % erreichen. Daher gibt er den Bereichen ein Rentabilitätsziel von 10 % vor. Die Rentabilität soll als Verhältnis von Bereichserfolg und Umsatz gemessen werden, wobei sich der Erfolg als Differenz aus Umsatz und Gesamtkosten ergibt. Der Umsatz der Fertigungsbereiche soll mit den Lenkpreisen bestimmt werden. Als Kennzahl für den Produkterfolg möchte Glaser die Differenz von Produkterlös pro Stück und variablen Stückkosten verwenden. Produkte mit hohem Produkterfolg sollen besonders gefördert werden.

Ermitteln Sie die so definierten Periodenerfolge und Rentabilitäten der Fensterbau GmbH insgesamt und ihrer Bereiche.

(c) Zeigen Sie, wie sich die Periodenerfolge mit Hilfe der Dualwerte aus dem letzten Simplextableau ermitteln lassen.

(d) Wie ist die Vorgehensweise von Glaser im vorliegenden Fall zu beurteilen?

Aufgabe 4: Profit-Center-Entscheidungen im Lenkpreiskonzept

(a) Ein Hersteller mit freien Kapazitäten bietet dem Bereichsleiter der Sägerei, Kurt Sägezahn, an, 200 unlackierte Rahmen des Modells Austria zum Preis von 50 € je Rahmen zu liefern. Soll Sägezahn das Angebot annehmen? Wie ändern sich bei Annahme des Angebots das optimale Produktionsprogramm und der Gewinn der Fensterbau GmbH? Hat die Entscheidung Sägezahns Erfolgsauswirkungen auf die anderen Profit Center?

(b) Hans Markete, der Vertriebsbereichsleiter, denkt über Verkaufsveranstaltungen in Heimwerkermärkten des süddeutschen Raums nach, bei denen ausschließlich Fenster des Modells Bavaria vorgestellt werden sollen. In ihnen sieht Markete seine größte Erfolgsposition. Eine Marketingagentur hat ein entsprechendes Angebot zu einem Gesamtpreis von 900 € unterbreitet. Markete geht davon aus, dass sich so zusätzlich 1.000 Fenster des Typs Bavaria zum bisherigen Planpreis absetzen lassen. Soll Markete die Verkaufsveranstaltungen durchführen lassen? Wie wirkt sich dies auf die Bereichserfolge und den Gesamterfolg aus?

(c) Sägezahn prüft die Anmietung einer zur bestehenden Anlage qualitativ gleichwertigen Sägeeinrichtung mit einer Kapazität von 3.000 Minuten für 2.000 €. Soll Sägezahn die Sägeeinrichtung anmieten? Wie wirkt sich dies auf die Bereichserfolge und den Gesamterfolg aus?

(d) Trotz Festlegung gesamtoptimaler Lenkpreise können einzelne Profit Center negative Erfolge aufweisen. Welche Maßnahmen könnten zur Umgehung der damit verbundenen Problematik eingeschlagen werden?

Hinweis:

Die Alternativen der Aufgaben 2, 3 und 4 beziehen sich jeweils auf die Grundproblemstellung. Sie sind also unabhängig voneinander zu beurteilen.

Lösungshinweise zu Fallstudie 6 (Fensterbau GmbH):

Aufgabe 1: Erfolgssteuerung durch Produktionsprogrammplanung

(a) Zunächst sind die Stückdeckungsbeiträge zu ermitteln:

Modell	Austria	Bavaria	Christa	Dastra
Stückerlös	149 €	249 €	99 €	229 €
Materialkosten pro Stück in der				
• Sägerei	39 €	93 €	26 €	50 €
• Lackiererei	22 €	23 €	16 €	18 €
• Montage	20 €	55 €	10 €	91 €
Fertigungskosten pro Stück in der				
• Sägerei	10 €	25 €	15 €	10 €
• Lackiererei	12 €	16 €	8 €	16 €
• Montage	30 €	12 €	12 €	24 €
Vertriebskosten pro Stück	3 €	5 €	2 €	4 €
Stückdeckungsbeitrag	13 €	20 €	10 €	16 €

Die positiven Stückdeckungsbeiträge bedeuten, dass alle Fenstermodelle vorteilhaft sind, zumal es keine sofort abbaubaren produktartfixen Kosten gibt.

(b) Die Fixkosten betragen insgesamt 114.000 € (Unternehmungs- und Bereichsfixkosten sowie Kosten für Werbung). Mit x_A, x_B, x_C und x_D als Mengenvariablen für Austria, Bavaria, Christa und Dastra ergibt sich das folgende lineare Planungsmodell:

Zielfunktion:

$$G = 13 \cdot x_A + 20 \cdot x_B + 10 \cdot x_C + 16 \cdot x_D - 114.000 \rightarrow \max!$$

Fertigungsrestriktionen:

$$S: \quad 2 \cdot x_A + 5 \cdot x_B + 3 \cdot x_C + 2 \cdot x_D \leq 48.000$$
$$L: \quad 3 \cdot x_A + 4 \cdot x_B + 2 \cdot x_C + 4 \cdot x_D \leq 48.000$$
$$M: \quad 5 \cdot x_A + 2 \cdot x_B + 2 \cdot x_C + 4 \cdot x_D \leq 38.000$$

Absatzrestriktionen:

$$A: \quad x_A \leq 8.000$$
$$B: \quad x_B \leq 6.000$$
$$C: \quad x_C \leq 4.000$$
$$D: \quad x_D \leq 8.000$$

Nichtnegativitätsbedingungen:

$$x_A, x_B, x_C, x_D \geq 0$$

(c) Mit den Schlupfvariablen s_S, s_L und s_M für die Fertigungszeitrestriktionen in Sägerei, Lackiererei und Montage und s_A, s_B, s_C und s_D als Absatzschlupfe für die Modelle Austria, Bavaria, Christa und Delta kommt man zu folgendem Ausgangstableau:

1.	Lösung	x_A	x_B	x_C	x_D	s_S	s_L	s_M	s_A	s_B	s_C	s_D
G	-114.000	-13	-20	-10	-16	0	0	0	0	0	0	0
s_S	48.000	2	5	3	2	1	0	0	0	0	0	0
s_L	48.000	3	4	2	4	0	1	0	0	0	0	0
s_M	38.000	5	2	2	4	0	0	1	0	0	0	0
s_A	8.000	1	0	0	0	0	0	0	1	0	0	0
s_B	6.000	0	1	0	0	0	0	0	0	1	0	0
s_C	4.000	0	0	1	0	0	0	0	0	0	1	0
s_D	8.000	0	0	0	1	0	0	0	0	0	0	1

Nach vier Umformungen des Gleichungssystems ergibt sich das folgende Endtableau:

5.	Lösung	x_A	x_B	x_C	x_D	s_S	s_L	s_M	s_A	s_B	s_C	s_D
G	108.500	0	0	0	0	1	3,25	0,25	0	1,5	0	0
x_C	2.750	0	0	1	0	0,5	-0,125	-0,125	0	-1,75	0	0
x_D	3.875	0	0	0	1	-0,25	0,6875	-0,3125	0	-0,875	0	0
x_A	1.000	1	0	0	0	0	-0,5	0,5	0	1	0	0
s_A	7.000	0	0	0	0	0	0,5	-0,5	1	-1	0	0
x_B	6.000	0	1	0	0	0	0	0	0	1	0	0
s_C	1.250	0	0	0	0	-0,5	0,125	0,125	0	1,75	1	0
s_D	4.125	0	0	0	0	0,25	-0,6875	0,3125	0	0,875	0	1

Der Gesamtgewinn beträgt 108.500 €. Es werden 1.000, 6.000, 2.750 bzw. 3.875 Fenster der Modelle Austria, Bavaria, Christa bzw. Dastra produziert.

(d) Bei der Auswertung des Simplex-Tableaus sind folgende Aspekte von Bedeutung (vgl. allgemein Domschke/Drexl [Operations Research] 13 ff.):

▪ Die Basisvariablen in den ersten beiden Spalten des Tableaus geben die herzustellenden Mengen bzw. verfügbaren Kapazitäten an. Schlupfvariablen stehen dabei für noch verfügbare Absatzkapazitäten: Von den Modellen Austria, Bavaria, Christa bzw. Dastra werden 1.000, 6.000, 2.750 bzw. 3.875 Fenster produziert. Von Austria, Christa bzw. Dastra könnten damit noch weitere 7.000, 1.250 bzw. 4.125 Fenster abgesetzt werden. Die Bereiche Sägerei, Lackiererei und Montage sind voll ausgelastet.

▪ In der ersten Zeile des Tableaus sind sämtliche Modellvariable einschließlich der Schlupfvariablen für die Abteilungen aufgeführt.

▪ In der zweiten Zeile des Tableaus stehen in Spalte 1 und 2 die Zielvariable G und der Zielfunktionswert (hier: 108.500 €). Da es in den übrigen Spalten ausschließlich nichtnegative Werte gibt, lässt sich der Zielfunktionswert nicht mehr verbessern. Diese Zahlen sind die Dualwerte (hier: die Grenzdeckungsbeiträge). Sie geben den Deckungsbeitrag an, der bei Reduktion der Kapazitäts- bzw. Absatzmenge um eine Einheit entgeht. Dualwerte sind daher positiv, wenn die entsprechenden Fertigungs- und Absatzkapazitäten voll ausgelastet sind. Die Nichtbasisvariablen stehen in diesem Fall für die drei voll ausgelasteten Bereiche bzw. für die vollständig ausgeschöpfte Absatzrestriktion beim Modell Bavaria. Ihre Primalwerte sind 0.

- Die Koeffizienten unter den Nichtbasisvariablen geben die Auswirkung einer Veränderung der knappen Kapazitäten um eine Einheit auf den Gewinn und die übrigen Mengen bzw. freien Kapazitäten an.

- Basisvariable sind dadurch gekennzeichnet, dass sie in der Zielfunktionszeile den Wert 0 aufweisen und ihre zugehörige Spalte den entsprechenden Einheitsvektor enthält. Ihr Mengenwert kann unmittelbar der zweiten Spalte entnommen werden.

(e) Die Dualwerte lassen sich aus den mit Stückdeckungsbeiträgen bewerteten Änderungen in den Absatzmengen herleiten. Sie entnimmt man den jeweiligen Spalten des Endtableaus an den jeweiligen Stellen für die Produktionsmengenvariablen.

	s_S	s_L	s_M	s_B
C	$0,5 \cdot 10 = 5$	$-0,125 \cdot 10 = -1,25$	$-0,125 \cdot 10 = -1,25$	$-1,75 \cdot 10 = -17,5$
D	$-0,25 \cdot 16 = -4$	$0,6875 \cdot 16 = 11,00$	$-0,3125 \cdot 16 = -5,00$	$-0,875 \cdot 16 = -14,0$
A	$0 \cdot 13 = 0$	$-0,5 \cdot 13 = -6,50$	$0,5 \cdot 13 = 6,50$	$1 \cdot 13 = 13,0$
B	$0 \cdot 20 = 0$	$0 \cdot 20 = 0,00$	$0 \cdot 20 = 0,00$	$1 \cdot 20 = 20,0$
	1	3,25	0,25	1,5

Aufgabe 2: Erfolgsorientierte Absatzentscheidungen bei Engpässen

(a) Im optimalen Programm wird Bavaria bereits bis zur Absatzgrenze hergestellt. Der Zusatzauftrag des norddeutschen Baumarkts entspricht daher einer Ausweitung der Absatzgrenze. Schlupfvariablen geben nicht genutzte Kapazitäten oder Absatzmöglichkeiten an. Sie berechnen sich als Differenz zwischen der Kapazitätsgrenze und der tatsächlich genutzten Kapazität. Durch den Zusatzauftrag übersteigt die Produktionsmenge die Absatzrestriktion, die Schlupfvariable wird daher negativ.

Da sich der Gesamtgewinn für jedes zusätzlich abgesetzte Bavaria-Fenster auf Basis des ursprünglichen Verkaufspreises um 1,50 € erhöht, könnte beim Zusatzauftrag vom Verkaufspreis 1,50 € pro Fenster nachgelassen werden, ohne dass sich der Gesamtgewinn verschlechtert. Der Mindestpreis für den Zusatzauftrag sollte daher bei 247,50 € pro Fenster liegen. Da es sich um eine bisher bereits in der Planung enthaltene Produktart handelt, lässt sich die Preisuntergrenze aus dem bisherigen Verkaufspreis abzüglich des zusätzlich möglichen Deckungsbeitrags berechnen (Variante 1).

Alternativ kann die Preisuntergrenze wie für ein Neuprodukt ermittelt werden, das heißt aus der Summe der variablen Kosten, die durch den Zusatzauftrag mindestens gedeckt werden müssen, und den Opportunitätskosten (Variante 2).

Variante 1:	
bisheriger Preis	249,00 €
− Dualwert	− 1,50 €
Preisuntergrenze	247,50 €

Variante 2:

Materialkosten			
S:		93,00 €	
L:		23,00 €	
M:		55,00 €	171,00 €
variable Fertigungskosten			
S:	5 Min. · 5,00 €/Min. =	25,00 €	
L:	4 Min. · 4,00 €/Min. =	16,00 €	
M:	2 Min. · 6,00 €/Min. =	12,00 €	53,00 €
Vertriebskosten			
V:		5,00 €	5,00 €
Opportunitätskosten			
S:	5 Min. · 1,00 €/Min. =	5,00 €	
L:	4 Min. · 3,25 €/Min. =	13,00 €	
M:	2 Min. · 0,25 €/Min. =	0,50 €	18,50 €
Preisuntergrenze			247,50 €

Es bleibt zu prüfen, wie weit das Produktionsprogramm ausgeweitet werden kann, ohne dass andere Kapazitätsgrenzen erreicht werden. Rechnerisch zeigt sich diese Grenze daran, dass eine der Basisvariablen die Basis verlässt. Dies ist der Stabilitätsbereich der Optimallösung. Wenn s_B negativ wird, verringert dies x_C, x_D und s_A. Bei diesen Basisvariablen ist festzustellen, wie weit s_B gesenkt werden kann, ohne dass diese negativ werden. Die maximal mögliche Änderung ergibt sich aus:

$$\max\left(\frac{2.750}{-1{,}75}; \frac{3.875}{-0{,}875}; \frac{7.000}{-1}\right) = -1.571{,}43 \approx -1.571 \text{ Stück.}$$

Die Preisuntergrenze gilt damit bis zu $s_B = -1.571$ Stück, also einer Auftragsgröße von 1.571 Stück. Bei einem höheren Auftragsvolumen fällt die Preisuntergrenze aufgrund steigender Opportunitätskosten aus der Verdrängung anderer Produkte für die weiteren Stücke über der ermittelten Auftragsgröße von 1.571 Stück jeweils höher aus. Daneben ist zu beachten, dass die Abgabe größerer Volumina unter Listenpreis negative Ausstrahleffekte auf die Preisakzeptanz der bisherigen Kunden haben könnte.

(b) Änderungen im Verkaufspreis wirken sich auf die Stückdeckungsbeiträge
(c) und damit auf die Dualwerte aus. Im Tableau zur Optimallösung darf jedoch keine der Nichtbasisvariablen einen negativen Dualwert aufweisen, da sich der Gewinn sonst durch eine weitere Transformation verbessern ließe. Eine Veränderung des Deckungsbeitrags von Austria um Δd ändert die Dualwerte des Lösungstableaus so, wie es die Koeffizienten in der x_A-Spalte angeben (vgl. die Berechnung zu Aufgabe 1 e). Dies betrifft die Dualwerte zu s_L, s_M und s_B. Die Optimallösung bleibt somit erhalten, solange gilt:

$$3{,}25 - 0{,}5 \cdot \Delta d \geq 0;$$

$$0{,}25 + 0{,}5 \cdot \Delta d \geq 0;$$

$$1{,}50 + 1{,}0 \cdot \Delta d \geq 0.$$

Daraus erhält man:

$$\Delta d \leq 6{,}50; \quad \Delta d \geq -0{,}50; \quad \Delta d \geq -1{,}50.$$

Der Deckungsbeitrag und damit der Verkaufspreis darf pro Stück also um maximal 6,50 € erhöht bzw. um maximal 0,50 € gesenkt werden. Damit ist der Stabilitätsbereich durch folgende Deckungsbeitragsänderungen gegeben: -0,50 € $\leq \Delta d \leq$ 6,50 €.

Die bisherige Lösung bleibt nicht mehr optimal, wenn Austria das Preisintervall [149 € – 0,50 €; 149 € + 6,50 €] = [148,50 €; 155,50 €] verlässt.

Aufgabe 3: Lenkpreisermittlung und Profit-Center-Rechnung

(a) Da keine Marktpreise für die Zwischenprodukte vorliegen, ergeben sich die Lenkpreise für die Zwischenprodukte aus den variablen Material- und Fertigungskosten sowie den Opportunitätskosten der jeweiligen Bereiche. Diese resultieren aus dem Fertigungszeitbedarf der Produkte in dem betreffenden Bereich multipliziert mit dem Dualwert der Fertigungskapazität. Der angesetzte Lenkpreis ist beim abnehmenden Bereich als Materialeinstandspreis aufzufassen.

Es ergeben sich folgende Lenkpreise:

	Dualwert	A	B	C	D
Sägerei					
Materialkosten		39,00 €	93,00 €	26,00 €	50,00 €
variable Fertigungskosten		10,00 €	25,00 €	15,00 €	10,00 €
Opportunitätskosten	1,00	2,00 €	5,00 €	3,00 €	2,00 €
Lenkpreis		51,00 €	123,00 €	44,00 €	62,00 €
Lackiererei					
Materialkosten		22,00 €	23,00 €	16,00 €	18,00 €
variable Fertigungskosten		12,00 €	16,00 €	8,00 €	16,00 €
Opportunitätskosten	3,25	9,75 €	13,00 €	6,50 €	13,00 €
Lenkpreis		94,75 €	175,00 €	74,50 €	109,00 €
Montage					
Materialkosten		20,00 €	55,00 €	10,00 €	91,00 €
variable Fertigungskosten		30,00 €	12,00 €	12,00 €	24,00 €
Opportunitätskosten	0,25	1,25 €	0,50 €	0,50 €	1,00 €
Lenkpreis		**146,00 €**	**242,50 €**	**97,00 €**	**225,00 €**

Addiert man noch die Vertriebskosten und die Opportunitätskosten aus dem Vertriebsbereich, so erhält man die Absatzpreise. Dies verdeutlicht, dass die Dualwerte zu einer Aufteilung des Gesamtdeckungsbeitrags auf die einzelnen Bereiche mit ausgelasteten Kapazitäten führen.

	A	B	C	D
Vertriebslenkpreis	146,00 €	242,50 €	97,00 €	225,00 €
variable Vertriebskosten	3,00 €	5,00 €	2,00 €	4,00 €
Opportunitätskosten		1,50 €		
Absatzpreis	**149,00 €**	**249,00 €**	**99,00 €**	**229,00 €**

(b) Mit den in der vorigen Tabelle bereitgestellten Daten lassen sich die Umsatzrentabilitäten der Bereiche wie folgt ermitteln:

Bereich	Umsatz	Gesamtkosten	Bereichserfolg	Rentabilität
S	1.150.250 €	1.127.250 €	23.000 €	2,00 %
L	1.772.000 €	1.636.000 €	136.000 €	7,67 %
M	2.739.625 €	2.740.125 €	– 500 €	– 0,02 %
V	2.802.625 €	2.817.625 €	– 15.000 €	– 0,54 %
U	2.802.625 €	2.694.125 €	108.500 €	3,87 %

(c) Die Dualwerte aus dem Lösungstableau geben die Aufteilung des Gesamterfolgs auf die knappen Kapazitäten an. Damit können die Bereichserfolge schneller ermittelt werden:

Bereich	Deckungsbeitrag	–	Bereichs-fixkosten	=	Bereichserfolg
S	48.000 Min. · 1,00 €/Min.	–	25.000 €	=	23.000 €
L	48.000 Min. · 3,25 €/Min.	–	20.000 €	=	136.000 €
M	38.000 Min. · 0,25 €/Min.	–	15.000 €	=	– 500 €
V	6.000 Stk. · 1,50 €/Min.	–	24.000 €	=	– 15.000 €
Deckungsbeitrag auf Unternehmungsebene					143.500 €
– Unternehmungsfixkosten					– 35.000 €
Gesamterfolg					**108.500 €**

(d) Bei Auswahl und Einsatz von Steuerungsinstrumenten ist grundsätzlich zu beachten, inwieweit sich diese sinnvoll ergänzen oder zu widersprüchlichen Vorgaben führen. Glaser möchte Kennzahlen und Lenkpreise gleichzeitig als Steuerungsinstrumente einsetzen, wobei die Lenkpreise hier in die Kennzahlenbestimmung eingehen. Es können sich folgende Probleme ergeben:

- Lenkpreise sollen die Knappheitssituation adäquat berücksichtigen, so dass Bereiche mit freien Kapazitäten keine Grenzdeckungsbeiträge zugerechnet bekommen. Der erzielte Umsatz entspricht dort genau den variablen Kosten. Sind Bereichsfixkosten abzudecken, so würde trotz einer möglicherweise hohen Leistungserbringung für die Gesamtunternehmung stets ein negatives Ergebnis ausgewiesen.

- Zur Erhöhung des Verrechnungserfolgs könnten die Bereichsleiter durch für das Unternehmen vorteilhafte Maßnahmen wie die Annahme von Zusatzaufträgen versuchen, in den Bereichen Engpässe zu schaffen. Gelingt dies nicht, so wird der gesamte Deckungsbeitrag der Zusatzaufträge nach dem vorliegenden Lenkpreiskonzept ausschließlich Bereichen mit Engpässen zugerechnet. Damit liefert dieses Konzept für die Leiter von Bereichen ohne Aussicht auf Engpässe keinen Anreiz, für die Gesamtunternehmung sinnvolle Maßnahmen zu ergreifen. Dies gilt umso mehr, wenn der Bereichserfolg zugleich Grundlage für erfolgsabhängige Vergütungen ist.

▪ Umgekehrt könnten bei ungünstigen Konstellationen die Bereichsleiter durch unternehmungsschädliche Maßnahmen versuchen, den Verrechnungserfolg ihrer Bereiche zu verbessern, etwa durch eine künstliche Verknappung der Faktoren.

▪ Daneben ist vor allem die mangelnde Eignung der Umsatzrentabilität als Steuerungskennzahl zu beachten. Die Umsatzrentabilität bildet als alleinige Hilfsgröße das Gewinnziel nicht passend ab. So können die Bereichsleiter die höchste Umsatzrentabilität ausweisen, wenn sie lediglich den rentabelsten Auftrag erfüllen und auf alle weiteren Aufträge verzichten. Dadurch entgehen der Fensterbau GmbH jedoch Deckungsbeiträge, die den Gesamtgewinn steigern könnten. Die durch die Umsatzrentabilität ausgelösten Verhaltenswirkungen stehen damit dem Unternehmungsziel entgegen.

▪ Abgesehen von der gleichzeitigen Verwendung von Kennzahlen und Lenkpreisen, die in ihrer konkreten Ausgestaltung hier widersprüchlich ist, scheint auch eine Vorgabe eines Rentabilitätszieles von 10 % zu hoch, da selbst der erfolgreichste Bereich diese Zielgröße weit verfehlt. Aus motivatorischen Gesichtspunkten sollten Zielgrößen jedoch mit einer gewissen Anstrengung auch erreichbar sein.

▪ Auch der absolute Stückdeckungsbeitrag zur Messung des Produkterfolgs ist keine passende Entscheidungsgrundlage für die Produktförderung. Dies liegt daran, dass hier Engpässe vorliegen, jedoch die Kapazitätsbeanspruchung durch die einzelnen Produkte in absoluten Stückdeckungsbeiträgen nicht berücksichtigt wird.

Aufgabe 4: Profit-Center-Entscheidungen im Lenkpreiskonzept

(a) Zwar liegt der Angebotspreis (50 €/Stk.) über den variablen Herstellkosten in der Sägerei (49 €/Stk.), dennoch sollte Sägezahn das Angebot annehmen, da der Angebotspreis unter dem Lenkpreis für unlackierte Rahmen des Modells Austria liegt:

Lenkpreis für unlackierte Rahmen von Austria	51,00 €
Angebotspreis eines unlackierten Rahmens	50,00 €
Angebotsvorteil pro Stück	1,00 €

Eine Angebotsannahme erhöht den Gewinn somit um 200 Stk. · 1 €/Stk. = 200 €. Die Gewinnveränderung lässt sich alternativ mit dem Grenzdeckungsbeitrag der freiwerdenden Kapazität in der Sägerei und den Mehrkosten des Fremdbezugs ermitteln:

Zusatzkosten bei Fremdbezug	200 Stk. · (50 €/Stk. – 49 €/Stk.) =	200 €
Deckungsbeitragszuwachs durch freiwerdende Kapazität in der Sägerei	200 Stk. · 2 Min./Stk. · 1 €/Min. =	400 €
Zusatzerfolg		200 €

Freiwerdende Fertigungszeit in der Sägerei bedeutet ausgehend von der Optimallösung einen negativen Fertigungszeitschlupf von $s_S = -400$ Min. Das Produktionsprogramm ändert sich damit wie folgt:

Basis-variable		bisherige Lösung		Veränderung		neue Lösung
x_C	=	2.750 Stk.	–	1/2 Stk./Min. · (– 400 Min.)	=	2.950 Stk.
x_D	=	3.875 Stk.	–	(– 1/4 Stk./Min.) · (– 400 Min.)	=	3.775 Stk.
x_A	=	1.000 Stk.	–	0 Stk./Min. · (– 400 Min.)	=	1.000 Stk.
s_A	=	7.000 Stk.	–	0 Stk./Min. · (– 400 Min.)	=	7.000 Stk.
x_B	=	6.000 Stk.	–	0 Stk./Min. · (– 400 Min.)	=	6.000 Stk.
s_C	=	1.250 Stk.	–	(– 1/2 Stk./Min.) · (– 400 Min.)	=	1.050 Stk.
s_D	=	4.125 Stk.	–	1/4 Stk./Min. · (– 400 Min.)	=	4.225 Stk.

Von Christa werden damit 200 Stück zusätzlich gefertigt, die 100 Stück Dastra verdrängen. Die Produktionsmengen bei Austria und Bavaria ändern sich nicht. Es ist zu beachten, dass die 200 unlackierten Fensterrahmen Austria den weiteren Produktionsprozess regulär durchlaufen.

Auf den Erfolg der anderen Profit Centers hat Sägezahns Entscheidung keinen Einfluss: Zwar werden Dastra-Fenster im Verhältnis 1:2 durch Fenster des Modells Christa substituiert. Allerdings verhalten sich die erwirtschafteten Deckungsbeiträge in der Lackiererei und der Montage im Verhältnis 2:1. Im Vertriebsbereich fallen ohnehin keine Deckungsbeiträge für die beiden Produkte an.

Fazit: Die Maßnahme trägt zur Steigerung des Gesamtgewinns bei, ohne nachteilig auf andere Entscheidungsbereiche zu wirken. Sie wird auch durchgeführt, da sie den Bereichserfolg des direkt von der Entscheidung betroffenen Bereichs erhöht.

(b) Die Erweiterung der Absatzmöglichkeit bedeutet, dass sich der Absatzschlupf auf $s_B = -1.000$ Stück verändert. Dies ist, wie in Aufgabe 2 a ermittelt, problemlos möglich. Jedes zusätzliche Stück erbringt einen Ergebniszuwachs um 1,50 €. Somit ergibt sich aus Sicht des Vertriebsbereichs und aus Sicht der Gesamtunternehmung:

zusätzlicher Deckungsbeitrag	1.000 Stk. · 1,50 €/Stk. =	1.500 €
Marketingkosten		– 900 €
Zusatzerfolg		600 €

Durch die Maßnahme ändert sich die Vollauslastung der drei Fertigungsbereiche nicht. Es ändert sich jedoch die Zusammensetzung im Produktionsprogramm. Ohne weitere Rechnung ergibt sich damit aus Aufgabe 3 b, dass sich die Bereichserfolge in der Fertigung nicht verändern. Nur exemplarisch wird die Ergebniswirkung für die Montage berechnet. Die Mengenänderungen ergeben sich wiederum aus dem Lösungstableau (vgl. Aufgabe 1 b). Diese sind mit den Grenzdeckungsbeiträgen aus der Montage (aus Aufgabe 3 a) zu multiplizieren:

	Mengenveränderung · Dualwert	=	Deckungsbeitragswirkung
C	− 1,75 · 1000 Stk. · 0,50 €/Stk.	=	− 875 €
D	− 0,875 · 1000 Stk. · 1,00 €/Stk.	=	− 875 €
A	+ 1 · 1000 Stk. · 1,25 €/Stk.	=	+ 1.250 €
B	+ 1 · 1000 Stk. · 0,50 €/Stk.	=	+ 500 €
			0 €

Fazit: Die Werbeverkaufsveranstaltungen sind für die Gesamtunternehmung und den Vertriebsbereich sinnvoll, ohne dass sie die Fertigungsbereiche belasten.

(c) Aus dem Tableau zur Optimallösung kann entnommen werden, dass eine Erweiterung der Sägekapazität ausschließlich für eine zusätzliche Fertigung des Modells Christa eingesetzt würde. In zwei Sägeminuten könnte ein zusätzliches Fenster erzeugt werden. Dies liegt daran, dass die benötigten drei Minuten Sägezeit für ein Stück des Modells Christa durch Verdrängung des Modells Dastra geschaffen werden.

Allerdings können vom Modell Christa nur noch 1.250 Stück abgesetzt werden. Hierfür sind jedoch nur 2.500 Sägeminuten erforderlich. Bei Anmieten der Sägeeinrichtung würde Sägezahn somit seinen Engpass verlieren, da nun die Absatzmöglichkeit des Modells Christa zum Engpass wird. Der Fertigungszeitschlupf der Sägerei beträgt 500 Minuten, während der Absatzschlupf für das Modell Christa null wird. Als neue Nichtbasisvariable gibt es dafür jetzt einen positiven Dualwert. Die Sägerei verliert damit die Deckungsbeiträge für alle erzeugten Produkte, so dass für den Bereichserfolg folgt:

zusätzlicher Deckungsbeitrag	− 48.000 Min. · 1 €/Min. = − 48.000 €
Mietkosten	− 2.000 €
Zusatzerfolg	− 50.000 €

Die Sägerei würde bei Anmietung einen Verlust in Höhe der Fixkosten und der Mietkosten von insgesamt 27.000 € ausweisen.

Hingegen verbessert sich der Erfolg der Gesamtunternehmung durch Ausschöpfen der Sägereikapazität um weitere 2.500 Minuten. Dem Lösungstableau kann entnommen werden, dass 1.250 Stück des Modells Christa zusätzlich und 625 Stück von Modell Dastra weniger gefertigt werden. Für die Bewertung dieser Veränderung lässt sich noch der bekannte Grenzdeckungsbeitrag von 1 € je Minute in der Sägerei einsetzen, so dass sich die Gesamtveränderung wie folgt ergibt:

zusätzlicher Deckungsbeitrag	2.500 Min. · 1 €/Min. =	2.500 €
Mietkosten		− 2.000 €
Zusatzerfolg		+ 500 €

Der Gesamterfolg steigt damit auf 109.000 €.

Die restlichen Bereichserfolge können allerdings nicht mehr auf Basis des ursprünglichen optimalen Lösungstableaus hergeleitet werden. Durch den notwendigen Basistausch verändern sich nämlich auch die Dualwerte. Ermittelt man das neue Lösungstableau auf Basis einer Gesamtkapazität der Sägerei von 51.000 Minuten, dann erhält man als Dualwerte für die Montage 0,50 €/Min., für die Lackiererei 3,50 €/Min., für den Absatzschlupf von Bavaria 5 €/Stk. und für Christa 2 €/Stk. Damit ergeben sich die folgenden neuen Bereichserfolge:

Bereich	Deckungsbeitrag	−	Bereichs-fixkosten	=	Bereichserfolg
S	48.000 Min. · 0,00 €/Min.	− −	25.000 € 2.000 €	=	− 27.000 €
L	48.000 Min. · 3,50 €/Min.	−	20.000 €	=	148.000 €
M	38.000 Min. · 0,50 €/Min.	−	10.000 €	=	9.000 €
V	6.000 Stk. · 5,00 €/Min. + 4.000 Stk. · 2,00 €/Min.	−	24.000 €	=	14.000 €
Deckungsbeitrag auf Unternehmungsebene					144.000 €
− Unternehmungsfixkosten					− 35.000 €
Gesamterfolg					109.000 €

Dies führt zu folgenden Veränderungen:

Bereich	ursprünglicher Bereichserfolg	neuer Bereichserfolg	Veränderung
S	23.000 €	− 27.000 €	− 50.000 €
L	136.000 €	148.000 €	+ 12.000 €
M	− 500 €	9.000 €	+ 9.500 €
V	− 15.000 €	14.000 €	+ 29.000 €
U	108.500 €	109.000 €	+ 500 €

Fazit: Die Anmietung zusätzlicher Sägekapazität ist für die Unternehmung sowie für alle Bereiche außer der Sägerei selbst vorteilhaft. Die Maßnahme würde daher bei Entscheidungsautonomie von Sägezahn nicht durchgeführt werden.

(d) Bereiche ohne Engpässe müssen zu Grenzkosten liefern, so dass Fixkosten ungedeckt bleiben. Dies führt zu dem bereits unter c erörterten Zielkonflikt zwischen einer optimalen Ressourcenallokation mit Lenkpreisen und der Erfolgsermittlungsfunktion zur Motivation und Anreizsetzung über erfolgsabhängige Vergütungen: für die Unternehmung gewinnsteigernde Maßnahmen werden von den Bereichsleitern unterlassen, wenn sie sich nicht in einer Steigerung des Bereichserfolges niederschlagen. Im vorliegenden Fall trifft dies besonders auf den Vertriebsbereich zu, der bei drei von vier Produkten des Produktionsprogramms keinen Deckungsbeitrag erwirtschaften kann. Somit bestehen keine Anreize, den Absatz dieser Produkte zu verstärken.

Zur Lösung dieser Problematik sind verschiedene Ansatzpunkte denkbar:

Änderung der Erfolgsverantwortlichkeit:

Ist absehbar, dass manche Bereiche mangels Engpässen auch in Zukunft keine Deckungsbeiträge zugewiesen bekommen und somit keine positiven Bereichserfolge ausweisen können, könnten diese nicht mehr an Verrechnungserfolgen gemessen werden. Denkbar ist zum Beispiel die Einrichtung als Cost oder Service Center, so dass eine Erfolgskontrolle an anderen Kennzahlen, z. B. an Kosten- und Qualitätsgrößen, ansetzen könnte.

Konzept gespaltener Lenkpreise:

Neben dem allokativ richtigen Lenkpreis könnten zur internen Erfolgsermittlung und -beurteilung von Bereichen ohne Engpässe andere Verrechnungspreise herangezogen werden, die über den Grenzkosten liegen, damit eine Fixkostendeckung möglich wird. Dies ist jedoch äußerst problematisch. Es besteht die Gefahr, dass sich dann die Entscheidungen der Bereiche an den allokativ suboptimalen Lenkpreisen ausrichten.

Dezentrale Verhandlungslösung:

Sind Maßnahmen tatsächlich für die Unternehmung insgesamt gewinnbringend, so müssten diese bei der Zulassung von Verhandlungen zwischen den Bereichen zur Lenkpreisfestsetzung zu verwirklichen sein. Ausgehend von der Erfolgsaufteilung bei zentral ermittelten Lenkpreisen sind Ausgleichszahlungen der Bereiche mit Engpässen an diejenigen ohne Engpässe denkbar, so dass sämtliche Bereiche ein Interesse an der Maßnahme gewinnen. Die Ausgleichszahlungen können indirekt durch Anpassung der Lenkpreishöhe in den Verhandlungen gewährt werden. Individuell rationales Verhalten sichert so das Gesamtunternehmungsoptimum.

Vorgabe anreizgerechter Lenkpreise:

Da die Allokations- und die Anreizfunktion über die Erfolgsermittlung in manchen Fällen nicht zugleich erfüllt werden kann, könnten statt allokationsoptimaler anreizgerechte Lenkpreise vorgegeben werden, wenn an einer Profit-Center-Organisation festgehalten werden soll. Dies bietet sich jedoch nur an, wenn die Auswirkungen der möglichen Fehlallokation durch andere Aspekte (z. B. vermehrte Anstrengung der Bereichsleiter, geringere Kostenniveaus durch Erfolgsverantwortlichkeit) überkompensiert werden.

Pauschalgutschrift für engpassfreie Bereiche:

Bereichen, die keine Engpässe aufweisen, könnten pauschale Gutschriften zur Fixkostendeckung durch die Zentrale gewährt werden. Wird zu Beginn der Planungsperiode ein Standardlenkpreis festgelegt, der zur Abrechnung während der Periode herangezogen wird, bleibt bei erfolgsabhängiger Vergütung ein Anreiz zur Senkung der variablen Produktionskosten in den Bereichen bestehen.

Fallstudie 7: Schmitz-Sitz GmbH

Erfolgssteuerung durch Budgetierung

Problembeschreibung:

Die Schmitz-Sitz GmbH stellt Spezialpolstersitze für Kraftfahrzeuge in vier Varianten her: ein extra stabiles Modell XS für etwas stärkere Autofahrer, eine kurze, erhöhte Version XK, einen längeren Sitz XL und einen Sportsitz XR. Diese Sitze werden allesamt in drei Hauptabteilungen der Schmitz-Sitz GmbH gefertigt: In der Hauptabteilung Gestellbau (HAGE) werden die Federgestelle vorbereitet, in der Hauptabteilung Näherei (HANÄ) die Bezüge genäht und in der Hauptabteilung Montage (HAMO) die zugekauften Polster auf die Federgestelle montiert und mit den Bezügen überzogen.

Weiterhin gibt es in der Schmitz-Sitz GmbH eine Hauptabteilung Verwaltung (HAVW). Sie setzt sich zusammen aus den vier Abteilungen:

- Beschaffung und Materialwirtschaft (BMW),

- Forschung und Entwicklung (FUE),

- Rechnungswesen und Personal (RUP) sowie

- Absatz und Marketing (ABM).

Dieter Schmitz, der Geschäftsführer der Schmitz-Sitz GmbH, will für das nächste Jahr planen. Sorgen bereitet ihm vor allem der Periodenerfolg. Zwar sind die Produktionsanlagen weitgehend ausgelastet, doch genügt ihm der damit erzielte Ertrag nicht. Er führt dies vor allem darauf zurück, dass er bisher meist die einzelnen Pläne der Vorjahre fortschrieb und im Jahresablauf gegebenenfalls anpasste. Diese Probleme möchte er jetzt vermeiden, indem er systematisch vorgeht und seine Planung stärker auf die Marktbedürfnisse ausrichtet. Zur Planungsdurchführung greift er vor allem auf das Rechnungswesen sowie auf Informationen aus den betroffenen Hauptabteilungen zurück.

Schmitz beginnt seine Planung daher mit dem Absatzplan. Er rechnet mit folgenden Nettoerlösen und Absatzhöchstmengen für die vier Produkte. Zudem meldet ihm die Beschaffungsabteilung die angegebenen Materialeinzelkosten. Auf dieser Grundlage führt er die Materialbedarfsplanung durch und legt das Materialkostenbudget der Beschaffungsabteilung fest:

Produkt	XS	XK	XL	XR
Nettostückerlös	100 €	75 €	90 €	60 €
maximale Absatzmenge	20.000 Stück	20.000 Stück	24.000 Stück	25.000 Stück
Materialeinzelkosten pro Stück	30 €	25 €	35 €	20 €

In der Fertigung sieht Dieter Schmitz wenig Spielraum für Einsparungen. Eine Senkung der variablen Stückkosten oder gar der fixen Kosten hält er dort für ausgeschlossen. Immerhin glaubt er, diese Kosten auf dem Stand des gerade abgelaufenen Geschäftsjahres halten zu können. Dieser wird wie folgt angegeben:

Hauptabteilung	Gestellbau HAGE	Näherei HANÄ	Montage HAMO
fixe Kosten	200.000 €	150.000 €	100.000 €
variable Kosten je Minute	3 €	4 €	5 €
Kapazität	3.500 Std.	3.000 Std.	4.000 Std.
Fertigungszeit für Produkt			
XS	2 Min.	3 Min.	4 Min.
XK	3 Min.	2 Min.	1,8 Min.
XL	3 Min.	2,5 Min.	2 Min.
XR	1 Min.	2 Min.	1,6 Min.

Mit diesen Angaben will er den Fertigungsplan sowie die Budgets der Fertigungshauptabteilungen festlegen. An der Fertigungsplanung, die Schmitz als wichtigstes Element der Gesamtplanung ansieht, richtet er die weitere Investitions- und Personalplanung aus. Erweiterungsinvestitionen zur Produktions- und Absatzsteigerung lehnt Schmitz wegen der unsicheren Konjunkturentwicklung derzeit ab. Er nimmt daher lediglich einige Ersatzinvestitionen in den Investitionsplan auf und legt das Investitionsbudget dafür pauschal fest. Ebenfalls wenig Änderungen sieht er im Personalplan, in dem er Neueinstellungen allenfalls zum Ausgleich der üblichen Fluktuation vorsehen möchte.

Somit konzentriert Schmitz sich in der Planung für das kommende Jahr auf die Verwaltung. Hier werden im laufenden Jahr Kosten in Höhe von 1,8 Millionen € anfallen. Angesichts der starken internationalen Konkurrenz soll die Verwaltung einen Beitrag zur Steigerung der Wettbewerbsfähigkeit der Schmitz-Sitz GmbH leisten. Konkret verlangt Schmitz von der Leiterin der Hauptabteilung HAVW, Frau Lieselotte Müller, für die nächste Periode eine Senkung der Kosten ihres Bereiches um 25 %, dies jedoch bei möglichst gleichbleibender Leistung. Sie soll Vorschläge zur Umsetzung dieser Kostensenkung in den Budgets ihrer vier Abteilungen entwickeln.

Im Vertrauen auf die Umsetzung dieses Verwaltungsplans durch Frau Müller setzt Schmitz seine Gesamtplanung mit der Finanzplanung auf Basis der vorangegangenen Planungen fort. Um künftig frühzeitig vor Ertragsproblemen gewarnt zu sein, möchte er seine bisherigen Planungen mit einem Erfolgsplan abschließen.

Aufgabenstellung zu Fallstudie 7 (Schmitz-Sitz GmbH):

Aufgabe 1: Struktur der erfolgsorientierten Planung

(a) Zeichnen Sie den Ablauf der Gesamtplanung, wie er sich nach den Überlegungen von Dieter Schmitz darstellt.

(b) Vergleichen Sie dieses Konzept mit einer reinen Fortschreibung der Teilpläne.

(c) Kennzeichnen Sie dieses Planungskonzept hinsichtlich der Koordination der Teilpläne. Welche besonderen Koordinationsprobleme erwarten Sie bei der Schmitz-Sitz GmbH?

Aufgabe 2: Outputorientierte Programmbudgetierung

(a) Erstellen Sie das optimale Budget für die vier Hauptabteilungen der Schmitz-Sitz GmbH. Geben Sie den zugehörigen Planerfolg und – soweit möglich – den zugehörigen Produktionsplan an.

(b) Inwiefern unterscheidet sich Ihr Planungsansatz von dem Ablauf aus Aufgabe 1?

Aufgabe 3: Zero Base Budgeting für Hauptabteilung Verwaltung (HAVW)

Zur Umsetzung der Schmitzschen Kostensenkungsvorgabe in der Verwaltung liebäugelt Frau Müller zunächst mit einer einfachen linearen Lohn- und Gehaltskürzung ihrer Mitarbeiter. Sie kommt aber dann aus mehreren Gründen wieder von dieser Idee ab. Jetzt denkt sie daran, nach einem systematischen Verfahren Lösungen zu suchen. Ihr Assistent, Herr Florian Klein, schlägt ihr dazu das Zero Base Budgeting vor. Nach kurzem Überlegen lässt sich Frau Müller darauf ein und beauftragt Herrn Klein umgehend mit den erforderlichen Vorarbeiten.

Einige Zeit später präsentiert Herr Klein die Ergebnisse seiner Untersuchungen. Er hat sie in der Tabelle der Abb. III-5 zusammengestellt. Sie enthält für die vier Abteilungen der Hauptabteilung Verwaltung jeweils drei Leistungsniveaus (I, II, III) sowie die erwarteten Kosten für jedes von ihnen. Weiterhin hat Herr Klein die Leiter der betroffenen Abteilungen sowie Frau Müller gebeten, eine Rangfolge für die Bedeutung der Leistungsniveaus über alle Abteilungen anzugeben. Diese fünf Rangfolgen sind in Abb. III-5 ebenfalls aufgeführt.

Frau Müller möchte die Gesamtrangfolge der Leistungsniveaus aus einer Zusammenfassung der einzelnen Rangfolgen bilden, wobei sie ihre eigene Rangfolge doppelt werten will. Sie denkt an eine Summierung der Rangpositionsnummern.

(a) Teilen Sie das neue Budget der Hauptabteilung Verwaltung auf die vier Abteilungen (BMW, FUE, RUP, ABM) gemäß der Vorgehensweise von Frau Müller auf.

(b) Vergleichen Sie die jeweils geplanten Leistungsniveaus in den vier Abteilungen der Hauptabteilung Verwaltung mit den derzeitigen Leistungsniveaus.

Aufgabe 4: Budgetierungsansätze für spezielle Bereiche

Die Leiter der Abteilungen Forschung und Entwicklung (FUE) sowie Absatz und Marketing (ABM) erheben massive Einwände gegen die Anwendung des

Abteilung	Leistungs-niveau	Kosten des Niveaus	Bewertung durch die Leiter der Abteilungen				
			BMW	FUE	RUP	ABM	HAVW*
BMW	I	270.000 €	1	3	5	4	1
BMW	II	320.000 €	5	7	7	7	6
BMW	III	400.000 €	6	12	11	9	12
FUE	I	340.000 €	2	1	4	3	2
FUE	II	650.000 €	9	5	8	11	8
FUE	III	700.000 €	10	8	12	12	11
RUP	I	190.000 €	3	4	1	2	3
RUP	II	310.000 €	7	9	2	5	5
RUP	III	400.000 €	8	10	6	8	7
ABM	I	280.000 €	4	2	3	1	4
ABM	II	520.000 €	11	6	9	6	9
ABM	III	600.000 €	12	11	10	10	10

* Hauptabteilung HAVW (Frau Müller)

Abb: III-5: Leistungsniveaus und die erwarteten Kosten der vier Abteilungen

Zero Base Budgeting in ihren Abteilungen. Bisher werden ihre Abteilungsbudgets üblicherweise in Abhängigkeit des geplanten Umsatzes festgelegt. Konkret wurden für die Abteilung FUE immer mindestens 10 % und für ABM mindestens 8 % des Umsatzes als Budget angesetzt. Eine Budgetabsenkung, wie sie infolge des von Frau Müller vorgeschlagenen Verfahrens zu befürchten sei, halten sie für gefährlich, da sie die künftige Marktposition beeinträchtige.

(a) Geben Sie die Untergrenzen für die beiden Abteilungsbudgets nach der umsatzbezogenen Regel an.

(b) Kennzeichnen Sie dieses Budgetierungsverfahren und vergleichen Sie es mit dem Zero Base Budgeting von Frau Müller.

Aufgabe 5: Budgetabstimmung im Rahmen des Zero-Base-Budgeting

Trotz der Bedenken der Abteilungsleiter legt Frau Müller (nicht ohne Stolz) dem Geschäftsführer, Herrn Dieter Schmitz, das Resultat vor. Herr Schmitz freilich ist darüber nicht sehr glücklich. Im Allgemeinen sind ihm zwar die Einzelheiten gleichgültig, im Maßnahmenplan von Frau Müller gefällt ihm allerdings gar nicht, dass der Abteilung FUE nicht ein größerer Teil des Budgets der Müllerschen Hauptabteilung zugewiesen ist.

Nachdem ihm Frau Müller das Zustandekommen ihrer Teilbudgets erläutert hat, möchte er deren Budgetierung nochmals überdenken. Ihm liegt einerseits sehr daran, die zukunftsweisende Arbeit im FUE-Bereich nicht durch zu kurzsichtiges Budgetdenken zu blockieren. Andererseits möchte er seinen Hauptabteilungen möglichst große Freiheit in der Verteilung der Einzelbudgets gewähren und sich nicht ohne Not über die Grundsätze des von Frau Müller konzipierten Zero-Base-Budgetings hinwegsetzen.

(a) Wie stark müsste Herr Schmitz das HAVW-Gesamtbudget wieder anheben, damit beim jetzigen Budgetverteilungsverfahren die Abteilung FUE gerade noch das nächsthöhere Leistungsniveau erreicht?

(b) Welche Rangordnung der Leistungsniveaus müsste er vorgeben, damit bei unverändert vermindertem Gesamtbudget der Hauptabteilung HAVW der FUE-Bereich auf ein höheres Leistungsniveau kommt als im Plan von Frau Müller? Die vorzugebende Rangordnung soll so wenig wie möglich von der in der Müllerschen Budgetierung verwendeten abweichen. Auch die Abweichung vom vorgegebenen Gesamtbudget soll möglichst gering bleiben.

(c) Herr Schmitz entschließt sich, Frau Müller vorzuschlagen, nach einer 1:1 gewichteten Rangordnung vorzugehen, die sich aus der bei ihr verwendeten und aus seiner Rangordnung ergibt. Wie müsste jetzt seine eigene Rangordnung sein, damit sich letztlich bei FUE das nächsthöhere Leistungsniveau ergibt? Gesucht ist wieder eine möglichst geringe Abweichung zur bisherigen Rangordnung.

(d) Welchen Vorteil sehen Sie eigentlich noch im Zero-Base-Budgeting, wenn sich der Vorgesetzte so verhält wie Herr Schmitz?

Aufgabe 6: Programmbudgetierung bei mehreren Engpässen

Wegen Umbaumaßnahmen verringert sich die Kapazität der Hauptabteilung Gestellbau (HAGE) im nächsten Jahr auf 3.200 Stunden. Das Problem der Bestimmung eines optimalen Produktionsprogramms wird jetzt bei Schmitz-Sitz als komplizierter angesehen. Man entschließt sich daher, ein Modell zur linearen Planungsrechnung zur Lösung heranzuziehen.

(a) Stellen Sie das Modell für den vorliegenden Fall auf. Verwenden Sie folgende Symbole:

x_S, x_K, x_L, x_R als Mengen der vier Produkte;
s_G, s_N, s_M als Schlupfvariable der Fertigungsabteilungen (Kapazitäten in Minuten gemessen);
q_S, q_K, q_L, q_R als Schlupfvariable der Produkte.

Sehen Sie zur Vereinfachung des Modells von Ganzzahligkeitsbedingungen ab.

(b) Nach Durchrechnen des Planungsmodells mit dem Simplexverfahren hat man folgendes Endtableau erhalten:

	Lösung	q_S	q_K	q_R	s_N
Deckungs-beitrag	1.957.000	0,80	3,20	0,20	10,40
s_G	31.000	1,60	−0,60	1,40	−1,20
x_R	25.000	0	0	1	0
s_M	60.000	−1,60	−0,20	0	−0,80
x_S	20.000	1	0	0	0
x_K	20.000	0	1	0	0
x_L	12.000	−1,20	−0,80	−0,80	0,40
q_L	12.000	1,20	0,80	0,80	−0,40

Erläutern Sie zunächst die Angaben in der Lösungsspalte.

(c) Geben Sie die Budgets für die drei Hauptabteilungen HAGE, HANÄ und HAMO gemäß dieser Programmplanung an.

(d) Beantworten Sie anhand des Endtableaus aus b folgende Fragen:

- Wie wirkt sich eine weitere Verringerung der Kapazität im Gestellbau (HAGE) auf 3.000 Stunden auf den Periodenerfolg aus?

- Wie wirkt sich eine Verringerung der Nähereikapazität (HANÄ) auf 2.900 Stunden auf den Periodenerfolg aus?

Sind die Budgets der Hauptabteilungen anzupassen?

(e) Im Endtableau aus b findet sich in der Spalte zu q_S oben der Wert 0,80. Erläutern Sie, wie dieser Wert zustande kommt. Warum steht hier nicht der (größere) Stückdeckungsbeitrag von Produkt XS?

Lösungshinweise zu Fallstudie 7 (Schmitz-Sitz GmbH):

Aufgabe 1: Struktur der erfolgsorientierten Planung

(a) Abb. III-6 zeigt den Ablauf der Gesamtplanung der Schmitz-Sitz GmbH:

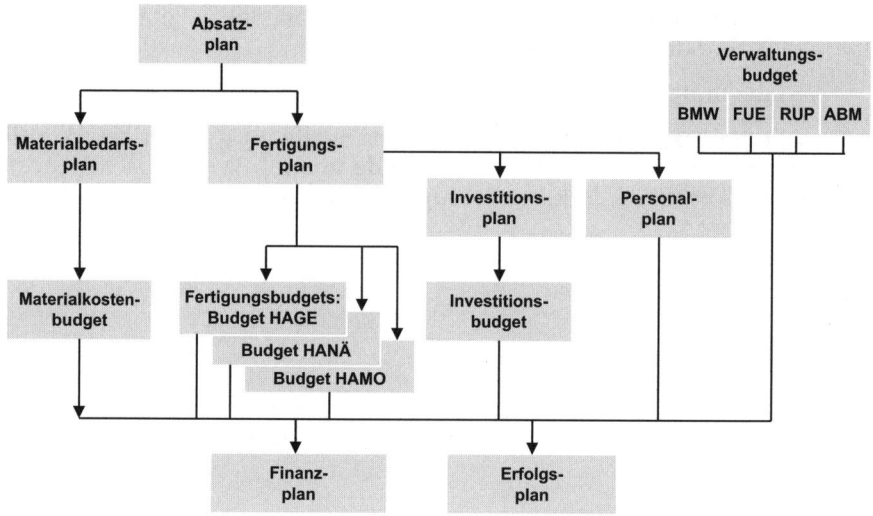

Abb. III-6: Struktur der Gesamtplanung der Schmitz-Sitz GmbH

Die Budgetplanung für die Verwaltungsabteilungen erfolgt innerhalb des Planungsrahmens der Hauptabteilung Verwaltung. Sie ist dieser also nachgelagert, während die Fertigungsbudgets parallel geplant werden.

(b) Im Unterschied zu einer separaten Fortschreibung der Teilpläne hängen die Teilpläne im Schmitzschen Konzept sachlich zusammen. Dieser aus der Ausrichtung auf den Absatzplan stammende Planzusammenhang sollte grundsätzlich die Konsistenz der Teilpläne steigern.

(c) Es handelt sich um eine sukzessive Erstellung der Teilpläne ohne ersichtliche sachliche, hierarchische oder gar zeitliche Rückkopplungen. Bei diesem Vorgehen ist mit erheblichen Koordinationsproblemen zu rechnen, da beispielsweise die Absatz- und Beschaffungspläne nicht mit den Fertigungskapazitäten oder den Finanzierungsmöglichkeiten abgestimmt sind. Insbesondere die nur am Fertigungsplan ausgerichtete Investitions- und zudem die isoliert stehende Personalplanung zeigen die mangelnde Gesamtabstimmung des Planungssystems. Abweichungen von der Planung bzw. die bisher schon praktizierte nachträgliche Plananpassung werden sich daher auch durch das vorgeschlagene Planungskonzept nicht gänzlich vermeiden lassen, selbst wenn die Marktentwicklung so eintritt, wie sie bei der Erstellung des Gesamtplans unterstellt wurde.

Hinzu kommt hier, dass die Verwaltung beträchtliche Kosten einsparen soll, jedoch gleichzeitig im Rechnungswesen mehr Kapazität als in den Vorjahren für den Planungsprozess benötigt wird.

Aufgabe 2: Outputorientierte Programmbudgetierung

(a) Die Vergabe der Budgets für die vier Hauptabteilungen ist eine Vorgehensweise der Kostenstellenplanung. Im vorliegenden Fall liegt in jeder Kostenstelle homogene Kostenverursachung mit der Ausbringungsmenge als Bezugsgröße vor. Gesucht ist die Ausprägung dieser Bezugsgröße zur Optimierung des Produktionsprogramms.

Produkt	XS	XK	XL	XR
Nettoerlös	100 €	75 €	90 €	60 €
Materialeinzelkosten	30 €	25 €	35 €	20 €
Fertigungseinzelkosten in Abteilung ▪ HAGE	6 €	9 €	9 €	3 €
▪ HANÄ	12 €	8 €	10 €	8 €
▪ HAMO	20 €	9 €	10 €	8 €
Fertigungseinzelkosten	38 €	26 €	29 €	19 €
Stückdeckungsbeitrag I	32 €	24 €	26 €	21 €
Kapazitätsbelastung bei	20.000 Stk.	20.000 Stk.	24.000 Stk.	25.000 Stk.
in Abteilung ▪ HAGE	40.000 Min.	60.000 Min.	72.000 Min.	25.000 Min.
▪ HANÄ	60.000 Min.	40.000 Min.	60.000 Min.	50.000 Min.
▪ HAMO	80.000 Min.	36.000 Min.	48.000 Min.	40.000 Min.

Der Kapazitätsprüfung zufolge liegt in der Näherei ein Engpass, da die beanspruchte Kapazität von 210.000 Minuten größer ist als die Gesamtkapazität der Näherei mit 180.000 Minuten. Daher wird der Deckungsbeitrag je Nähereiminute als Ordnungskriterium der Produkte verwendet.

Produkt	XS	XK	XL	XR
Stückdeckungsbeitrag je Minute in HANÄ	10,67 €	12,-- €	10,40 €	10,50 €
Rang	II	I	IV	III
Produktionsmenge	20.000 Stk.	20.000 Stk.	12.000 Stk.	25.000 Stk.
Erlös	2.000.000 €	1.500.000 €	1.080.000 €	1.500.000 €
Materialeinzelkosten	600.000 €	500.000 €	420.000 €	500.000 €

Mit diesem Fertigungsplan berechnet man das Budget der Fertigungshauptabteilungen:

Hauptabteilung	HAGE	HANÄ	HAMO	HAVW
variable Kosten für				-
• XS	120.000 €	240.000 €	400.000 €	
• XK	180.000 €	160.000 €	180.000 €	-
• XL	108.000 €	120.000 €	120.000 €	-
• XR	75.000 €	200.000 €	200.000 €	-
Summe der variablen Fertigungskosten	483.000 €	720.000 €	900.000 €	-
fixe Kosten	200.000 €	150.000 €	100.000 €	1.350.000 €
Budget	**683.000 €**	**870.000 €**	**1.000.000 €**	**1.350.000 €**

Zu den Investitions-, Personal- und Finanzplänen liegen keine konkreten Angaben vor.

Der Planerfolg ergibt sich aus den geplanten Nettoerlösen abzüglich des Materialkostenbudgets und der Kostenbudgets der einzelnen Hauptabteilungen:

Nettoerlöse	6.080.000 €
– Materialeinzelkosten	– 2.020.000 €
– variable Fertigungskosten	– 2.103.000 €
– fixe Kosten	– 1.800.000 €
Planerfolg	157.000 €

(b) Die geschilderte Engpassplanung zur Budgetierung der Fertigungshauptabteilungen ist ein sukzessiver Planungsansatz, der zumindest Absatzplanung und Fertigungskapazitäten aufeinander abstimmt. Dies mag im Falle der Schmitz-Sitz GmbH genügen, da keine besonderen Engpässe hinsichtlich der Personalplanung und Finanzierung bekannt sind. Immerhin könnte im Zuge der Investitionsplanung überprüft werden, ob sich eine Kapazitätsausweitung in der Fertigung lohnt.

Bedenklich scheint jedoch nach wie vor die fehlende hierarchische und sachliche Abstimmung der Hauptabteilung Verwaltung mit den übrigen Bereichen. Dies betrifft speziell die Koordination des Beschaffungsbudgets mit dem Materialkostenbudget oder des Absatz- und Marketing-Budgets mit dem Absatzplan. Zwar ist es durchaus vorstellbar, dass in diesen Abteilungen lediglich mengenfixe Gemeinkosten anfallen. Doch könnte geprüft werden, ob durch spezielle Beschaffungsmaßnahmen, beispielsweise die Suche nach neuen Lieferanten oder den Abschluss von Rahmenverträgen die Materialkosten verringert werden könnten. Die damit verbundenen Kosten sollten ebenso wie bei den ähnlich gelagerten Problemen im Absatz- und Marketingbereich nicht unabhängig von der Mengen- und Preisplanung gewürdigt werden.

Aufgabe 3: Zero Base Budgeting für Hauptabteilung Verwaltung (HAVW)

(a) Aufteilung des Gesamtbudgets der Hauptabteilung Verwaltung:

Abtei- lung	Leistungs- niveau	Kosten des Niveaus	Einzelkosten des Niveaus	Bewer- tung	Rang	Kosten- summe	Planniveau und Budget
BMW	I	270.000 €	270.000 €	15	2	610.000 €	
BMW	II	320.000 €	50.000 €	38	6	1.250.000 €	320.000 €
BMW	III	400.000 €	80.000 €	62	10	1.970.000 €	
FUE	I	340.000 €	340.000 €	14	1	340.000 €	340.000 €
FUE	II	650.000 €	310.000 €	49	8	1.650.000 €	
FUE	III	700.000 €	50.000 €	64	12	2.100.000 €	
RUP	I	190.000 €	190.000 €	16	3	800.000 €	
RUP	II	310.000 €	120.000 €	33	5	1.200.000 €	
RUP	III	400.000 €	90.000 €	46	7	1.340.000 €	400.000 €
ABM	I	280.000 €	280.000 €	18	4	1.080.000 €	280.000 €
ABM	II	520.000 €	240.000 €	50	9	1.890.000 €	
ABM	III	600.000 €	80.000 €	63	11	2.050.000 €	

	Gesamtbudget HAVW	1.340.000 €
Budgetschnitt	Rest	10.000 €
	Gesamtkostenvorgabe	1.350.000 €

(b) Zur Beurteilung der geplanten Leistungen einer Abteilung bedarf es Annahmen über das Verhältnis der Leistungsniveaus zu den bisherigen Leistungen. Dafür gibt es keine allgemeinen Vorgaben. Allerdings wird häufig vorgeschlagen, dass Leistungsniveau I dem absoluten Minimum, Leistungsniveau II dem derzeitigen Niveau und Leistungsniveau III einer Verbesserung entspricht. Aus diesen Vorgaben folgt, dass sich die Leistung von RUP verbessert hat, sie in BMW gleich geblieben ist und die Bereiche FUE und ABM nur die notwendige Leistung erbringen.

Aufgabe 4: Budgetierungsansätze für spezielle Bereiche

(a) Nach der bisherigen, umsatzbezogenen Budgetierung sollte die Abteilung FUE mindestens 608.000 € erhalten, die Abteilung ABM mindestens 486.400 €.

(b) Bei der umsatzabhängigen Budgetierung von Forschung und Entwicklung sowie von Absatz und Marketing wird eine Abhängigkeit der Budgets vom Output unterstellt. Die Gültigkeit dieser Annahme ist im konkreten Fall zu prüfen, da in beiden Bereichen typischerweise von zeitlichen Verzögerungen zwischen der Leistungserstellung und ihrer Umsatzwirksamkeit auszugehen ist und auch generell nur eingeschränkt ein unmittelbarer Zusammenhang zu vermuten ist.

Zudem erlaubt dieser Ansatz lediglich eine sehr pauschale Budgetierung, deren Differenziertheit noch geringer ist als die des Zero-Base-Budgeting. Insbesondere erlaubt er keine Budgetierung für einzelne Projekte und keine gezielte Reaktion auf Konjunkturschwankungen oder Maßnahmen der Konkurrenz.

Aufgabe 5: Budgetabstimmung im Rahmen des Zero-Base-Budgeting

(a) Um auch für die Abteilung FUE das nächsthöhere Niveau II zu ermögli-
    chen, müsste das Budget der Hauptabteilung HAVW um 300.000 € auf
    1.650.000 € angehoben werden.

(b) Die Abteilung FUE soll auf dem nächstbesseren Niveau II arbeiten. Hierzu
    soll möglichst wenig in die Rangordnung eingegriffen werden und die Ab-
    weichung von der Budgetvorgabe möglichst gering sein. Hierzu genügt es,
    das Leistungsniveau FUE II auf Rang 5 zu hieven.

Rang	bisheriger Rang	Abteilung	Leistungs-niveau	summierte Kosten	
1	1	FUE	I	340.000 €	
2	2	BMW	I	610.000 €	
3	3	RUP	I	800.000 €	
4	4	ABM	I	1.080.000 €	
5	8	FUE	II	1.390.000 €	**Budget-**
6	5	RUP	II		**schnitt**
7	6	BMW	II		
8	7	RUP	III		
9	9	ABM	II		
10	10	BMW	III		
11	11	ABM	III		
12	12	FUE	III		

Damit ergeben sich für die einzelnen Abteilungen insgesamt folgende Budgets:

Abteilung	realisierte Stufe	Budget
BMW	I	270.000 €
FUE	II	650.000 €
RUP	I	190.000 €
ABM	I	280.000 €
HAVW		1.390.000 €

Da dieses Gesamtbudget die übergeordnete Budgetvorgabe nicht exakt
trifft, ist entweder diese oder eines der Abteilungsbudgets anzupassen.

(c) Die Entwicklung einer kompromissorientierten Rangfolge ist in Abb. III-7
    dargestellt. Um bei Wahrung des äußeren Scheins der Orientierung an einer
    vorab vereinbarten Methode die eigenen Interessen durchsetzen zu können,
    hat Schmitz das Leistungsniveau FUE II auf den zweiten Rang zu hieven
    und die bisherigen Ränge 2 bis 7 jeweils um einen zurückzustufen. Auch
    hier ist entweder das Gesamtbudget oder ein Abteilungsbudget noch anzu-
    passen.

(d) Im Zero Base Budgeting treffen zwei Aspekte zusammen: zum einen die
    outputorientierte Kostenbegründung mit der Nullbasis als Ausgangspunkt,
    zum anderen ein eher partizipatives Verfahren. Durch das Eingreifen von
    Schmitz nimmt der partizipative Charakter ab, doch immerhin bleiben der
    Analyse- und Begründungszwang erhalten.

Abtei-lung	Leistungs-niveau	Zielrang-folge	Rangfolge aus Aufgabe 3	Rangfolge Schmitz	Durch-schnitt	Rang	Budget
BMW	I	2	2	3	2,5	2	270.000 €
BMW	II	7	6	7	6,5	7	
BMW	III	10	10	10	10	10	
FUE	I	1	1	1	1	1	
FUE	II	5	8	2	5	5	650.000 €
FUE	III	12	12	12	12	12	
RUP	I	3	3	4	3,5	3	190.000 €
RUP	II	6	5	6	5,5	6	
RUP	III	8	7	8	7,5	8	
ABM	I	4	4	5	4,5	4	280.000 €
ABM	II	9	9	9	9	9	
ABM	III	11	11	11	11	11	

Abb. III-7: Entwicklung einer kompromissorientierten Rangfolge

Aufgabe 6: Programmbudgetierung bei mehreren Engpässen

(a) Das lineare Planungsmodell lautet:

$$DB = 32 \cdot x_S + 24 \cdot x_K + 26 \cdot x_L + 21 \cdot x_R \rightarrow max!$$

unter den Nebenbedingungen:

$$
\begin{aligned}
2 \cdot x_S + 3 \cdot x_K + 3 \cdot x_L + x_R + s_G &= 192.000 &\text{(HAGE)}\\
3 \cdot x_S + 2 \cdot x_K + 2,5 \cdot x_L + 2 \cdot x_R + s_N &= 180.000 &\text{(HANÄ)}\\
4 \cdot x_S + 1,8 \cdot x_K + 2 \cdot x_L + 1,6 \cdot x_R + s_M &= 240.000 &\text{(HAMO)}\\
x_S + q_S &= 20.000 &\text{(XS)}\\
x_K + q_K &= 20.000 &\text{(XK)}\\
x_L + q_L &= 24.000 &\text{(XL)}\\
x_R + q_R &= 25.000 &\text{(XR)}
\end{aligned}
$$

$x_S, x_K, x_L, x_R, q_S, q_K, q_L, q_R, s_G, s_N, s_M \geq 0.$

(b) Der optimale Deckungsbeitrag beträgt 1.957.000 €. Er wird mit den Mengen $(x_S, x_K, x_L, x_R) = (20.000, 20.000, 12.000, 25.000)$ erwirtschaftet. Im Gestellbau sind noch 31.000 Minuten Kapazität frei, in der Montage sind es 60.000 Minuten. Es könnten noch 12.000 Sitze des Modells XL abgesetzt werden.

(c) Da sich gegenüber Aufgabe 2 a keine Mengenänderungen ergeben, bleiben die ursprünglichen Budgetansätze bestehen.

(d) Eine weitere Verringerung der Kapazität im Gestellbau (HAGE) auf 3.000 Stunden = 180.000 Minuten wirkt sich weder auf den Periodenerfolg, noch das Budget der Hauptabteilung aus, da nur 161.000 Minuten benötigt werden.

Eine Verringerung der Kapazität in der Näherei (HANÄ) auf 2.900 Std. = 174.000 Min. senkt den Periodenerfolg um 6.000 Min. · 10,40 €/Min. = 62.400 € auf 1.894.600 €.

Auch das Budget der Näherei ist um 6.000 Min. · 4 €/Min. = 24.000 € auf 846.000 € zu senken.

(e) Der Wert 0,80 ist der Schattenpreis (Dualwert) zur Variablen q_S. Er gibt an, wie der Gesamtdeckungsbeitrag steigt, wenn man die mögliche Absatz- menge von XS um eins erhöht. Berechnet wird dieser Dualwert als Summe der gewichteten Stückdeckungsbeiträge

$$c_S = \sum_{i=1}^{7} b_{iS} \cdot d_S = 1{,}6 \cdot 0 + 0 \cdot 21 - 1{,}6 \cdot 0 + 1 \cdot 32 + 0 \cdot 24 - 1{,}2 \cdot 26 + 1{,}2 \cdot 0 = 0{,}8.$$

Dabei dienen die Koeffizienten, die zur Spalte des betrachteten Dualwerts gehören, als Gewichtungsfaktoren.

Der Dualwert ist mit 0,8 kleiner als der zugehörige Stückdeckungsbeitrag $d_{XS} = 32$, da bei Mehrabsatz von XS wegen der übrigen Restriktionen 1,2 Stück weniger von XL mit Stückdeckungsbeitrag $d_{XL} = 26$ abgesetzt werden können.

Fallstudie 8: Lack & Meier KG

Koordination mit Kennzahlen und Kostenbudgets

Problembeschreibung:

Die Handelskette Lack & Meier KG betreibt ein Hochregallager, in das die Lagerartikel palettenweise eingelagert und von dem aus die einzelnen Filialen kontinuierlich beliefert werden. Sorgen bereitet die Kostenentwicklung im Lager im dritten Quartal: Die gelagerte Palettenzahl ging gegenüber dem Vorquartal zurück, doch nicht die Kosten. Daher gibt G. Lack, geschäftsführender Komplementär der Gesellschaft, für das anstehende vierte Quartal des Jahres 0 eine Kostenanalyse in Auftrag, die dann gegebenenfalls auch in eine Kostensenkung münden soll. Es wird wie zuvor für das dritte Quartal mit 5.000 Paletten und folgenden Kosten geplant:

Kostenarten	gesamte Kosten	Anteil variabler Kosten
Abschreibungen	180.000 €	0 %
Energie	80.000 €	60 %
Personal	200.000 €	50 %
Versicherung	60.000 €	70 %

Aufgabenstellung zu Fallstudie 8 (Lack & Meier KG):

Aufgabe 1: Kostenkennzahlen für das Hochregallager

(a) Traditionell orientiert sich G. Lack an den durchschnittlichen Lagerkosten je Palette. Berechnen Sie diese Kosten.

(b) G. Lack möchte wegen der konjunkturellen Schwankungen aber auch die variablen Kosten berücksichtigen. Bestimmen Sie eine Kostenfunktion für das Hochregallager mit der Palettenzahl als Bezugsgröße. Geben Sie die zugehörigen Plankosten an.

(c) Zur Überprüfung der Kostenplanung will G. Lack das Vorquartal heranziehen. Im zweiten Quartal wurden 5.200 Paletten gelagert. Die Kosten betrugen 520.000 €. Abweichungen in den Preisen für Einsatzgüter traten nicht auf. Führen Sie mit der Kostenfunktion aus Teilfrage b eine Abweichungsanalyse durch und berechnen Sie die Verbrauchs-, die Budget- und die Beschäftigungsabweichung, wenn wie in jedem Quartal mit 5.000 Paletten geplant worden war. Beurteilen Sie die Aussagekraft der von Ihnen berechneten Größen.

Aufgabe 2: Beurteilung von Kostenfunktionen

G. Lack ist mit der palettenzahlbezogenen Kostenplanung nicht zufrieden und möchte sicherheitshalber andere Bezugsgrößen testen. Hierfür kommen anstelle der Palettenzahl speziell der durchschnittliche Lagerwert und die Zahl der

Anlieferungen in Frage. Auslieferungen werden hingegen weitgehend durch die Fahrer der von den Filialen beauftragten Speditionen unterstützt; da die Lagerarbeiter der Lack & Meier KG allenfalls Überwachungsaufgaben übernehmen, können hier keine variablen Auslieferungskosten identifiziert werden. G. Lack hält die beiden Einflussgrößen für unabhängig voneinander und schätzt, dass von diesen Größen im vierten Quartal folgende Kostenanteile abhängig sind:

Kostenarten	gesamte Kosten	Anteil anlieferungs-abhängiger Kosten	Anteil lagerwert-abhängiger Kosten
Abschreibungen	180.000 €	10 %	0 %
Energie	80.000 €	40 %	30 %
Personal	200.000 €	50 %	10 %
Versicherung	60.000 €	10 %	60 %
Planmenge im vierten Quartal		**1.560 Anlieferungen**	**1,6 Mio. €**

(a) Charakterisieren und bestimmen Sie *eine* Kostenfunktion mit diesen beiden Bezugsgrößen.

(b) Um die Eignung der beiden Kostenfunktionen zu vergleichen, sollen sie anhand der bisherigen Quartalsdaten getestet werden. Diese lauten:

Quartal	Kosten	Palettenzahl	Zahl der Anlieferungen	durchschnittlicher Lagerwert
I	510.000 €	4.700 Stk.	1.400 Stk.	1,6 Mio. €
II	520.000 €	5.200 Stk.	1.600 Stk.	1,5 Mio. €
III	520.000 €	5.000 Stk.	1.560 Stk.	1,6 Mio. €

Bestimmen Sie für die beiden Kostenfunktionen jeweils die Sollkosten in den drei Quartalen. Geben Sie die Abweichungen zu den Istkosten an.

(c) Vergleichen Sie für die drei Quartale die beiden Kostenfunktionen hinsichtlich der Abweichungen zwischen den mit ihnen bestimmten Sollkosten und den Istkosten. Für welche der beiden Kostenfunktionen würden Sie sich entscheiden?

(d) Beurteilen Sie das Gesamtvorgehen zur Bestimmung von Kostenfunktionen. Führt die Verwendung von zwei Bezugsgrößen zur angestrebten Kostensenkung?

Aufgabe 3: Problemstrukturierung mit der ABC-Analyse

Zur Kostensteuerung möchte G. Lack jedenfalls Einsparmöglichkeiten auch auf der Ebene der Lagerartikel prüfen. Insbesondere hegt er die Vermutung, dass durch häufigere Anlieferung der durchschnittliche Lagerwert und damit die lagerwertabhängigen Kosten gesenkt werden könnten. Die Lagerartikel sind in sechs Artikelgruppen (G1 bis G6) unterteilt, für die für das vierte Quartal die Zahl der Paletten, der Anlieferungen und der durchschnittliche Lagerwert wie folgt geplant werden:

Artikelgruppe	Palettenzahl	Zahl der Anlieferungen	durchschnittlicher Lagerwert
G1	900	260	320.000 €
G2	900	630	260.000 €
G3	1.200	240	360.000 €
G4	1.000	100	400.000 €
G5	250	150	60.000 €
G6	750	180	200.000 €

(a) Ordnen Sie die Artikelgruppen nach ihrem durchschnittlichen Lagerwert und kumulieren Sie den durchschnittlichen Lagerwert, die Zahl der Anlieferungen und ergänzend die Palettenzahl in dieser Reihenfolge.

(b) Zeichnen Sie ein Koordinatendiagramm mit der kumulierten Anlieferungszahl als Abszisse und dem kumulierten durchschnittlichen Lagerwert als Ordinate. Tragen Sie die Gütergruppen in dieses Koordinatensystem ein.

(c) Bei der Betrachtung des Koordinatendiagramms sieht G. Lack Ähnlichkeiten zu einer ABC-Analyse und überlegt, ob er entsprechende Koordinationshilfen daraus gewinnen kann. Er vermutet, dass die Verwendung einer einzigen Bezugsgröße genügt, wenn die Artikelgruppen im Koordinatendiagramm alle auf einer Geraden liegen. Nehmen Sie Stellung zur Aussagekraft des Koordinatendiagramms und gehen Sie dabei auf Lacks Überlegungen ein. Beginnen Sie mit der Prüfung, ob bzw. inwieweit die in a und b beschriebene Vorgehensweise eine ABC-Analyse ist.

Aufgabe 4: Steuerung mit direkt beeinflussbaren Kennzahlen

Insbesondere bei den Artikelgruppen G2 und G4 sieht G. Lack noch Möglichkeiten, durch geschickte Anpassung der Palettenzahl je Anlieferung die anlieferungs- und die lagerwertabhängigen Kosten insgesamt zu verringern. Er berechnet zunächst den Gesamtwert der Artikel einer Artikelgruppe je Quartal und daraus den Wert einer Palette.

(a) Wie könnte man die Summe aus anlieferungs- und lagerwertabhängigen Kosten bei gegebener Leistung minimieren? Stellen Sie dafür einen Ansatz auf und lösen Sie ihn für die Artikelgruppen G2 und G4. Falls nötig, runden Sie auf geeignete Weise, um eine ganze Zahl von Anlieferungen zu erhalten. Wie hoch sind die optimalen Palettenzahlen je Anlieferung?

(b) Wie hoch sind die Plankosten für das Lager bei optimaler Auftragsgröße der Artikelgruppen G2 und G4? Geben Sie die Veränderung in den Bezugsgrößen und die Kostenersparnis an.

(c) G. Lack überlegt, den Lieferanten für ihre Anlieferungen die optimalen Palettenzahlen vorzugeben. Um welche Art von Kennzahlen handelt es sich dabei? Was könnte einer solchen Vorgehensweise entgegenstehen?

(d) Der Lieferant von Artikelgruppe G4 fordert für die geänderte Anlieferungshäufigkeit einen um ein Prozent höheren Preis. G. Lack hält es für möglich, diese Preiserhöhung auf den Verkaufspreis in seinen Filialen überzuwälzen. Soll er auf der geänderten Anlieferung bestehen?

Aufgabe 5: Beurteilung eines Entsorgungsangebots

Außer dem Hochregallager hat die Lack & Meier KG weitere vier Kostenstellen: Wareneingang, Fuhrpark, Versand und Verwaltung. Die Kostenstellenleiter erhalten neben ihrem Fixum eine variable Vergütung, deren Höhe von der Erreichung vorab vereinbarter Ziele abhängt.

Der Wareneingang muss die Waren unter sehr beengten Verhältnissen entgegennehmen und prüfen. Da ist es besonders hinderlich, dass die ankommenden Waren gut verpackt angeliefert werden und nach dem Auspacken das Verpackungsmaterial den dringend benötigten Platz belegt. Wegen des Platzmangels kommt es immer wieder zu Verzögerungen, da störende Teile oder Verpackungsmaterialien aus dem Weg zu räumen sind. Bisher wird das Verpackungsmaterial einmal wöchentlich von dem Entsorgungsdienstleister Edsorga GmbH abgeholt, die dafür pauschal 11.000 € im Jahr bekommt. Mit deren geschäftsführendem Gesellschafter Edwin Sorg diskutiert G. Lack, Geschäftsführer der Lack & Meier KG, Möglichkeiten der Abhilfe.

Edwin Sorg wäre bereit, das Verpackungsmaterial auf Abruf abzuholen. Er schlägt eine Rahmenvereinbarung vor, die neben einer Pauschalzahlung von 2.000 €/Jahr einen Festpreis von 200 €/Abholung vorsieht. Für Sorgs eigene Mengendisposition sei es indes notwendig, eine jährliche Zahl von Abholungen vorab zu vereinbaren. Diese solle zusätzliche Abholungen nicht ausschließen, doch müsse er einen höheren Preis verlangen, und zwar 280 €/Abholung. Falls weniger Abholungen nötig werden als geplant, würde er für die ausfallenden Abholungen nicht die vollen 200 €, sondern nur 50 € pro zugesagter, aber nicht abgerufener Abholung berechnen.

(a) G. Lack sieht in diesem Angebot beträchtliche Vorteile. Die sofortige Abholung könnte den Wareneingang durchaus entlasten, da bisher die Verpackungsabfälle bis zum Abholtermin im schlimmsten Fall eine Woche lang im Wege stehen. Zur Festlegung der Planabholzahl zieht er den Leiter des Wareneingangs zu Rate, da dieser die Abholungen veranlassen müsste. Nach dieser Rücksprache geht G. Lack grundsätzlich von 50 Abholungen pro Jahr aus, doch schließt er auch 40 oder 60 Abholungen nicht aus.

Berechnen Sie für jede dieser Planabholzahlen die Kosten für den Fall, dass tatsächlich 50 Abholungen nötig sind. Wie sehen die Kosten des Angebots aus, wenn tatsächlich 40 Abholungen oder 60 Abholungen notwendig werden?

(b) Welches Anreizschema liegt dem Rahmenvertragsangebot der Edsorga GmbH zugrunde? Kann G. Lack davon ausgehen, dass der Wareneingangsleiter ihm die Planzahlen nach bestem Wissen nennt,

- wenn die Entsorgungskosten der Kostenstelle Wareneingang zugerechnet werden und der Kostenstellenleiter unter anderem anhand dieser Kosten beurteilt wird (Fall 1)?

- wenn die Entsorgungskosten im allgemeinen Gemeinkostenblock der Lack & Meier KG verbleiben (Fall 2)?

(c) Welche weiteren Vorteile oder Probleme sehen Sie in dem Rahmenvertragsangebot im Vergleich zur bisherigen Lösung? Nennen Sie die Kriterien, die Sie zur Beurteilung dieses Angebots heranziehen.

Aufgabe 6: Beurteilung von Outsourcing-Entscheidungen mit Kennzahlen

Im vierten Quartal werden 1.700 Anlieferungen durchgeführt, der Lagerwert beträgt durchschnittlich 1.920.000 €. Die Kosten des Hochregallagers belaufen sich auf 550.000 € im Quartal. Da G. Lack mit diesen Lagerkosten weiterhin nicht zufrieden ist, denkt er über ein völliges Outsourcing des Lagers nach. Dazu will er ein Angebot der Lingsdrengler GmbH, eines Logistik-Dienstleisters, prüfen. Jene wäre bereit, während der nächsten drei Jahre gegen einen Betrag von 1,7 Mio. € pro Jahr, der jeweils zum Jahresende zu begleichen wäre, die gesamte Lagerhaltung der Lack & Meier KG in ihrem bisherigen Umfang zu übernehmen. Für abweichende Mengen wären spezielle Konditionen zu vereinbaren. Das eigene Lager könnte G. Lack in diesem Fall für vier Mio. € verkaufen. Allerdings hätte er seinem Lagerpersonal eine tarifliche Abfindung in Höhe von einem Jahreslohn bzw. -gehalt zu zahlen. Dieses schätzt er auf das Vierfache der Personalausgaben des dritten Quartals. Der Zinssatz beträgt 10 %.

Betreibt er das Lager im bisherigen Umfang selbst weiter, müsste es G. Lack sofort für 300.000 € modernisieren, um den derzeit möglichen Liquidationserlös für die nächsten drei Jahre zu sichern. Die ausgabenwirksamen Kosten würden in diesem Zeitraum ebenfalls im bisherigen Umfang anfallen. Hierunter fallen auch bekannte Instandhaltungsausgaben, die unter den Abschreibungen erfasst sind. Sie belaufen sich auf 10 % der Abschreibungen.

(a) Bestimmen Sie die Einnahmen und Ausgaben für die beiden Alternativen in den nächsten drei Jahren. Legen Sie dabei – soweit erforderlich – die Kostenfunktion mit den beiden Bezugsgrößen Zahl der Anlieferungen und Lagerwert zugrunde.

(b) Soll G. Lack das Angebot der Lingsdrengler GmbH annehmen?

Während G. Lack noch zögert, weitet die Lingsdrengler GmbH ihr Angebot auf einen unbegrenzten Zeitraum aus. Die Lagerhalle der Lack & Meier KG wäre bei Eigenbetrieb regelmäßig nach jeweils drei Jahren für 300.000 € zu modernisieren, auch die übrigen Konditionen bleiben unverändert.

(c) Um welchen Problemtyp handelt es sich in diesem Fall?

(d) Soll G. Lack dieses Angebot der Lingsdrengler GmbH annehmen? Überprüfen Sie Ihr Ergebnis zur Vorsicht auch mit einem Vertrag über 15 Jahre Laufzeit.

(e) Bestimmen Sie die Preisgrenze für den sofortigen Verkauf der Lagerhalle, wenn G. Lack davon ausgeht, dass er Verträge zu den von Lingsdrengler gebotenen Konditionen mindestens für die nächsten 15 Jahre abschließen kann.

G. Lack hält es für möglich, die Vereinbarung mit der Lingsdrengler GmbH bei gleichen Konditionen um ein Jahr zu verschieben. Dies scheint ihm deshalb reizvoll, weil er dann durch Ausnutzung der Fluktuation und Ähnlichem die Abfindung um die Hälfte senken könnte. Zudem würde er die Lagerhalle nicht modernisieren. Bei weiteren zeitlichen Verschiebungen würden die Abfindungen vollständig entfallen. Der Wert der Lagerhalle sinkt ohne Modernisierung jährlich um jeweils zehn Prozent des ursprünglichen Wertes.

(f) Soll G. Lack die Vereinbarung mit der Lingsdrengler GmbH verschieben? Wenn ja, um wie viele Jahre?

Aufgabe 7: Externes Benchmarking mit indirekt beeinflussbaren Kennzahlen

Vor einem übereilten Outsourcing der Lagerhaltung will G. Lack potenzielle Reserven seines eigenen Lagerbetriebs ausnutzen und dazu die bisher gewonnenen Informationen verwenden. Er nimmt die von Lingsdrengler geforderten 1,7 Mio. € als externe Benchmark, zieht davon noch einen kalkulatorischen Gewinn der Lingsdrengler GmbH von 6 % ab und gesteht dem Lagerleiter lediglich die verbleibenden Kosten zu. Dieser soll entsprechende Maßnahmen vorschlagen, um diese Kostenersparnis zu erreichen und damit den Eigenbetrieb des Lagers zu rechtfertigen.

(a) Vergleichen Sie dieses Kostensenkungsprogramm mit dem Prinzip der Gemeinkostenwertanalyse.

(b) Entwerfen Sie einen organisatorischen Rahmen für die Durchführung des Kostensenkungsprogramms der Lack & Meier KG.

(c) Worin unterscheidet sich dieser Ansatz vom ursprünglichen Kostensenkungsansatz aus Aufgabe 2?

Lösungshinweise zu Fallstudie 8 (Lack & Meier KG):

Aufgabe 1: Kostenkennzahlen für das Hochregallager

(a) Die durchschnittlichen Kosten je Palette betragen im dritten Quartal 520.000 € für 5.000 Paletten = 104 €/Palette.

(b) Bestimmung der variablen Kosten:

Kostenarten	gesamte Kosten	Anteil variabler Kosten	fixe Kosten	variable Kosten
Abschreibungen	180.000 €	0 %	180.000 €	0 €
Energie	80.000 €	60 %	32.000 €	48.000 €
Personal	200.000 €	50 %	100.000 €	100.000 €
Versicherung	60.000 €	70 %	18.000 €	42.000 €
Summe	520.000 €		330.000 €	190.000 €
Bezugsgröße				**5.000 Paletten**
variable Kosten				**38 €/Palette**

Die Kostenfunktion lautet: $K(x) = 330.000 + 38 \cdot x$ mit x als Palettenzahl. Die Plankosten für 5.000 Paletten betragen damit $K(5.000) = 520.000$ €.

(c) Abweichungsanalyse bei einer Bezugsgröße:

Istbeschäftigung:	5.200 Paletten	Planbeschäftigung:	5.000 Paletten
Istkosten:	520.000 €	Plankosten:	520.000 €
Sollkosten:	$330.000 € + 5.200 \cdot 38 € = 527.600 €.$		

Die Beschäftigungsabweichung von 200 Paletten berechnet sich als Differenz von Planmenge und Istmenge. Sie misst die Abweichung zur Planbeschäftigung. Dagegen erbringt die kalkulatorische Beschäftigungsabweichung als Differenz von Sollkosten und verrechneten Plankosten, berechnet als Produkt der durchschnittlichen Stückkosten und der Istbeschäftigung, wegen der Fixkostenschlüsselung keine entscheidungsrelevante Information. Generell sind durchschnittliche Stückkosten je Palette keine aussagekräftige Kennzahl, falls mit Mengenabweichungen zu rechnen ist. Wegen der höheren Menge wäre eine Budgetanpassung um die Differenz von Plankosten und Sollkosten als bisherigem Budget angemessen. Dies drückt die Budgetabweichung (Plan-Soll-Abweichung) von −7.600 € aus.

Die Verbrauchsabweichung (Soll-Ist-Abweichung) als Differenz von Ist- und Sollkosten beläuft sich ebenfalls auf − 7.600 €. Sie verdeutlicht daher, dass der Lagerleiter als Budgetverantwortlicher die angemessene Budgeterhöhung nicht ausschöpfte. Die Verbrauchsabweichung zeigt also generell, wie stark die tatsächlich realisierten Kosten über (Mehrkosten) oder – wie in diesem Fall – unter (Minderkosten) den angemessenen Kosten liegen. Sie ist vom Lagerleiter zu verantworten. Hier sind ihm also die Minderkosten zugute zu halten.

Aufgabe 2: Beurteilung von Kostenfunktionen

(a) Bei zwei Bezugsgrößen liegt heterogene Kostenverursachung vor, wobei hier lineare und separable Kosteneinflüsse unterstellt werden. Die Kostenfunktion wird folgendermaßen berechnet:

Kostenarten	gesamte Kosten	fixe Kosten	anlieferungsabhängige Kosten		lagerwertabhängige Kosten	
			Anteil	Betrag	Anteil	Betrag
Abschreibungen	180.000 €	162.000 €	10 %	18.000 €	0 %	0 €
Energie	80.000 €	24.000 €	40 %	32.000 €	30 %	24.000 €
Personal	200.000 €	80.000 €	50 %	100.000 €	10 %	20.000 €
Versicherung	60.000 €	18.000 €	10 %	6.000 €	60 %	36.000 €
Summe	520.000 €	284.000 €		156.000 €		80.000 €
Bezugsgröße			1.560 Anlieferungen		1,6 Mio. €	
variable Kosten			100 €/Anlieferung		5,0 %	

Die Kostenfunktion lautet damit:

K^{het}(Anlieferungszahl, Lagerwert) =

     = 284.000 + 100 · Anlieferungszahl + 0,05 · Lagerwert.

Die Bezugsgrößen könnten auch als Cost Driver bezeichnet werden.

(b) Bestimmung der Sollkosten und der Abweichungen für die Vorquartale:

Kostenfunktion mit einer Bezugsgröße (Palettenzahl)				
Quartal	Istkosten	Sollkosten	Abweichung	Abweichungsquadrat
I	510.000 €	508.600 €	1.400 €	1,96 Mio. €²
II	520.000 €	527.600 €	−7.600 €	57,76 Mio. €²
III	520.000 €	520.000 €	0 €	0 €²
Summe			6.200 €	59,72 Mio. €²

Kostenfunktion mit zwei Bezugsgrößen (Anlieferung, Wert)				
Quartal	Istkosten	Sollkosten	Abweichung	Abweichungsquadrat
I	510.000 €	504.000 €	6.000 €	36 Mio. €²
II	520.000 €	519.000 €	1.000 €	1 Mio. €²
III	520.000 €	520.000 €	0 €	0 €²
Summe			7.000 €	37 Mio. €²

(c) Vergleich der beiden Kostenfunktionen:

Legt man dem Vergleich der Kostenplanungen die einfachen Abweichungen zugrunde, ist die Kostenplanung mit einer Bezugsgröße im ersten

Quartal besser, im zweiten Quartal schlechter. Für einen Gesamtvergleich können die Abweichungen selbst nicht addiert werden, sondern allenfalls ihr Betrag oder die quadrierten Abweichungen. In diesen beiden Fällen weist die Kostenplanung mit zwei Bezugsgrößen geringere Soll-Ist-Abweichungen auf. Sie ist daher vorzuziehen.

(d) Beurteilung der gesamten Kostenplanung:

Es handelt sich um eine analytische Kostenplanung mit differenzierter Festlegung von variablen Kostenanteilen (keine Regressionsanalyse, kein Zweipunktverfahren etc.), allerdings auf Grundlage der Istkosten der Vorperiode. Gerade deren Höhe war jedoch kritisiert worden und gab Anlass für die Kostenanalyse.

Mit der vorliegenden Planung kann die Kostenplanung daher an andere Mengen angepasst und zusätzliche Ineffizienzen können aufgezeigt werden. Vorhandene Ineffizienzen werden jedoch über die allgemeine Transparenzfunktion der Kostenrechnung hinaus nicht offengelegt oder beseitigt.

Aufgabe 3: Problemstrukturierung mit der ABC-Analyse

(a) Die Ordnung der Artikelgruppen nach dem durchschnittlichen Lagerwert ergibt folgende Rangfolge:

Artikel-gruppe	durchschnittlicher Lagerwert		Anlieferungen		Palettenzahl	
	der Artikel-gruppe	kumuliert	der Artikel-gruppe	kumuliert	der Artikel-gruppe	kumuliert
G4	400.000 €	400.000 €	100	100	1.000	1.000
G3	360.000 €	760.000 €	240	340	1.200	2.200
G1	320.000 €	1.080.000 €	260	600	900	3.100
G2	260.000 €	1.340.000 €	630	1.230	900	4.000
G6	200.000 €	1.540.000 €	180	1.410	750	4.750
G5	60.000 €	1.600.000 €	150	1.560	250	5.000

Die Unterschiede im durchschnittlichen Lagerwert, in der Anzahl der Anlieferungen und der Anzahl der Paletten pro Artikelgruppe sind erheblich.

(b) Abbildung III-8 zeigt die Darstellung der Artikelgruppen in einem Koordinatendiagramm.

(c) Mit der ABC-Analyse werden die betrachteten Elemente nach einer Kennzahl geordnet, die sich kumulieren lässt (wie z.B. der Umsatz; vgl. Troßmann [Beschaffung] 161). Die kumulierte Zahl der Elemente wird dem kumulierten Betrag der betrachteten Eigenschaft gegenübergestellt. Ziel ist insbesondere die Analyse und Vorstrukturierung von Planungsproblemen in Abhängigkeit der Ausprägung der betrachteten Eigenschaft.

Abb. III-8 zeigt tatsächlich eine Art ABC-Analyse für den vorliegenden Fall. Als Kennzahl für die Einteilung in Artikelgruppen, insbesondere für eine

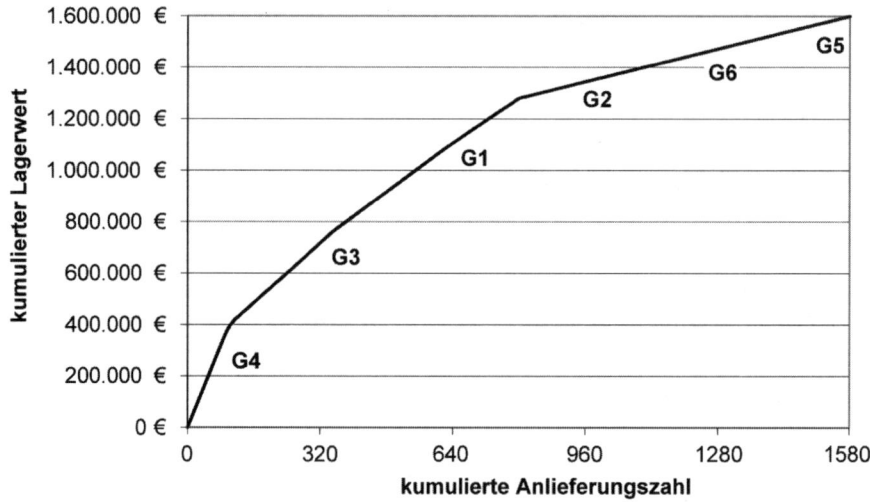

Abb. III-8: Zusammenhang zwischen Lagerwert und Anlieferungszahl

mehr oder weniger häufige Anlieferung dient der durchschnittliche Lagerwert. Er ist beispielsweise bei Artikelgruppe G4 besonders hoch, bei Artikelgruppe G5 besonders niedrig. Gegenüber einer ABC-Analyse sind lediglich die Dimensionen der beiden Achsen ungewohnt. Üblicherweise würde man auf beiden Seiten in Prozenten der jeweiligen Gesamtsumme messen. Für die Interpretation ist dieser Unterschied freilich unerheblich.

Was für die Überlegungen Lacks betrifft, lässt die Darstellung folgende Interpretation zu: Lägen alle Artikelgruppen im Koordinatendiagramm auf einer (Ursprungs-)Geraden, dann würde tatsächlich eine der beiden Koordinatenmaßgrößen (Bezugsgrößen) zur weiteren Analyse genügen, da sich die andere proportional zu ihr verhielte. Dies ist aber offensichtlich nicht der Fall.

Im Übrigen könnte G. Lack darauf hingewiesen werden, dass der eigentliche Nutzen einer ABC-Analyse gerade dann erst voll ausgespielt werden kann, wenn die Verhältnisse von einer Gleichverteilung abweichen. Dann kann die Höhe der entsprechenden Einteilungs-Kennzahl dazu genutzt werden, jeweils andere Lösungstaktiken für zu unterscheidende A-Artikel, B-Artikel und C-Artikel festzulegen (vgl. Troßmann [Controlling] 84 ff.).

Aufgabe 4: Steuerung mit direkt beeinflussbaren Kennzahlen

(a) Der Problemtyp entspricht dem Grundmodell der optimalen Bestellmenge (vgl. Troßmann [Beschaffung] 146). Gesucht ist für die Artikelgruppen G_j (G2 und G4) jeweils das Minimum der Funktion

$$K(z_j) = \underbrace{k^v_{Anlieferung} \cdot \frac{M_j}{z_j}}_{\substack{\text{anlieferungs-}\\\text{abhängige Kosten}}} + \underbrace{\frac{1}{2} \cdot z_j \cdot e_j \cdot \frac{\ell}{100}}_{\substack{\text{wertabhängige}\\\text{Kosten}}}$$

mit $k_{Anlieferung}^v$: anlieferungsabhängige Kosten (hier: 100 €/Anlieferung);

M_j: Gesamtpalettenzahl der Artikelgruppe j;

z_j: Palettenzahl je Anlieferung;

e_j: Wert einer Palette bei Artikelgruppe j;

ℓ: lagerwertabhängige Kosten (hier: 5 € je 100 € Lagerwert).

Notwendige Bedingung für ein Minimum ist eine Nullstelle der Ableitung:

$$\frac{dK}{dz_j} = -k_{Anlieferung}^v \cdot \frac{M_j}{z_j^2} + \frac{1}{2} \cdot e_j \cdot \frac{\ell}{100} \overset{!}{=} 0 .$$

Dies ergibt: $z_j^* = \sqrt{\dfrac{200 \cdot M_j \cdot k_{Anlieferung}^v}{e_j \cdot \ell}}$.

Zur Lösung ist noch der Wert einer Palette nötig. Die Anzahl der Anlieferungen multipliziert mit dem doppelten durchschnittlichen Lagerwert ergibt den Gesamtwert der Artikelgruppe. Teilt man diesen Wert durch die Palettenzahl, erhält man den Wert je Palette:

$$e_j = \frac{2 \cdot Anlieferungszahl_j \cdot Lagerwert_j}{Palettenzahl_j} .$$

Daraus folgt für den Lagerwert und die optimale Zahl der Anlieferungen bei den Artikelgruppen 2 und 4:

$e_2 = 364.000 €$ pro Palette von G2, $\quad e_4 = 80.000 €$ pro Palette von G4;

$z_2 = 3,145$ Paletten je Anlieferung, $\quad z_4 = 7,071$ Paletten je Anlieferung.

Bei geeigneter Rundung der Palettenzahl pro Anlieferung erhält man

$z_2 = 3$ Paletten je Anlieferung, $\quad z_4 = 7$ Paletten je Anlieferung.

Daraus ergibt sich die folgende Anzahl von Anlieferungen:

jetzt	300 für G2	143 für G4	443 insgesamt
– bisher	−630 für G2	−100 für G4	−730 insgesamt
Veränderung:	− 330 für G2	+ 43 für G4	− 287 insgesamt.

Der durchschnittliche Lagerwert beträgt jetzt

jetzt	546.000 € für G2	280.000 € für G4	826.000 € insgesamt
– bisher	−260.000 € für G2	−400.000 € für G4	−660.000 € insgesamt
Veränderung:	+286.000 € für G2	−120.000 € für G4	+166.000 € insgesamt.

(b) Für die Kosten gilt:

$K_2(3,145) = 57.236 €$ $\quad K_4(7,071) = 28.284 €$;

bzw. $K_2(3) = 57.300 €$ $\quad K_4(7) = 28.300 €$ bei ganzen Paletten;

statt: $K_2^{alt} = 76.000 €$ $\quad K_4^{alt} = 30.000 €$.

Dies ergibt eine Gesamtersparnis von

$$57.300 - 76.000 + 28.300 - 30.000 = 20.400 \text{ €.}$$

Eingespart werden 287 Anlieferungen; der Lagerwert erhöht sich aber durchschnittlich um 166.000 €. Die Kosten im Lager sollten bei gleicher Palettenzahl von 520.000 € auf $520.000 - 287 \cdot 100 + 0{,}05 \cdot 166.000 = 499.600 \text{ €}$ sinken. Dies entspricht der oben ermittelten Ersparnis für die gerundeten Palettenzahlen pro Anlieferung.

(c) Es handelt sich um direkt beeinflussbare Vorgabekennzahlen. Allerdings wurden bei ihrer Ermittlung beispielsweise die Fertigungsbedingungen der Lieferanten nicht beachtet; daher ist nicht sicher, ob die Vorgabegröße überhaupt erfüllt werden kann. Die Erreichbarkeit einer gesetzten Zielgröße ist jedoch eine wesentliche Anforderung an motivationsförderliche Vorgabekennzahlen.

(d) Mit dem Preis steigen der durchschnittliche Lagerwert und die lagerwertabhängigen Kosten von 14.143 € bei G4 um ebenfalls ein Prozent, also 141,43 €. Dies zehrt die Ersparnis von $K_4^{alt} - K_4(7) = 1.700 \text{ €}$ nicht zur Gänze auf. Die Anlieferungszahl sollte daher auf jeden Fall angepasst werden. Kann zudem ein höherer Verkaufspreis in den Filialen realisiert werden, ohne dass diese durch Absatzrückgänge im Gesamterlös überkompensiert werden, ist dies zusätzlich positiv, wenn auch nicht Voraussetzung für die Änderung der Lieferbedingungen.

Aufgabe 5: Beurteilung des Entsorgungsangebots

(a) Für die drei Abholszenarien ist je nach Ist-Abholzahl mit folgenden Kosten zu rechnen:

Ist-Abholzahl x	gemeldete Abholzahl x_p		
	40	50	60
40	10.000 €	10.500 €	11.000 €
50	12.800 €	12.000 €	12.500 €
60	15.600 €	14.800 €	14.000 €

(b) Die Rahmenvereinbarung mit dem Entsorgungsdienstleister ist aufgrund der Art der Berücksichtigung von Plan- und Ist-Größen ein Anreizschema mit **Weitzman-Struktur** (vgl. Troßmann [Controlling] 251 f., Burr/Stephan/Werkmeister [Unternehmensführung] 152 ff.). Sie enthält vor allem Anreize zur Informationsoffenlegung. Die Rechnungssumme der Edsorga GmbH und damit die Kostensumme von Lack & Meier für die Entsorgung bestimmt sich nach folgender Funktion:

$$K(x_p, x) = \begin{cases} 2.000 + 200 \cdot x_p + 280 \cdot (x - x_p) & \text{für } x \geq x_p \\ 2.000 + 200 \cdot x_p + 150 \cdot (x - x_p) & \text{für } x < x_p \end{cases}.$$

Diese Kosten können als „leistungsorientierte Belohnung" für Lack & Meier interpretiert werden, wobei sich deren Bemessungsgrundlage aus geplanten und tatsächlichen Abholungen ergibt.

Die günstigsten Kosten erhält man nach einem Weitzman-Schema, wenn Plan- und Istmenge übereinstimmen. Dies trifft auch hier zu. Wenn dem Kostenstellenleiter die Kosten zugerechnet werden und die Kosten seiner Kostenstelle für ihn überhaupt von Bedeutung sind (Fall 1), hat er ein Interesse an der Bereitstellung und Einhaltung seiner eigenen Mengenprognosen (Kriterium der Anreizkompatibilität). Andernfalls (Fall 2) ist zu befürchten, dass er zu viele Kleinabholungen beauftragt und dadurch die Ist-Abholzahl steigt, die Rahmenvereinbarung also zu unerwartet hohen Kosten führt.

(c) Zu den Anforderungen an ein Anreizinstrument zählen neben der oben genannten **Anreizkompatibilität** und einigen weiteren Kriterien vor allem die **Controllability** und die **Transparenz** (vgl. Troßmann [Controlling] 247 f.). Nach der Controllability sollen die Mitarbeiter die Bemessungsgrundlage ihrer Entlohnung beeinflussen können; dies steigert die Motivation des Mitarbeiters und die Wirksamkeit des Anreizsystems.

Dadurch, dass ihnen die Entscheidung darüber obliegt, wann die Abholung in Auftrag gegeben wird, kann die Lack & Meier KG bzw. der zuständige Kostenstellenleiter den Kostenanfall beeinflussen (Kriterium der Controllability). Die Vereinbarung ist zwar nicht so einfach wie ein Pauschalvertrag, doch noch gut überschaubar (Kriterium der Transparenz). Festzulegen bleiben noch technische Details der Entsorgungsvereinbarung, etwa Fristen (was heißt „auf Abruf"?) oder Mengen (wann ist eine Fuhre nötig bzw. möglich?). Ob sie günstig ist (Kriterium der Wirtschaftlichkeit), hängt vom Ausmaß der Vorteile ab, die die taggenaue Abholung gegenüber der wöchentlichen Abholung bietet.

Aufgabe 6: Beurteilung von Outsourcing-Entscheidungen mit Kennzahlen

(a) Für das Jahr 0 und die Folgejahre ergeben sich folgende Auszahlungen:

Quar-tal	fixe Ausgaben	anlieferungsabhängige Kosten		lagerwert-abhängige Kosten		gesamte Ausgaben
		Anzahl der Anlie-ferungen	Kosten: 100 € je Anlieferung	durchschnitt-licher Lager-wert	Kosten: 5 % des Lagerwerts	
Q I	122.000 €	1.400	140.000 €	1.600.000	80.000 €	342.000 €
Q II	122.000 €	1.600	160.000 €	1.500.000	75.000 €	357.000 €
Q III	122.000 €	1.560	156.000 €	1.600.000	80.000 €	358.000 €
Q IV	122.000 €	1.700	170.000 €	1.920.000	96.000 €	388.000 €
Jahr	**488.000 €**		**626.000 €**		**331.000 €**	**1.445.000 €**

Die Auszahlungen entsprechen den bisherigen Kosten abzüglich der nicht zahlungswirksamen Abschreibungen (90 % · 180.000 € = 162.000 € pro Quartal). Bei Eigenbetrieb fallen sofort Ausgaben von 300.000 € an, dafür ist in Jahr 3 der Restwert des Lagers anzusetzen.

Beim Oursourcing fallen einmalige Einnahmen von 4 Mio. € aus dem La-
gerverkauf sowie einmalige Ausgaben von 800.000 € für die Abfindung an.
Mit den laufenden Kosten ergibt dies folgende Zahlungsreihen für die beiden Alternativen:

Jahr	0	1	2	3	Kapitalwert bei 10 %
Eigenbetrieb des Lagers	−300.000 €	−1.445.000 €	−1.445.000 €	2.555.000 €	−888.242 €
Outsourcing des Lagers	3.200.000 €	−1.700.000 €	−1.700.000 €	−1.700.000 €	−1.027.648 €

(b) Sofern sich durch das Outsourcing keine weiteren Wirkungen ergeben,
beispielsweise auch Ersparnisse bei den Transportkosten oder den Filialen
oder anderen vor- und nachgelagerten Prozessen bei Lack & Meier, sollte
darauf verzichtet werden, da die erfassten Zahlungswirkungen bei Outsourcing zu einem schlechteren Kapitalwert führen als bei Eigenbetrieb.

(c) Es handelt sich um den Vergleich einer unendlichen Investitionskette bei
Eigenbetrieb mit einer unendlichen Rente bei Outsourcing.

(d) Zur Berechnung des Kapitalwerts einer unendlichen Investitionskette emp-
fiehlt sich die Berechnung der Annuität der entsprechenden einmaligen
Investition (vgl. Troßmann [Investition] 384 ff.). Bei Eigenbetrieb ist dies die
Zahlungsreihe aus Teilfrage a abzüglich des Liquidationserlöses in Jahr 3.
Ihr Kapitalwert ist − 888.242 € − 4.000.000 €/1,331 = 3.893.501 €. Multipliziert
mit dem Annuitätenfaktor 0,40211 für 10 % und drei Jahre ergibt dies eine
Annuität von −1.565.634 €. Die zugehörige unendliche Investitionskette hat
damit einen Kapitalwert von −15.656.344 €.

Beim Outsourcing beträgt der Kapitalwert der unendlichen Rente mit der
Einmalzahlung − 1.700.000 €/10 % + 3.200.000 € = − 13.800.000 €. Dies ist
günstiger als der Eigenbetrieb.

Der Annuitätenfaktor über 15 Jahre beträgt 0,13147. Damit können der
Kapitalwert −1.700.000 €/0,13147 + 3.200.000 € = − 9.730.707 € für die Entscheidung zum Outsourcing des Lagers und entsprechend der Kapitalwert
− 1.565.634 €/0,13147 + 4.000.000 € · 0,23939 = − 10.951.119 € bei Eigenbetrieb
ermittelt werden. Ein Outsourcing ist damit auch bei einer 15-jährigen Vertragslaufzeit vorteilhaft. Das Outsourcing ist daher vorzuziehen, sofern
dadurch keine zu einseitige Abhängigkeit von Lingsdrengler entsteht, die
zu Abweichungen von den bisherigen Entscheidungsprämissen führt.

(e) Der Oursourcing-Kapitalwert beruht auf einem Verkaufspreis der Lagerhalle von 4 Mio. € und bietet bei 15-jähriger Betrachtung einen Barwert-
vorteil von 10.951.119 € − 9.730.707 € = 1.220.412 €. Um diesen Betrag könnte
der Verkaufspreis auf 2.779.588 € abgesenkt werden, so dass das Outsourcing weiterhin vorteilhaft bleibt.

(f) Die Verschiebung des Outsourcing stellt ein Ersatzproblem dar. Zur Beurteilung können die Gesamtwirkungen der einzelnen Ersatzjahre verglichen
werden. Einfacher ist vielfach die Betrachtung der Wirkungen einer Verschiebung des Ersatzzeitpunktes des Projektes um jeweils ein Jahr.

Die Wirkungen bei einer Verschiebung von Jahr 0 auf Jahr 1 setzen sich wie folgt zusammen:

· entgangener Liquidationserlös:	− 4.000.000 €
· abgezinster geringerer Restwert des Lagers in Jahr 1:	3.272.727 €
· abgezinste eingesparte Lagerkosten:	231.818 €
· ersparte Modernisierung:	300.000 €
· eingesparte Abfindung in Jahr 0:	800.000 €
· abgezinste niedrigere Abfindung in Jahr 1:	− 363.636 €
Gesamtwirkung der Verschiebung auf Jahr 1:	240.909 €

Diese Verschiebung lohnt sich. Für die entsprechenden Wirkungen bei einer Verschiebung um ein weiteres Jahr gilt zum Ende von Jahr 1:

· entgangener Liquidationserlös:	− 3.600.000 €
· abgezinster geringerer Restwert des Lagers in Jahr 2:	2.909.090 €
· eingesparte Lagerkosten:	231.818 €
· eingesparte Abfindung in Jahr 1:	400.000 €
Gesamtwirkung der Verschiebung auf Jahr 2:	− 59.092 €

Die Verschiebung von Jahr 1 auf das Ende von Jahr 2 lohnt sich also nicht. Eine eigene Überlegung ist die Modernisierung wert. Sie erbringt einen Nettovorteil von − 300.000 € + 400.000/1,1 = 63.636 €, wenn der ursprüngliche Restwert für ein weiteres Jahr erhalten bleibt. Hinzu kommen potenzielle Vorteile in späteren Jahren.

Aufgabe 7: Externes Benchmarking mit indirekt beeinflussbaren Kennzahlen

(a) Der Vorschlag ähnelt in hohem Maße dem Kern der Gemeinkostenwertanalyse, speziell der drastischen Vorgabe zur Kostensenkung (hier um 30 % gegenüber dem bisherigen Plan). Die allgemeinere Idee der Schaffung marktähnlicher Bedingungen findet sich jedoch nur in Ansätzen, da als Anbieter und Nachfrager der Lagerleistungen lediglich Vertreter des Lagers selbst und G. Lack beteiligt sind.

(b) Zur Durchführung der Gemeinkostenwertanalyse wird meist eine spezielle Projektorganisation mit drei Arten von Funktionsträgern vorgeschlagen:

▪ ein Lenkungsausschuss als Motivations- und Entscheidungsinstanz;

▪ Gruppen vollzeitig eingesetzter Teammitglieder;

▪ Leiter von Untersuchungseinheiten.

Abb. III-9 (Troßmann [Budgetierung] 519, zu Details vgl. Troßmann [Controlling] 201 ff.) zeigt den Ablauf einer Gemeinkostenwertanalyse im Überblick.

Vorgehensweise bei der Gemeinkosten-Wertanalyse (GWA)

1. Vorbereitungsphase
   - Ziele klären
   - Untersuchungseinheiten festlegen
   - Wertanalysegruppen bilden
   - Personal informieren
   - Schulungen
   - Zeitplan erstellen

2. Analysephase

   2.1 Für jede Untersuchungseinheit wird ein Katalog ihrer Leistungen gebildet und die Kosten für jede Leistungsart werden geschätzt.

   2.2 Für jede Leistungsart werden Kosten und zugehöriger Nutzen gegenübergestellt. Für Leistungen mit ungünstigem Kosten-Nutzen-Verhältnis soll der Leiter der Untersuchungseinheit Ideen zu einer Kostenreduktion von z. B. 40 % finden.

   2.3 Der Leiter der Untersuchungseinheit, die Leistungsabnehmer sowie Experten bewerten die Einsparungsideen nach Realisierbarkeit, Wirtschaftlichkeit und Risiko.

   2.4 Akzeptierte Ideen werden zu Aktionsprogrammen zusammengestellt und dem Lenkungsausschuss zur Verabschiedung empfohlen.

3. Realisierungsphase

Abb. III-9: Ablauf einer Gemeinkostenwertanalyse

(c) Die Kostenplanung in Aufgabe 2 beruht auf outputorientierten Bezugsgrößen. Dies ist grundsätzlich zu begrüßen, reicht allerdings nicht aus, wenn wie im vorliegenden Fall die Kostensätze lediglich vergangenheitsorientiert durch statistische Verfahren gewonnen werden und dadurch möglicherweise lediglich einen Vergleich von „Schlendrian mit Schlendrian" (Schmalenbach [Kostenrechnung] 438) erlauben. Die beabsichtigte Verwendung des am Lieferanten orientierten Kostensenkungsziels hingegen stellt zwar einen externen Vergleich her, erlaubt jedoch kaum eine Anpassung an den grundsätzlich schwankenden Output des Lagers und wäre daher z. B. um analytische Kostenplanungen zu ergänzen.

Kapitel IV: Risikocontrolling

1. Überblick

- **Themenschwerpunkte**

Entscheidungsorientierte Informationsaufbereitung
- Abgrenzung von Risikomanagement und Risikocontrolling
- Varianten der Risikomessung
- Risikosteuerung mit Kennzahlen

Ausgestaltungsdetails des betrieblichen Währungsrisikomanagements
- Systematisierung von Währungsrisikoarten
- Ansatzpunkte zur betrieblichen Exposuresteuerung
- organisatorische Umsetzung der Exposurezentralisierung
- Einsatz derivativer Absicherungsinstrumente
- Bedeutung des natürlichen Hedging

- **Grundlegende Literatur**

Baumeister, Alexander:	[Budgetierung] Währungsgerechte Budgetkontrolle im internationalen Controlling. In: Internationale Rechnungslegung und Internationales Controlling. Herausforderungen – Handlungsfelder – Erfolgspotentiale. Hrsg. von W. Funk und J. Rossmanith. 2. Aufl., Wiesbaden 2011, S. 333–354.
Baumeister, Alexander:	[Währungsrisiko] Portfolioorientierte Preisgrenzenbestimmung bei Währungsrisiko. Wiesbaden 2002.
Troßmann, Ernst:	[Investition] Investition als Führungsentscheidung. 2. Aufl., München 2013, inbesondere Kapitel II, VI und VII.
Troßmann, Ernst und Alexander *Baumeister*:	[Risikocontrolling] Risikocontrolling bei Auftragsfertigung. Ergebnisse eines Forschungsprojekts im Klein- und Mittelbetrieb. Berlin 2006.
Troßmann, Ernst und Alexander *Baumeister*:	[Risiko] Risikocontrolling in kleinen und mittleren Unternehmungen mit Auftragsfertigung. In: Zeitschrift für Controlling & Management (48) 2004, Sonderheft 3. Hrsg. von D. Hachmeister, S. 74–85.

2. Grundlagen zum Risikocontrolling

a) Bedeutung des Risikocontrolling für das Risikomanagement

Betriebliche Entscheidungen gehen stets mit bestimmten Risiken einher, die in der Planung und Steuerung betrieblicher Prozesse zu beachten sind (vgl. im Weiteren Troßmann/Baumeister [Risiko] 76 ff.). Jeder rationalen Entscheidung sollte daher zumindest implizit eine Risikoberücksichtigung zugrunde liegen. Dies stellt der Begriff **Risikomanagement** besonders heraus, ohne jedoch damit eine isolierbare Führungsteilaufgabe abgrenzen zu können. Da das Controlling eine Koordinationsfunktion zwischen verschiedenen Teilaufgaben der Führung umfasst (siehe Kapitel I), gilt Entsprechendes für das **Risikocontrolling**. Es gelingt daher nicht, eine dazu eigenständige, risikoinduzierte Teilaufgabe aus dem generellen Aufgabenspektrum des Controlling zu separieren. Wenn sich gleichwohl in der betrieblichen Praxis aufgrund der hohen Bedeutung einzelner Risikoarten verschiedene Risikomanagement- oder auch Risikocontrollingstellen unter vielerlei Bezeichnungen finden, ist davon auszugehen, dass darunter bestimmte inhaltliche Entscheidungsbereiche zusammengefasst werden, die über eine bloße Risikoorientierung hinausgehen. Sie sind etwa für das Ergreifen von Absicherungsmaßnahmen zuständig. Dennoch ist auch dabei eine hohe Abstimmung der entstehenden Schnittstellen erforderlich. Im häufiger vorkommenden Fall des sog. Währungsrisikomanagements werden die hier risikoauslösenden Entscheidungen im betrieblichen Grundprozess vollständig von den (dann zwangsläufig nachträglichen) Absicherungsmaßnahmen getrennt. Oft bleiben damit die Chancen aus einer antizipativen, an der grundgeschäftlichen Steuerung von Währungspositionen ansetzenden Risikohandhabung ungenutzt.

Da das besondere Augenmerk auf die Risikosituation nichts an den grundsätzlich systemdefinierenden oder systemausfüllenden Koordinationsaufgaben des Controlling ändert, lässt sich diese Einteilung auch für die Risikoanalyse aufgreifen. Ein **systemdefinierendes Risikocontrolling** führt z. B. ein risikoorientiertes Kalkulationssystem ein, um eine unpassende Rechnung mit pauschalen Risikozuschlägen zu ersetzen (vgl. detailliert Troßmann/Baumeister [Risikocontrolling] 69 ff.). Im Gegensatz dazu werden bei der **systemausfüllenden Koordination** bestehende Systeme beibehalten, aber besser aneinander angepasst. Beispielsweise können Risikointerdependenzen, die sich erst bei einer Gesamtbetrachtung sämtlicher Exposure-Positionen im Währungsbereich zeigen, durch betriebsintern vorgegebene Wechselkurse deutlicher sichtbar und so einer Optimierung zugänglich gemacht werden.

Entsprechend betonen auch die führungsunterstützenden **Servicefunktionen** des Risikocontrolling speziell die Risikoberücksichtigung. **Methodenunterstützend** ist es beispielsweise erforderlich, auf Mängel verbreiteter Verfahren der Risikoanalyse hinzuweisen. Ein Beispiel hierfür ist die häufig als Risikocontrolling-Instrument vorgeschlagene Risikomatrix. Sie ist eine Portfoliodarstellung zur Risikostrukturierung und dient dementsprechend darauf aufbauend auch zum Vorschlag einer Standardstrategie. Üblicherweise werden in der Risikomatrix Verlusterwartungswert und Eintrittswahrscheinlichkeit gegenübergestellt. Diese Größen sind jedoch nicht überschneidungsfrei, geschweige denn überhaupt eindeutig definiert. Daher ist es eine typische Aufgabe des

Risikocontrolling, brauchbare Alternativen für eine konsistente Risikoabbildung bereitzustellen. Ein anderes, aber letztlich analoges Beispiel sind Risikochecklisten. Sie erfreuen sich zwar aufgrund ihrer einfachen Anwendbarkeit großer Beliebtheit, können aber in vielen Fällen kaum eine passende Risikoabbildung sicherstellen (vgl. dazu Troßmann/Baumeister [Risikocontrolling] 85 ff.). Die **Informationsfunktion** des Risikocontrolling stellt die besondere Bedeutung der Risikoberichterstattung in den Vordergrund. Wichtige Aufgaben sind hierbei z. B. die Festlegung der Berichtswege und entsprechender Risikoverantwortlicher, die auf berichtete Ausnahmen zu reagieren haben, ferner die inhaltliche Bestückung der Berichtssysteme mit passenden Risikokennzahlen oder die Festlegung von Auslösekriterien für generatoraktive Risikoberichte. Die **Entscheidungsunterstützung** des Risikocontrolling zeigt sich z. B. in der Entwicklung risikogerechter Anreizsysteme, im Vorschlag von Kennzahlen zur risikoorientierten Performancemessung, in der Bewertung von Risikointerdependenzen oder in der Entwicklung eines Systems zur standardisierten Abgabe von Empfehlungen für Annahmeentscheidungen risikoreicher Aufträge. Schließlich geht es in der **Initiativfunktion** des Risikocontrolling z. B. um die Formulierung von strategischen Alternativen der Risikopolitik. Abb. IV-1 (Troßmann/Baumeister [Risiko] 77) zeigt zusammenfassend die Aufgaben des Risikocontrolling und ordnet sie in das Risikomanagement ein.

Risikomanagement

Kernaufgabe:

    besondere Betonung der Risikoberücksichtigung bei Planung, Steuerung und Kontrolle betrieblicher Prozesse

wichtige Teilaufgaben:

- Festlegung risikopolitischer Führungsgrundsätze
- Setzung von Risikozielen (= Operationalisierung der Risikopräferenzen)
- Risikoanalyse (Risikoidentifizierung / Risikoprognose / Risikobewertung)
- Risikohandhabung (Ermittlung, Auswahl und Umsetzung von Alternativen z. B. zur Risikovermeidung, Risikoabsicherung und Risikoüberwälzung oder Risikoeigentragung)
- Durchführung risikoorientierter Kontrollen

Risikocontrolling

Kernaufgabe:

    besonderes Augenmerk bei der systemdefinierenden und systemausfüllenden Koordination innerhalb und zwischen den Führungsteilfunktionen auf die speziellen Probleme aus einer unsicheren Informationslage

Serviceaufgaben des Risikocontrolling durch

- Methodenbereitstellung
- Informationsbereitstellung
- Entscheidungsunterstützung
- Initiativfunktion

Abb. IV-1: Aufgabenabgrenzung von Risikomanagement und -controlling

b) Ansatzpunkte für die Risikomessung

Die Risikohandhabung erfordert eine fundierte Risiko-Erfassung und -Messung als Entscheidungsgrundlage. Dies wiederum setzt die Identifizierung relevanter Risikofaktoren und die Prognose ihres Wahrscheinlichkeitsprofils voraus. Geht man dabei von den erfassten Risikoinformationen aus, ohne sie vorher in eine Abstandsmessung zu einem Referenzpunkt umzurechnen, spricht man von einer **referenzpunktunabhängigen Risikomessung** (vgl. im Weiteren Troßmann/Baumeister [Risikocontrolling] 94 ff.). Dazu zählen etwa das Konzept stochastischer Dominanz oder das Bernoulli-Prinzip.

Bei **referenzpunktabhängiger Risikomessung** wird die Risikohöhe als Abstand zu einer dazu definierten Ausprägungshöhe, dem Referenzpunkt, gemessen. Dies kann einerseits einer besseren Modellierung und Modellinterpretation dienen, andererseits kann, je nach Feinausgestaltung, dadurch auch die Risikomessung rechentechnisch erheblich vereinfacht werden. Um überhaupt zu praktikablen Lösungskonzepten zu kommen, wird gerade bei der Risikomessung oft ein entsprechender Abbildungsfehler in Kauf genommen.

In jedem Fall wird bei referenzpunktabhängiger Risikomessung mit Risikomaßen gearbeitet, die als Kennzahl das Wahrscheinlichkeitsprofil in bestimmter Weise umrechnen: Die auftretenden Abweichungen der Zielgröße zum Referenzpunkt gehen mit ihrer Eintrittswahrscheinlichkeit in das **referenzpunktabhängige Risikomaß** ein. Je nach gewählter Risikodefinition kann dieses verteilungsunbeschränkt oder verteilungsbeschränkt sein. Dementsprechend liegt der Risikoerfassung entweder die gesamte Wahrscheinlichkeitsverteilung zugrunde oder nur ein Teil davon. Definitionsbedingt müssen **verteilungsunbeschränkte Risikomaße** stets sowohl positive als auch negative Abweichungen von einer festgelegten Ausprägung der Zielgröße erfassen. Erfasst man negative und positive Abweichungen vom Referenzpunkt jeweils vorzeichengetreu, kommt man zu **asymmetrischen,** andernfalls zu **symmetrischen Risikomaßen.** Bei klassischen zentralen Verteilungsmomenten entscheidet demnach der Exponent zur einfachen Abweichung über die Zuordnung: bei ungeraden Exponenten wie bei der Schiefe erhält man ein asymmetrisches, bei geraden Exponenten ein symmetrisches Risikomaß. **Verteilungsbeschränkte Risikomaße** erlauben es, Abweichungen vom Referenzpunkt unterschiedlich zu interpretieren. So kommt man bei negativen Abweichungen zu Unterschreitensrisiken (downside risks), die etwa als Value at Risk oder allgemein als Lower Partial Moment darzustellen sind, und bei positiven Abweichungen zu Überschreitensrisiken (upside risks). Ein Sonderfall, der seit einigen Jahren im Produktionsmanagement eine Rolle spielt, ist die Risikoerfassung im Six-Sigma-Konzept (vgl. dazu Troßmann [Investition] 271 ff.). Abb. IV-2 (vgl. Troßmann/Baumeister [Risikocontrolling] 78), fasst die verschiedenen Risikomaße zusammen.

c) Grundlagen des Währungsrisikomanagements

Je nach Anwendungskontext wird in der betrieblichen Praxis eine Reihe spezialisierter Risikomanagementfunktionen abgegrenzt. Von zentraler Bedeutung ist dabei das betriebliche Währungsrisikomanagement. **Währungsrisiken** zeigen sich in währungsbedingten Abweichungen der betrieblichen Formal-

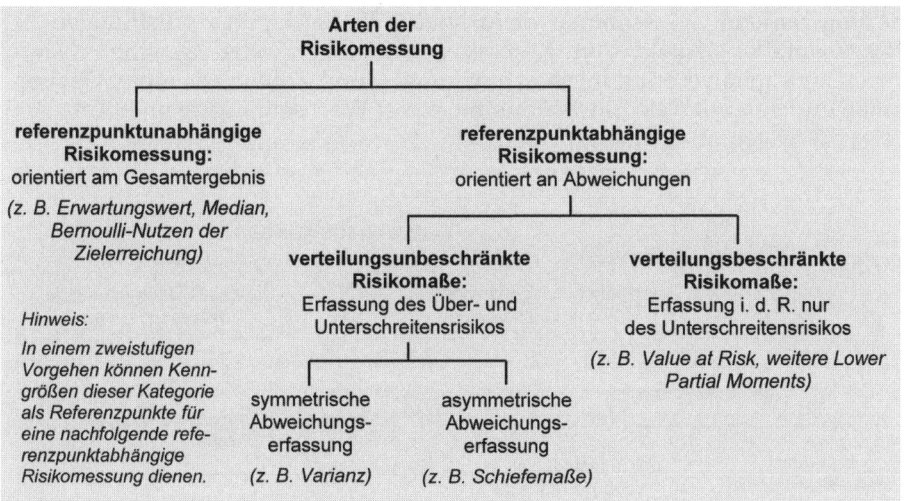

Abb. IV-2: Ansatzpunkte der Risikomessung

zielerreichung von den in der Zielwährung erwarteten Werten. Diese können durch Wechselkursänderungen oder wechselkursunabhängig durch Änderungen in den Währungsrahmenbedingungen ausgelöst sein (vgl. detailliert Baumeister [Währungsrisiko] 40 ff.). Das Ausmaß des Währungsrisikos hängt damit von der Zielwährung ab; im Regelfall ist dies die Heimatwährung der Unternehmung.

Bei wechselkursbedingten Risiken sind für Absicherungsentscheidungen vor allem Preis- und Mengenrisiken relevant, die sich in den Zahlungsströmen in der Zielwährung auswirken. Preisrisiken schlagen sich bei der Umrechnung von bereits feststehenden Fremdwährungspositionen in die Zielwährung nieder **(Transaction Risk)**, während Mengenrisiken die Höhe der ursprünglichen (Fremd-)Währungsströme betreffen **(Economic Risk)**. So verschlechtert sich die Wettbewerbsfähigkeit einer Exportunternehmung, wenn die Heimatwährung aufwertet.

Im internationalen Konzern können auch Währungsumrechnungsrisiken bei der Erstellung der Konzernbilanz auftreten **(Translation Risk)**, die aus der Umrechnung der in Landeswährung aufgestellten Bilanzen der Tochtergesellschaften in die Zielwährungs-Konzernbilanz entstehen. Da es sich hierbei jedoch zunächst um ein reines Bestandsrisiko handelt, empfiehlt sich keine Absicherung. Diese würde je nach Absicherungsart ggf. sogar Währungsrisiken erst auslösen. Anders verhält es sich lediglich, sofern eine Liquidierung von Vermögenspositionen der Auslandsgesellschaften mit einem Zahlungsumtausch geplant ist. Dann jedoch tritt aufgrund der Zahlungswirksamkeit das transaction risk wieder in den Vordergrund.

Wechselkursunabhängige Risiken sind durch hoheitliche Maßnahmen eines ausländischen Staates ausgelöst und damit Teil des Länderrisikos. Sie zeigen sich vor allem in politisch motivierten Eingriffen in Währungstransaktionen, insbesondere durch Einschränkungen des grenzüberschreitenden Kapitalverkehrs **(Transferrisiken)** und des freien Umtausches von Währungen **(Konver-**

tierungsrisiken). Maßnahmen dazu sind z. B. Bardepotverpflichtungen bei Notenbanken, Verbote von Kapitalrepatriierungen oder Gewinntransfers, generelle Kapitalverbringungsbeschränkungen und Zahlungsverbote, Devisenrationierungen oder die Einrichtung multipler Wechselkurssysteme. Abb. IV-3 zeigt die Systematisierung im Überblick.

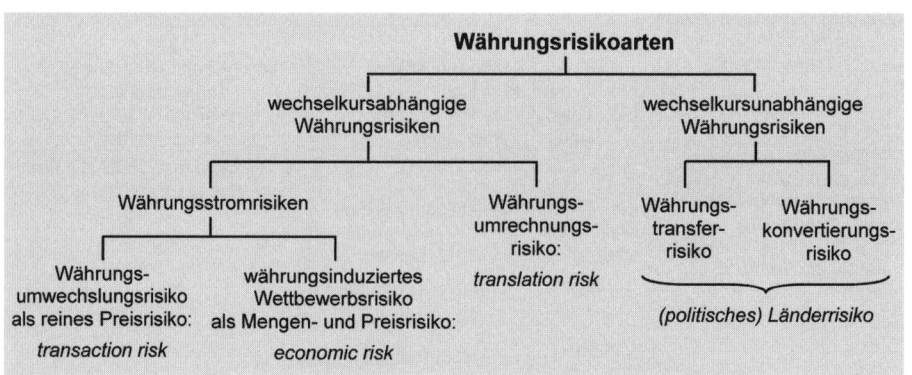

Abb. IV-3: Systematisierung von Währungsrisikoarten

Kernziel des Währungsrisikomanagements ist die Gestaltung offener Fremdwährungspositionen **(Währungsexposures).** Dies kann entweder bereits durch eine vorausschauende Planung der originären Exposures aus dem betrieblichen Grundgeschäft **(natural hedging)** oder durch den Aufbau neuer, grundgeschäftsunabhängiger Fremdwährungspositionen gelingen. Zentral für ein an den Grundgeschäften ansetzendes antizipatives Währungsmanagement sind Maßnahmen zur Steuerung der Währungsstruktur des betrieblichen Währungsportfolios sowie Maßnahmen zur zeitlichen Steuerung des Exposureanfalls. Dazu gehören im ersten Fall vertragsgestaltende Maßnahmen wie z. B. die Wahl der Fakturierungswährung, das Vorsehen von Wechselkursanpassungsklauseln oder die Vereinbarung von Währungswahlrechten sowie die grundlegende Gestaltung der Beschaffungs-, Produktions- und Absatzprozesse, etwa durch Standortentscheidungen, die Produktionsaufteilung im internationalen Konzern oder die Substitution von Beschaffungsgütern. Für den zweiten Fall, die zeitliche Steuerung des Exposureanfalls, kommen alle Formen des Leading und Lagging, also des zeitlichen Vorholens oder Verschiebens zu leistender Zahlungen, etwa durch Anzahlungen oder Lieferanten-Lieferungskredite in Frage.

Grundgeschäftsfremde Maßnahmen zeichnen sich dadurch aus, dass sie auch unabhängig von konkreten Exposurepositionen aus betrieblichen Geschäften ergriffen werden können, etwa in Form von Termin-, Options- und Swapgeschäften oder durch Finanzmarktgeschäfte, z. B. Kreditaufnahme in Fremdwährung zur Forderungssicherung. Sofern solchen Maßnahmen überhaupt keine offene Währungsposition entgegensteht, die damit geschlossen werden soll, liegt ein Spekulationsmotiv zugrunde. Die grundgeschäftsfremde Währungsabsicherung kann dabei an einer einzelnen Währungsposition ansetzen, für die in einem **Micro Hedge** ein gegenläufiges, währungsidentisches Exposure generiert wird, oder sie bezieht sich als **Macro Hedge** auf das Gesamtrisiko eines Portfolios verschiedener Währungspositionen. Dort können bei der Auswahl der Absicherungsmaßnahme Risikoausgleichseffekte berücksichtigt und ggf. Absicherungskosten reduziert werden. Abb. IV-4 (vgl. Baumeister [Währungsrisiko] 91) zeigt die Ansatzpunkte zur Exposuresteuerung im Überblick.

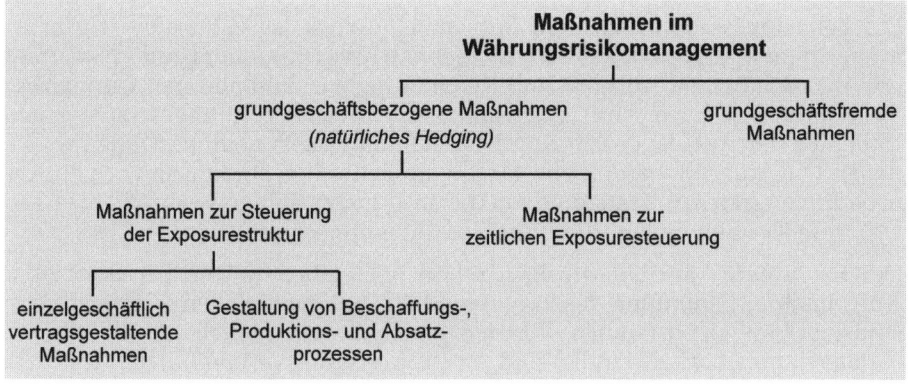

Abb. IV-4: Systematisierung von Maßnahmen zur Exposuresteuerung

Fallstudie 9: Felix International AG

Währungsabsicherung im Exportgeschäft

Problembeschreibung:

Die Felix International AG mit Sitz im Hunsrück ist seit vielen Jahren erfolgreich im internationalen Großanlagenbau tätig. Besonders guter Nachfrage erfreuen sich derzeit Anlagen zur Gasreinigung aus der Baureihe „Cleanairix". Sie erfordern je nach Auftragsspezifikation zwischen Auftragserteilung und Übergabe der Anlage an den Kunden eine mindestens neunmonatige Projektdauer. Die Anlagen werden vollständig am deutschen Stammsitz vormontiert, nach umfangreichen Testläufen wieder in transportfähige Komponenten zerlegt, zum Kunden transportiert und vor Ort endmontiert.

Der Exportanteil am Umsatz liegt schon über Jahre hinweg bei etwa 80 %. Aufgrund der Bedeutung des Exportgeschäfts hat man in allen wichtigen Auslandsmärkten eigenständige Vertriebsgesellschaften aufgebaut, die für die Kundenakquisition zuständig sind und die Vertragsverhandlungen mit dem möglichen Abnehmer einer Anlage führen. Die Vertriebseinheiten sind voll erfolgsverantwortlich und haben der deutschen Muttergesellschaft für die Übernahme einer Anlage einen Verrechnungspreis auf Euro-Basis zu entrichten. Bei der Erfolgskontrolle, die auch Grundlage des betrieblichen Anreizsystems ist, rechnet die Konzernmutter strikt in der Zielwährung. Das zentrale Devisenmanagement der Felix International AG, das für die konzernweite Währungsabsicherung verantwortlich ist, prognostiziert eine zunehmende Stärke des Euro gegenüber manchen Fremdwährungen. Man befürchtet daher, künftig die bisherige hohe Exportquote nur noch schwer halten zu können.

Konkret erwartet man in Jahressicht eine Euro-Aufwertung von gegenwärtig 1,50 $/€ auf 1,55 $/€. Ferner rechnet man damit, dass es beim preisnotierten Wechselkurs bei der Standardabweichung von 0,06 €/$ des Vorjahres bleiben wird. Am Markt könnte man heute Devisentermingeschäfte mit einjähriger Laufzeit zu 1,56 $/€ abschließen. Ferner könnten einjährige europäische $-Verkaufsoptionen mit der Basis 0,64 €/$ zum Optionspreis von 0,50 € sowie $-Kaufoptionen mit der Basis 0,62 €/$ zum Optionspreis von 0,40 € abgeschlossen werden. Bezugsverhältnis ist in beiden Fällen 100:1. Derzeit kann sich die Felix International AG bei der Geschäftsbank ihrer amerikanischen Tochtergesellschaft zu 5 % p. a. in Dollar verschulden, während Euro-Geldanlagen zu 2,5 % p. a. möglich sind. Das zentrale Devisenmanagement erwartet ferner, dass sich der Wechselkurs des Britischen Pfunds von derzeit 0,70 £/€ sowie der Indischen Rupie (INR) von 57 INR/€ in Jahresfrist nicht verändert. Die Standardabweichungen auf Jahresbasis prognostiziert man zu 0,06 €/£ und 0,0005 €/INR.

Die Korrelationsverhältnisse sind wie folgt:

Korrelation	US-$	£	INR
US-$	1,00	0,90	0,70
£	0,90	1,00	0,76
INR	0,70	0,76	1,00

Etwa zwei Drittel aller Aufträge der Felix International AG werden in internationalen Submissionen erlangt. Dabei können im Ausschreibungsverfahren zwischen der Angebotsabgabe und dem möglichen Zuschlag leicht mehrere Monate, mitunter je nach Komplexität der Anlage und dem Auftragsvolumen sogar ein ganzes Jahr verstreichen. Aufgrund der teils sehr hohen Auftragsvolumina und der langfristigen Leistungserstellungsprozesse ist es im Großanlagenbau typisch, Teilzahlungen nach Erreichen bestimmter Projektmeilensteine vorzusehen. Störungen in der Zahlungsabwicklung traten in der Vergangenheit hauptsächlich bedingt durch eine politisch instabile Lage bei Abnehmern aus vereinzelten AKP-Staaten auf.

Gegenwärtig bearbeitet man einen erst kürzlich erhaltenen Auftrag aus den USA, der nach einjähriger Projektdauer eine Schlusszahlung von 85 Mio. $ erwarten lässt. In dem Monat, in dem die Schlusszahlung fällig wird, werden Ausgaben für den Transport, die Transportversicherung, die Endmontage sowie die Übergabe von 1,2 Mio. € und von 5 Mio. $ erwartet. An sonstigen Fremdwährungszahlungen prognostiziert das zentrale Devisenmanagement in einem rollierenden 12-Monats-Planungsansatz für den Schlusszahlungsmonat aus anderen Geschäften eine Auszahlung in Höhe von 20 Mio. £. Stahlkäufe wurden bislang ausschließlich auf €-Basis abgewickelt. Da man stark steigende Stahlpreise erwartet, sollen Termingeschäfte unterschiedlicher Laufzeit abgeschlossen werden. Der heutige Terminpreis für ein Jahr liegt bei 600 €/t. Der Lieferant, der zu einem indischen Stahlkonzern gehört, wäre auch bereit, beliebige Teilmengen zum Preis von 34.200 Indischen Rupien je Tonne abzurechnen. Da die Felix International AG auch eine Stahlhandelstochter hat, liegt die monatliche Bedarfsmenge bei 40.000 t Stahl.

Aufgabenstellung zu Fallstudie 9 (Felix International AG):

Aufgabe 1: Grundlagen des betrieblichen Währungsmanagements

(a) Verdeutlichen Sie verschiedene Arten des Währungsrisikos am Beispiel der Felix International AG.

(b) Was ist unter dem Netto-Exposure zu verstehen? Warum ist es im Währungsmanagement zu ermitteln? Wie hoch ist es bei der Felix International AG im letzten Monat des Planungszeitraums?

Aufgabe 2: Bestimmung des Absicherungsprogramms

(a) Bei der Felix International AG bezeichnet man das Währungsexposure mit x, das Absicherungsvolumen mit h und den risikobehafteten Vermögensbeitrag der Exposureposition zum Fälligkeitstermin nach Umrechnung in die Zielwährung mit $\hat{y}$. Bestimmen Sie das optimale Absicherungsvolumen bei einer isolierten Devisenterminabsicherung der $-Position, wenn die Felix International AG die Risikopräferenz in der Zielfunktion

$$\Phi(\hat{y}) = E(\hat{y}) - \alpha \cdot Var(\hat{y})$$

mit dem Risikoaversionsparameter $\alpha = 1 \cdot 10^{-8}$ berücksichtigt.

(b) Wie könnte die $-Forderung mit Finanzmarktgeschäften abgesichert werden? Welchen Vermögensbeitrag ẏ kann die Felix International AG dann zum Fälligkeitstermin in der Zielwährung bei einer $-Kreditaufnahme k, einem $-Sollzins z sowie einem €-Habenzinssatz i erwarten?

(c) Bei welchem inländischen Habenzinssatz könnte die Felix International AG mit der in b gefundenen Absicherung denselben Vermögensbeitrag erwarten wie mit einer Terminabsicherung? Was sollte sie also bei einem €-Habenzinssatz von 1,5 % tun? Wie hoch sind die Absicherungskosten? Fallen bei einer Absicherung stets Kosten an?

(d) Sehen Sie in der Bestimmung des optimalen Absicherungsvolumens nach der Verfahrensweise in a Probleme? Welche Aufgaben hat der Controller in diesem Zusammenhang?

(e) Die Felix International AG prüft, das Währungsexposure über ein Devisenoptionsgeschäft abzusichern. Zur Beurteilung der Absicherung will sie jetzt eine Bernoulli-Risikonutzenfunktion der Art

$$u(y) = -e^{-\beta \cdot y}$$

mit Risikoparameter β verwenden. Der Vermögensbeitrag y wird als normalverteilt angenommen. Er ist die Konsequenz des zufallsabhängigen Wechselkurses, der Optionsanzahl Z, des Basispreises b, des Optionspreises κ sowie der Optionsausübung. Formulieren sie nun die Risikonutzenfunktion in Abhängigkeit dieser Variablen. Verwenden Sie dabei ergänzend die Normalverteilungsdichte φ(y) und die Indikatorfunktion I, die die Optionsausübung abbildet.

(f) Wie viele Tonnen Stahl müssten auf Termin mit Abrechnung in Indischen Rupien geordert werden, um das mit der Standardabweichung gemessene Risiko des gesamten originären Währungsportfolios ohne zusätzliche Devisenabsicherung auf das Niveau der terminabgesicherten $-Position zu bringen? Empfehlen Sie die Maßnahme?

Aufgabe 3: Ausgestaltungsmöglichkeiten des Währungsrisikomanagements

(a) Erläutern Sie, was unter einem zentralisierten Währungsmanagement zu verstehen ist. Wie ist die weitgehende Zentralisierung bei der Felix International AG zu beurteilen?

(b) M. Öhre, Leiter des Konzerncontrolling der Felix International AG, ist eifriger Verfechter des Zentralisierungskonzepts. So fordert er seit Jahren die Einrichtung eines

- Konzern-Clearing,

- Cash Pools oder

- Reinvoicing Centers.

Insbesondere soll damit die Ermittlung des konzernweiten Netto-Exposure unterstützt werden. Diskutieren Sie die jeweilige Zwecksetzung dieser drei

Instrumente. Inwieweit sind bisher Elemente davon schon realisiert? Wie würden Sie die genannten Instrumente bei der Felix International AG ausgestalten? Was empfehlen Sie insgesamt?

Aufgabe 4: Absicherung im internationalen Submissionsgeschäft

(a) Zwischen M. Öhre und K. Rotte, der das konzernweite Devisenmanagement verantwortet, ist in der Währungsausschusssitzung des Konzerns offener Streit über die Absicherung von Exposurepositionen aus internationalen Submissionen ausgebrochen. Während K. Rotte für eine vollständige Absicherung bei der Angebotsabgabe ist, lehnt M. Öhre dies vehement ab, da seiner Ansicht nach Risiken so erst entstünden. Wer von beiden liegt richtig?

(b) Welche Empfehlung geben Sie den beiden in diesem Fall für die Bestimmung des optimalen Absicherungsprogramms?

Lösungshinweise zu Fallstudie 9 (Felix International AG):

Aufgabe 1: Grundlagen des betrieblichen Währungsmanagements

(a) Ein Transaction Risk trifft die Felix International AG regelmäßig aufgrund der Teilzahlungsvereinbarungen mit einer projektbedingt starken zeitlichen Versetzung der Zahlungen. Ein economic risk entsteht aus der von der Felix International AG erwarteten Euroaufwertung, da durch die Fertigung in Deutschland ein hoher Anteil der Kosten in Euro anfällt. Darunter leidet die Wettbewerbsfähigkeit gegenüber der Konkurrenz in Abwertungsländern. Eine Euroaufwertung führt zu zurückgehenden Euroerlösen bei unveränderten Verkaufspreisen in Fremdwährung. Eine diesen Effekt ausgleichende Preiserhöhung senkt jedoch die Wahrscheinlichkeit für eine Auftragserteilung, so dass sich wettbewerbsbedingt bereits die Fremdwährungszahlungsströme verändern. Außerdem zeigen sich in der Felix International AG auch Währungsumrechnungsrisiken bei der Erstellung der Konzernbilanz. Transfer- und Konvertierungsrisiken können in der Zahlungsabwicklung bei Kunden aus bestimmten AKP-Staaten auftreten.

(b) Unter dem Exposure versteht man den Saldo laufzeitentsprechender Positionen in einer Risikoposition, hier der Fremdwährung. Währungsrisiken können sich nur bei diesen Nettopositionen realisieren, da sich Gewinne und Verluste aus Wechselkursveränderungen bei gegenläufigen, betragsidentischen Währungspositionen gegenseitig ausgleichen. Die Netto-Währungspositionen sind daher zu ermitteln (sog. Netting), um unnötige gegenläufige Absicherungspositionen und die damit verbundenen Absicherungskosten zu vermeiden.

Abb. IV-5 verdeutlicht das Ermittlungsprinzip. Während aus Risikoausgleichsgründen auf eine strikte Laufzeitidentität der saldierten Währungspositionen zu achten ist, werden in der betrieblichen Praxis aus Praktikabilitätsgründen oftmals Positionen periodenweise, etwa auf Monatsbasis, zusammengefasst. Dahinter steckt die Annahme, dass sich bei einer ausreichenden Anzahl an Währungspositionen Time-lag-Fehler untereinander ausgleichen.

Das \$-Netto-Exposure für den letzten Monat des Planungszeitraums beträgt 85 Mio. \$ – 5 Mio. \$ = 80 Mio. \$ bei einem £-Netto-Exposure von – 20 Mio. £.

Aufgabe 2: Bestimmung des Absicherungsprogramms

(a) Mit dem Exposure x, dem Absicherungsvolumen h in Termingeschäften, dem risikobehafteten preisnotierten Wechselkurs $\hat{w}$ und dem preisnotierten Terminwechselkurs w ist der risikobehaftete Vermögensbeitrag $\hat{y}$ in Zielwährung

$$\hat{y} = (x - h) \cdot \hat{w} + h \cdot w.$$

Daraus ergibt sich ein Erwartungswert des Vermögensbeitrags von

$$E(\hat{y}) = (x - h) \cdot E(\hat{w}) + h \cdot w$$

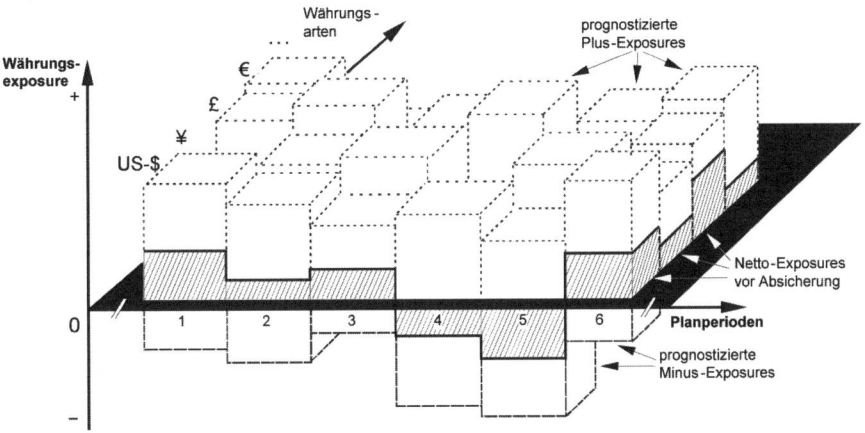

Abb. IV-5: Periodenweise Ermittlung des Netto-Währungsexposure (vgl. Baumeister [Währungsrisiko] 79)

sowie eine Varianz von

$$\mathrm{Var}(\hat{y}) = (x - h)^2 \cdot \mathrm{Var}(\hat{w}).$$

Aus der Zielsetzung

$$\Phi(\hat{y}) \rightarrow \max!$$

mit den Nebenbedingungen

$h \leq x$ (Ausschluss von Texas Hedges)

$h \geq 0$ (Ausschluss von Reversed Hedges)

kann mit dem Lagrangeparameter λ und der Schlupfvariablen s die Lagrangefunktion

$$L(h, \lambda, s) = \Phi(\hat{y}) - \lambda \cdot (h - x - s)$$

mit $x \geq 0$, $h \geq 0$ und $s \geq 0$ formuliert werden. Hierfür lauten die Kuhn-Tucker-Bedingungen für ein Maximum:

$$\frac{\partial L(h, \lambda, s)}{\partial h} = 0$$

$$\frac{\partial L(h, \lambda, s)}{\partial \lambda} = 0$$

$$\left.\begin{array}{r} \dfrac{\partial L(h, \lambda, s)}{\partial h} \cdot s = 0 \\[2ex] \lambda \cdot s = 0 \end{array}\right\} \text{Komplementaritätsbedingungen}$$

mit $x \geq 0$, $h \geq 0$ und $s \geq 0$. Allgemein ergibt sich

$$-E(\hat{w}) + w + 2\alpha \cdot (x - h) \cdot \mathrm{Var}(\hat{w}) - \lambda = 0$$

$$-h + x + s = 0$$

$$(-E(\hat{w}) + w + 2\alpha \cdot (x - h) \cdot Var(\hat{w}) - \lambda) \cdot s = 0$$

$$\lambda \cdot s = 0$$

mit $x \geq 0$, $h \geq 0$ und $s \geq 0$.

Damit berechnet man im Beispiel mit $\lambda = 0$ ein optimales Absicherungsvolumen h* von

$$h^* = x - \frac{E(\hat{w}) - w}{2\alpha \cdot Var(\hat{w})} = 80\,\text{Mio.}\,\$ - \frac{\frac{1}{1{,}55}\frac{\text{€}}{\$} - \frac{1}{1{,}56}\frac{\text{€}}{\$}}{2 \cdot 10^{-8}\frac{1}{\text{€}} \cdot 0{,}06^2\frac{\text{€}^2}{\$^2}} = 22.560.426{,}43\,\$,$$

das sämtliche Kuhn-Tucker-Bedingungen erfüllt.

(b) Eine $-Forderungsabsicherung ist mit einer heutigen $-Kreditaufnahme k zum $-Sollzins z möglich. Der $-Kredit ist sofort in die Zielwährung umzutauschen und dort zum €-Habenzinssatz i anzulegen. Mit w_0 als aktuellem Wechselkurs ergibt sich bei Kreditabsicherung der Vermögensbeitrag

$$\dot{y} = [x - k \cdot (1 + z)] \cdot \hat{w} + k \cdot w_0 \cdot (1 + i)$$

sowie

$$E(\dot{y}) = [x - k \cdot (1 + z)] \cdot E(\hat{w}) + k \cdot w_0 \cdot (1 + i).$$

(c) Aus der Forderung

$$\underbrace{\frac{E(\hat{y})}{(x-h)\cdot E(\hat{w}) + h \cdot w}} \overset{!}{=} \underbrace{\frac{E(\hat{y})}{[x - k \cdot (1+z)\cdot E(\hat{w}) + k \cdot w_0 \cdot (1+i)]}}$$

folgt $k \cdot [w_0 \cdot (1 + i) - z \cdot E(\hat{w}) - w] = 0$. Daraus ergibt sich der gesuchte Habenzins

$$i = \frac{E(\hat{w}) \cdot z + w}{w_0} - 1.$$

Man erhält damit $i \approx 0{,}99\,\%$. Sofern die Felix International AG höhere €-Habenzinsen erzielen kann, wäre eine Absicherung über eine Dollar-Kreditaufnahme zu empfehlen. Beim vorliegenden Habenzins von $1{,}5\,\%$ sollte also eine Kreditabsicherung durchgeführt werden.

Die Absicherungskosten einer Fremdwährungsforderung ergeben sich aus der Differenz zwischen Auslandssoll- und Inlandshabenzinssatz bzw. im Fall, dass ohnehin eine Kreditaufnahme im Inland erfolgt wäre, dem Inlandssollzinssatz. Es kann daher zu risikolosen Absicherungserlösen kommen, wenn das Auslands- unter dem Inlandszinsniveau liegt, wie dies z. B. zeitweise zwischen Japan und dem Euroraum der Fall ist.

(d) Der Controller hat insbesondere ein kritisches Auge auf die verwendete Risikonutzenfunktion zu werfen. Diese ist nur unter einschränkenden Verteilungsannahmen wie etwa bei Normalverteilung kompatibel zum Bernoulli-Nutzen. Tatsächlich sind jedoch Wechselkursveränderungen allenfalls näherungsweise normalverteilt, so dass Abbildungsfehler entstehen. Zudem bildet die bei der Felix International AG verwendete Zielfunktion in ihrem Risikoteil eine konstante Risikoaversion ab und ist deshalb nur in bestimmten Definitionsbereichen sinnvoll einsetzbar.

(e) Da man die Verkaufsoption bei höheren Wechselkursen als 0,64 €/$ nicht ausüben würde, lautet die Indikatorfunktion

$$I = \begin{cases} 1 & \text{für } \hat{w} \leq 0{,}64 \ \text{€/\$} \\ 0 & \text{für } \hat{w} > 0{,}64 \ \text{€/\$} . \end{cases}$$

Das Hedgevolumen muss abhängig von diesem Schwellenwert definiert werden. Mit der Indikatorfunktion I, Z für die Optionsanzahl, dem Basispreis b, dem Optionspreis κ und dem Kalkulationszinssatz p kommt man zum optionsgesicherten Vermögensbeitrag

$$y = (x - 100 \cdot Z \cdot I) \cdot \hat{w} + 100 \cdot Z \cdot I \cdot b - Z \cdot \kappa \cdot (1 + p).$$

Die Zielfunktion ergibt sich dann mit der Normalverteilungsdichte

$$\varphi(y) = \frac{1}{\sqrt{2\pi \cdot \mathrm{Var}(y)}} \cdot e^{-v}, \quad \text{wobei} \quad v = \frac{(y - E(y))^2}{2 \cdot \mathrm{Var}(y)} \quad \text{ist}$$

zu

$$E[u(y)] = \int_{-\infty}^{\infty} u(y) \cdot \varphi(y)\,dy = \int_{-\infty}^{\infty} -e^{-\beta \cdot \omega} \cdot \frac{1}{\sqrt{2\pi \cdot \mathrm{Var}(y)}} \cdot e^{-v}\,dy \to \max!$$

(f) Das Risiko σ der abgesicherten \$-Position beträgt

$$\sigma := \sqrt{\mathrm{Var}(\hat{y})} = (x - h) \cdot \sqrt{\mathrm{Var}(\hat{w})} = (80 \ \text{Mio. \$} - 22.560.426{,}43 \ \text{\$}) \cdot 0{,}06 \ \text{€/\$}$$
$$= 3.446.374{,}41 \ \text{€}.$$

Das Risiko σ_P des Währungsportfolios ohne zusätzliche Terminabsicherung ergibt sich mit den Netto-Exposures x_1, x_2 und x_3 für US-\$, £ und die Indische Rupie zu

$$\sigma_P = \sqrt{\sum_{i=1}^{3} \sum_{j=1}^{3} x_i \cdot x_j \cdot \underbrace{\rho_{ij} \cdot \sigma_i \cdot \sigma_j}_{\text{Kovarianz}}} \ .$$

Mit z als gesuchter Beschaffungsmenge für die Stahllieferung, die in Indischen Rupien abgerechnet werden soll, ergibt sich

$$\sigma_P = \left[\begin{aligned} &\left(80 \ \text{Mio. \$} \cdot 0{,}06 \tfrac{€}{\$}\right)^2 + \left(-20 \ \text{Mio. £} \cdot 0{,}06 \tfrac{€}{£}\right)^2 + \left(-34.200 \tfrac{\text{INR}}{t} \cdot z \cdot 0{,}0005 \tfrac{€}{\text{INR}}\right)^2 + \\ &+ 2 \cdot 80 \ \text{Mio. \$} \cdot (-20 \ \text{Mio. £}) \cdot 0{,}9 \cdot 0{,}06 \tfrac{€}{\$} \cdot 0{,}06 \tfrac{€}{£} + \\ &+ 2 \cdot 80 \ \text{Mio. \$} \cdot \left(-34.200 \tfrac{\text{INR}}{t} \cdot z\right) \cdot 0{,}7 \cdot 0{,}06 \tfrac{€}{\$} \cdot 0{,}0005 \tfrac{€}{\text{INR}} + \\ &+ 2 \cdot (-20 \ \text{Mio. £}) \cdot \left(-34.200 \tfrac{\text{INR}}{t} \cdot z\right) \cdot 0{,}76 \cdot 0{,}06 \tfrac{€}{£} \cdot 0{,}0005 \tfrac{€}{\text{INR}} \end{aligned} \right]^{1/2}$$

$$= \sqrt{1{,}4112 \cdot 10^{13} \ €^2 + 292{,}41 \cdot z^2 \tfrac{€^2}{t^2} - 83.721.600 \cdot z \tfrac{€^2}{t}}.$$

Aus der Forderung $\sigma_P = \sigma$ folgt

$$292{,}41 \cdot z^2 \frac{€^2}{t^2} - 83.721.600 \cdot z \frac{€^2}{t} + 2.234.503.397.724 \ €^2 = 0$$

und damit ein Beschaffungsvolumen von

$$z_{1/2} = \frac{83.721.600 \pm \sqrt{(-83.721.600)^2 - 4 \cdot 292,41 \cdot 2.234.503.397.724}}{2 \cdot 292,41}$$

mit $z_1 = 29.879,14$ t und $z_2 = 256.525,65$ t.

Da $z_1 < 40.000$ t ist, sollte diese Menge auf Termin geordert werden. Dies empfiehlt sich, da der erwartete Wechselkurs für die Indische Rupie keinen Kostennachteil bei einem Terminkaufpreis von 600 €/t bei Eurofakturierung bzw. 600 €/t · 57 INR/€ = 34.200 INR/t erwarten lässt. Im Vergleich zur Devisenterminabsicherung muss daher – aufgrund der dort auftretenden Absicherungskosten – ein höherer Erwartungsnutzen resultieren. Würde man daher eine erneute Optimierungsrechnung für die Beschaffungsentscheidung ohne Risikovorgabe durchführen, wäre eine noch höhere Abnahmemenge in Indischen Rupien zu erwarten. In dem hier angewandten Makro-Hedge zeigen sich durch die Grundgeschäftsgestaltung Risikoausgleichseffekte im Währungsportfolio. Dieses sogenannte natürliche Hedging ist bei der vorzufindenden Beschaffungspreissituation vorteilhaft.

Aufgabe 3: Ausgestaltungsmöglichkeiten des Währungsrisikomanagements

(a) Grundsätzlich lassen sich eine Entscheidungs- und eine Ausführungszentralisation abgrenzen. Die **Entscheidungszentralisation** führt zur Einschränkung des Entscheidungsspielraums weisungsgebundener Einheiten. Davon unabhängig zu sehen ist die Frage, ob getroffene Absicherungsentscheidungen zentral oder dezentral ausgeführt werden. Eine Entscheidungszentralisation zeigt vor allem folgende Vorteile:

▪ eine einheitliche Risikopositionierung im Konzern wird sichergestellt;

▪ gegenläufige Absicherungsgeschäfte erfolgsverantwortlicher Konzerngesellschaften und damit unnötige Absicherungskosten werden verhindert;

▪ optimale Absicherungsentscheidungen setzen ohnehin die zentrale Ermittlung des konzernweiten Netto-Exposure in den einzelnen Währungen voraus;

▪ strategische Entscheidungen zur Änderung der Währungsstruktur, etwa eine Standortverlagerung zur Sicherung der Wettbewerbsfähigkeit, sind nur schwer delegierbar;

▪ Translationsrisiken manifestieren sich überhaupt erst zentral.

Jedoch ist zu bedenken, dass eine Verringerung des Entscheidungsspielraums mit Motivationsverlusten dezentraler Entscheidungsträger einhergehen kann. Dies liegt daran, dass dann relevante Erfolgspositionen nicht mehr beeinflussbar sind. Im Fall der Felix International AG trifft dies auf die Vertriebseinheiten zu, da diesen durch die Verrechnungspreisregelung Kosten in Fremdwährung entstehen, während die Erlöse in Fremdwährung umzurechnen sind, ohne dass die Vertriebseinheiten Einfluss auf die zentral bestimmte Absicherung haben. Da das Prinzip der **Controllability** sonst verletzt wäre, müssen währungsinduzierte Einflüsse bei der Erfolgskontrolle eliminiert werden (vgl. Baumeister [Budgetierung] 342 ff.).

Für eine **Ausführungszentralisation** sprechen vor allem die damit erreichbaren Bündelungseffekte, die meist günstigere Transaktionskosten und den leichteren Aufbau von Expertenwissen versprechen. Die Transaktionsrisiken sinken dadurch, dass Einzelgeschäfte zusammengefasst werden, so dass einzelgeschäftsfixe Kosten wegfallen und bei Staffeltarifen zusätzlich die variablen Kosten durch die höheren Transaktionsvolumina sinken. Wegen bestimmter Vorentscheidungen können bei der Felix International AG manche Arten der natürlichen Absicherung nur dezentral ergriffen werden. Dies ist z. B. der Fall, wenn durch die Wahl der Fakturierungswährung oder vertragliche Währungsanpassungsklauseln die Währungsstruktur beeinflusst werden soll. Insbesondere gilt dies dort, wo die Grundgeschäftsgestaltung zur Steuerung der Exposurestruktur im Vordergrund steht, die bei den Vertriebseinheiten angesiedelt ist.

Neben einer jeweils vollständigen Entscheidungs- und Ausführungszentralisation wie bei der Felix International AG sind auch zahlreiche Zwischenstufen denkbar. So kann die Absicherungsquote zentral bestimmt werden, während die Absicherungsinstrumente dezentral ausgewählt werden. Gängig ist auch die Vorgabe eines zulässigen Intervalls für die Absicherungsquote, innerhalb dessen die dezentralen Entscheidungsträger die endgültige Absicherungsquote nach individueller Risikopräferenz auswählen. Je stärker die Entscheidungsfindung auf diese Weise verzahnt ist, desto weniger eindeutig ist die Erfolgsentstehung trennscharf abzugrenzen und zuzuweisen.

(b) Unter **Clearing** versteht man die Aufrechnung gegenseitiger Zahlungsansprüche, so dass nur die entsprechenden Netto-Positionen zu transferieren sind. Es kann ein konzerninternes Clearing, das ausschließlich zwischen einzelnen Konzerngesellschaften wirkt, und ein konzernexternes Clearing, das Konzernfremde mit einbezieht, unterschieden werden (vgl. Abb. IV-6). Ein Konzern-Clearing verspricht zunächst lediglich eine Transaktionskosteneinsparung. Weitergehende Effekte ergeben sich, wenn vereinbart wird, dass die Clearingstelle die Clearingsalden mit den Saldierungspartnern stets nur in deren Landeswährung abrechnet.

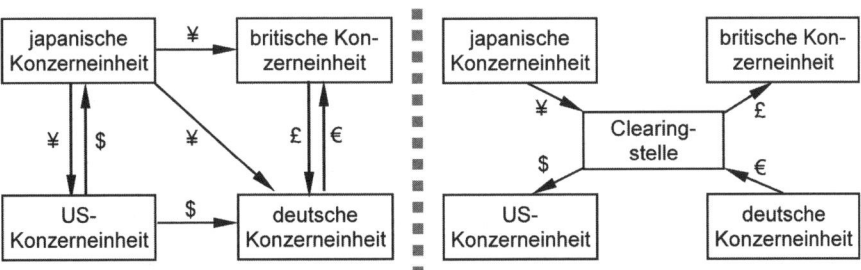

Abb. IV-6: Funktionsprinzip des konzerninternen Clearing

Ein **Reinvoicing Center** ist ein Verrecnungsknotenpunkt innerhalb eines internationalen Konzerns, der die Rechnungsabwicklung zwischen den Konzerngesellschaften bzw. zwischen diesen und dem externen Markt übernimmt (vgl. Abb. IV-7). Der physische Warenfluss ist davon nicht betroffen.

Da das Reinvoicing Center mit den Konzerngesellschaften ausschließlich in deren Landeswährung abrechnet, sollen diese von Währungsumtauschrisiken freigestellt und damit dezentrale Absicherungen vermieden werden.

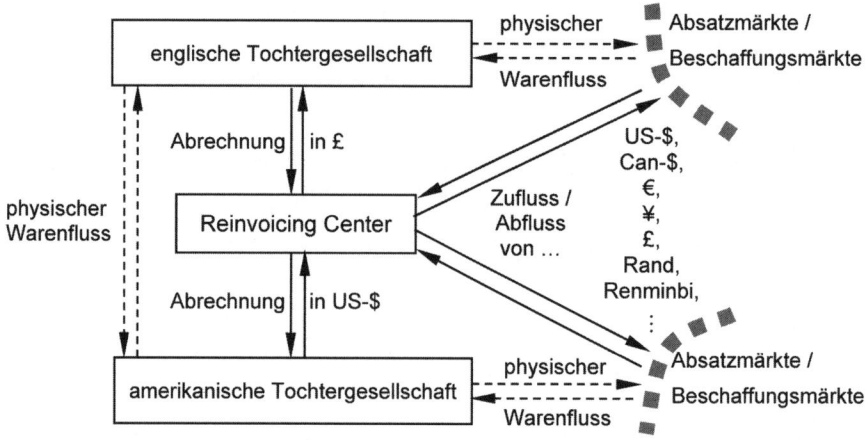

Abb. IV-7: Funktionsprinzip eines Reinvoicing Center

Cash Pooling bedeutet die zentrale Zusammenfassung der Zahlungssalden von Konzerneinheiten. Beim **effektiven Cash Pooling** transferieren Konzerngesellschaften liquide Mittel, die über vereinbarte Schwellenwerte hinausgehen, als „Cash Provider" an den zentralen Cash Pool. Er wiederum stellt die Liquidität den Konzerngesellschaften mit Mittelbedarf („Cash Consumer") zur Verfügung oder legt sie am externen Finanzmarkt an (vgl. Abb. IV-8). Die Zahlungszentralisation erfordert keine Einschränkung der Entscheidungsfreiheit dezentraler Einheiten, wenn der Cash Pool Zuschläge zu den Habenzinssätzen und Abschläge von den Sollzinssätzen des Finanzmarkts offeriert. Im Gegensatz dazu kommt es beim **fiktiven Cash Pooling** nicht zu einem konzerninternen Zahlungstransfer, da die Konzerneinheiten ihre Zahlungssalden in den einzelnen Währungen lediglich an den zentralen Cash Pool melden.

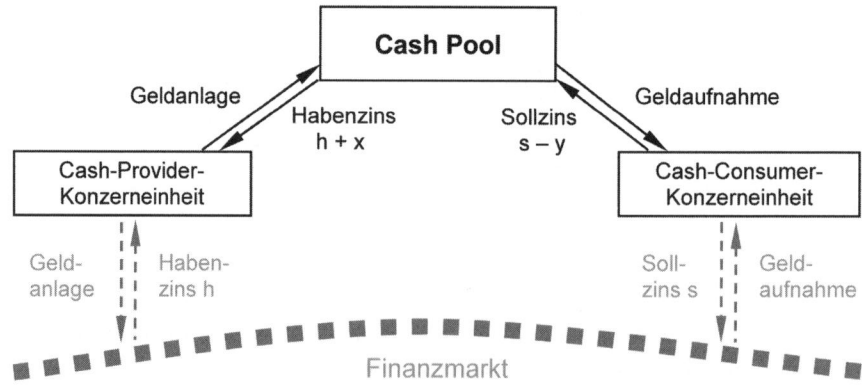

Abb. IV-8: Funktionsprinzip eines Cash Pools

Das konzernweite Cash Pooling verringert bei entsprechender Risikostruktur die notwendige Sicherheitskasse im Konzern gegenüber einer isolierten Sicherheitskassenhaltung bei den Konzerngesellschaften. Damit können freiwerdende liquide Mittel höherverzinslich angelegt werden. Außerdem lässt sich Liquiditätsbedarf konzernintern zu geringeren Finanzierungskosten abdecken. Dies liegt einerseits daran, dass externe Geldanlagen der Cash-Provider- bei gleichzeitiger Geldaufnahme der Cash-Consumer-Gesellschaften vermieden werden, andererseits daran, dass die gebündelte Abwicklung von Finanzmarkttransaktionen durch den Cash Pool generell Vorteile mit sich bringt. Schließlich kann bei einer Ansiedlung des Cash Pools in einem Niedrigsteuerland unter entsprechenden Bedingungen, wie etwa Doppelbesteuerungsabkommen, durch den Spread zwischen konzerninternem Soll- und Habenzinssatz die Steuerlast konzernweit optimiert werden.

Wenngleich alle drei Ansätze zu einer Zahlungszentralisation beitragen, sind sie doch noch keine geeignete Basis für die Ermittlung der konzernweiten Netto-Währungsexposures als Absicherungsgrundlage. So bezieht sich die Zentralisation beim Cash Pooling auf gegenwärtige Zahlungssalden. Forderungen und Verbindlichkeiten in den einzelnen Währungen bleiben dem zentralen Cash Pool im Standardansatz jedoch unbekannt. Dies kann durch ein erweitertes Meldesystem im fiktiven Cash Pooling behoben werden. Beim Reinvoicing-Center-Konzept ist zu beachten, dass sich zwar aus Sicht der einzelnen Tochtergesellschaften die Fremdwährungszahlungsströme zentralisieren. Das Reinvoicing Center kann jedoch auf Basis der eigenen Netto-Exposures noch nicht konzernoptimal absichern, da auch die Landeswährungspositionen der einzelnen Tochtergrsellschaften zu berücksichtigen sind. Hier hilft eine Kombination aus Reinvoicing-Center- und erweiterten Cash-Pool-Funktionen.

Ferner sind Ausgestaltungsdetails zu klären. So hängt die Steuerungswirkung des Reinvoicing-Center-Konzepts von der Wahl des Abrechnungstermins ab; eine vollständige Risikobefreiung der Konzerngesellschaften erreicht man nur durch den Ansatz des Kassa-Wechselkurses bei der Entstehung des Währungsexposures. Tatsächlich wird man in der Praxis aber oftmals den Wechselkurs zum Zeitpunkt der Fakturierung bzw. des Zugangs der Lieferantenrechnung oder gar der endgültigen Zahlungsabwicklung verwenden. Dann jedoch tragen die Konzerngesellschaften das volle Währungsumtauschrisiko. Will man dieses vermeiden, müsste der Wechselkurs zum Zeitpunkt der vertraglichen Vereinbarung von Beschaffungs- oder Absatzgeschäften oder im Fall der Submission sogar der Angebotsstellung zugrunde gelegt werden, was einen deutlich höheren Abwicklungsaufwand mit sich bringt. Bei allen drei Konzepten kann durch die Festlegung geeigneter Verrechnungspreise für die Finanzdienstleistungen eine Gewinnverlagerung in Niedrigsteuerländer als Sitz der Finanzeinheit angestrebt werden. Im Fall des Cash Pools lässt sich die Gewinnentstehung ferner über den konzerninternen Zinsspread steuern.

Aufgabe 4: Absicherung im internationalen Submissionsgeschäft

(a) Keiner von beiden hat vollkommen Recht. Der Absicherung von transaction risks liegen bereits feststehende Exposurebeträge zugrunde; Preisrisiken stehen im Vordergrund. Bei der Angebotsabgabe in einer Submission, die mit einer entsprechenden Bindungswirkung einhergeht, ist hingegen unsicher, ob es später zum Zuschlag und damit überhaupt zu einem zusätzlichen Fremdwährungsexposure kommt. Für M. Öhre spricht damit zunächst, dass eine Absicherung zum Zeitpunkt der Angebotsabgabe etwa mit unbedingten Termingeschäften ggf. überhaupt erst Währungsrisiken auslösen kann, da ohne Zuschlag keine Gegenpositionen zum Termingeschäftsexposure vorhanden sind. Allerdings liegt dies am Charakter des verwendeten Absicherungsinstruments. Zudem kann es nicht generell vorteilhaft sein, überhaupt nicht abzusichern und den Zeitpunkt der Auftragsvergabe und damit der Konkretisierung der Exposurehöhe aus dem Auftrag abzuwarten, da Wechselkursveränderungen in der ggf. langen Frist zwischen Angebotsabgabe und Auftragserteilung die Auftragsannahme zu den ursprünglichen, aber oft nicht mehr änderbaren Konditionen unvorteilhaft werden lassen. Allerdings liegt K. Rotte sicher in der Forderung nach einer generell vollständigen Absicherung daneben, da die optimale Absicherungsquote von der Risikopräferenz abhängt. Kernproblem des Währungsrisikomanagements in der internationalen Submission ist daher ein Zusammentreffen von Preis- und Mengenrisiken.

(b) Die Bestimmung des optimalen Absicherungsinstruments und -umfangs unterscheidet sich rechentechnisch zunächst nicht vom Herangehen bei der Absicherung eines feststehenden Exposurebetrags, wenn man lediglich den Termin der Schlusszahlung vor Augen hat. Allerdings liegen hinter ihrer Wahrscheinlichkeitsverteilung zwei multiplikativ verknüpfte Zufallsvariable, nämlich die Zuschlagswahrscheinlichkeit sowie der Wechselkurs. Dies ist jedoch rechentechnisch nur schwer handhabbar, da z. B. zwei multiplikativ verknüpfte normalverteilte Größen nicht wieder normalverteilt sind. In der Praxis wird daher oftmals mit vereinfachenden Annahmen sowohl bei der Verteilung der Eingangsgrößen als auch bei der Verteilung der multiplikativ verknüpften Größe gerechnet. Damit kumulieren sich Teilfehler in einer schwer abschätzbaren Weise. Zusätzliche Information wird dabei oft nicht auf analytischem Weg, sondern nur über eine Simulation der interessierenden Zielgröße zu erlangen sein.

Betrachtet man die Ausschreibungssituation als sequentielles Entscheidungsproblem, das etwa nach der Zuschlagserteilung eine Anpassung der Absicherungspositionen erfordert, bietet sich ein flexibler Planungsansatz an, der bereits zum Zeitpunkt der Angebotsabgabe die Berücksichtigung möglicher Anpassungsentscheidungen erlaubt. Als Instrument lässt sich hier die Entscheidungsbaumtechnik einsetzen (siehe Fallstudie 18, S. 293).

Fallstudie 10: Locust AG

Risikocontrolling mit Risikokennzahlen

Problembeschreibung:

Die Locust AG verfügt derzeit über Eigenmittel von 50 Mio. €, die sie üblicherweise um Fremdfinanzierungen in deutlich höherem Umfang ergänzt, um erfolgversprechende Projekte durchzuführen oder sich daran zu beteiligen. Da die Fremdkapitalgeber ein hohes Interesse an der Kreditrückzahlung haben, beauftragt die Locust AG Moira Riesgo und Bonna Schanze mit der Analyse der Vorteilhaftigkeit und finanziellen Risiken mehrerer Projektvorschläge.

Riesgo und Schanze betrachten zunächst Projekt A. Bei Projekt A erwarten sie bei einer Anfangsinvestition von 100 Mio. € in Jahr 0 Einnahmenüberschüsse von 30 Mio. € in Jahr 1, von 60 Mio. € in Jahr 2 und von 60 Mio. € in Jahr 3. Sie betrachten zudem ein Best-case- und ein Worst-case-Szenario. Im Best-case-Szenario liegen alle Einnahmenüberschüsse um jeweils knapp 20 Mio. € über den Erwartungswerten, im Worst-case-Szenario liegen sie jeweils um knapp 20 Mio. € darunter.

Angesichts mehrerer unerwarteter Entwicklungen in vorangegangen Projekten will Bonna Schanze auch eine differenziertere Risikoanalyse durchführen. Sie will für jedes Jahr t der Projektlaufzeiten den Cash flow at Risk $CFaR_t$ bestimmen und geht dazu von verschiedenen Vereinfachungen aus. So behandelt sie die jährlichen Einnahmenüberschüsse als normalverteilt um die bereits geschätzten Erwartungswerte. Zudem nimmt sie an, dass die tatsächlichen Einnahmenüberschüsse mit einer Wahrscheinlichkeit von 95 % zwischen dem Best-case- und den Worst-case-Wert liegen, und rechnet deshalb mit einer Standardabweichung von 10 Mio. €.

Aufgabenstellung:

Aufgabe 1: Risikoanalyse eines Einzelprojekts

(a) Bestimmen Sie die Kapitalwerte der Erwartungswerte für die drei Projektszenarien. Rechnen Sie mit einem Kalkulationszinssatz von 10 %.

(b) Berechnen Sie für jedes der drei Jahre den jeweiligen Cash flow at Risk, einmal für 5 % und einmal für 1 %, als Wert des Einnahmenüberschusses, der jeweils mit einer Wahrscheinlichkeit von 95 % bzw. 99 % überschritten wird.

(c) Als einfache Risikoanforderungen verlangt Bonna Schanze,

  ▪ dass mit 95 % Wahrscheinlichkeit der Kapitalwert des gesamten Projekts positiv ist

  ▪ oder dass die Einnahmenüberschüsse der Folgejahre zumindest die Rückzahlung der anfänglich aufgenommenen Kredite ermöglichen.

Sie will daher den Kapitalwert at Risk KWaR als Summe der Barwerte der Cash-flow-at-Risk-Werte für 5 % berechnen. Führen Sie diese Berechnung durch und prüfen Sie, inwieweit diese Anforderungen erfüllt sind.

(d) Moira Riesgo wendet ein, dass die einfache Berechnung aus c nur korrekt ist, wenn – wie in ihrem Worst-case-Szenario unterstellt – die Einnahmenüberschüsse der einzelnen Jahre vollständig miteinander korreliert sind. Es sei aber davon auszugehen, dass bei einer schwächeren Korrelation der Kapitalwerte at Risk günstiger ausfalle. Sie schlägt vor, den Kapitalwert at Risk als 5 %-Quantil der Normalverteilung um den Erwartungswert des Kapitalwerts KW der Einnahmenüberschüsse der Jahre 1 bis 3 zu berechnen. Die notwendige Standardabweichung σ_{KW} des Kapitalwerts berechnet sie nach dem Varianz-Kovarianz-Ansatz wie folgt:

$$\sigma_{KW} = \sqrt{\sum_{t=1}^{T} \sum_{\tau=1}^{T} \frac{\sigma_t}{(1+i)^t} \cdot \frac{\sigma_\tau}{(1+i)^\tau} \cdot \rho_{t\tau}} \,.$$

mit $\rho_{t\tau}$ als Korrelationskoeffizient der Cash flows der Jahre t und τ (t, τ = 1, 2, 3).

Führen Sie diese Berechnung für die Wahrscheinlichkeitsniveaus 5 % sowie 1 % jeweils für den Fall durch, dass die Einnahmenüberschüsse

▪ vollständig korreliert sind ($\rho_{t\tau}$ = 1)

▪ unkorreliert sind ($\rho_{t\tau}$ = 0 für t $\neq$ τ).

(e) In einem ähnlichen Ansatz will Bonna Schanze prüfen, wie groß die betragsmäßig größte negative Abweichung des Cash flows CF_t vom Erwartungswert μ_t des Projektkapitalwerts ist, die mit einer Wahrscheinlichkeit von 95 % nicht überschritten wird. Dazu definiert sie einen veränderten Discounted Risk Value, den sie als „relativ" bezeichnet und mit rDRV abkürzt. Sie berechnet ihn in zwei Schritten. Zunächst ermittelt sie den zur Gegenwahrscheinlichkeit von 5 % gehörenden relativen Cash flow at Risk $rCFaR_t$ des Jahres t über die Bedingung

5 % = $W(CF_t - \mu_t \leq - rCFaR_t)$.

Zum gewünschten relativen Discounted Risk Value kommt sie über die Formel

$$rDRV = \sqrt{\sum_{t=1}^{T} \sum_{\tau=1}^{T} DrCFaR_t \cdot DrCFaR_\tau \cdot \rho_{t\tau}}$$

mit $DrCFaR_t$ als diskontierten relativen Cash flow at Risk für 5 % des Jahres t. Berechnen Sie den relativen Discounted Risk Value für dieses Projekt, wenn die jährlichen Einnahmenüberschüsse vollständig korreliert sind.

(f) Stellen Sie die Entwicklung der Projektüberschüsse in den Jahren 0 bis 3 für die drei Szenarien grafisch dar. Tragen Sie in dieses Diagramm außerdem Ist-Einnahmenüberschüsse von 26 Mio. € in Jahr 1, ferner 65 Mio. € in Jahr 2 sowie 55 Mio. € in Jahr 3 ein. Berechnen Sie den Kapitalwert der Ist-Einnahmenüberschüsse. Wie beurteilen Sie die Istwerte angesichts der ursprünglichen Szenarien und Risikoanalysen?

Aufgabe 2: Projektportfolios mit gesamtwertbezogenen Risikobudgets

Außer dem Projekt A haben Riesgo und Schanze Risikoempfehlungen für vier weitere Projekte (B bis E) abzugeben. Für diese Projekte enthält die folgende

Tabelle die sichere Anfangsauszahlung, die Erwartungswerte für die Überschüsse der Jahre 1 bis 3 sowie die zugehörigen Standardabweichungen.

Jahr	Projekt A	Projekt B	Projekt C	Projekt D	Projekt E
Erwartungswert der Einnahmenüberschüsse in Jahr					
0	– 100 Mio. €	– 80 Mio. €	– 100 Mio. €	– 60 Mio. €	– 50 Mio. €
1	30 Mio. €	40 Mio. €	20 Mio. €	80 Mio. €	0 Mio. €
2	60 Mio. €	80 Mio. €	120 Mio. €	0 Mio. €	70 Mio. €
3	60 Mio. €	– 10 Mio. €			
Standardabweichung der Einnahmenüberschüsse in Jahr					
1	10 Mio. €	5 Mio. €	5 Mio. €	5 Mio. €	5 Mio. €
2	10 Mio. €	5 Mio. €	20 Mio. €	5 Mio. €	5 Mio. €
3	10 Mio. €	5 Mio. €			

In einem Artikel (vgl. Homburg/Stephan [Risikocontrolling] 319) hat Riesgo vom Corporate Value on Discounted Risk Value CVODRV gelesen, der dort als Projektauswahlkriterium empfohlen wird. Er berechnet sich als Quotient aus erwartetem Kapitalwert und DRV.

(a) Berechnen Sie für jedes Projekt den Kapitalwert bei einem Kalkulationszinssatz von 10 %, die relativen Cash flows at Risk rCFaR für 5 %, bezogen auf den Erwartungswert in den Jahren seiner Laufzeit, sowie den Discounted Risk Value DRV. Gehen Sie davon aus, dass für jedes Projekt die Überschüsse zwischen den einzelnen Jahren perfekt korrelieren.

(b) Die Locust AG will sicherstellen, dass sie etwaige Kredite mit einer Wahrscheinlichkeit von mindestens 95 % tilgen kann. Sie legt daher für ihre Projekte ein DRV-Risikobudget von insgesamt 50 Mio. € fest.

Wie hoch ist der CVODRV für die einzelnen Projekte im betrachteten Fall? Bestimmen Sie damit ein optimales Portfolio für den Fall, dass die Projekte höchstens einmal, und zwar

▪ nur ganz oder gar nicht durchgeführt werden können;

▪ bis zur angegebenen Anfangsauszahlung im Volumen beliebig variiert werden können, wobei die sich Zahlungen der Folgejahre jeweils proportional zur Anfangsauszahlung verhalten.

(c) Moira Riesgo hält bei Projekt E in Jahr 2 die bisher angenommene Streuung der Ergebnisse für zu niedrig. Sie will mit 6 Mio. € rechnen. Wie wirkt sich diese erhöhte Standardabweichung auf die Portfoliobildung aus?

(d) Was halten Sie angesichts der bisherigen Ergebnisse von der Verwendung des CVODRV als Projektauswahlkriterium?

Aufgabe 3: Bildung von Projektportfolios mit Risiko- und Investitionsbudgets

(a) Die Locust AG will ihre Fremdfinanzierung zum Ende von Jahr 0 auf höchstens 150 Mio. € beschränken. Formulieren Sie ein Entscheidungsmodell zur Bildung des optimalen Projektportfolios unter den bisherigen Annahmen, speziell auch für variable Projektvolumina bzw. -beteiligungen.

(b) Charakterisieren Sie dieses Modell und lösen Sie es für den Fall unabhängiger Risikowerte. Gehen Sie dabei von den ursprünglichen Schätzungen der Einnahmenüberschüsse und ihrer Standardabweichungen aus.

(c) Zur Abschätzung der Auswirkungen der Risikoberücksichtigung wollen Riesgo und Schanze prüfen, welches Portfolio ohne Beachtung der Risikorestriktion optimal wäre.

Aufgabe 4: Projektportfolios bei unvollständig korrelierten Überschüssen

Schanze und Riesgo halten es für problematisch, dass sie bei den bisherigen Berechnungen die Korrelation der Projekte nicht besser berücksichtigt haben. Daher schätzen sie jetzt Korrelationskoeffizienten zwischen den Einnahmenüberschüssen der Projekte. Sie gehen davon aus, dass diese Korrelationskoeffizienten für alle Jahre gleichermaßen gelten, und gelangen zu folgenden Werten.

Korrelation	Projekt A	Projekt B	Projekt C	Projekt D	Projekt E
Projekt A	1,00	0,75	0,75	0,70	0,50
Projekt B	0,75	1,00	0,90	0,50	0,40
Projekt C	0,75	0,90	1,00	0,80	0,45
Projekt D	0,70	0,50	0,80	1,00	0,20
Projekt E	0,50	0,40	0,45	0,20	1,00

(a) Bestimmen Sie für jede einzelne Periode den relativen Cash flow at Risk $rCFaR_{Pt}$ bei 5 % für das Portfolio P aus Teilfrage 3b. Verwenden Sie dazu folgenden Ausdruck:

$$rCFaR_{Pt} = \sqrt{\sum_i \sum_j x_i \cdot x_j \cdot rCFaR_{it} \cdot rCFaR_{jt} \cdot \rho_{ij}}.$$

Bestimmen Sie mit diesen Werten den zugehörigen Discounted Risk Value DRV_P des Portfolios.

(b) Formulieren und lösen Sie das Modell zur Bestimmung des optimalen Portfolios unter Beachtung der Risiko- und Investitionsbudgets sowie der Korrelationskoeffizienten bei vollständiger intertemporaler Korrelation.

Aufgabe 5: Projektportfolios bei periodenbezogenen Risikobudgets

Statt des anfänglichen, auf den Kapitalwert bezogenen Risikobudgets überlegen Riesgo und Schanze, besser periodenbezogene Risikobudgets zu verwenden. So könnte es für die betriebliche Finanzplanung von Bedeutung sein, welche Einnahmenüberschüsse mit hinreichender (hier: 95 %iger) Wahrscheinlichkeit in den einzelnen Jahren mindestens eintreten. Insbesondere möchten sie sicherstellen, dass mit dieser Wahrscheinlichkeit die Einnahmenüberschüsse aus dem Projektportfolio über 80 Mio. € in Jahr 1 sowie 60 Mio. € in Jahr 2 und 40 Mio. € in Jahr 3 liegen, so dass die Locust AG über entsprechende finanzielle Spielräume in diesen Jahren verfügt.

(a) Berechnen Sie zunächst für jedes Projekt den individuellen Cash flow at Risk für 5 % für jedes Jahr.

(b) Formulieren Sie ein Modell zur Maximierung des Projektportfolio-Kapitalwerts, das die periodenbezogenen Mindest-Cash-flow-Anforderungen sowie das anfängliche Investitionsbudget von 200 Mio. € einhält. Beachten Sie die Korrelation der Projektüberschüsse zwischen den Projekten in den einzelnen Perioden.

(c) Bestimmen Sie die Lösung dieses Modells.

(d) Eine genauere Analyse des optimalen Portfolios führt zu einem Dualwert von $-0{,}086$ € für die $CFaR_{P3}$-Restriktion des Jahres 3. Die Dualwerte für die Jahre 1 und 2 sind dagegen null. Der Dualwert für das Investitionsbudget beträgt 0,174 €. Was nützen Ihnen diese Informationen?

Lösungshinweise zu Fallstudie 10 (Locust AG):

Aufgabe 1: Risikoanalyse eines Einzelprojekts

(a) Bei Projekt A ergeben sich Kapitalwerte

von $KW_A^w = -27{,}80$ Mio. € im Worst-case-Szenario,

von $KW_A^b = 71{,}68$ Mio. € im Best-case-Szenario und

von $KW_A = 21{,}94$ Mio. € im erwarteten Szenario.

(b) Zu den Eigenschaften einer (μ, σ)-Normalverteilung gehört, dass die Ausprägung der betrachteten Zufallsvariable z mit einer Wahrscheinlichkeit
von 95 % im symmetrischen Intervall $[\mu - 1{,}96 \cdot \sigma; \mu + 1{,}96 \cdot \sigma]$ um den Erwartungswert liegt. Aus den Annahmen von Bonna Schanze lässt sich da-
her für alle Jahre eine Standardabweichung σ_t von 10 Mio. € herleiten. Für
die Berechnung des 5 %- bzw. 1 %-Quantils gilt somit:

$CFaR_t$ für 5 % $= \mu_t + z(N(0;1);0{,}05) \cdot \sigma_t = \mu_t - 1{,}645 \cdot 10$

$CFaR_t$ für 1 % $= \mu_t + z(N(0;1);0{,}01) \cdot \sigma_t = \mu_t - 2{,}326 \cdot 10.$

Damit berechnet man folgende Risikowerte (in Mio. €):

Jahr t	Erwartungs- wert des Cash flow	Standard- abweichung	Cash flow at Risk $CFaR_t$ für 5 %	Barwert des $CFaR_t$ für 5 %	Cash flow at Risk $CFaR_t$ für 1 %
0	−100,00				
1	30,00	10,00	13,55	12,32	6,74
2	60,00	10,00	43,55	35,99	36,74
3	60,00	10,00	43,55	32,72	36,74

(c) Die Summe KWaR der Barwerte der CFaR-Werte für 5 % beträgt 81,03 Mio.
€. Dies ist zwar positiv, aber deutlich niedriger als die Anfangsinvestition
von 100 Mio. €. Die erste Anforderung ist daher längst nicht erfüllt. Immerhin könnte die Locust AG mit einer Wahrscheinlichkeit von mindestens 95 % eine Fremdfinanzierung des Projekts von bis zu 81,03 % tilgen
und hätte dann einen Eigenkapitalverlust von ca. 19 Mio. €.

(d) Für den Fall vollständig korrelierter Einnahmenüberschüsse ($\rho_{t\tau} = 1$ für t, τ =
1, 2, 3) können die diskontierten Cash flow at Risk der einzelnen Jahre einfach addiert werden und es ergibt sich wie in c

für 5 %: KWaR = 81,03 Mio. € – sowie für 1 %: KWaR = 64,09 Mio. €.

Bei unkorrelierten Einnahmenüberschüssen ($\rho_{t\tau} = 0$ für t, τ = 1, 2, 3) erhält
man als Standardabweichung des Kapitalwerts der Einnahmenüber-
schüsse der Jahre 1 bis 3 für das 5 %-Quantil:

$\sigma_{KW} = \sqrt{82{,}64\,\text{Mio.}\,\text{€}^2 + 68{,}30\,\text{Mio.}\,\text{€}^2 + 56{,}45\,\text{Mio.}\,\text{€}^2} = 14{,}40\,\text{Mio.}\,\text{€}\,;$

$KWaR_t = \mu_{KW} + z(N(0;1);0{,}05) \cdot \sigma_{KW} =$

$= 121{,}94$ Mio. € $- 1{,}645 \cdot 14{,}40$ Mio. € $= 98{,}25$ Mio. €.

Entsprechend gilt für 1 %: KWaR = 88,44 Mio. €. In diesem Fall ist auch
Bonna Schanzes erste Anforderung fast erfüllt.

(e) Die Risikowerte für 5 % sind in der folgenden Tabelle aufgeführt. Der Discounted Risk Value (DRV) bei vollständiger Korrelation beträgt 40,91 Mio. €.

Jahr	Erwartungswert des Cash flow	Standard-abweichung	relativer Cash flow at Risk rCFaR$_t$ für 5 %	diskontierter relativer Cash flow at Risk DrCFaR$_t$ für 5 %
0	− 100,00 Mio. €			
1	30,00 Mio. €	10,00 Mio. €	16,45 Mio. €	14,95 Mio. €
2	60,00 Mio. €	10,00 Mio. €	16,45 Mio. €	13,59 Mio. €
3	60,00 Mio. €	10,00 Mio. €	16,45 Mio. €	12,36 Mio. €

(f) Die folgende Abbildung IV-9 zeigt die Entwicklung der drei Szenarien sowie der Ist-Einnahmenüberschüsse.

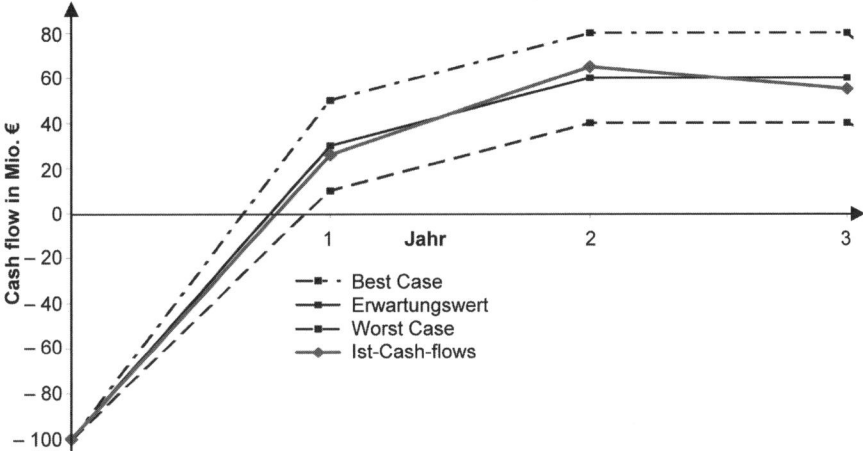

Abb. IV-9: Cash-flow-Szenarien in einem Projektlebenszyklus

Aus den Ist-Einnahmenüberschüssen berechnet sich ein Kapitalwert von 18,68 Mio. €. Der Wert ist positiv und weit entfernt vom ursprünglichen Worst-case-Szenario und dem 5 %-Quantil. Die Konzentration auf diese Extremfälle sollte allerdings nicht davon ablenken, dass der Wert dennoch um 15 % unter dem zuvor erwarteten Kapitalwert liegt, so dass die ursprünglichen Planungen bei weitem nicht eingehalten wurden.

Aufgabe 2: Projektportfolios mit gesamtwertbezogenen Risikobudgets

(a) Für den Kapitalwert und den relativen Cash flow at Risk der einzelnen Projekte gilt (in Mio. €):

Jahr	Projekt A	Projekt B	Projekt C	Projekt D	Projekt E
Kapitalwert	21,94	14,97	17,36	12,73	7,85
relativer Cash flow at Risk (rCFaR$_t$ für 5 %) in Jahr t					
t = 1	16,45	8,22	8,22	8,22	8,22
t = 2	16,45	8,22	32,90	8,22	8,22
t = 3	16,45	8,22			
DRV	40,91	20,45	34,66	14,27	14,27

(b) Das optimale Portfolio hängt davon ab, ob die Projekte nur in vollem Umfang realisierbar sind oder auch teilweise realisiert werden können. Im Einzelnen gilt:

	Projekt A	Projekt B	Projekt C	Projekt D	Projekt E
CVODRV	0,54	0,73	0,50	0,89	0,55
Rangfolge	4	2	5	1	3
Projekthäufigkeit bei …					
… Ganzzahligkeit	0,000	1,000	0,000	1,000	1,000
Ergebnisse	**DRV: 49 Mio. €**		**Kapitalwert: 35,53 Mio. €**		
… Teilbarkeit	0,024	1,000	0,000	1,000	1,000
Ergebnisse	**DRV: 50 Mio. €**		**Kapitalwert: 36,08 Mio. €**		

(c) Bei einer Standardabweichung von 6 Mio. € in Jahr 2 bei Projekt E gilt DRV = 15,63 Mio. € und CVODRV = 0,50. Damit liegt Projekt E nach dem CVODRV-Kriterium auf dem vierten Rang und fällt aus dem Portfolio. Allerdings würde bei Beschränkung auf ganzzahlige Projekte auch das zweitplatzierte Projekt B nicht in das Portfolio aufgenommen. Stattdessen besteht das optimale Portfolio bei einem DRV-Risikobudget von 50 Mio. € nur aus den Projekten C und D. Sie führen zu einem Kapitalwert von 30,08 Mio. € und einem DRV von 48,94 Mio. €. Entsprechend wertvoll wäre eine Vermeidung dieser größeren Standardabweichung bei Projekt E für die Locust AG.

(d) Der CVODRV misst den relativen Erfolg pro Engpasseinheit (Risikoeinheit). Trotz methodischer Schwächen aufgrund seiner CFaR-Basierung kann er in manchen Fällen zweckmäßig sein. Voraussetzung ist, dass es sich um lineare Probleme mit einem gemeinsamen Risiko-Engpass handelt, die Projektvolumina also beliebig variierbar sind und die Projektüberschüsse und -risiken einfach addiert werden können. Umgekehrt gewährleistet der CVODRV keine optimale Portfoliozusammenstellung bei ganzzahligen Projekten oder bei Projekten mit (zeitlich oder untereinander) unvollständig korrelierten Überschüssen. Ebenso eignet sich der CVODRV nicht, wenn weitere Engpässe auftreten, insbesondere auch wenn das Portfoliorisiko in einzelnen Perioden beschränkt werden soll, da sich hinsichtlich der einzelnen knappen Faktoren jeweils eigene relative Erfolge pro Engpasseinheit mit im Allgemeinen unterschiedlichen Rangfolgen ergeben.

Aufgabe 3: Bildung von Projektportfolios mit Risiko- und Investitionsbudgets

(a) Das Modell lautet:
$$\sum_j KW_j \cdot x_j \to \max!$$

unter den Nebenbedingungen:
$$DRV_P = \sum_j DRV_j \cdot x_j \le 50$$

$$-\sum_j A_{0j} \cdot x_j \le 200 \,; \qquad 0 \le x_j \le 1$$

mit x_j als Häufigkeit der Projektdurchführung (j = A, B, C, D, E).

(b) Es handelt sich um ein lineares Planungsmodell mit zwei gemeinsamen Restriktionen. Anders als klassische Chance-Constrained-Modelle (vgl. etwa Charnes/Cooper [Programming]) lässt es sich standardmäßig mit dem Simplex-Algorithmus lösen. Da jedoch der Finanzierungsengpass bei der Lösung aus 2b nicht greift, kann die dortige Lösung übernommen werden:

Projekt	Projekt A	Projekt B	Projekt C	Projekt D	Projekt E
Häufigkeit	0,024	1,000	0,000	1,000	1,000
Ergebnisse	Investitionssumme: 192,45 Mio. €		Kapitalwert: 36,08 Mio. €		DRV: 50,00 Mio. €

(c) Ohne die Risikorestriktion liegt ein lineares Problem mit dem Investitionsbudget als gemeinsamen Engpass vor. Seine Lösung lautet:

Projekt	Projekt A	Projekt B	Projekt C	Projekt D	Projekt E
Häufigkeit	1,000	0,500	0,000	1,000	0,000
Ergebnisse	Investitionssumme: 200,00 Mio. €		Kapitalwert: 42,15 Mio. €		DRV: 65,40 Mio. €

Die Beachtung der Risikorestriktion verringert den Kapitalwert im vorliegenden Beispiel um etwa 14 % auf 36,08 Mio. €.

Aufgabe 4: Projektportfolios bei unvollständig korrelierten Überschüssen

(a) Für das Portfolio mit $x_A = 0{,}0245$, $x_B = x_D = x_E = 1$, $x_C = 0$ ergeben sich bei den geschätzten Korrelationskoeffizienten folgende Werte für den relativen Cash flow at Risk für 5 %:

$rCFaR_{P1} = 19{,}10$ Mio. €; $rCFaR_{P2} = 19{,}10$ Mio. €; $rCFaR_{P3} = 8{,}53$ Mio. €.

Der DRV_P ist 39,56 Mio. € und schöpft damit das Risikobudget nicht aus.

(b) Wegen der Korrelationszusammenhänge entsteht ein nichtlineares Planungsmodell. Es lautet mit x_j als Häufigkeit der Projektdurchführung (j = A, B, C, D, E):

$$\sum_j KW_j \cdot x_j \to max!$$

unter den Nebenbedingungen:
$$\underbrace{\sqrt{\sum_i \sum_j x_i \cdot x_j \cdot DRV_i \cdot DRV_j \cdot \rho_{ij}}}_{= DRV_P(x_A, x_B, x_C, x_D, x_E)} \leq 50$$

$$-\sum_j A_{0j} \cdot x_j \leq 200; \quad 0 \leq x_j \leq 1$$

Seine Lösung ergibt:

Projekt	Projekt A	Projekt B	Projekt C	Projekt D	Projekt E
Häufigkeit	0,486	1,00	0,00	1,00	0,227
Ergebnisse	Investitionssumme: 200,00 Mio. €		Kapitalwert: 40,15 Mio. €		DRV: 50,00 Mio. €

Bei unvollständiger Korrelation der Projektüberschüsse fällt der Rückgang des optimalen Portfoliowerts durch die Risikobeachtung deutlich geringer aus als bei vollständiger Korrelation.

Aufgabe 5: Projektportfolios bei periodenbezogenen Risikobudgets

(a) Die folgende Tabelle zeigt den Cash flow at Risk bei 5 % für jedes der fünf Projekte und jedes der jeweiligen Laufzeitjahre:

Jahr	Projekt A	Projekt B	Projekt C	Projekt D	Projekt E
Cash flow at Risk für 5 % (in Mio. €) in Jahr . . .					
. . . 1	13,55	31,78	11,78	71,78	− 8,22
. . . 2	43,55	71,78	87,10	− 8,22	61,78
. . . 3	43,55	− 18,22			

(b) Das Modell mit periodenbezogenen Restriktionen lautet mit x_j (j = A, B, C, D, E) als Häufigkeit der Projektdurchführung:

$$\sum_j KW_j \cdot x_j \to max!$$

$$CFaR_{P1}(x_A, x_B, x_C, x_D, x_E) \geq 80 \qquad \text{Jahr 1}$$

$$CFaR_{P2}(x_A, x_B, x_C, x_D, x_E) \geq 60 \qquad \text{Jahr 2}$$

$$CFaR_{P3}(x_A, x_B, x_C, x_D, x_E) \geq 40 \qquad \text{Jahr 3}$$

$$-\sum_j A_{0j} \cdot x_j \leq 200; \quad 0 \leq x_j \leq 1 \qquad \text{Anfangsinvestition}$$

$$\text{mit } CFaR_{Pt} = \sqrt{\sum_i \sum_j x_i \cdot x_j \cdot CFaR_{it} \cdot CFaR_{jt} \cdot \rho_{ij}}.$$

(c) Die Lösung des Modells mit periodenbezogenen Risikobudgets lautet:

Projekt	Projekt A	Projekt B	Projekt C	Projekt D	Projekt E
Häufigkeit	1,000	0,270	0,184	1,000	0,000
Ergebnisse (in Mio. €)	Investitionssumme: **200,00**	Kapitalwert: **41,90**	$CFaR_{P1}$: **88,83**	$CFaR_{P2}$: **67,80**	$CFaR_{P3}$: **40,00**

(d) Die Dualwerte von null besagen, dass diese beiden Restriktionen das optimale Projektportfolio nicht beschränken. Der Dualwert für das Investitionsbudget zeigt, dass eine Erhöhung des Investitionsbudgets um 1 € den Kapitalwert um 0,174 € erhöht. Ist die Investitionserhöhung zum angenommenen Kalkulationszinssatz von 10 % finanzierbar, sollte sie durchgeführt werden. Der Dualwert von −0,086 € zur $CFaR_{P3}$-Restriktion für Jahr 3 bedeutet, dass eine Lockerung der CFaR-Anforderung um 1 € den Portfoliokapitalwert um 0,086 € erhöhen würde.

Kapitel V: Preismanagement

1. Überblick

- **Themenschwerpunkte**

  Kennzeichnung des betrieblichen Preismanagements
  - Aufgabenstellung des betrieblichen Preismanagements
  - Bedeutung des preislichen Spielraums
  - Einflussgrößen der Preispolitik

  Ansatzpunkte der Preissetzung am Markt
  - Preisuntergrenzen für Absatzgeschäfte
  - Prinzipien der Kalkulation
  - Besonderheiten der Kuppelkalkulation
  - Marktorientierte Ansätze für Preisobergrenzen
  - Einfluss sachlicher und zeitlicher Verbundgeschäfte auf die Preisfindung
  - Typische Preissetzungsstrategien
  - zeitliches Deckungsbeitragsmanagement mit dem Customer Lifetime Value

- **Grundlegende Literatur**

Baumeister, Alexander:	[Lebenszykluskosten] Lebenszykluskosten alternativer Verfügbarkeitsgarantien im Anlagenbau. Wiesbaden 2008.
Baumeister, Alexander:	[Währungsrisiko] Portfolioorientierte Preisgrenzenbestimmung bei Währungsrisiko. Wiesbaden 2002.
Baumeister, Alexander und Thomas *Alt:*	[Verweildauerprognose] Verweildauerprognose in der Kundendeckungsbeitragsrechnung. In: WiSt (39) 2010, S. 456-458.
Nieschlag, Robert, Erwin *Dichtl* und Hans *Hörschgen:*	[Marketing] Marketing. 19. Aufl., Berlin 2002.
Schweitzer, Marcell und Hans-Ulrich *Küpper:*	[Systeme] Systeme der Kosten- und Erlösrechnung. 10. Aufl., München 2011.
Simon, Hermann und Martin *Faßnacht:*	[Preismanagement] Preismanagement. 3. Aufl., Wiesbaden 2009.
Troßmann, Ernst und Alexander *Baumeister:*	[Rechnungswesen] Internes Rechnungswesen. München 2013 (im Druck).

2. Grundlagen zum betrieblichen Preismanagement

a) Ansätze des Preismanagements

Aufgabe des betrieblichen **Preismanagements** ist die **Preispolitik,** d. h. die Gestaltung der Preise und der Zahlungskonditionen für das betriebliche Güterangebot. Die Preispolitik richtet sich in erster Linie an unternehmungsexterne Absatzmärkte, aber auch unternehmungsinterne Abnehmer (siehe zu innerbetrieblichen Preisen Kapitel III). Doch treten vergleichbare Aufgaben und Lösungsansätze auch für Beschaffungsmärkte auf. Das Preismanagement hat sich am betrieblichen Zielsystem zu orientieren. Dort bestehende Dominanzen, Abhängigkeiten und latente Konflikte schlagen sich daher auch auf die Preissetzung nieder. So ist z. B. denkbar, dass bei Insolvenzgefahr erfolgsungünstige Preise hingenommen werden, weil kurzfristig Liquiditätsziele dominieren.

In der Regel sind Preise nicht unabhängig von den Absatzmengen. Deshalb sind Preis- und Mengenplanung aufeinander abzustimmen. Gleiches wie für die Mengenpolitik gilt für die gesamte Produktpolitik, darüber hinaus auch für die Kommunikations- und Distributionspolitik. Insgesamt ist die Preispolitik in das **Marketing-Mix** einzupassen. Beispielsweise ist eine Hochpreisstrategie ohne eine entsprechende Produktgestaltung wenig erfolgversprechend. Entsprechend kann sich aus der Abstimmung mit der Distributionspolitik eine differenziertere **Rabattpolitik** für einzelne Absatzwege oder die Vorteilhaftigkeit einer Preisdifferenzierung empfehlen, nach der die gleichen Produkte differenziert nach Absatzregionen oder Kundengruppen zu unterschiedlichen Preisen angeboten werden.

Eine wichtige Entscheidungshilfe in der betrieblichen Preispolitik ist der preisliche Spielraum. Er steckt die Handlungsmöglichkeiten des Preismanagements ab. Das eine Intervallende bildet die **Preisuntergrenze** (siehe Abschnitte b und c). Sie gibt den kritischen Preis an, bei dessen Unterschreiten die Absatzmaßnahme zielverschlechternd wirkt, d. h. in der Regel Verluste bringt. In ihrer Bestimmung sind vor allem Kostenüberlegungen anzustellen. Dabei hat die betriebliche Alternativenlage entscheidenden Einfluss. Informationsbasis sind interne Rechenwerke, hauptsächlich die Kostenrechnung. Das andere Ende des preislichen Spielraums bildet die **Preisobergrenze**, meist bestimmt durch die Marktnachfrageseite, daneben auch durch die betriebliche Alternativensituation (siehe Abschnitt d).

Bei der Berücksichtigung der Marktsituation spielen neben produktspezifischen Merkmalen auch zahlreiche von der Unternehmung nicht direkt beeinflussbare Faktoren wie die Marktstruktur, die Konkurrenzsituation, Kundenerwartungen oder die allgemeine wirtschaftliche Entwicklung eine Rolle. Entsprechend finden sich in der Praxis kosten-, abnehmer- und wettbewerbsorientierte Preisfindungsverfahren. Die realisierbaren Marktpreise bestimmen sich aus den Abnehmer- und Wettbewerbsbedingungen.

Die exakten Preisgrenzen werden bisweilen auch durch sachliche oder zeitliche Verbundbeziehungen beeinflusst (siehe Abschnitt e). Wenn man solche Effekte vernachlässigt, kann dies wegen unzutreffender Preisgrenzen Fehlentscheidungen zur Folge haben. So kann es vorteilhaft sein, ein Produkt aus marketingpolitischen Gründen sogar unter einer isoliert berechneten Kostengrenze abzusetzen, wenn Komplementärprodukte die Verlustbeiträge ausgleichen. Eine korrekte Preisgrenzenberechnung wird diesen Zusammenhang berücksichtigen und den durch gemeinsamen Absatz insgesamt erzielbaren Deckungsbeitrag ermitteln. Analoges gilt für zeitliche Verbundwirkungen. Dies betrifft etwa die Folgewirkungen kurzfristiger Preissenkungen oder -erhöhungen für die künftigen Perioden, wenn sich die Kundenerwartungen an der bisherigen Preisentwicklung orientieren. Solche Effekte sind Gegenstand des **dynamischen Preismanagements** (vgl. Simon/Faßnacht [Preismanagement] 237 ff.). Andere Beispiele zeitlicher Verbundwirkungen ergeben sich durch Kosten oder Erlöse, die erst nach dem Verkauf anfallen, so beispielsweise wegen einer gesetzlichen Rücknahmeverordnung. Solche späteren Einnahmen oder Ausgaben sind der ursprünglichen Absatzentscheidung zuzurechnen. Sie werden adäquat in einer Lebenszyklusrechnung erfasst (siehe Abschnitt e). In Abb. V-1 sind wichtige Einflussgrößen der Preisfindung zusammenfassend dargestellt.

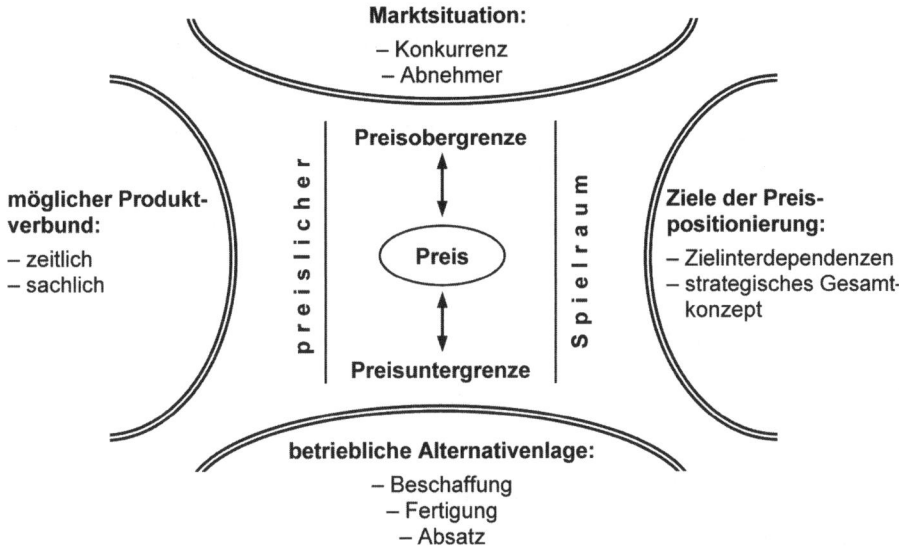

Abb. V-1: Einflussgrößen der Preispolitik

b) Ermittlung von Preisuntergrenzen

Als **Preisuntergrenze** wird derjenige Preis einer Entscheidungsalternative gesucht, der eine identische Zielwirkung zur ansonsten bestmöglichen Vergleichsalternative aufweist. Preise oberhalb der Untergrenze sind vorteilhafter, Preise darunter ungünstiger als die Vergleichsalternative. Preisuntergrenzen können zur Beurteilung des Produktions- und Absatzprogramms, zur Entscheidung über die Annahme von Zusatzaufträgen oder generell als Grundlage preispolitischer Entscheidungen eingesetzt werden. Für die Preisfindung geben Preisuntergrenzen einen Mindestpreis als Orientierungsgröße für Preisverhandlungen an. Ziel ist es in der Regel, einen möglichst weit über der Preisuntergrenze liegenden Verkaufspreis zu erzielen.

Als einfache Vergleichsalternative bietet sich in vielen Fällen die Unterlassung der betreffenden Produktion an. Die Preisuntergrenze berechnet sich in diesem Fall aus den eingesparten Produktionskosten. Man spricht auch von der absoluten Preisuntergrenze. Liegen in der Entscheidungssituation Engpässe oder sonstige Interdependenzen zu anderen Entscheidungen vor, so dass bei Durchführung der Entscheidungsalternative Verdrängungswirkungen auftreten, entspricht die Vergleichsalternative nicht mehr der Unterlassensalternative. Vielmehr müssen der Entscheidungsalternative zusätzlich die **Opportunitätskosten** dieser Verdrängungswirkungen, also die Zielbeiträge der besten verdrängten Alternative, zugerechnet werden. Damit kommt man zur allgemeineren Form der **Preisuntergrenze.** Sie liegt im Regelfall über den Grenzkosten (vgl. Abb. V-2). Bei entsprechender Alternativensituation sind allerdings ausnahmsweise auch negative Opportunitätskosten (Opportunitätserlöse oder ersparte Kosten) denkbar (siehe Fallstudie 11, S. 183).

Bei nur einem Engpass lassen sich die Opportunitätskosten aus den engpassspezifischen Deckungsbeiträgen der verdrängten Alternativen gewinnen. Ausgehend von einem kapazitätsausschöpfenden Produktionsprogramm würden zunächst Alternativen mit dem geringsten engpassspezifischen Deckungsbeitrag verdrängt. Die Gesamtwirkung ergibt sich bei einem entsprechenden engpassorientierten Planungsmodell durch Multiplikation der für die Entscheidungsalternative benötigten Engpasskapazität mit den jeweiligen engpassspezifischen Deckungsbeiträgen der verdrängten Alternativen. Dieser Betrag stellt sicher, dass die Entscheidungsalternative nur angenommen wird, wenn sie mindestens die von ihr ausgelösten Grenzkosten sowie die verdrängten Deckungsbeiträge erbringt. Liegen mehrere Engpässe vor, so können in entsprechender Weise die Dualwerte aus einem zugehörigen linearen Planungsmodell, gegebenenfalls auch aus einem nichtlinearen Ansatz eingesetzt werden. Diese bilden als Kennzahl jeweils die Opportunitätskostensituation der Engpasskapazitäten ab. Abb. V-2 zeigt die verschiedenen Ermittlungsansätze im Überblick (siehe auch Abb. III-1 zu den Lenkpreis-Arten in Kapitel III, S. 93).

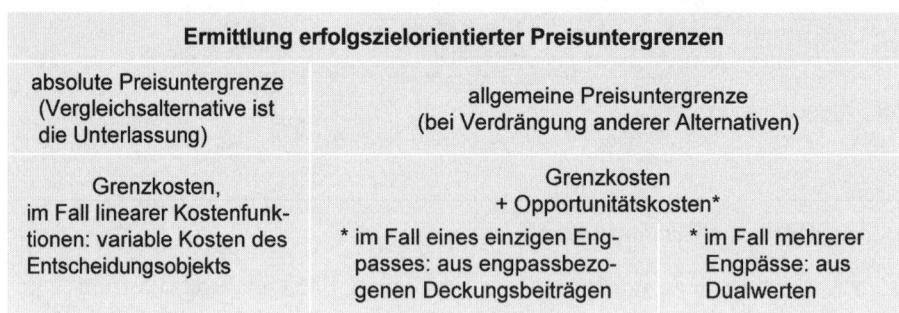

Ermittlung erfolgszielorientierter Preisuntergrenzen		
absolute Preisuntergrenze (Vergleichsalternative ist die Unterlassung)	allgemeine Preisuntergrenze (bei Verdrängung anderer Alternativen)	
Grenzkosten, im Fall linearer Kostenfunktionen: variable Kosten des Entscheidungsobjekts	Grenzkosten + Opportunitätskosten*	
	* im Fall eines einzigen Engpasses: aus engpassbezogenen Deckungsbeiträgen	* im Fall mehrerer Engpässe: aus Dualwerten

Abb. V-2: Ermittlung von Preisuntergrenzen

c) Prinzipien der Kalkulation

Grundlegend für die Berechnung von Preisgrenzen, die Berechnung von Deckungsbeiträgen sowie für weitere Größen zur Bewertung und Erfolgsberechnung sind Kalkulationen. Eine **Kalkulation** ist eine stückbezogene Kostenträgerrechnung. Sie kann einen unterschiedlich weiten Kostenumfang einnehmen, insbesondere als Voll- oder Teilkostenrechnung konzipiert sein. Für Controlling-Zwecke kommen durchweg lediglich Teilkostenrechnungen in Frage. Die Rechenmethode ist jedoch davon weitgehend unabhängig und kann daher getrennt von der inhaltlichen Konzeption diskutiert werden (vgl. Troßmann [Rechnungswesen] 122 ff.). Abgesehen von sehr einfachen Sonderfällen, in denen die zu verteilenden Kosten durch eine einfache **Divisionsrechnung** auf die Produkteinheit umgerechnet werden können, basieren die Kalkulationsverfahren auf der Grundidee, die Kosten kategorial zuzurechnen. Basis ist die Trennung von Produkteinzel- und -gemeinkosten. Während die Produkteinzelkosten definitionsgemäß direkt zugerechnet werden können, addiert man die Gemeinkosten in Form von **Zuschlägen.** Das Schema dafür zeigt Abb. V-3.

Fertigungsmaterial	Materialkosten	Herstellkosten	Selbstkosten
Materialgemeinkosten			
Fertigungslohn	Fertigungskosten		
Fertigungsgemeinkosten			
Sondereinzelkosten der Fertigung			
Verwaltungsgemeinkosten			
Vertriebsgemeinkosten			
Sondereinzelkosten des Vertriebs			

Abb. V-3: Standardschema der Zuschlagskalkulation

Nach diesem Grundmuster lassen sich inhaltlich recht unterschiedliche Kalkulationen aufbauen. Lediglich bei der Rechnung mit relativen Einzelkosten (vgl. hierzu Abschnitt II.2.b) kommen naturgemäß keine Zuschläge zu den Einzelkosten hinzu. Allenfalls lassen sich dort zuzuordnende Deckungsbudgets auf eine den Zuschlägen entsprechende Weise festlegen. Abb. V-4 zeigt die Kalkulationsverfahren im Überblick.

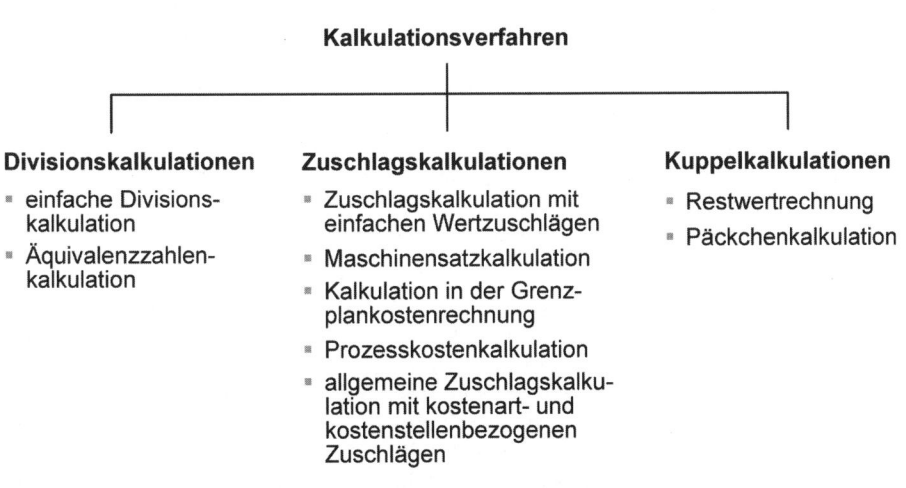

Kalkulationsverfahren

Divisionskalkulationen
- einfache Divisionskalkulation
- Äquivalenzzahlenkalkulation

Zuschlagskalkulationen
- Zuschlagskalkulation mit einfachen Wertzuschlägen
- Maschinensatzkalkulation
- Kalkulation in der Grenzplankostenrechnung
- Prozesskostenkalkulation
- allgemeine Zuschlagskalkulation mit kostenart- und kostenstellenbezogenen Zuschlägen

Kuppelkalkulationen
- Restwertrechnung
- Päckchenkalkulation

Abb. V-4: Überblick über Kalkulationsverfahren

Die zahlreichen Ausgestaltungsformen derartiger **Zuschlagskalkulationen** entstehen dadurch, dass es viele Möglichkeiten gibt, Basisgrößen für die Zuschläge zu wählen. Ein verbreiteter Standardfall besteht darin, stellenbezogen definierte Gemeinkosten als prozentuale Zuschläge auf zugehörige Einzelkosten zuzurechnen. Dies lässt sich beliebig verfeinern, indem weiter differenzierte Zuschläge mit zugehörigen Bezugsgrößen der Kostenzurechnung definiert werden. Beispiele dafür sind die Prozesskostenkalkulation und die Maschinensatzrechnung (siehe Fallstudien 5 und 6, S. 77 bzw. 100). Letztere ist zweckmäßig, wenn die einzelnen Produktarten die Maschinen unterschiedlich lange belegen und die Kosten der Maschinen verschieden hoch sind. Dann werden die Maschinenkosten den Produkten entsprechend ihrer Belegungszeit zugerechnet.

Ein besonderes Kalkulationsproblem werfen **Kuppelprodukte** auf. Sie entstehen bei prozessbedingt divergenter Produktion. Hier gehen technisch zwangsläufig aus einem Einsatzgut verschiedene Ausbringungsgüter hervor (siehe Fallstudie 11). Typisches Beispiel ist die Erdölraffinierung, die Erdöl in Schwer- und Leichtöl, Rohbenzin verschiedener Arten, leichtere Fraktionen, Gase, Bitumen und andere Destillationsprodukte aufspaltet. Für den eingesetzten Grundstoff und für den Kuppelprozess fallen Verbundkosten an, die den einzelnen Endprodukten nicht direkt zugerechnet werden können. Vielmehr stellen diese Verbundkosten Gemeinkosten für sämtliche im Kuppelprozess entstehenden Produkte dar.

Zur Kuppelkalkulation bieten sich nicht sehr viele Möglichkeiten an, will man korrekt vorgehen. So ist die früher vereinzelt angewendete sogenannte **Verteilungsrechnung** letztlich für interne Zwecke unbrauchbar. Bei ihr werden Verbundkosten nach einem zu wählenden Schlüssel auf die Produkte zugerechnet. Beispiele für solche Schlüssel sind insbesondere vorher aufgelaufene Kosten, Markterlöse, Deckungsbeiträge vor Verrechnung der Verbundkosten, aber auch Produktionsmengen oder Produkteigenschaften. Da keiner der Schlüssel irgendeinen entscheidungslogischen Zusammenhang zu den wählbaren Alternativen hat, erübrigt sich eine Diskussion über solche Schlüssel.

Lässt sich von den entstehenden Kuppelproduktarten eine als Hauptprodukt, die anderen als Nebenprodukt definieren, kann die **Restwertrechnung** herangezogen werden. Bei ihr gelten alle Verbundkosten als Hauptproduktkosten. Dazu werden sämtliche Weiterverarbeitungskosten der Nebenprodukte addiert, deren Erlöse subtrahiert. Der Erfolg der Gesamtproduktion schlägt sich damit vollständig im Deckungsbeitrag des Hauptprodukts nieder. Für die Nebenprodukte erhält man keine entscheidungsorientierten Größen. Dieser Ansatz ist entscheidungslogisch dann korrekt, wenn tatsächlich nur das Hauptprodukt entscheidungsbestimmend ist, während die Nebenproduktdispositionen in der berechneten Weise möglich sind.

In der allgemeinen Form der Kuppelkalkulation bildet man sogenannte **Produktpäckchen**. Ein Produktpäckchen enthält die im Kuppelprozess entstehenden Produktarten genau im prozessbedingten Verhältnis. Gibt es mehrere Möglichkeiten für dieses Verhältnis, zum Beispiel dann, wenn der Kuppelprozess innerhalb gewisser Grenzen steuerbar ist, definiert man verschiedene Päckchen. Es ist zweckmäßig, die Päckchen passend zu normieren, zum Beispiel auf den Einsatz einer Grundstoffeinheit des Einsatzgutes. Dann können verschiedene Produktionsmengen als Vielfache solcher Basispäckchen dargestellt werden. Bei zweckmäßiger Definition sind die Basispäckchen die unabhängigen Entscheidungsvariablen der Kuppelproduktion. Daher können sie prinzipiell so behandelt werden wie die Produktarten bei unverbundener Produktion. Man führt also die Kalkulation, die Deckungsbeitragsrechnung und weitere Rechnungen für die Produktpäckchen anstelle der einzelnen Produktarten durch. Die Idee der **Päckchenrechnung** geht auf Riebel (vgl. [Einzelkosten] 396) zurück; insbesondere Kruschwitz [Kalkulation]) hat typische Problemlösungen dazu aufgezeigt (siehe darauf aufbauend Fallstudie 11, S. 183).

d) Marktorientierte Bestimmung von Preisgrenzen

Bei der Bestimmung von Preisobergrenzen für Absatzgüter ist die Zahlungsbereitschaft der potenziellen Kunden wichtig. Standardinstrument zur Abbildung des Zusammenhangs von Marktnachfrage und Absatzpreis ist die **Preis-Absatz-Funktion** (siehe Fallstudie 2, S. 27). Aus ihr lässt sich zum Beispiel die mengenmäßige Nachfragereaktion der Abnehmer auf Preisänderungen entnehmen. Je nach Form der Preis-Absatz-Funktion gibt es unter Umständen einen **Prohibitivpreis**. Dies ist ein Preis, zu dem das Produkt überhaupt nicht mehr am Markt nachgefragt würde. Er bildet die absolute Preisobergrenze. Ihr Überschreiten lässt den Absatz ganz zusammenbrechen. Gibt es keinen solchen Prohibitivpreis, erlaubt die Preis-Absatz-Funktion möglicherweise, einen Preis festzustellen, bei dem die Nachfrage unter eine kritische Menge fällt, die etwa aus Produktions- oder Kostengesichtspunkten mindestens erforderlich wäre. Auch ein solcher Preis kann als Obergrenze verwendet werden.

Bei der Modellierung ist das Verhalten der Wettbewerber zu berücksichtigen. Von einer Preis-Absatz-Funktion, die für den gesamten relevanten Produktmarkt gilt, kann nur unter bestimmten Annahmen über das Wettbewerberverhalten auf eine eindeutige **betriebsindividuelle Preis-Absatz-Funktion** geschlossen werden. Insgesamt ist zu beachten, dass Preis-Absatz-Funktionen im Allgemeinen schwierig aufzustellen sind. Oft liegen sie nur stückweise und unvollständig vor. Je genauer man eine Preis-Absatz-Funktion kennt, desto stärker dürfte darüber hinaus ihr Anwendungsbereich eingeschränkt sein. So gilt eine bestimmte Preis-Absatz-Funktion regelmäßig nur für ein bestimmtes Produkt in einer festgelegten Aufmachung und Ausstattung sowie für ein bestimmtes Marktsegment. Die marketingpolitischen Möglichkeiten erlauben oft, durch Änderungen in Produktgestaltung, Angebotseinheiten, Neben- und Kombinationsleistungen, Rabatten und anderen Zahlungskonditionen, durch Distributionsgestaltung sowie durch kommunikationspolitische Maßnahmen zu einer anderen Preis-Absatz-Funktion zu gelangen.

Eine dritte Art von Preisobergrenzen folgt unter Umständen aus der Produktionsprogrammplanung. Diese beruht im Allgemeinen auf Preisplanungen und gilt typischerweise unverändert auch bei kleineren Preisvariationen, d. h. innerhalb bestimmer Intervalle um die Planpreise. Höhere Preise sind – soweit nicht mit Mengenrückgängen verbunden – ohne weiteres vorteilhaft. Allerdings sind die Obergrenzen dieser Preisintervalle insofern von Bedeutung, als sich bei ihrem Überschreiten die ansonsten vorteilhafte Zusammensetzung des Produktionsprogramms ändert. Soweit sich eine Preisobergrenze berechnen lässt, erhält man zusammen mit der Preisuntergrenze, die sich aus betriebsinternen, insbesondere kostenorientierten Überlegungen ergibt, den kompletten preislichen Spielraum des Betriebs.

Ein spezieller Ansatz, über marktbezogene Überlegungen zu Kostenobergrenzen zu gelangen, ist das **Target Costing** (vgl. Seidenschwarz [Target Costing]; Siegwart/Senti [Life Cycle]; siehe Fallstudie 12). Mit ihm sollen retrograd Zielkosten für das gesamte Produkt und seine Komponenten bestimmt werden. Unter den verschiedenen Möglichkeiten, Zielkosten des Produkts zu erhalten, zeigen insbesondere die Ansätze des „Market into Company" und des „Out of Competitor" einen deutlichen Marktbezug. Beim Market-into-Company-Ansatz stellt man zunächst einen angestrebten oder realisierbaren Verkaufspreis fest. Er wird um einen angestrebten Gewinn vermindert und führt dann zu den sogenannten Allowable Costs. Beim Out-of-Competitor-Verfahren werden die Zielkosten hingegen aus den geschätzten oder vermuteten Kosten der Konkurrenz hergeleitet.

e) Einfluss von Verbundwirkungen auf die Preisfindung

Insbesondere die Preisuntergrenze hängt von der Produktionssituation ab. Im einfachen Fall linearer Kostenfunktionen entspricht die absolute Preisuntergrenze den variablen Kosten. Dies setzt voraus, dass alle negativen Zielwirkungen innerhalb der Betrachtungsperiode erfassbar sind. Bei mehrperiodigen Produktionsprozessen trifft dies nicht zu. Hier können die Zielauswirkungen nur investitionsrechnerisch korrekt erfasst werden. In diesem Fall muss der Kapitalwert der zusätzlich ausgelösten Zahlungen ermittelt werden (vgl. Schweitzer/Troßmann [Break-even-Analysen] 274 ff.).

Entsprechendes gilt generell für den Fall, dass **zeitliche Verbundbeziehungen** vorliegen. So können zeitlich vor oder nach der Betrachtungsperiode liegende Zahlungen auftreten, die jedoch der Entscheidungsalternative eindeutig zuzurechnen sind und deshalb auch vollständig erfasst werden müssen. Nachlaufkosten- und -erlöse stammen z. B. aus dem Ersatzteilgeschäft und weiteren **Carry-over-Effekten** (vgl. Simon/Faßnacht [Preismanagement] 258 ff.) oder Gewährleistungen; Vorlaufkosten und -erlöse können etwa auf Kundenanzahlungen oder vorschüssig gezahlte Provisionen zurückgehen. Für die **Preispolitik** sind solche zeitlichen Verbundzusammenhänge von besonderer Bedeutung. Sie ermöglichen z. B. den Absatz von Tintenstrahldruckern zu Preisen unterhalb der variablen Kosten. Über eine Preisführerschaft soll dann ein möglichst hoher Absatz generiert werden. Durch den späteren Verkauf von Tintenkartuschen will man wieder entsprechende Deckungsbeiträge verdienen. Die Preisuntergrenzenermittlung sowie die gesamte Preisgestaltung darf sich damit nicht auf das eigentliche Grundgeschäft, hier den Druckerverkauf, beschränken, sondern muss das gesamte Verbundgeschäft über den Lebenszyklus der einzelnen Produktstücke hinweg umfassen.

Rechentechnische Grundlage für die Erfassung solcher zeitlichen Verbundzusammenhänge ist eine investitionsrechnerisch orientierte **Lebenszyklusrechnung** (vgl. Troßmann [Investition] 423 ff., für eine simulative Erfassung Baumeister [Lebenszykluskosten]; als Anwendung siehe Fallstudie 12, S. 194). Sie ist eine Erfolgsrechnung für einen Produktzyklus oder einen Teil davon. Der Produktstück-Lebenszyklus gibt den zeitlichen Verlauf der Zahlungen wieder, die aus einer Einheit der Produktart resultieren. Er umfasst insbesondere alle relevanten Vorlauf- und Nachlaufzahlungen. Aus der Markt-Lebenszyklusanalyse kommen die Mengen, die in den einzelnen Verkaufsperioden abgesetzt werden. Erst die Gesamtabrechnung über den ganzen Marktzyklus mit den jeweiligen Ergebnissen der Produktstückzyklusrechnungen ermöglicht die Analyse von Preissetzungsstrategien. Dazu müssen die Absatzmengen in den verschiedenen Marktzyklusphasen abhängig von der Preishöhe prognostiziert werden. Dem können beispielsweise zeitlich differenzierte PreisAbsatz-Funktionen zugrunde liegen. Die Lebenszyklusrechnung stellt ein Rahmenkonzept zur Verfügung, mit dem u. a. sämtliche preispolitische Maßnahmen mit zeitlich differenzierten Erfolgsauswirkungen analysiert werden können.

Analog zum Produktlebenszyklus gibt der **Kundenlebenszyklus** den zeitlichen Verlauf der Zahlungen wieder, die aus der gesamten Geschäftsbeziehung mit einem einzelnen Kunden resultieren. Eine Preisgrenzen-Fragestellung in einer Bank ist dann z. B., wie hoch die Einlage auf einem Geschenk-Sparbuch für Neugeborene sein darf, um aus erwarteten Folgegeschäften diesen Einmalbetrag und noch auftretende Verwaltungskosten decken zu können. Für die Berechnung sind u. a. Prognosen nötig, wie viele der Neugeborenen später überhaupt deckungsbeitragsbringende Bankleistungen in Anspruch nehmen, in welcher Größenordnung und wann dies der Fall sein wird. Die durchschnittlich zu erwartenden Deckungsbeiträge werden von bestimmten Kundenmerkmalen abhängig sein, die typischerweise auch Grundlage einer Kundensegmentierung sind. Die erwartete Verweildauer eines Kunden in den jeweiligen Segmenten über die gesamte Dauer der Geschäftsbeziehung hinweg erlaubt dann die Berechnung einer oberen und unteren Schranke des erwarteten **Customer Lifetime Value** (vgl. für Details Baumeister/Alt [Verweildauerprognose]; siehe Fallstudie 13, S. 209).

Neben zeitlichen gibt es sachliche Verbundgeschäfte. Sie entstehen aus einem Angebots- oder Nachfrageverbund mehrerer Produkte. Mehrere Güterarten werden dann von der Unternehmung nur in Kombination angeboten (**Bundling**) oder vom Markt nur in Kombination nachgefragt (vgl. Voeth [Gruppengütermarketing] 127 ff.). Auch hier kann die Preisgrenzenermittlung nicht am einzelnen Produkt des Verbundgeschäfts, sondern muss am gesamten verbundenen Güterbündel ansetzen. So eröffnet sich im Preismanagement die Möglichkeit zum **kalkulatorischen Ausgleich** zwischen verbundenen Gütern. Damit kann eine bewusste Quersubventionierung von Produkten verbunden sein, die sich etwa aus marketingpolitischen Gründen empfiehlt. Zu den Anwendungsfällen gehören auch Sonderangebote, bei denen einzelne Güter unterhalb ihrer variablen Kosten angeboten werden in der Erwartung, dass die Kunden bei dieser Gelegenheit hinreichend viel von Produkten mit positiven Deckungsbeiträgen mitkaufen werden. Entscheidungslogisch behandelt man sachliche Verbundgeschäfte vorteilhaft wie Kuppelproduktionen mit dem Päckchen-Konzept. Allerdings kann hier, wie bei der im Beispiel angeführten Sonderangebotsstrategie, die Päckchenzusammensetzung auch Prognoserisiken unterliegen. Dies erfordert eine entsprechende Risikoberücksichtigung, da sich zum Kaufverhalten der Kunden nur Wahrscheinlichkeitsprognosen stellen lassen.

Eine besondere Art des sachlichen Verbundes stellen **Risikoverbundgeschäfte** dar. Sie zeigen sich etwa bei Beschaffungs- und Absatzgeschäften in unterschiedlichen Währungsgebieten. Die Möglichkeiten zum Risikoausgleich innerhalb des Risikoverbundes eröffnen ein weites Feld risikopolitischer Maßnahmen, die eine Preisgrenzenermittlung deutlich beeinflussen können (vgl. Baumeister [Währungsrisiko]; siehe Fallstudie 9, S. 150).

f) Typische Preissetzungsstrategien

Für die Preissetzung existieren verschiedene Standardstrategien (vgl. Nieschlag/Dichtl/Hörschgen [Marketing] 799 ff.). Bei der **Abschöpfungsstrategie** (skimming pricing) verlangt man für Neuprodukte anfänglich hohe Preise und reduziert sie dann bei zunehmender Markterschließung. Damit soll eine Art Innovationsrente abgeschöpft werden, da Käufer von Innovationen wegen des damit verbundenen Imageeffekts oftmals bereit sind, höhere Preise für ein Produkt zu bezahlen. Die Niedrigpreisstrategie bezweckt das Gegenteil, nämlich ein möglichst rasches Ausschöpfen des Marktpotenzials. Allgemein ist zu entscheiden, ob eine eigenständige Hoch- oder Niedrigpreisstrategie verfolgt werden soll, oder ob sich die Unternehmung den Marktpreisen anpassen soll. Dies wird als **Preisnehmerschaft** bezeichnet.

Mit der Preissetzung wird eine **Marktbearbeitungsstrategie** festgelegt, bei der es um die Art der angestrebten Beeinflussung des Käuferverhaltens auf den relevanten Märkten geht. Die Preisstrategie ist als ein Element der gesamten strategischen Marktpositionierung anzusehen. So ist eine Marktdurchdringung, also die Umsatzsteigerung auf bestehenden Märkten, mit den bestehenden Produkten in gesättigten Märkten in der Regel kaum mit einer Hochpreisstrategie erreichbar, während diese bei einer Markt- oder Produktentwicklung, also der Einführung neuer Produkte oder bestehender Produkte auf neuen Märkten, durchaus erfolgversprechend sein könnte.

Ein Instrument der Preispolitik ist auch die Preisdifferenzierung. Sie kann u. a. über eine differenzierte **Rabattpolitik** erreicht werden. Ausgangspunkt hierbei sind Katalog- bzw. Listenpreise, auf die individuell oder systematisch Abschläge gewährt werden. Hier kann das Preismanagement auch der Kundenbindung dienen, z. B. wenn umsatzbezogene Rabattstaffeln vereinbart oder standardisiert über Kundenkarten angeboten werden, bei denen sich die Rabatthöhe bei zunehmendem Jahresumsatz des Kunden erhöht. Eine regionale Preisdifferenzierung ist insbesondere für international tätige Unternehmen relevant; die unterschiedlichen Absatzräume sind dabei durch zahlreiche Merkmale wie unterschiedliche Währungen, Rechtssysteme, technische Standards oder auch Sprachen abgegrenzt. Allerdings kann in manchen Fällen eine Preisdifferenzierung auch unerwünscht sein. In diesem Fall wird eine **Preisbindung** der Absatzhändler angestrebt. Zur Erfolgsanalyse einer solchen strategischen Positionierung, die als grundlegender Gestaltungsrahmen eine nur schwer reversible langfristige Entscheidung darstellt, empfiehlt sich regelmäßig eine entsprechend umfassende Lebenszyklusrechnung.

Fallstudie 11: Plastro oHG

Preisentscheidungen bei Kuppelproduktion

Problembeschreibung:

Die Plastro oHG betreibt seit vielen Jahren eine Produktionsanlage, mit der man vollautomatisch ein besonders flauschiges textilartiges Gewebe herstellen kann. Die Einsatzmaterialien bestehen zum größten Teil aus einem bestimmten Kunststoffgranulat sowie einem geringen Teil Baumwolle. Die Produktionsanlage ist zwar recht alt, arbeitet aber noch in der ursprünglichen Qualität. Aus technischen Gründen kann das Gewebe nur in sehr ungünstiger Abmessung produziert werden. Daher wurde im Automat ein Zerteilungsmechanismus integriert, der aus der Gewebefläche eines Arbeitsganges drei Arten von handlicheren Stücken zuschneidet. Das Aufteilungsverhältnis einer Mengeneinheit des Grundgewebes in die drei Zwischenproduktarten ist dabei starr. Eine Änderung dieser Aufteilung käme einer Zerstörung der gesamten Anlage gleich, so dass eine **starre Kuppelproduktion** vorliegt. Die drei Zwischenproduktarten lassen sich wie folgt charakterisieren:

- Zum einen handelt es sich um Teilstücke, die zu Bettdecken (Oberdecken) weiterverarbeitet werden können. Hiervon fallen pro Grundgewebe-Einheit zwei Exemplare an.

- Zum zweiten handelt es sich um ein etwas schmaler geschnittenes Teilstück, das zu einem Unterbett weiterverarbeitet werden kann. Hiervon fällt pro Mengeneinheit lediglich ein Exemplar an.

- Schließlich entstehen pro Einheit des Grundgewebes vier Reststücke, die zu Nackenstützen weiterverarbeitet werden können.

Alle Zwischenprodukte müssen nach Verlassen des beschriebenen Automaten auf der gleichen Nähanlage weiterverarbeitet werden. Dies liegt darin begründet, dass die Gewebeverflechtung des vorliegenden Natur-Kunststoff-Mischgewebes nur sehr oberflächlich ist. Daher müssen die nach dem Zerteilen entstandenen Schnittkanten vernäht werden, um ein Auflösen des gesamten Gewebes zu verhindern. Nach einigen abschließenden Appretur-Behandlungen liegen jeweils verkaufsfähige Produkte vor. Die gesamte Kollektion wird unter dem Namen PLASTRO-Betten zum Verkauf angeboten. Im einzelnen handelt es sich um folgende Endfabrikate:

- PLASTRO-Oberbett einfach;

- PLASTRO-Oberbett doppelt (hierzu werden zwei Oberbett-Zwischenproduktteile zusammengenäht, so dass eine besonders dicke und flauschige Bettdecke entsteht);

- PLASTRO-Unterbett;

- PLASTRO-Nackenstütze (aus vier Reststücken lassen sich dabei zehn Nackenstützen gewinnen).

In der Weiterverarbeitung der Zwischenprodukte für die Oberbetten besteht also die Möglichkeit, jeweils ein solches Zwischenprodukt zu einer PLASTRO-Oberdecke einfach weiterzuverarbeiten oder jeweils zwei davon zu einem Exemplar einer PLASTRO-Oberdecke doppelt einzusetzen.

Eine weitere Produktionsalternative besteht in der Weiterverarbeitung der Reststücke, die als Zwischenprodukte für die Nackenstützen vorgesehen sind. Anstelle des Verkaufs kann man nämlich diese Teile auch direkt der Müllhalde übergeben. Allerdings müssen dazu vorher verschiedene Chemikalien ausgewaschen werden. Um zu vermeiden, dass die hierzu benutzte Waschanlage durch die ausgelösten Gewebeteile verstopft, müssen auch die für den Müll vorgesehenen Reststücke zunächst an den Rändern grob vernäht werden. Zusätzlich müssen die Reststücke noch auf eine bestimmte Maximalbreite abgenäht werden, da sie das Förderband der Waschanlage nicht überragen dürfen. Für die Vernichtung eines Reststückes fallen insgesamt 15 Minuten Verarbeitungszeit an; die Kosten für die Vernichtung liegen einschließlich der chemischen Auswaschung bei 20 € je Reststück.

Der Absatz der PLASTRO-Betten hat im Vergleich zu früher nachgelassen. Man bemüht sich daher, die Produktion unter Kosten- und Deckungsbeitragsgesichtspunkten genauer zu untersuchen. Hierzu sind folgende Daten bereits erfasst worden:

	PLASTRO-Oberbett einfach	PLASTRO-Oberbett doppelt	PLASTRO-Unterbett	PLASTRO-Nackenstütze
Kosten der Weiterverarbeitung pro Stück	20 €	40 €	30 €	8 €
Verarbeitungszeit pro Stück	4 Min.	28 Min.	12 Min.	4 Min.
Netto-Verkaufspreis	95 €	210 €	40 €	10 €
maximale Absatzmenge im Planungszeitraum	80 Stk.	150 Stk.	300 Stk.	1.000 Stk.

- Das pro Arbeitsgang des Produktionsautomaten entstehende und später zerteilte Grundgewebe verursacht Material- und Fertigungs-Einzelkosten in Höhe von 60 € pro Mengeneinheit.

- Die Einzelkosten der einzelnen PLASTRO-Produkte sind der obenstehenden Tabelle zu entnehmen. In ihr ist auch die Weiterverarbeitungszeit auf der Nähanlage genannt, von der im Planmonat lediglich 250 Stunden zur Verfügung stehen. Ebenfalls aufgeführt sind die geltenden Verkaufspreise sowie die maximalen Absatzmengen, die gemäß einer verlässlichen Prognose von den einzelnen PLASTRO-Betten-Produkten abgesetzt werden könnten.

Die geschilderte Produktion wird von den beiden Brüdern Anton und Paul Plastro betrieben. Sie wollen bei den gegebenen Mengen- und Wertgrößen ihre Produktion und ihren Absatz optimieren. Anton hat einige Semester studiert, ist jedoch bei vielen Vorlesungsstunden nicht bis zum Schluss geblieben. Paul hingegen hat sich dem Literaturstudium gewidmet, allerdings vorwiegend die leicht lesbaren Passagen ausgewählt. Beide sind somit nicht ganz sicher, wie im vorliegenden Fall vorgegangen werden soll.

Anton Plastro schlägt folgendes Verfahren vor: Er definiert ein sogenanntes Produktpäckchen A. Es besteht aus

- einem PLASTRO-Oberbett doppelt,

- einem PLASTRO-Unterbett,

- sowie zehn PLASTRO-Nackenstützen.

Ein solches Produktpäckchen müsse man insgesamt betrachten, so sagt er, da es auch gemeinsam produziert werden könne. Er vertritt die Meinung, man müsse noch weitere, anders zusammengesetzte Päckchen definieren und daraus das optimale Produktionsprogramm zusammensetzen.

Paul Plastro schlägt demgegenüber vor, ein lineares Planungsmodell für den gesamten Problembereich zu formulieren. Aus dessen Lösung könne dann das optimale Produktionsprogramm entnommen werden.

Dem hält Anton entgegen, diesen Umweg könne man vermeiden. Im vorliegenden Fall sei ja nur eine einzige Kapazität, nämlich die der Nähanlage, beschränkt. Deshalb könne man vorgehen wie im Falle der Produktionsprogramm-Optimierung einzelner Produktarten bei einem einzigen Engpass. Dort verwendet man die Methode des Deckungsbeitrages pro Engpasseinheit. Auf die gleiche Weise müsse man hier vorgehen, jedoch anstelle einzelner Produktarten die definierten Produktpäckchen verwenden.

Aufgabenstellung zu Fallstudie 11 (Plastro oHG):

Aufgabe 1: Produktionsstruktur bei Kuppelproduktion

Stellen Sie in einer übersichtlichen grafischen Darstellung (z. B. netzwerkartig) die mengenmäßige Produktionsstruktur im vorliegenden Fall dar.

Aufgabe 2: Deckungsbeitragsermittlung für Kuppelprodukte

(a) Definieren Sie nach dem Vorschlag von Anton weitere sinnvolle Produktionspäckchen nach eigener Wahl. Überlegen Sie, wie viele solcher Päckchenarten zur Erfassung der gesamten Produktionsmöglichkeiten notwendig sind. Auch wenn Sie der Meinung sind, es sollten mehr sein, begnügen Sie sich in jedem Fall mit maximal fünf solcher Päckchen.

(b) Berechnen Sie für das von Anton Plastro angeführte Produktpäckchen A und die weiteren von Ihnen definierten Produktpäckchen den Deckungsbeitrag pro Päckchen sowie die Kapazitätsbelastung auf der Nähanlage pro Päckchen.

Aufgabe 3: Absatz- und Produktionsprogrammplanung

(a) Führen Sie eine Produktionsprogrammplanung nach dem Vorschlag von Anton durch. Verwenden Sie dabei die von Ihnen gebildeten Päckchenarten und beschränken Sie sich auf die von Ihnen festgestellte Mindestzahl von Päckchenarten (in jedem Fall aber maximal fünf).

(b) Formulieren Sie das von Paul Plastro geforderte, lineare Planungsmodell für den vorliegenden Fall und lösen Sie es. Gehen Sie hier und im Weiteren zur Vereinfachung davon aus, dass Ganzzahligkeitsbedingungen nicht zu berücksichtigen sind.

(c) Klären Sie, welcher der beiden Plastro-Brüder recht hat. Genügt es im vorliegenden Fall, eine Produktionsplanung mit Hilfe relativer Deckungsbeiträge durchzuführen oder ist doch ein linearer Planungsansatz erforderlich?

Aufgabe 4: Break-even-Berechnung für Marketingmaßnahmen

Ein Absolvent der Universität Hohenheim hat das Problem der Plastro-Brüder untersucht und folgende Lösungsmöglichkeit vorgeschlagen:

Die Absatzstrategie wird völlig geändert. Künftig werden die Bettenprodukte unter der Bezeichnung

> *BIODECKE RHEUMEX-GARANT LUXUS mit hohem Naturwollanteil, 10 Jahre Garantie auf die Imprägnierung*

angeboten. Der Verkauf erfolgt ausschließlich auf Werbeverkaufsveranstaltungen im Zusammenhang mit einer sogenannten Kaffeefahrt. Jeder Teilnehmer an einer solchen Fahrt zahlt einen Kostenbeitrag von nur 7 €. Er erhält dafür, gemäß der Ankündigung auf vorher verteilten Handzetteln, ein halbes Pfund gesunde und kräftige Hohenheimer Land-Biobutter, einen großen Bauernkipf, ein Vorratsstück saftigen Schinkens sowie ein wertvolles Überraschungsgeschenk. Außerdem sind im Fahrpreis inbegriffen: eine Tasse köstlichen Bohnenkaffees sowie ein großes Stück frischer Torte nach Gutsherrenart. Die Teilnehmer fahren zunächst durch eine landschaftlich reizvolle Gegend, erhalten dann die Möglichkeit eines Besuches der Hohenheimer Universitätsbibliothek (ohne Aufpreis). Im Anschluss daran gibt es Kaffee mit Kuchen und die Möglichkeit zur Teilnahme an der Werbeverkaufsveranstaltung. Erst danach werden die zugesagten Geschenke verteilt.

Die Kosten für die verteilten Waren setzen sich pro Gast wie folgt zusammen:

- Kaffee und Kuchen: 3,00 €
- Butter: 2,00 €
- Brot: 2,00 €
- Schinken: 3,00 €
- gepresste Glasplatte mit kleinen Fehlern (Überraschungsgeschenk):   4,50 €

Für jede Werbefahrt müssen ferner für den Bus 1.000 €, für das Drucken und Verteilen der Handzettel 200 € sowie für Trinkgelder 25 € gerechnet werden.

Über den Gegenstand der Werbung werden die Teilnehmer vorher nicht unterrichtet. Eine eigens dafür ausgebildete Kraft wird etwa zwei Stunden über die Vorteile einer Wollfüllung für Bettdecken im Vergleich zu Federnfüllungen sprechen und dies mit verschiedenen Beispielen erläutern. Danach wird ein Oberbett der Marke *BIODECKE RHEUMEX-GARANT LUXUS* angeboten. Dabei handelt es sich um das bisher als PLASTRO-Oberbett doppelt verkaufte Produkt. Die Kunden werden insbesondere auf die zweifache Lage des Wollgewebes hingewiesen. Der Preis beträgt 799 €. Nur ein sofortiger Kauf ist möglich. In diesem Falle erhält der Käufer ein Unterbett, Marke *BIODECKE RHEUMEX-GARANT LUXUS* mit hohem Naturwollanteil kostenlos dazu, ferner als einmaliges Sonderangebot weiterhin kostenlos noch zehn Exemplare der Bio-Nackenstütze der Marke *RHEUMEX-GARANT LUXUS*. Es ist klar, um welche Produkte es sich bei diesem Pack handelt.

Berechnen Sie, wie viele erfolgreiche Verkäufe dieser Art pro Werbefahrt notwendig sind, damit sich die Fahrt lohnt. Gehen Sie davon aus, dass an einer Werbefahrt 50 Personen teilnehmen und dass für die Werbeverkäuferin eine Provision von 349 € pro verkauftem Pack anfällt.

Aufgabe 5: Preisgrenzenbestimmung

(a) Auf den Vorschlag der Werbeverkaufsfahrt gehen die Plastro-Brüder zunächst nicht ein. Bei Verkauf nach bisheriger Art wird die Kapazitätsgrenze der Nähanlage wirksam. In nächtelanger Tüftelei haben die beiden Brüder dafür einen Opportunitätskostensatz von 0,25 € pro Minute der Nähanlage berechnet. Erläutern Sie, was ein solcher Opportunitätskostensatz aussagt und errechnen Sie ihn mit Hilfe des Lösungstableaus aus Aufgabe 3.

(b) Bei der gegenwärtigen Verkaufsstrategie der Plastro-Brüder stellt sich heraus, dass die Nackenstützen nicht in hinreichend großer Menge nachgefragt werden. Man interessiert sich deshalb für die Preisuntergrenze. Gehen Sie davon aus, dass der Opportunitätskostensatz von 0,25 € pro Minute für die Nähanlage zutrifft. Wo liegt dann die Preisuntergrenze für die Nackenstütze?

(c) Eine genauere Analyse der Daten hat die Plastro-Brüder dazu gebracht, künftig ihre Produkte ausschließlich in Werbeverkaufsveranstaltungen der oben geschilderten Art abzusetzen. Die Nachfrage auf diesen Veranstaltungen ist so groß, dass teilweise interessierte Kunden abgewiesen werden müssen. Jeder andere Direktverkauf der Ober- und Unterbetten wird daher ausgeschlossen.

Allerdings werden von den Käufern die kostenlos beigegebenen Nackenstützen nicht immer akzeptiert. Die Erfahrung zeigt, dass jede fünfte Nackenstütze ersatzlos zurückgegeben wird. Gehen Sie davon aus, dass die Vernichtung einer bereits produzierten Nackenstütze zusätzlich zwei Minuten auf der Produktionsanlage beansprucht und zusätzliche Kosten in Höhe von 5 € je Stück verursacht. Die Plastro-Brüder denken daran, die zurückgegebenen Nackenstützen separat anzubieten. Wie hoch liegt die Preisuntergrenze für den Verkauf solcher Nackenstützen?

Lösungshinweise zu Fallstudie 11 (Plastro oHG):

Aufgabe 1: Produktionsstruktur bei Kuppelproduktion

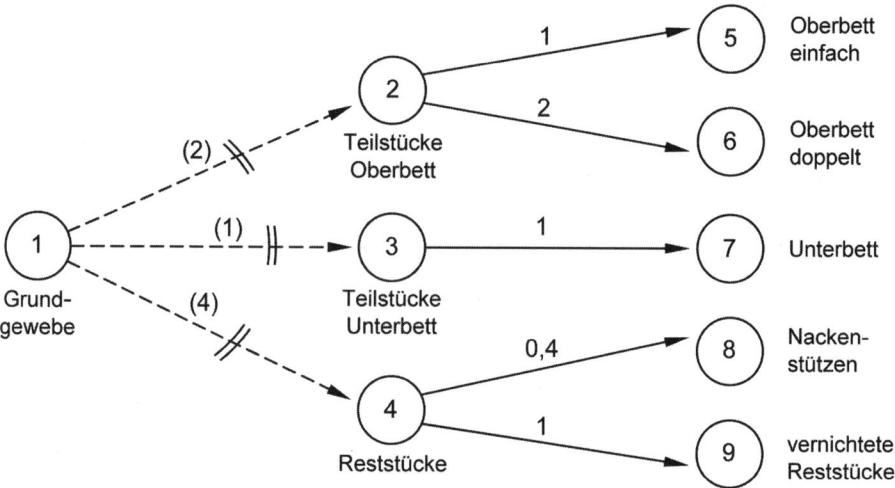

Bei der Aufteilung des Grundgewebes liegt eine starre Kuppelproduktion vor, für welche die Aufteilungsverhältnisse in Klammern angegeben sind. Die eine Kuppelproduktion bestimmende **prozessbedingte Divergenz** ist durch Doppelbögen gekennzeichnet. Bei der Weiterverarbeitung der Zwischenprodukte stehen Entscheidungsmöglichkeiten offen, die hier zu einer **programmbedingten Divergenz** führen. Für diese sind entsprechende Produktionskoeffizienten als Input-Output-Verhältnis angegeben.

Aufgabe 2: Deckungsbeitragsermittlung für Kuppelprodukte

(a) Päckchen	A	B	C	D
Päckchenzusammenstellung:				
Oberbett einfach		2 Stk.		2 Stk.
Oberbett doppelt	1 Stk.		1 Stk.	
Unterbett	1 Stk.	1 Stk.	1 Stk.	1 Stk.
Nackenstütze	10 Stk.	10 Stk.		
vernichtete Reststücke			4 Stk.	4 Stk.

Während bei der Grundgewebeaufteilung aufgrund der Eigenschaften der vorhandenen Produktionsanlage kein Entscheidungsspielraum offensteht, sind bei der Weiterverarbeitung der Stoffe zwei einfache Entscheidungsmöglichkeiten mit je zwei Alternativen gegeben. Insgesamt lassen sich somit $2 \cdot 2 = 4$ Grundpäckchen definieren, aus denen sich durch Linearkombination sämtliche Päckchenzusammenstellungen, die bei gleicher Grundgewebemenge möglich sind, erzeugen lassen. Dabei ist nach gegebener Grundstoffmenge auf die Ganzzahligkeit der entstehenden Produktionsmengen zu achten.

(b)

Päckchen	A	B	C	D
Erlöse:				
Oberbett einfach		190 €		190 €
Oberbett doppelt	210 €		210 €	
Unterbett	40 €	40 €	40 €	40 €
Nackenstütze	100 €	100 €		
Päckchenerlös	350 €	330 €	250 €	230 €
Kosten:				
Verbundkosten	60 €	60 €	60 €	60 €
Oberbett einfach		40 €		40 €
Oberbett doppelt	40 €		40 €	
Unterbett	30 €	30 €	30 €	30 €
Nackenstütze	80 €	80 €		
vernichtete Reststücke			80 €	80 €
Päckchenkosten	210 €	210 €	21 €	210 €
Päckchendeckungsbeitrag	140 €	120 €	40 €	20 €
Verarbeitungszeiten:				
Oberbett einfach		8 Min.		8 Min.
Oberbett doppelt	28 Min.		28 Min.	
Unterbett	12 Min.	12 Min.	12 Min.	12 Min.
Nackenstütze	40 Min.	40 Min.		
vernichtete Reststücke			60 Min.	60 Min.
Päckchenverarbeitungszeit	80 Min.	60 Min.	100 Min.	80 Min.

Aufgabe 3: Absatz- und Produktionsprogrammplanung

(a) Zunächst sind die engpassspezifischen Deckungsbeiträge der Produktpäckchen zur Festlegung der Produktionsrangfolge zu ermitteln.

Päckchen	A	B	C	D
Deckungsbeitrag pro Produktpäckchen	140 €	120 €	40 €	20 €
Verarbeitungszeit	80 Min.	60 Min.	100 Min.	80 Min.
relativer Päckchendeckungsbeitrag	1,75 €/Min.	2,00 €/Min.	0,40 €/Min.	0,25 €/Min.
Rang	2	1	3	4

In der gefundenen Rangfolge ist der jeweiligen Päckchenart eine so große Produktionsmenge zuzuordnen, bis entweder die Kapazität der Produktionsanlage oder die Absatzmenge eines der Endprodukte im jeweiligen Päckchen erschöpft ist.

		Oberbett einfach 5	Oberbett doppelt 6	Unter-bett 7	Nacken-stütze 8	Kapazität
B	Grenzen	80 Stk.	150 Stk.	300 Stk.	1000 Stk.	15.000 Min.
	Päckchenstruktur	2 Stk.		1 Stk.	10 Stk.	60 Min.
	maximale Päckchenzahl	**40 Stk.**		300 Stk.	100 Stk.	250 Stk.
	40 Päckchen	80 Stk.		40 Stk.	400 Stk.	2.400 Min.
A	neue Grenzen	0 Stk.	150 Stk.	260 Stk.	600 Stk.	12.600 Min.
	Päckchenstruktur		1 Stk.	1 Stk.	10 Stk.	80 Min.
	maximale Päckchenzahl		150 Stk.	260 Stk.	**60 Stk.**	157,5 Stk.
	60 Päckchen		60 Stk.	60 Stk.	600 Stk.	4.800 Min.
C	neue Grenzen	0 Stk.	90 Stk.	200 Stk.	0 Stk.	7800 Min.
	Päckchenstruktur		1 Stk.	1 Stk.		100 Min.
	maximale Päckchenzahl		90 Stk.	200 Stk.		**78 Stk.**
	78 Päckchen		78 Stk.	78 Stk.		7.800 Min.
	Rest	0 Stk.	12 Stk.	122 Stk.	0 Stk.	0 Min.

Der Gesamtdeckungsbeitrag ergibt sich zu:

60 Stk. · 140 €/Stk. + 40 Stk. · 120 €/Stk. + 78 Stk. · 40 €/Stk. = 16.320 €.

(b) Mit x_A, x_B, x_C und x_D als Mengenvariablen für die Produktpäckchen A, B, C und D ergibt sich das folgende lineare Planungsmodell:

Ziel: $140 \cdot x_A + 120 \cdot x_B + 40 \cdot x_C + 20 \cdot x_D \to$ max!

Nähzeitrestriktion: $80 \cdot x_A + 60 \cdot x_B + 100 \cdot x_C + 80 \cdot x_D \leq 15.000$

Absatzrestriktionen:

Oberbett einfach $2 \cdot x_B + \quad + 2 \cdot x_D \leq 80$

Oberbett doppelt $1 \cdot x_A + \quad 1 \cdot x_C \quad \leq 150$

Unterbett $1 \cdot x_A + 1 \cdot x_B + 1 \cdot x_C + 1 \cdot x_D \leq 300$

Nackenstütze $10 \cdot x_A + 10 \cdot x_B \quad \leq 1.000$

Nichtnegativitätsbedingungen:

$$x_A, x_B, x_C, x_D \geq 0$$

Mit den Schlupfvariablen s_0 für die Verarbeitungszeitrestriktion und s_5, s_6, s_7 und s_8 als Absatzschlupfe für die Produkte Oberbett einfach, Oberbett doppelt, Unterbett und Nackenstütze kommt man zu folgendem Anfangstableau:

1.	Lösung	x_A	x_B	x_C	x_D	s_0	s_5	s_6	s_7	s_8
Z	0	−140	−120	−40	−20	0	0	0	0	0
s_0	15.000	80	60	100	80	1	0	0	0	0
s_5	80	0	2	0	2	0	1	0	0	0
s_6	150	1	0	1	0	0	0	1	0	0
s_7	300	1	1	1	1	0	0	0	1	0
s_8	1.000	10	10	0	0	0	0	0	0	1

Nach drei Umformungen ergibt sich das folgende Endtableau:

4.	Lösung	x_A	x_B	x_C	x_D	s_0	s_5	s_6	s_7	s_8
Z	16.500	0	0	0	0	0,25	0	15	0	10,5
x_B	25	0	1	0	1	1/80	0	−5/4	0	1/40
s_5	30	0	0	0	0	−1/40	1	5/2	0	−1/20
x_C	75	0	0	1	1	1/80	0	−1/4	0	−3/40
s_7	125	0	0	0	0	−1/80	0	1/4	1	−1/40
x_A	75	1	0	0	−1	−1/80	0	5/4	0	3/40

Es werden somit 75 Päckchen A, 25 Päckchen B und 75 Päckchen C gefertigt, die insgesamt 16.500 € Deckungsbeitrag erbringen.

(c) Antons Optimierungsprozess beruht auf einem Irrtum: Die Produktpäckchen konkurrieren nämlich nicht nur um einen Engpass (Verarbeitungszeit), sondern sie stehen auch im Wettbewerb um die Ausschöpfung der Absatzgrenzen ihrer Elemente. Daher genügt die Produktionsprogrammplanung mit Hilfe relativer Deckungsbeiträge in diesem Fall nicht. Vielmehr ist zur Berücksichtigung aller fünf gemeinsamer Engpässe der von Paul geforderte lineare Planungsansatz erforderlich.

Aufgabe 4: Break-even-Berechnung für Marketingmaßnahmen

Für die Break-even-Berechnung ist zunächst der Deckungsbeitrag bei Durchführung der Kaffeefahrt zu ermitteln. Die Erlöse der Kaffeefahrt sind von der Anzahl x verkaufter Biodecken *RHEUMEX-GARANT LUXUS* abhängig. Sie ergeben sich zusammen mit dem Beitrag der Fahrtteilnehmer (50 · 7 €) zu:

350 € + 799 € · x.

Dagegen stehen die Kosten für Werbegeschenke (50 · 14,50 €), fixe Kosten für die Durchführung einer Kaffeefahrt (1.225 €), die Produktion des angebotenen Produktpäckchens (210 €) sowie die Verkaufsprovision (349 €):

1.950 € + 559 € · x.

Der Deckungsbeitrag einer Kaffeefahrt ergibt sich demnach zu:

240 € · x − 1.600 €.

Isoliert betrachtet müssen also

$$240 € \cdot x - 1.600 € \geq 0 \Leftrightarrow \geq 7 \text{ Biodecken}$$

verkauft werden.

Allerdings berücksichtigt dies nicht die alternativ mögliche Verwendung des Produktpäckchens A im regulären Verkauf. Die **Opportunitätskosten** entsprechen pro Päckchen dem verlorengehenden Deckungsbeitrag in Höhe von 140 €, sofern der Absatz der regulären Produkte durch die Werbeverkaufsveranstaltung nicht beeinträchtigt wird. Bei Berücksichtigung des bisherigen Verkaufskonzepts lohnt die Kaffeefahrt also erst im Fall von mehr als 16 Decken:

$$240 € \cdot x - 1.600 € \geq 140 € \cdot x \Leftrightarrow \geq 16 \text{ Biodecken}.$$

Aufgabe 5: Preisgrenzenbestimmung

(a) Die Opportunitätskosten in Höhe von 0,25 € pro Maschinenminute lassen sich direkt als Dualwert aus dem Optimaltableau der linearen Programmplanung entnehmen. Der Dualwert steht als Zielfunktionskoeffizient für die ausgelastete Kapazität und stellt einen Grenzdeckungsbeitrag dar. So würde eine zusätzliche bzw. eine ungenutzte Fertigungsminute in der Näherei 0,25 € Zuwachs bzw. Einbuße an Deckungsbeitrag bedeuten. Dieser Wertansatz ist allerdings nur innerhalb des Stabilitätsbereichs der Optimallösung zutreffend.

Dualwerte bilden die Opportunitätskosten ab. Sie ergeben sich aus der Veränderung des optimalen Produktionsprogramms, die sich an den Mengenkoeffizienten im Optimaltableau ablesen lässt, bewertet mit den jeweiligen Stückdeckungsbeiträgen. Kann die Produktionsanlage eine Minute nicht genutzt werden, so weist der Fertigungszeitschlupf den Wert $s_0 = 1$ statt 0 wie in der Optimallösung auf. Greift man die relevanten Zeilen des Optimaltableaus in Gleichungsschreibweise heraus:

$$
\begin{aligned}
Z &= 16.500 - (\ldots \quad 0{,}25 \cdot s_0 \ldots) \\
x_B &= 25 - (\ldots \quad 1/80 \cdot s_0 \ldots) \\
s_5 &= 30 - (\ldots \quad -1/40 \cdot s_0 \ldots) \\
x_C &= 75 - (\ldots \quad 1/80 \cdot s_0 \ldots) \\
s_7 &= 125 - (\ldots \quad -1/80 \cdot s_0 \ldots) \\
x_A &= 75 - (\ldots \quad -1/80 \cdot s_0 \ldots),
\end{aligned}
$$

so erkennt man, dass für $s_0 = 1$ von B und C jeweils 1/80 Päckchen weniger und von A 1/80 Päckchen mehr pro nicht genutzter Nähminute gefertigt werden würden. Es ergibt sich damit folgende Deckungsbeitragswirkung:

Päckchen	Deckungsbeitragsänderung
A	+ 1/80 Stk./Min. · 140,-- €/Stk. = + 1,75 €/Min.
B	− 1/80 Stk./Min. · 120,-- €/Stk. = − 1,50 €/Min.
C	− 1/80 Stk./Min. · 40,-- €/Stk. = − 0,50 €/Min.
	gesamte Wirkung: − 0,25 €/Min.

(b) In der gegenwärtigen Lösung werden Reststücke vernichtet, was die knappe Nähkapazität belastet. Könnten weitere Nackenstützen verkauft werden, würde dies die Nähkapazität entlasten. Die Vernichtung aller Reststücke einer Grundgewebeeinheit benötigt 4 Stk. · 15 Min./Stk. = 60 Min., während zehn Nackenstützen nur 10 Stk. · 4 Min./Stk. = 40 Min. Nähzeit beanspruchen. Die Vernichtung führt daher zu einem zusätzlichen Zeitbedarf von 20 Min./10 Stk. = 2 Min./Stk. pro Nackenstütze verglichen zur Weiterverarbeitung.

Mit dem bekannten Dualwert der Produktionsanlage von 0,25 €/Min. verbessert sich das Ergebnis somit pro Stück, das nicht vernichtet wird, um 0,25 €/Min. · 2 Min./Stk. = 0,50 €/Stk., da freiwerdende Nähzeit anderweitig genutzt werden kann. Außerdem entsprechen sich Vernichtungs- und Weiterverarbeitungskosten. Die **Preisuntergrenze** für eine zusätzliche Nackenstütze liegt damit bei −0,50 €. Die Plastro oHG könnte also einem potenziellen Käufer bis zu 0,50 € pro Nackenstütze bezahlen, ohne dass sich der erzielbare Gesamtdeckungsbeitrag verschlechtert.

Dasselbe Ergebnis erhält man, wenn man den Dualwert für den Absatzschlupf der Nackenstützen s_8 = 10,50 €/Stk. verwendet. Dieser besagt, dass der Absatz eines weiteren Stücks der Nackenstütze den Deckungsbeitrag um 10,50 € erhöht. Vom bisherigen Verkaufspreis der Nackenstütze in Höhe von 10,-- € je Stück könnten also bis zu 10,50 € nachgelassen werden, ohne dass sich der Gesamtdeckungsbeitrag verschlechtert. Somit erhält man auch hier als Preisuntergrenze:

10 €/Stk. − 10,50 €/Stk. = − 0,50 €/Stk.

(c) Die neue Verkaufsstrategie der Plastro-Brüder bedeutet, dass nur noch Päckchen A gefertigt wird und zwar bis zur Kapazitätsgrenze der Produktionsanlage, da keine anderen Absatzbeschränkungen mehr vorliegen. Die zurückgegebenen Nackenstützen (2 Stück pro Päckchen) müssen entweder vernichtet oder separat abgegeben werden. Die Preisuntergrenze bestimmt sich daher nach dem Deckungsbeitrag, der bei Vernichtung einer Nackenstütze entgeht.

Insgesamt können 15.000 Min./80 Min. je Päckchen = 187,5 Päckchen A gefertigt werden, wenn keine Nackenstützen zu vernichten sind. Die Vernichtung zurückgegebener Nackenstützen kostet 5 € pro Stück und benötigt 2 Min./Stk. Hierdurch entgeht ein Deckungsbeitrag für das Komplettpaket *BIODECKE RHEUMEX-GARANT LUXUS* mitsamt Zugaben in Höhe von

$$\frac{240 \cdot 2}{80} = 6{,}00 \text{ €} .$$

Somit würde es sich für die Plastro-Brüder lohnen, einem potenziellen Kunden bis zu 5 € + 6 € = 11 € zu zahlen, wenn er eine der zurückgegebenen Nackenstützen abnimmt.

Fallstudie 12: Yachta GmbH

Target Costing und Preisstrategien im Lebenszyklus

Problembeschreibung:

Die Yachta GmbH ist auf Holzvertäfelungen der Salons von Luxus-Yachten spezialisiert. Allerdings entwickelt sich das Geschäft nicht wie gewünscht, da hohe ungenutzte Kapazitäten bestehen und auch nicht mit einer anziehenden Nachfrage gerechnet wird. Daher hat Geschäftsführer S. Egelturn keine Hoffnung, die Kreditlast von derzeit 43 Millionen € innerhalb der nächsten zehn Jahre nennenswert zu senken. Anfang des Jahres 2 möchte er jedoch mit einer Produktinnovation das Ruder herumreißen: Er plant die Fertigung eines schnittigen Segelboots für Binnengewässer. Dieses soll durch neuartige Einsatzmaterialmischungen bei der Schale und dem Spanten-System einerseits besonders robust und seebeständig, andererseits aber auch besonders manövrierfähig sein. Von den Marktchancen eines derartigen Segelschiffes ist er überzeugt, da die Yachta GmbH vor allem beim Deckaufbau von der langjährigen Erfahrung als Yachten-Ausbauer profitieren und dem Kunden durch elegante Innenvertäfelung entscheidende Kaufanreize setzen könnte.

Im Bewusstsein ist S. Egelturn dabei das Motto seines Vaters und zugleich Alleingesellschafters „Alles zum Kundennutzen". So ist er froh, in einer Fachzeitschrift auf einen Beitrag zur Zielkostenrechnung gestoßen zu sein, die er für sein Problem als recht brauchbar ansieht. Er vergibt daher an ein Marktforschungsinstitut den Auftrag, die Anforderungen möglicher Kunden an ein Segelboot zu ermitteln. P. Fiffig, der Leiter des beauftragten Instituts, präsentiert ihm als Ergebnis die nachfolgende Tabelle mit den Bedeutungsanteilen von Produktfunktionen, zusammen mit einer sechsstelligen Rechnung und einer mehrseitigen Erläuterung, warum sich die Kundenanforderungen tatsächlich auf nur fünf verschiedene Produktfunktionen zurückführen lassen. P. Fiffig teilt noch mit, dass die Kunden derzeit einen Preis von 56.000 € für ein Segelboot der von S. Egelturn geplanten Art für angemessen halten.

Bedeutung der Produktfunktionen aus Kundensicht:

Produkt-funktion	Boots-handling	Wendigkeit	Sicherheit	Seebestän-digkeit	Wartungs-bedarf
Bedeutung	25 %	30 %	25 %	10 %	10 %

Entsetzt über die Rechnungshöhe ist S. Egelturn erleichtert, den nächsten Schritt der Zielkostenrechnung zusammen mit dem Leiter der Konstruktionsabteilung selbst erledigen zu können. Die beiden erstellen gemeinsam die folgende Übersicht. Sie zeigt die prozentualen Anteile, mit denen die Komponenten des Segelboots zur Erfüllung der von den Kunden gewünschten Funktionen beitragen.

Beitrag der Bootskomponenten zur Erfüllung der Produktfunktionen:

Funktion Komponente	Boots-handling	Wendigkeit	Sicherheit	Seebestän-digkeit	Wartungs-bedarf
Rumpf	5 %	15 %	30 %	40 %	20 %
Deckaufbau	20 %	10 %	20 %	25 %	40 %
Takelage/ Segelwerk	30 %	15 %	15 %	15 %	20 %
Ruderanlage	40 %	20 %	15 %	10 %	10 %
Kielschwert	5 %	40 %	20 %	10 %	10 %

Die weiteren Planungen lassen S. Egelturn an einen typischen Produktlebenszyklus des Segelboots glauben. Insbesondere geht er davon aus, dass die Nachfrage nach Segelbooten der geplanten Art nach fünf Verkaufsjahren am Markt komplett entfällt. Die Entwicklung der Verkaufspreise und möglicher Absatzmengen prognostiziert er wie folgt:

Verkaufsjahr	3	4	5	6	7
prognostizierter Absatz in Stück	150	250	400	200	100
prognostizierter Verkaufserlös je Stück in Tausend Euro		55		54,5	53

Für die Auftragsakquisition möchte S. Egelturn Außendienstmitarbeiter auf Provisionsbasis einsetzen. Jeder Neukunde hat für die Fertigung unabhängig vom Verkaufsjahr eine Anzahlung in Höhe von 20.000 € zu leisten. Da die Auslieferung produktionsbedingt erst im Folgejahr erfolgen kann, erhält der Kunde bei Anzahlung zum Trost einstweilen ein Bronzemodell seines späteren Bootes im Wert von 250 €. Bei Anzahlung durch den Kunden wird im ersten Produktionsjahr der Schiffsrumpf gefertigt sowie der Deckaufbau begonnen. Dies führt zu Herstellausgaben in Höhe von 27.000 €. Die Endmontage, für die weitere 20.000 € anfallen, erfolgt im Folgejahr. Für die Auslieferung fallen Ausgaben in Höhe von durchschnittlich 2.000 € pro Boot an. S. Egelturn prognostiziert einen Anstieg der jährlichen Ausgaben für Herstellung und Montage der Boote von 1,0 %. Alle anderen Ausgaben sollen aber konstant bleiben. Bei Auslieferung hat der Kunde den restlichen Kaufpreis zu entrichten. Die Außendienstmitarbeiter erhalten bei Anzahlung und endgültiger Zahlung der Kunden jeweils 10 % Provision; damit sind zugleich alle weiteren Verkäufe von Zubehörteilen abgegolten.

S. Egelturn rechnet damit, dass bei jedem 20. Boot im Jahr der Auslieferung reklamiert wird. Für die Beseitigung der Mängel prognostiziert er Ausgaben im Durchschnitt in Höhe von 1.500 € je Fall. Im Jahr nach der Auslieferung vermutet er durchschnittlich bei jedem 25. Boot Gewährleistungsausgaben in derselben Höhe.

S. Egelturn möchte den Kunden zusätzlich noch einen passenden Außenbordmotor zum Preis von 2.000 € anbieten, dessen Einkaufspreis bei 900 € liegt. S. Egelturn geht davon aus, dass jeder vierte Bootskäufer im Auslieferungsjahr einen Motor bestellt. In den beiden Jahren nach der Auslieferung des Bootes greift vermutlich nur noch jeder zehnte Bootsbesitzer zu. Gegen einen Aufpreis von 800 € wird der Motor von der Yachta GmbH durch eigene Hilfskräfte, die pauschal 100 € je Montage erhalten, montiert. Jeder zweite Käufer eines Motors nimmt das Montageangebot in Anspruch.

Daneben möchte S. Egelturn noch „Yachta-Komplettpakete" für die Bordausrüstung zum Preis von 4.800 € pro Stück anbieten, die er für nur 200 € von einem Zulieferer beziehen könnte. Aufgrund des gut eingeführten Namens und des damit verbundenen Prestiges durch die Ausstattung von Luxusyachten geht er selbst bei diesem Preis von einer Nachfragesituation aus, die derjenigen für den Außenbordmotor entspricht.

Für die weitere Planung erkundigt sich S. Egelturn bei seiner Hausbank nach den Zinskonditionen und zusätzlichen Kreditmöglichkeiten. Die Hausbank räumt ihm dabei einen weiteren variabel ausschöpf- und rückführbaren Kreditrahmen in Höhe von 5 Millionen € ein. Der Kreditzinssatz liegt wie für die bereits bestehende Kreditlast bei 5 % pro Jahr. Wird dieser Kreditrahmen überschritten, müsste die Yachta GmbH sogar 8,5 % Kreditzinsen pro Jahr aufbringen. Umgekehrt könnte man überschüssige Gelder zu 3 % pro Jahr anlegen. Vereinfachend geht S. Egelturn davon aus, dass sämtliche Zahlungen jeweils zum Jahresende anfallen.

Während für die benötigten Holzelemente die vorhandenen, nicht ausgelasteten Produktionsanlagen mitbenutzt werden könnten, für die pro Jahr fixe Auszahlungen in Höhe von 360.000 € anfallen, müsste für die Erzeugung der Kunststoffteile für den Rumpf- und Deckaufbau eine spezielle Produktionsanlage angeschafft werden. Hier liegt bereits ein entsprechendes Angebot vor: Die Anlage könnte im Jahr 2 von einer Fremdunternehmung konstruiert, hergestellt und auch montiert werden, so dass sie die Arbeit zu Beginn des Jahres 3 aufnehmen könnte. Die Produktion kann damit erst zu Beginn des Jahres 3 starten, so dass auch erst im Jahr 3 die ersten Aufträge angenommen werden sollen. Der Preis für die Anlage einschließlich Montage, der Ende 2 zu entrichten wäre, liegt bei 500.000 €. S. Egelturn geht davon aus, dass bei einer möglichen Veräußerung dieser Anlage der erzielbare Liquidationserlös um jährlich jeweils 100.000 € sinken würde und dass die fixen, sofort abbaubaren Auszahlungen für die Anlage ab dem Jahr der Inbetriebnahme bei 30.000 € pro Jahr liegen. Für die Produktion der Segelboote sind ausreichende Freiflächen auf dem Betriebsgelände vorhanden.

S. Egelturn rechnet im Jahr 2 ferner noch mit Auszahlungen in Höhe von 180.000 € für die Entwicklung und Serienvorbereitung. Ferner erscheint ihm sinnvoll, für die Markteinführung an der Messe Interyacht teilzunehmen, um sich beim Zielpublikum als Anbieter einzuführen. Er glaubt allerdings, dass dies lediglich in den Jahren 2 und 3 nötig ist, da sich danach entsprechende Mundpropaganda bemerkbar macht. Die Messeteilnahme verursacht pro Jahr Ausgaben in Höhe von jeweils 55.000 €.

Fallvariante A: Preisentscheidung bei Unsicherheit

S. Egelturn ist sich unsicher, ob seine Prognosen nicht allzu optimistisch sind. Verstärkt wird er in seinen Überlegungen durch den Leiter der Konstruktion. Jener gibt zwar an, wenig Ahnung von betriebswirtschaftlichen Zusammenhängen zu haben, aber dennoch zumindest zu wissen, dass jeder gute Kaufmann bei Prognosen äußerst vorsichtig vorgehe. Dies gehe eindeutig aus dem ja auch gesetzlich verankerten Vorsichtsprinzip bei der Bewertung hervor. S. Egelturn solle daher die Erlös- und Absatzprognosen um 5 % nach unten und die Kostenprognosen um 10 % nach oben korrigieren, um auf der „sicheren Seite" zu liegen. Insbesondere bei den Kostenansätzen sei dies überaus wichtig, da er als Konstrukteur aus langjähriger Erfahrung wisse, dass Kosten neu konstruierter Produkte stets höher ausfallen als ursprünglich geplant. S. Egelturn hingegen fällt noch ein, das Stichwort Sensitivitätsanalyse im Zusammenhang der Ermittlung kritischer Werte in einer Zeitschrift gelesen zu haben. Er selbst hält seine Prognosen über den Bootsverkaufspreis für sehr realistisch, da diese mittlerweile auch von Branchenkennern aus verschiedenen Segelvereinen, mit denen er Vorgespräche zur Marktsondierung abhielt, als äußerst fair bezeichnet wurden. Einzig seine Prognose über den Absatzpreis bei den Außenbordmotoren und den Yachta-Komplettpaketen hält er für kritisch, da er hier üppige Gewinnspannen eingeplant hat. Er möchte aber auf jeden Fall einen über die Jahre gleichbleibenden Absatzpreis halten.

Fallvariante B: Preissetzungsstrategie und Kostenmanagement

S. Egelturn fürchtet aufgrund des prognostizierten Anstiegs der Herstellkosten um seine Wettbewerbsfähigkeit. Er prüft daher Rationalisierungsmaßnahmen für die Produktion. G. Fuchs, der Inhaber eines kooperierenden Unternehmens, dem S. Egelturn Anfang des Jahres 2 auf dem Golfplatz seine Bedenken schildert, bietet die Lieferung einsatzbereiter Spanten für die Rumpffertigung an. Nach einer Angebotserstellung rechnet S. Egelturn aus, dass durch Outsourcing der Spantenfertigung pro Boot 450 € in der Rumpffertigung eingespart werden könnten. Allerdings erkennt er einen Haken: Aufgrund noch abzuarbeitender Großaufträge kann Fuchs die Lieferung erst zu Beginn des Jahres 4 aufnehmen. Zudem wird er die Zulieferung nur übernehmen, wenn die Yachta GmbH die Hälfte der Kosten für die Vorbereitung der Serienfertigung übernimmt, die Ende 3 zu begleichen wären. Fuchs ist allerdings bereit, in einen Vertrag eine Obergrenze für diesen Kostenanteil aufzunehmen.

S. Egelturns Vater vertritt dagegen die Ansicht, dass über die Wettbewerbsfähigkeit einzig und allein der Marktpreis entscheidet. Somit müsse die Yachta GmbH sich mit einer klaren Niedrig- oder Hochpreisstrategie im Markt positionieren. Dies habe vor allem den Vorteil, dass im Vergleich zur Rationalisierungsmaßnahme kein weiteres Geld ausgegeben werden müsse. S. Egelturn prognostiziert daher, dass eine Verringerung der zuvor angesetzten Verkaufspreise um je 500 € einen Mehrabsatz von je 50 Booten pro Jahr erbringen kann. Hier sieht er endgültig den preislichen Spielraum als erreicht an. Dagegen lässt eine Preiserhöhung um 1.000 € den Absatz aufgrund des zu erwartenden Snob-Effekts um nur 30 Boote pro Jahr einbrechen. Weiterhin soll es bei der Kundenanzahlung in Höhe von 20.000 € im Verkaufsjahr bleiben.

Aufgabenstellung zu Fallstudie 12 (Yachta GmbH):

Aufgabe 1: Zielkostenspaltung

(a) S. Egelturn möchte der Konstruktionsabteilung Kosten für die einzelnen Bootskomponenten vorgeben. Er geht davon aus, dass bei einem Einführungspreis von 56.000 € die Zielkosten bei insgesamt 47.000 € liegen.

Ermitteln Sie auf Basis der bekannten Funktionsbedeutungen Zielkosten für die Bootskomponenten.

(b) S. Egelturn und der Leiter der Konstruktionsabteilung prognostizieren die Komponentenkosten, um sie den ermittelten Komponentengewichten gegenüberzustellen. Diese sollen die Bedeutung der Komponenten für das Segelboot aus Kundensicht widerspiegeln. Es zeigt sich, dass das Verhältnis aus Komponentenbedeutung und Komponentenkosten beim Kielschwert den Wert 2,8 annimmt. S. Egelturn vermutet daher, dass diese Komponente viel zu „billig" konstruiert sei. Er fordert den Leiter Konstruktion auf, mehr Rücksicht auf die Kundenwünsche zu nehmen, etwa indem qualitätsreichere und damit teurere Einsatzmaterialien verwendet werden.

Beurteilen Sie die Handlungsempfehlung von S. Egelturn.

(c) Welche Probleme sehen Sie bei der Zielkostenermittlung im vorliegenden Fall?

Aufgabe 2: Lebenszyklusrechnung

(a) Welche Entscheidungsfragen sind Gegenstand einer Lebenszyklusrechnung? Warum ist diese bei der Yachta GmbH nötig?

(b) Berechnen Sie den Stückdeckungsbeitrag eines Segelbootes als Barwert sämtlicher zurechenbaren Kosten und Erlöse jeweils für die Verkaufsjahre 3 bis 7 zum Ende des betreffenden Verkaufsjahres.

(c) Sollte S. Egelturn in die Bootsfertigung einsteigen? Wenn ja, ermitteln Sie, wie lange Boote verkauft werden sollten.

Aufgabe 3: Preisentscheidung bei Unsicherheit (Fallvariante A)

(a) Beurteilen Sie die Argumentation des Leiters der Konstruktion. Welche Bedeutung hat die Sensitivitätsanalyse in diesem Fall? Welches Vorgehen empfehlen Sie?

(b) Wie stark dürfte isoliert betrachtet der Absatzpreis für den Außenbordmotor sinken, ohne das gesamte Projekt zu gefährden? Was kann S. Egelturn mit dieser Information anfangen?

(c) Ermitteln Sie die kritischen Verkaufspreiskombinationen für den Außenbordmotor und das Yachta-Komplettpaket. Stellen Sie diese grafisch dar.

Aufgabe 4: Preisstrategie und Kostenmanagement (Fallvariante B)

(a) Welchen Kostenanteil sollte S. Egelturn gerade noch akzeptieren?

(b) Wie beurteilen Sie die Preisstrategien? Was sollte S. Egelturn Ihrer Meinung nach unternehmen?

Lösungshinweise zu Fallstudie 12 (Yachta GmbH):

Aufgabe 1: Zielkostenspaltung

(a) Zunächst sind die Bedeutungsanteile der Bootsfunktionen aus Kundensicht mit dem Beitrag der einzelnen Bootskomponenten zu deren Erfüllung zu multiplizieren:

Funktion \ Komponente	Boots-handling	Wendigkeit	Sicherheit	Seebe-ständigkeit	Wartungs-bedarf
Rumpf	1,25 %	4,50 %	7,50 %	4,00 %	2,00 %
Deckaufbau	5,00 %	3,00 %	5,00 %	2,50 %	4,00 %
Takelage/ Segelwerk	7,50 %	4,50 %	3,75 %	1,50 %	2,00 %
Ruderanlage	10,00 %	6,00 %	3,75 %	1,00 %	1,00 %
Kielschwert	1,25 %	12,00 %	5,00 %	1,00 %	1,00 %

Daraus kann die Gesamtbedeutung der Bootskomponenten aus Kundensicht durch Summation ermittelt werden. Die komponentenweisen Kostenobergrenzen für die Konstruktion ergeben sich dann durch Multiplikation des Gesamtbedeutungsanteils mit den Zielkosten:

Komponente	Rumpf	Deck-aufbau	Takelage/ Segelwerk	Ruderanlage	Kielschwert
Gesamt-bedeutung	19,25 %	19,50 %	19,25 %	21,75 %	20,25 %
Kostenober-grenze	9.047,50 €	9.165,00 €	9.047,50 €	10.222,50 €	9.517,50 €

(b) Für die Beurteilung sind mehrere Aspekte von Bedeutung:

- Die Handlungsempfehlung könnte aus einer undifferenzierten Interpretation eines **Zielkostenkontrolldiagramms** (Value-Control-Chart) herrühren. Demnach sind bei Komponenten mit ungleichgewichtigem Verhältnis von Komponentenbedeutung und -kosten Maßnahmen zur Verringerung dieser Abweichungen einzuleiten, sofern diese einen festgelegten kritischen Wert übersteigen. Liegen jedoch Komponenten mit einem Verhältnis von Komponentenbedeutung und -kosten über 1 vor, so müssen gleichzeitig andere Komponenten zu hohe Kosten im Vergleich zu ihrer Bedeutung aufweisen. Ziel ist vor allem, diese Komponenten zu identifizieren und kostengünstiger zu erstellen. Hierdurch sinken die Gesamtkosten des Boots, so dass alle restlichen Komponenten höhere Kostenanteile und damit sinkende Kennzahlenverhältnisse aufweisen. Damit bewegt sich auch die Ruderanlage ohne Umkonstruktion automatisch auf ein Kennzahlenverhältnis von 1 zu. Prinzipiell ist bei Maßnahmen zur Kostenveränderung darauf zu achten, wie sich diese auf die restlichen Kennzahlenverhältnisse auswirkt.
- S. Egelturns Vorschlag bedeutet eine Erhöhung der Gesamtkosten des Segelboots. Damit könnten jedoch auch die gesamten Zielkosten über-

schritten werden, was der eigentlichen Absicht der Zielkostenermittlung entgegensteht.

(c) Es stellen sind insbesondere die folgenden Probleme:

- Auffällig an der für die Zielkostenspaltung verwendeten Funktionsübersicht ist das Fehlen weicher Faktoren. So würde man z. B. das Bootsdesign als eine weitere wesentliche Entscheidungsgröße auf der Käuferseite vermuten. Dies gilt um so mehr, als dass S. Egelturn ja insbesondere durch die eleganten Holzvertäfelungen Kaufanreize schaffen möchte.

- Ausgangspunkt der Zielkostenermittlung ist der von P. Fiffig zu Beginn des Jahres 2 als angemessen erhobene Marktpreis von 56.000 € je Boot. Tatsächlich sind erste Verkäufe erst im Jahr 3 vorgesehen. Dann kann sich der vom Markt akzeptierte Preis verändert haben, so dass die ermittelten Zielkosten hinfällig wären. Tatsächlich schätzt S. Egelturn bereits einen niedrigeren Verkaufspreis.

- Es werden keine Überlegungen angestellt, ob die prognostizierten Verkaufspreisrückgänge nicht bereits bei der Konstruktion Eingang in entsprechend veränderte Kostenvorgaben finden sollten.

- Es werden keine Überlegungen angestellt, wie die Zielkostenermittlung bei der vorliegenden mehrperiodigen Produktion modifiziert werden muss, um die Zeitpräferenz zu erfassen.

- Positiv ist zwar, dass die Zielkosten marktorientiert bestimmt werden. Es bleibt aber fraglich, auf welche Art und Weise S. Egelturn zu dem Abschlag kommt, der vom Marktpreis hin zu variablen Zielkosten führt.

- Die Funktions- und Komponentenbedeutungen werden als gleichbleibend angesehen. Kundenwünsche können sich jedoch im Zeitablauf wandeln.

Aufgabe 2: Lebenszyklusrechnung

(a) Im betrieblichen Zusammenhang müssen zwei Arten von Lebenszyklen unterschieden werden: der **Marktzyklus** für den zeitlichen Verlauf des Gesamterfolgs einer Produktart und **Stücklebenszyklen** für den zeitlichen Verlauf des Erfolgs einzelner Produkteinheiten. Dies ist in Abb. V-5 schematisch dargestellt (Troßmann [Investition] 426).

Eine **Lebenszyklusrechnung** ist eine Erfolgsrechnung für einen Produktionszyklus oder einen Teil davon, die zweckmäßigerweise als Investitionsrechnung aufgebaut wird. Typische Entscheidungsfragen einer Lebenszyklusrechnung erstrecken sich auf unterschiedliche Phasen eines Produktionszyklus, die in Abb. V-6 (Troßmann [Investition] 428) zusammengefasst sind.

Wegen der Verschachtelung der Entscheidungsfragen müssen Partialentscheidungen nachgeordneter Stufen bekannt sein, wenn übergeordnete Entscheidungen getroffen werden sollen. Bei dem geplanten Segelbootprojekt fallen die Zahlungskonsequenzen zeitlich auseinander. Neben den Kosten und Erlösen, die innerhalb einer betrachteten Produktionsperiode auftreten, fallen zeitlich versetzt weitere **Vorlauf-** und **Nachlaufkosten** sowie

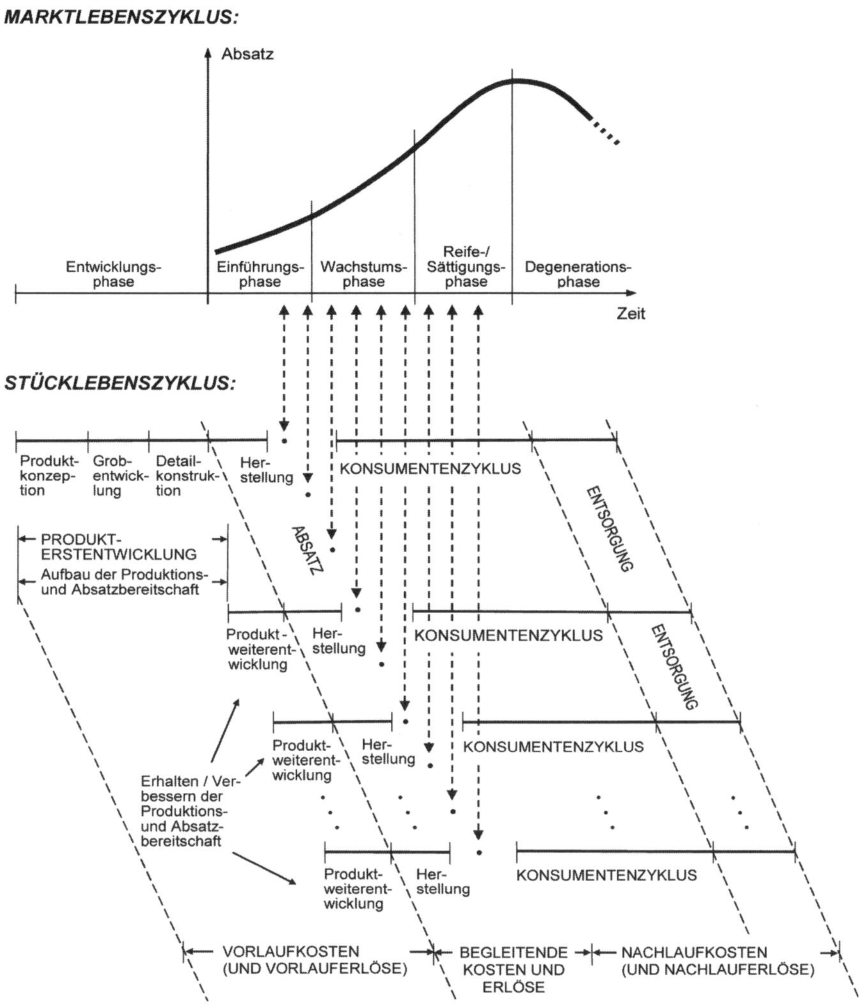

MARKTLEBENSZYKLUS:

Abb. V-5: Zusammenhang zwischen Marktlebenszyklus und Stücklebenszyklen

Vorlauf- und **Nachlauferlöse** an, die ebenfalls der zu beurteilenden Entscheidung zuzurechnen sind. Typische produktbezogene Entscheidungen sind daher nicht mit herkömmlichem kostenrechnerischen Vorgehen zu lösen; vielmehr werden in einer Lebenszyklusrechnung investitionsrechnerische Ansätze nötig.

(b) Als Bezugsperiode ist das Verkaufsjahr eines Segelboots zu wählen. Zunächst sind für die Ermittlung des Stückdeckungsbeitragsbarwerts zum Ende des ersten Verkaufsjahrs 3 die relativen Zahlungsperioden der einem Verkauf zuzurechnenden Folgezahlungen zu ermitteln. Diese **Verweildauern** geben die zeitliche Versetzung der Zahlungen gegenüber dem Verkaufsjahr und somit die Abzinsungsdauer für die Ermittlung des Barwerts an. Da zum Zeitpunkt des Verkaufs keine Gewissheit über mögliche Gewährleistungen und die Nachfrage nach Zubehörteilen besteht, muss mit

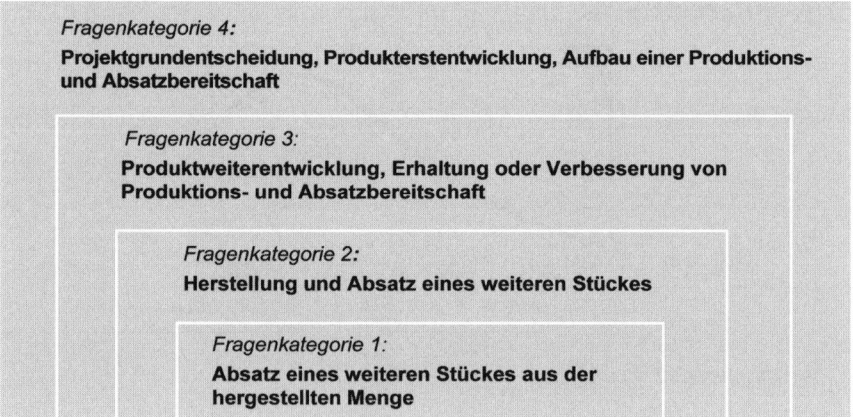

Abb. V-6: Typische Entscheidungsfragen der Lebenszyklusrechnung

den angegebenen Häufigkeiten ein Erwartungswert für den Barwert des Stückdeckungsbeitrags eines Boots ermittelt werden. Als Kalkulationszinssatz sind hier 5 % pro Jahr zu wählen, da die konkrete Geldsituation der Yachta GmbH entscheidend für die Bestimmung der Geldopportunität ist: Für das Projekt müssten neue Mittel aus der (ausreichenden) Kreditlinie zu 5 % aufgenommen werden; etwaige Liquiditätsüberschüsse aus dem Projekt würden zum Rückfahren des Kredits verwendet werden. In Abb. V-7 ist die Berechnung wiedergegeben.

	relative Zahlungs-periode	Einnahmen		Ausgaben		Netto-gesamt-zahlung	Barwert zur Verkaufsperiode	
		Häufig-keit	Betrag pro Einheit	Häufig-keit	Betrag pro Einheit			
Grundprozess:								
Kundenanzahlung / Provision	0	1	20.000 €	1	2.000 €	18.000,00 €	18.000,00 €	
Bronzemodell	0			1	250 €	−250,00 €	−250,00 €	
Herstellung Rumpf / Deckaufbau	0			1	27.000 €	−27.000,00 €	−27.000,00 €	
Endmontage	1			1	20.000 €	−20.000,00 €	−19.047,62 €	
Kundenendzahlung / Provision	1	1	35.000 €	1	3.500 €	31.500,00 €	30.000,00 €	
Auslieferung	1			1	2.000 €	−2.000,00 €	−1.904,76 €	−202,38 €
Gewährleistung	1			0,05	1.500 €	−75,00 €	−71,43 €	
	2			0,04	1.500 €	−60,00 €	−54,42 €	−125,85 €
Außenbordmotor:								
Absatz / Herstellung	1	0,25	2.000 €	0,25	900 €	275,00 €	261,90 €	
Montage	1	0,125	800 €	0,125	100 €	87,50 €	83,33 €	
Absatz / Herstellung	2	0,1	2.000 €	0,1	900 €	110,00 €	99,77 €	
Montage	2	0,05	800 €	0,05	100 €	35,00 €	31,75 €	
Absatz / Herstellung	3	0,1	2.000 €	0,1	900 €	110,00 €	95,02 €	
Montage	3	0,05	800 €	0,05	100 €	35,00 €	30,23 €	602,01 €
Yachta-Komplettpaket:								
Absatz / Einkauf	1	0,25	4.800 €	0,25	200 €	1.150,00 €	1.095,24 €	
Absatz / Einkauf	2	0,1	4.800 €	0,1	200 €	460,00 €	417,23 €	
Absatz / Einkauf	3	0,1	4.800 €	0,1	200 €	460,00 €	397,37 €	1.909,84 €
Deckungsbeitrags-Barwert pro Stück zur Verkaufsperiode 3							**2.183,62 €**	

Abb. V-7: Ermittlung des erwarteten Stückdeckungsbeitragsbarwerts zur Verkaufsperiode 3

Entsprechend werden die Stückdeckungsbeitragsbarwerte für die restlichen Produktionsjahre ermittelt, wobei die Änderungen in den prognostizierten Verkaufspreisen und der Anstieg der Herstellkosten zu beachten sind. Alternativ bietet sich eine einfache Änderungsrechnung an:

Verkaufsjahr	4	5	6	7
Änderung in den Verkaufspreisen	0,00 €	0,00 €	– 500,00 €	– 1.500,00 €
Änderung in der Verkaufsprovision	0,00 €	0,00 €	– 50,00 €	– 150,00 €
Änderung in den Herstellausgaben für Rumpf und Deckaufbau	270,00 €	272,70 €	275,43 €	278,18 €
Änderung in den Herstellausgaben für Endmontage	200,00 €	202,00 €	204,02 €	206,06 €
Barwert der Änderungen zum Vorjahr	– 460,48 €	465,08 €	– 898,30 €	– 1.760,14 €
neuer Stückdeckungsbeitragsbarwert	**1.723,14 €**	**1.258,06 €**	**359,76 €**	**– 1.400,38 €**

(c) Ein Verkauf von Segelbooten im Jahr 7 scheidet aufgrund des erwarteten negativen Stückdeckungsbeitragsbarwerts aus. Mit den Stückdeckungsbeitragsbarwerten kann der Projekt-Cash-flow ermittelt werden, der mit den Gesamtverkäufen in einer Periode verbunden ist:

Verkaufsjahr	3	4	5	6
Stückdeckungsbeitragsbarwert	2.183,62 €	1.723,14 €	1.258,06 €	359,76 €
Absatzmenge	150 Stk.	250 Stk.	400 Stk.	200 Stk.
Deckungsbeitrag I als Barwert zum Verkaufsjahr in €	327.542,92	430.785,82	503.224,93	71.951,83
fixe Ausgaben	–30.000,00€	–30.000,00€	–30.000,00€	–30.000,00€
Messeausgaben	–55.000,00€			
Deckungsbeitrag II (Projekt-Cash-flow) als Barwert zum Verkaufsjahr	**242.542,92€**	**400.785,82€**	**473.224,93€**	**41.951,83€**

Die optimale Laufzeit des Projekts kann in einer Grenzgewinnbetrachtung gewonnen werden. Dazu werden die den einzelnen Verkaufsperioden zugeordneten Projekt-Cash-flows den entgehenden Liquidationserlösen gegenübergestellt, um einen periodenbezogenen **Grenzgewinn** zu ermitteln. Dieser kann auf den Entscheidungszeitpunkt (hier ermittelt zum Ende von Jahr 2) abgezinst werden; die Summation dieser Barwerte ergibt den Projektkapitalwert für die jeweilige Projektlaufzeit. Die Rechnung zeigt Abb. V-8. Es ist zu beachten, dass die Projektauszahlungen im Jahr 2 die Ausgaben für die Entwicklung und Vorbereitung der Serienfertigung sowie für die Messeausgaben im Jahr 2 enthalten. Fixe Ausgaben in Höhe von

Wirkung einer Verlängerung der Projektlaufzeit von t–1 auf t							
Jahr t	im Jahr t–1 entgehender Liquidationserlös		zusätzlicher Projekt-Cash-Flow in Jahr t	Liquida-tionserlös in Jahr t	Grenzgewinn des Jahres t			kumulierter Barwert = Kapitalwert
	Zeitwert in t–1	Wert in t			Zeitwert in t	Abzin-sung	Barwert	
(1)	(2)	(3)	(4)	(5)	(6)	(7)	(8)	(9)
2			–735.000,00 €	500.000,00 €	–235.000,00 €	1,00000	–235.000,00 €	–235.000,00 €
3	500.000,00 €	525.000,00 €	242.542,92 €	400.000,00 €	117.542,92 €	0,95238	111.945,64 €	–123.054,36 €
4	400.000,00 €	420.000,00 €	400.785,82 €	300.000,00 €	280.785,82 €	0,90703	254.681,02 €	131.626,66 €
5	300.000,00 €	315.000,00 €	473.224,93 €	200.000,00 €	358.224,93 €	0,86384	309.448,17 €	441.074,83 €
6	200.000,00 €	210.000,00 €	41.951,83 €	100.000,00 €	–68.048,17 €	0,82270	–55.983,40 €	385.091,43 €

Die zusätzlichen Projekt-Cash-Flows berücksichtigen barwertig alle Folgezahlungen aus dem Lebenszyklus der in Jahr t verkauften Boote.

Abb. V-8: Grenzgewinne und alternative Kapitalwerte unterschiedlicher Projektlaufzeiten, berechnet auf das Jahr 2

360.000 € pro Jahr für die bereits bestehende Anlage sind für die Projektentscheidung entscheidungsirrelevant und nicht anzusetzen, da diese Anlage auch ohne Projektdurchführung weiterbetrieben werden würde. Das Projekt sollte also durchgeführt und der Verkauf zum Ende des Jahres 5 eingestellt werden. Damit erzielt man einen Kapitalwert von 441.074,83 €.

Aufgabe 3: Preisentscheidung bei Unsicherheit (Fallvariante A)

(a) Wichtig sind folgende Aspekte:

▪ Das gesetzlich vorgeschriebene Niederstwertprinzip betrifft ausschließlich das externe Rechnungswesen. Gründe für eine derartige Verankerung des Vorsichtsprinzips liegen im Schutz einzelner Anspruchsgruppen. Für die Unternehmungsplanung sind solche Prinzipien im vorliegenden Fall von geringer Bedeutung. Relevant werden sie allenfalls, wenn Banken oder andere Gesellschafter ohne direkten Einblick in die Planung solche Prinzipien ihren eigenen Einschätzungen zugrunde legen. Selbst dann regelt das Niederstwertprinzip jedoch nicht die Absatzpreis- und Kostenprognosen, sondern es bezieht sich auf bilanzielle Vermögenspositionen.

▪ Pauschale Zu- oder Abschläge auf Prognosegrößen können **Risikosituationen** nicht adäquat abbilden. Da Eintrittswahrscheinlichkeiten nicht berücksichtigt werden, besteht die Gefahr von Fehlentscheidungen.

▪ Die Kriterien für die Bestimmung von Korrekturgrößen bleiben beim Vorschlag des Leiters der Konstruktion unklar und sind so entscheidungslogisch auch nicht zu rechtfertigen.

▪ **Sensitivitätsanalysen** ermitteln die Empfindlichkeit von Ergebnisgrößen bei Veränderung einzelner oder mehrerer Eingabegrößen einer Rechnung. Ein Anwendungsfall ist die Ermittlung kritischer Werte. Diese geben die Vorteilhaftigkeitsgrenzen von Alternativen an und dienen daher der Strukturierung einer Entscheidungssituation, etwa indem die Notwendigkeit einer weiteren Datenbeschaffung abschätzbar wird.

▪ Während ein **Korrekturverfahren** überhaupt nicht sinnvoll anzuwenden ist, hängt die Eignung der Sensitivitätsanalyse von der konkreten Ent-

scheidungssituation ab. Sind subjektive oder objektive Eintrittswahrscheinlichkeiten für Umweltsituationen bekannt, sollten diese in geeigneten Entscheidungsverfahren berücksichtigt werden.

(b) Das Projekt ist erst gefährdet, wenn ein negativer Kapitalwert zu erwarten
ist. Im vorliegenden Fall liegt der Spielraum für den Kapitalwert, wie in
Abb. V-8 ermittelt, bei 441.074,83 €. Bleiben alle anderen Daten unverändert,
so wird das Projekt erst unvorteilhaft, wenn die Abweichung des tatsächlichen vom prognostizierten Verkaufspreis so hoch ist, dass der gesamte
Projektkapitalwert aufgezehrt wird.

Die Minderung des Barwerts für den Stückdeckungsbeitrag eines Bootes
einer beliebigen Verkaufsperiode ergibt sich für eine Verkaufspreissenkung s als Erwartungswert zu:

$$0{,}25 \cdot s \cdot \frac{1}{1{,}05} + 0{,}1 \cdot s \cdot \frac{1}{1{,}05^2} + 0{,}1 \cdot s \cdot \frac{1}{1{,}05^3} = 0{,}41518 \cdot s.$$

Wahrscheinlichkeit für den Motorverkauf
pro Boot in den Jahren nach dem Bootsverkauf

Ein Rückgang im Verkaufspreis um einen Euro senkt den Erwartungswert
für den Barwert des Stückdeckungsbeitrags zum Ende der Verkaufsperiode
also um etwa 0,42 €. Der gesuchte kritische Verkaufspreissenkung s für
den Außenbordmotor ergibt sich damit aus der Bedingung:

$$0{,}41518 \cdot s \cdot \underbrace{\left(150 \cdot \frac{1}{1{,}05} + 250 \cdot \frac{1}{1{,}05^2} + 400 \cdot \frac{1}{1{,}05^3} \right)}_{\text{Verkaufsmengen mit Abzinsungsfaktoren}} \overset{!}{=} 441.074{,}83.$$

Daraus folgt s = 1.485,51 €. Hier kann aufgrund des hohen Grenzgewinns
im Jahr 5 von einer gleichbleibenden Auswirkung einer Preissenkung auf
den Projekt-Kapitalwert ausgegangen werden. Ansonsten wäre die Analyse
zu verfeinern, da die frühere Projektbeendigung berücksichtigt werden
müsste. Der Einstieg in die Fertigung von Segelbooten wäre also bei Preisen
über 2.000 € – 1.485,51 € = 514,49 € pro Motor noch vorteilhaft. Der Motor
könnte damit auch unterhalb des eigenen Einstandspreises abgesetzt werden. Demgegenüber steht der positive Deckungsbeitrag aus der Montage
des Motors. Bei einem Absatzpreis unter 550 € pro Motor ergibt sich jedoch
ein negativer Erwartungswert für den Barwert des Deckungsbeitrages des
gesamten Motorzubehörgeschäfts. In diesem Fall würde der Motorabsatz
nur aufrecht erhalten werden, wenn damit weitere Zielsetzungen verfolgt
werden. So kann er als Verkaufsargument dienen, etwa wenn Kunden diesen Service unbedingt als Voraussetzung einer Kaufentscheidung erwarten.

Die Ermittlung des kritischen Verkaufspreises erlaubt nun eine Abschätzung, inwieweit mit einem Unterschreiten dieses erfolgskritischen Preises
zu rechnen ist. Ist dies der Fall, so sollte eine weitere Datenanalyse durchgeführt werden, die dann explizit Risikoinformationen verarbeiten muss.
So könnte für die Projektgrundentscheidung etwa die Standardabweichung
des Kapitalwerts als Risikomaß ermittelt und in die Entscheidungsfindung
aufgenommen werden. Denkbar ist z. B. eine Expertenbefragung zur Abschätzung der betreffenden Eintrittswahrscheinlichkeiten. Der kritische
Verkaufspreis dient damit als **Kennzahl** lediglich einer Ja/Nein-Abschät-

zung und trägt somit zu einer Vorstrukturierung und Vereinfachung der Entscheidungssituation bei.

Besondere Bedeutung hat die Ermittlung eines kritischen Verkaufspreises für den Außenbordmotor in diesem Fall, da im Grundprozess überhaupt kein positiver Deckungsbeitragsbarwert pro Boot erzielt wird (siehe Aufgabe 2). Ohne die Deckungsbeiträge aus dem Zubehörgeschäft würde sich also das Projekt nicht lohnen. Kritisch zu sehen ist bei einer Entscheidung nur auf Basis des Verkaufspreises des Außenbordmotors, dass eine isolierte Analyse erfolgt, bei der alle anderen erfolgskritischen Faktoren konstant gehalten werden. Es kann jedoch zum gleichzeitigen Eintritt verschiedener ungünstiger Entwicklungen kommen, die so nicht problematisiert werden. Insbesondere sind hier auch Auswirkungen auf das Montagegeschäft zu erwarten.

(c) Die Analyse kritischer Preiskombinationen der Verkaufspreise für den Außenbordmotor und das Yachta-Komplettpaket soll die Problematik einer isolierten Analyse möglicher Risikofaktoren vermeiden. Zur Illustration eignet sich eine Darstellung wie in Abb. V-9. Zunächst ist die Verringerung des Stückdeckungsbeitragsbarwerts für ein Boot einer beliebigen Verkaufsperiode zu errechnen, wenn der Verkaufspreis beim Yachta-Komplettpaket um s_Y gesenkt wird. Aufgrund der identischen Verkaufsstruktur ergibt sich dieser, wie in Aufgabe 3 b berechnet, zu $0{,}41518 \cdot s_Y$. Damit ergibt sich wie in Aufgabe 3 b die isolierte kritische Verkaufspreissenkung bei $s_Y = 1.485{,}51$ €. Dies führt zu einem kritischen Verkaufspreis des Yachta-Komplettpakets in Höhe von 4.800,00 € – 1.485,51 € = 3.314,49 €.

Wird der Außenbordmotor zum bisherigen Preis von 2.000 € verkauft, liegt der kritische Verkaufspreis des Komplettpakets bei 3.314,49 €. Umgekehrt beträgt der kritische Verkaufspreis des Motors 514,49 €, wenn das Komplettpaket unverändert 4.800 € einbringt. Der kritische Verkaufspreis für beide zusammen liegt demnach bei 5.314,49 €. Ausgehend von den beiden kritischen Verkaufspreiskombinationen kann demnach eine Verringerung im Verkaufspreis eines Zubehörteils durch eine Preiserhöhung im gleichen Umfang bei dem anderen Zubehörteil aufgefangen werden.

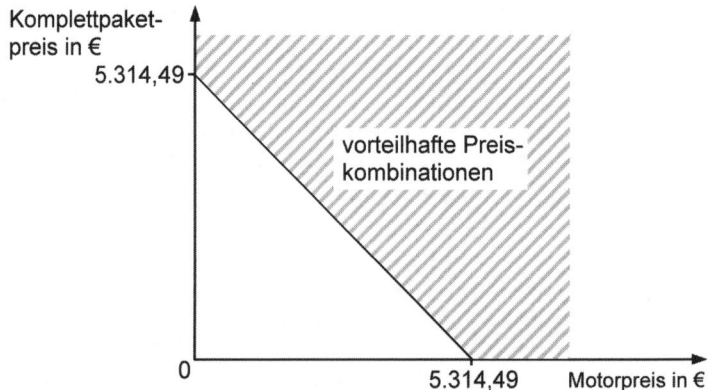

Abb. V-9: Vorteilhafte Preiskombinationen bei Verbundgeschäften

Die kritischen Preiskombinationen beider Zubehörteile mit einem Gesamterlös von 5.314,49 € führen zu einem Gesamtkapitalwert der Segelboot-
fertigung von 0 €. Vorteilhafte Preiskombinationen erhöhen den Gesamterlös; sie sind in Abb. V-9 schraffiert dargestellt.

Aufgabe 4: Preissetzungsstrategie und Kostenmanagement (Fallvariante B)

(a) Zunächst sind die neuen Erwartungswerte für die Stückdeckungsbeitragsbarwerte zu den einzelnen Verkaufsjahren zu ermitteln, indem die vor-
herigen Werte um die entsprechende Alternativenauswirkung korrigiert
werden. Als Erwartungswert des Stückdeckungsbeitragswerts bei Rationalisierung erhält man:

für Verkaufsjahr	3	4	5	6	7
Änderungswirkung	2.183,62 €	2.173,14 €	1.708,06 €	809,76 €	– 950,38 €

Aufgrund des negativen Stückdeckungsbeitragsbarwerts wird der Absatz
spätestens zum Verkaufsjahr 7 eingestellt.

Die Kapitalwertauswirkungen der Rationalisierungsalternative können
durch eine Änderungsrechnung ermittelt werden. Dabei ist zu prüfen, ob
sich die Projektlaufzeit verändert. Es ergibt sich:

Verkaufsjahr	3	4	5	6
neuer Deckungs-beitragsbarwert II zum Verkaufsjahr	242.542,92 €	513.285,82 €	653.224,93 €	131.951,83 €
Veränderung des Grenzgewinnzeitwerts	0 €	112.500,00 €	180.000,00 €	21.951,83 €
Abzinsung	0,95238	0,90703	0,86384	0,82270
Veränderung des Projektkapitalwerts	0 €	102.040,82 €	155.490,77 €	18.059,82 €
Kapitalwert-verbesserung				**275.591,41 €**

Durch das Rationalisierungsprogramm lohnt sich nun auch der Verkauf im
Jahr 6, da der Projekt-Cash-flow die Einbuße durch den zurückgehenden
Liquidationserlös in Höhe von 110.000 € übersteigt (siehe Aufgabe 2). Der
Zuwachs im Deckungsbeitragsbarwert II erhöht damit den Grenzgewinn
im Jahr 6 nicht in voller Höhe, da die Einbuße im Liquidationserlös noch
abzuziehen ist.

Der zu übernehmende Kostenanteil für die Vorbereitung der Serienfertigung
darf aus Sicht der Yachta GmbH den Zusatzerfolg der Rationalisierung, die
sich zu 275.591,41 € (zu Beginn des Jahres 3) ergibt, nicht übersteigen. Da die
Zahlung erst zum Ende des Jahres 3 erfolgen müsste, sollte als Kostenober-
grenze 275.591,41 € · 1,05 = 289.370,98 € in den Vertrag aufgenommen werden.

(b) Die neuen Erwartungswerte für die Stückdeckungsbeiträge zeigen, dass bei
der Niedrigpreisstrategie spätestens zum Verkaufsjahr 6 und bei der Hochpreisstrategie spätestens zum Jahr 7 die Absatzaktivität eingestellt wird.

Verkaufsjahr	3	4	5	6	7
Erwartungswert des Stückdeckungsbeitragsbarwerts bei					
Niedrigpreisstrategie	1.755,05 €	1.294,57 €	829,49 €	−68,81 €	−1.828,96 €
Hochpreisstrategie	3.040,76 €	2.580,29 €	2.115,21 €	1.216,90 €	−543,24 €

Für die Niedrigpreisstrategie ergibt sich:

Verkaufsjahr	3	4	5
neuer Deckungsbeitragsbarwert II zum Verkaufsjahr	266.009,61 €	358.371,56 €	343.270,91 €
Änderung des Grenz-gewinnzeitwerts	23.466,69 €	−42.414,26 €	−129.954,03 €
Abzinsung	0,95238	0,90703	0,86384
Änderung des Kapitalwerts	22.349,23 €	−38.470,99 €	−112.259,17 €
gesamte Kapitalwertänderung	**−128.380,93 €**		

Eine Niedrigpreisstrategie empfiehlt sich also nicht. Der Mengeneffekt gleicht die Einbußen in den Stückdeckungsbeitragsbarwerten nicht aus. Insbesondere ist fraglich, inwieweit eine einmal eingeschlagene Preisstrategie genügend schnell wieder geändert werden könnte, um die negativen Kapitalwertauswirkungen in den Verkaufsjahren 4 und 5 zu vermeiden.

Für die Hochpreisstrategie ergibt sich:

Verkaufsjahr	3	4	5	6
neuer Deckungs-beitragsbarwert II	279.891,48 €	537.662,95 €	752.625,92 €	176.873,34 €
Änderung des Grenz-gewinnzeitwerts	37.348,56 €	136.877,13 €	279.400,99 €	66.873,34 €
Abzinsung	0,95238	0,90703	0,86384	0,82270
Änderung des Projekt-kapitalwerts	35.570,06 €	124.151,59 €	241.357,08 €	55.016,86 €
Kapitalwert-verbesserung	**456.095,59 €**			

Hier dehnt sich die Projektlaufzeit bis zum Ende des Verkaufsjahres 6 aus. Die Hochpreisstrategie ist vorteilhaft und auch den beiden anderen Alternativen, unabhängig vom zu übernehmenden Kostenanteil bei der Rationalisierungsalternative, überlegen. Falls möglich, sollte damit die Hochpreisstrategie mit der Rationalisierungsalternative kombiniert werden. Dabei ist allerdings zu beachten, dass der Absatzmengenrückgang wegen der höheren Preise Auswirkungen auf die in a ermittelte Obergrenze für die Entwicklungskostenzusage hat.

Fallstudie 13: Depotbank AG

Customer Lifetime Value

Problembeschreibung:

I. Sabel, Marketingleiterin der Depotbank AG, plant zum Ende des Jahres eine groß angelegte Werbeaktion zur Neukundenakquisition. Neben der Erfüllung ihrer Zielvorgaben verspricht sie sich davon einen beträchtlichen Bonus, dessen Höhe sich überwiegend nach der Neukundenzahl bemisst.

I. Sabel will die Kunden mit folgenden Konditionen anlocken: Alle Neukunden erhalten auf ihr einzurichtendes Tagesgeldkonto eine Verzinsung von 2 % pro Jahr. Im ersten Jahr erhalten sie zudem einen Aktionsbonus von 3 %. Sofern die Neukunden auch ihr Wertpapierdepot zur Depotbank transferieren, erhalten sie zusätzlich einen vom transferierten Depotvolumen abhängigen Zinsbonus auf ihr Tagesgeldguthaben. Dieser beträgt

- 1 % pro Jahr bei kleinem Depotvolumen (bis 100.000 €);

- 2 % pro Jahr bei großem Depotvolumen (über 100.000 €).

Die Neukunden erhalten diese Konditionen lediglich für das erste Jahr. Danach gilt der Tagesgeldzinssatz von 2 % pro Jahr. Die eigenen Kapitalkosten der Depotbank liegen nach Berücksichtigung von Risiko- und Opportunitätskosten bei 6 % pro Jahr (siehe hierzu Fallstudie 10, S. 163). I. Sabel schätzt die Kosten der Werbekampagne auf 6 Mio. € in Jahr 0.

Die Depotbank erwartet durch die Werbeaktion Neukunden in verschiedenen Kundensegmenten, die sich vorwiegend durch die Höhe des Depotbestandes unterscheiden. Typische „Free Rider" (Segment 1) führen kein Wertpapierdepot, sondern legen nur Tagesgeld an. „Probierer" (Segment 2) testen zunächst den Service der Depotbank mit geringen bis mittleren Depotbeständen (bis 100.000 €). „Profi"-Depots (Segment 3) liegen über 100.000 €.

Wichtig ist für die Depotbank auch das spätere Kundenverhalten. Viele „Free Rider" wechseln nach Ablauf der Bonuskondition die Bankverbindung wieder, um in den Genuss von Konkurrenzaktionen zu kommen, manche bleiben aber doch Tagesgeld-Kunden oder werden zu Depotkunden. Auch bei Letzteren treten Wechsel in andere Segmente auf. Die Depotbank überprüft die Segmentzuordnung der Kunden zum Jahresende und geht aufgrund ihrer Erfahrungen von Wahrscheinlichkeiten q_{ij} des Übergangs von Segment i nach Segment j aus, die in der Matrix Q zusammengefasst sind, wie sie in Abb. V-10 dargestellt ist.

Die Depotbank geht davon aus, dass diese Übergangswahrscheinlichkeiten konstant bleiben. Sie verspricht sich von der Werbeaktion folgende Neukundenzahlen:

- 50.000 Kunden ohne Depot (Segment 1);

- 20.000 Kunden mit kleinem Depot (Segment 2);

- 10.000 Kunden mit großem Depot (Segment 3).

an Segment j von Segment i	1	2	3	4	Segment	Depotart
1	30 %	20 %	10 %	40 %	1	kein Depot, nur Tagesgeld
2	20 %	40 %	20 %	20 %	2	Depot ≤ 100 TEUR
3	10 %	30 %	50 %	10 %	3	Depot > 100 TEUR
4	0 %	0 %	0 %	100 %	4	Ende der Kunden- beziehung

Abb. V-10: Übergangswahrscheinlichkeiten zwischen den vier Segmenten der Depotbank

Erfahrungsgemäß erzielt die Depotbank in den Kundensegmenten unterschiedliche jährliche Überschüsse aus Zinsspannen und Transaktionen. So kalkuliert sie mit einem jährlichen Deckungsbeitrag von 100 € pro Kunde im Segment 1, 170 € pro Kunde im Segment 2 und 320 € pro Kunde im Segment 3. Zudem geht sie davon aus, dass sie der Zinsbonus in Jahr 1 pro Kunde 300 € in Segment 1, 400 € in Segment 2 und 500 € in Segment 3 kostet. Für die Einrichtung der Neukunden-Konten fallen zum Ende von Jahr 0 einmalig weitere Kosten in Höhe von 40 € pro Kunde an, etwa für das Versenden der Unterlagen, das PostIdent-Verfahren oder den Versand von Transaktionsnummer-Generatoren. In den Folgejahren verursacht jeder Kunde für die laufende Verwaltung Kosten von 20 €, unabhängig vom Segment.

Die Depotbank plant mit einem dreijährigen Planungshorizont und möchte die Vorteilhaftigkeit der Marketingaktion abschätzen. Daraus entstehen verschiedene Detailfragen (zu einem ähnlichen Fall vgl. Baumeister/Alt [Fallstudie]).

Aufgabenstellung zu Fallstudie 13 (Depotbank AG):

Aufgabe 1: Grundlagen zur Ermittlung des Kundenwerts

(a) Charakterisieren Sie die beabsichtigte erfolgsabhängige Entlohnung auf Basis der Anzahl der Vertragsabschlüsse. Welche Vor- und Nachteile sehen Sie dabei?

(b) Welche weiteren potenziellen Vorteile ziehen Sie bei der Analyse von Kundenbeziehungen in Betracht? Welche sind hier relevant?

Hinweis: Zur Bestimmung von Kundenwerten über die gesamte Kundenbeziehung, eines Customer Lifetime Value, sind Annahmen über die Phasen des Kundenlebenszyklus und über das Kundenverhalten in diesen Phasen zweckmäßig.

(c) Erläutern Sie ein Grundmodell des Kundenlebenszyklus mit mindestens drei Phasen.

(d) Welche beiden typischen Annahmen zur Entwicklung der Kundenbeziehung werden in Customer-Lifetime-Value-Modellen verwendet? Welche wird in der Depotbank eingesetzt?

Aufgabe 2: Bestimmung des Customer Lifetime Value

Die Depotbank möchte den Customer Lifetime Value eines Kunden als Kapitalwert der für ihn erwarteten Einnahmenüberschüsse bestimmen.

(a) Berechnen Sie für jedes Segment i (i = 1, 2, 3) und jedes Jahr t den Deckungsbeitrag db_{it} eines Neukunden des Jahres 0. Unterscheiden Sie die Jahre t = 0, t = 1 und t = 2. Was gilt für spätere Jahre? Welche Schlüsse ziehen Sie aus den Deckungsbeiträgen der Jahre 0 und 1?

(b) Berechnen Sie den Customer Lifetime Value eines Neukunden des Segments 1 (er führt anfänglich nur Tagesgeldkonten), der durch die Marketingaktion zum Ende von Jahr 0 gewonnen wird und bis zum Planungshorizont (Ende des Jahres 3) immer in diesem Segment bleibt.

(c) Passen Sie den erwarteten Customer Lifetime Value für einen Neukunden dieses Segments darauf an, dass er mit den in der geordneten Übergangsmatrix Q angegebenen Wahrscheinlichkeiten zum Ende von Jahr 1 bzw. Jahr 2 in andere Kundensegmente wechselt. Skizzieren Sie diese Kundenentwicklung mit einem geeigneten Zustandsbaum (vgl. Troßmann [Investition] 285).

(d) Führen Sie die entsprechenden Berechnungen der Customer Lifetime Values für die beiden anderen Segmente durch.

(e) Bestimmen Sie für die Jahre 0 bis 3 jeweils den gesamten Deckungsbeitrag aller in Jahr 0 gewonnenen Kunden und den erwarteten Erfolg der Marketingaktion bis dahin.

(f) Was schließen Sie aus den so berechneten Customer Lifetime Values? Welche Probleme sehen Sie in Berechnungsweise und Interpretation?

Aufgabe 3: Prognose der Kundenverweildauer auf Basis von Markov-Ketten

Die Depotbank möchte den Customer Lifetime Value auf Basis von Markov-Ketten berechnen. Als ersten Schritt möchte sie die erwartete Verweildauer der Kunden in einzelnen Kundensegmenten sowie die gesamte Dauer des Kundenlebenszyklus für ihre Kundensegmente ermitteln (zum Vorgehen vgl. Baumeister/Alt [Verweildauerprognose] 456 ff. und die dort angegebene Literatur).

Sie definiert dazu die nichtabsorbierende 3×3-Teilmatrix $\hat{Q}$, die lediglich die Wahrscheinlichkeiten q_{ij} der Übergänge in dasselbe oder andere Kundensegmente, nicht aber die Wahrscheinlichkeiten des generellen Verlusts eines Kunden (die **Absorption** in Segment 4) enthält. Anschließend berechnet sie (unter Verwendung der Einheitsmatrix E) die Fundamentalmatrix N wie folgt:

$$N := (E - \hat{Q})^{-1}.$$

N ist ebenfalls eine 3×3-Matrix. Sie enthält die Erwartungswerte n_{ij} für die Perioden, die die Kunden, die anfangs in Segment i gewonnen werden, im Laufe ihres Kundenlebenszyklus in Segment j (i, j = 1, 2, 3) verbringen. Dies interpretiert I. Sabel als erwartete Verweildauer.

Durch rechtsseitige Multiplikation der Fundamentalmatrix N mit dem Einheitsvektor e erhält man den Vektor t der erwarteten Gesamt-Verweildauer eines Neukunden, der für Segment i (i = 1, 2, 3) gewonnen wird:

$$t = N \cdot e.$$

(a) Stellen Sie die Teilmatrix $\hat{Q}$ auf.

(b) Bestimmen Sie die Fundamentalmatrix N der erwarteten Verweildauern in den einzelnen Segmenten nach obiger Vorschrift.

(c) Bestimmen Sie den Vektor t der erwarteten Gesamt-Verweildauern für Neukunden der drei Segmente.

Aufgabe 4: Periodenbezogene Deckungsbeiträge auf Markov-Basis

Da sich die Verweildauern in N nicht mit den Planperioden decken, schlägt Nachwuchscontroller K. Lug vor, über die in N berechneten Verweildauern und die segment- und periodenspezifischen Deckungsbeiträge (aus 2a) die erwarteten Deckungsbeiträge Mdb_{it} nach dem Markov-Ansatz für die einzelnen Perioden zu bestimmen. Dies erlaube einerseits eine bessere Prognose der Customer Lifetime Values der Kundensegmente (durch Addition der Deckungsbeitrags-Barwerte über die gesamte Verweildauer statt nur über die ersten drei Jahre), andererseits eine Prognose der periodenbezogenen Deckungsbeiträge über alle Segmente hinweg (durch Addition über die Segmente). Konkret nimmt er an, dass die Segmente in aufsteigender Reihenfolge durchlaufen werden.

(a) Berechnen Sie den Deckungsbeitrag Mdb_{it} pro Kunde für jedes Segment i und jede Periode t bis zum jeweils erwarteten Ende der Kundenbeziehung (Gesamt-Verweildauer) gemäß dem Vorschlag von K. Lug. Summieren Sie daraus den Customer Lifetime Value $MCLV_i$ für jedes Segment i (i = 1, 2, 3).

(b) Berechnen Sie den gesamten Deckungsbeitrag MDB_t als Summe der Segmentdeckungsbeiträge jeweils für jede Periode t bis zur längsten Gesamt-Verweildauer der Neukunden.

(c) Wie erklären Sie den Unterschied zu den zustandsbaumbasierten Berechnungen von Aufgabe 2? Beurteilen Sie die Eignung der verschiedenen Customer-Lifetime-Value-Berechnungen für unterschiedliche Rechenzwecke.

(d) Wie ändern sich Ihre Ergebnisse, wenn Sie nicht wie K. Lug von einer aufsteigenden Segmentfolge ausgehen, sondern auf erwartete verweildauergewichtete Segmentdeckungsbeiträge abstellen?

(e) Was schlagen Sie als Bemessungsgrundlage für eine erfolgsabhängige Entlohnung von I. Sabel vor?

Lösungshinweise zu Fallstudie 13 (Depotbank AG):

Aufgabe 1: Grundlagen der Ermittlung des Kundenwerts

(a) Es ist eine erfolgsabhängige Entlohnung mit der Anzahl der Neuabschlüsse als nichtmonetärer Bemessungsgrundlage. Zur Beurteilung von Anreizsystemen können vier Kriterien herangezogen werden (vgl. Burr/Stephan/Werkmeister [Unternehmensführung] 276 f., ferner Troßmann [Controlling] 234 ff.). Die Anreizkompatibilität ist hier allenfalls eingeschränkt gegeben, da der Wertbeitrag der Neukunden nicht berücksichtigt wird und ein großer Kundenstamm im Allgemeinen nur ein betriebliches Zwischenziel darstellt, das mit anderen Kennzahlen (etwa Kündigungsquoten) zu ergänzen wäre. Die Beeinflussbarkeit ist hoch, da I. Sabel die Werbekampagne und ihre Konditionen in hohem Maße mitgestalten kann. Ein weiterer Vorteil der Neukundenzahl als Bemessungsgrundlage ist ihre hohe Transparenz. Die Kennzahl ist einfach berechenbar und kommunizierbar. Die Wirtschaftlichkeit bemisst sich danach, ob der erzeugte Customer Lifetime Value über alle Neukunden die Bonuszahlungen wettmacht. Andernfalls wäre eine aufwendiger zu ermittelnde, aber zielorientierte Kennzahl wie der Kundenwert (Customer Lifetime Value) – insbesondere nach Abzug der Bonuszahlungen – doch vorzuziehen.

(b) In Frage kommen direkte Wirkungen aus der Kundenbeziehung selbst und indirekte Wirkungen auf andere Kundenbeziehungen (vgl. Werkmeister [Kundenwert]): als Ertragspotenzial die direkten Wirkungen in Form von Erfolgsbeiträgen aus den Tagesgeldkonten im laufenden Jahr sowie als Loyalitätspotenzial die entsprechenden Wirkungen in Folgejahren, ferner als Cross-Buying- oder Entwicklungspotenzial die Erfolgsbeiträge aus anderen, insbesondere höherwertigen Produkten, hier der Depotführung. Indirekte Wirkungen sind vorstellbar bei Beeinflussung potenzieller anderer Kunden durch die Neukunden (Referenzpotenzial) oder bei Ausnutzung der aus der Kundenbeziehung gewonnenen Informationen (etwa zu deren Anlageverhalten oder zum genenerellen Zahlungsverhalten). Doch werden diese indirekten Effekte hier vergleichsweise gering ausfallen.

(c) Es gibt mehrere Phasenmodelle für Lebenszyklen (vgl. Troßmann [Investition] 423 ff.). In einer einfachen Einteilung lässt sich eine Anbahnungs- oder Vorlaufphase, in der typischerweise die Kosten die Erlöse überwiegen, von der eigentlichen Beziehungsphase, in der die Erlöse die Kosten übersteigen sollten, und der Kündigung bzw. Nachlaufphase unterscheiden. Je nach individuellem Entwicklungsmuster eines Kunden lässt sich die Beziehungsphase bei Bedarf sehr tief differenzieren. Dabei können auch sich wiederholende Teilphasen auftreten. Für die Nachlaufphase kommen verschiedene Entwicklungen von Kosten und Erlösen in Betracht. Bei der Depotbank sind sie vergleichsweise gering.

(d) Neben individuellen Prognosemodellen werden insbesondere Customer-Retention-Modelle und Customer-Migration-Modelle verwendet (vgl. Jackson [Customers]). **Customer-Retention-Modelle** gehen von Stammkunden aus, die – einmal gewonnen – grundsätzlich auch in den Folgeperioden Kunden bleiben. Als Ursache für diese hohe Kundenbindung gelten hohe Wechselbarrieren, etwa in Form von Such- oder Anbahnungskosten. Wird die Kundenbindung jedoch unterbrochen, dann gilt dies bei diesem Modelltyp als endgültig („Lost-for-Good-Modell"). **Customer-Migration-Modelle** arbeiten mit der Annahme, dass Kunden zwischen verschiedenen Anbietern oder Segmenten hin- und herwechseln, so dass man immer einen Anteil davon erreichen wird („Always-a-share-Konzept"; vgl. Jackson [Customers]). Dies entspricht der Situation bei der Depotbank.

Aufgabe 2: Bestimmung des Customer Lifetime Value

(a) Deckungsbeiträge der Neukunden in Jahr 0, Jahr 1 und den übrigen Jahren (t > 1) für die einzelnen Kundensegmente:

Segment i \ Jahr	Jahr 0 db_{i0}	Jahr 1 Brutto-deckungs-beitrag	Jahr 1 Zins-bonus	Jahr 1 db_{i1}	Jahr t für t = 2, ... db_{it}
1	−40 €	80 €	− 300 €	= −220 €	80 €
2	−40 €	150 €	− 400 €	= −250 €	150 €
3	−40 €	300 €	− 500 €	= −200 €	300 €

Abb. V-11: Deckungsbeiträge pro Kunde in den drei Grundsegmenten

Bei solchen Werbekonditionen sind die Deckungsbeiträge der Akquisitionsjahre als Kundenwerte offensichtlich nicht aussagekräftig, die Umsätze ohnehin nicht.

(b) Zweckmäßig ist es hier, den Customer Lifetime Value als Kapitalwert der erwarteten direkten Wirkungen einer Kundenbeziehung zu berechnen. Geht man davon aus, dass ein für Segment 1 gewonnener Kunde drei Jahre lang stets in diesem Segment bleibt, errechnet man für ihn bei einem Kalkulationszinssatz von p = 6 folgenden Customer Lifetime Value:

$$CLV_1 = \sum_{t=0}^{3} \frac{db_{1t}}{\left(1+\dfrac{p}{100}\right)^t} = db_{10} + \frac{db_{11}}{1+\dfrac{p}{100}} + \sum_{t=2}^{3} \frac{db_{1t}}{\left(1+\dfrac{p}{100}\right)^t} =$$

$$= -40\,€ - \frac{220\,€}{1{,}06} + \sum_{t=2}^{3} \frac{80\,€}{1{,}06^t} = -109{,}18\,€$$

(c) Will man die Wanderungsbewegungen von Kunden über die Segmente exakt berücksichtigen, muss wesentlich präziser vorgegangen werden. Zunächst ist es zweckmäßig, eine weitere Zustandswahrscheinlichkeit zu definieren, und zwar die Wahrscheinlichkeit ω_{jt} dafür, dass ein Kunde in der Periode t in Segment j ist (j = 1, . . ., 4; t = 1, . . ., 3). Dann ist zu beachten, dass der Deckungsbeitrag eines Kunden davon abhängt, in welchen Segmenten er sich während der gesamten Kundenbeziehung aufhält. Der Deckungsbeitrag eines Kunden in Periode t ist wegen der wahrscheinlichkeitsabhängigen Segmentzuordnung als Zufallsvariable aufzufassen. Für einen in Segment 1 startenden Kunden wird der Deckungsbeitrag in Periode t mit der Zufallsvariable $\tilde{db}_{1t}$ bezeichnet. Dabei ist wichtig, dass hier der erste Index i das Startsegment bezeichnet, während das tatsächlich im zweiten oder dritten Jahr t zutreffende Segment zufallsabhängig ist. Der zugehörige Customer Lifetime Value über T Jahre für in Segment 1 startende Kunden wird mit $\widetilde{CLV}_1$ bezeichnet. Er wird als Erwartungswert definiert und berechnet sich gemäß

$$\widetilde{CLV}_1 = \sum_{t=0}^{T} \frac{E(\widetilde{db}_{1t})}{\left(1 + \dfrac{p}{100}\right)^t} = \sum_{t=0}^{T} \sum_{j=1}^{4} \frac{\omega_{jt} \cdot db_{jt}}{\left(1 + \dfrac{p}{100}\right)^t} \, .$$

Die benötigten Segmentwahrscheinlichkeiten ω_{ij} gewinnt man wie folgt: Aus den Übergangswahrscheinlichkeiten q_{ij} in I. Sabels Übergangsmatrix ergeben sich die erwarteten Wanderungen w_{ijt} von Segment i (i = 1,..., 4) nach Segment j (j = 1,..., 4) zum Ende von Periode t:

$$w_{ijt} = \omega_{it} \cdot q_{ij}.$$

Schließt man Stornierungen und Ähnliches aus, gilt zum Ende von Jahr 0:

$$w_{ii0} = 1 \text{ für alle } i = 1, ..., 4 \quad \text{und} \quad w_{ij0} = 0 \quad \text{für alle } i \neq j.$$

Aus der Summe der Wanderungen erhält man die Wahrscheinlichkeiten ω_{jt} dafür, dass sich ein Kunde in Jahr t in Segment j befindet:

$$\omega_{jt} = \sum_{i=0}^{4} w_{ij,t-1} \, .$$

Im vorliegenden Fall lassen sich die erwarteten Wanderungen zwischen den Segmenten und die resultierenden Kunden in den Segmenten in einer Art Zustandsbaum darstellen. Segment 4 entspricht den verlorenen Kunden, von denen keine Rückwanderung erwartet wird. Für einen Neukunden in Segment 1 erhält man folgende erwartete Wanderungen:

Segmente i j	Übergangs-wahrschein-lichkeit q_{ij}	Jahr 0 Kunden im Segment ω_{j0}	Jahr 0 erwartete Wande-rung w_{ij0}	Jahr 1 Kunden im Segment ω_{j1}	Jahr 1 erwartete Wande-rung w_{ij1}	Jahr 2 Kunden im Segment ω_{j2}	Jahr 2 erwartete Wande-rung w_{ij2}	Jahr 3 Kunden im Segment j ω_{j3}
1 1	0,30	1	1,00	1,00	0,30	0,30	0,09	0,14
1 2	0,20		0	0	0,20	0,20	0,06	0,17
1 3	0,10		0	0	0,10	0,10	0,03	0,12
1 4	0,40		0	0	0,40	0,40	0,12	0,17
2 1	0,20						0,04	
2 2	0,40						0,08	
2 3	0,20						0,04	
2 4	0,20						0,04	
3 1	0,10						0,01	
3 2	0,30						0,03	
3 3	0,50						0,05	
3 4	0,10						0,01	

Mit den segmentspezifischen Deckungsbeiträgen ergibt sich ein erwarteter Deckungsbeitrag von -40 € in Jahr 0, $-220{,}00$ € in Jahr 1, 84,00 € in Jahr 2 und 72,70 € in Jahr 3. Der Kapitalwert der Deckungsbeiträge bis Jahr 3 eines für Segment 1 gewonnene Kunden $\widetilde{CLV}_1$ beträgt $-111{,}75$ €.

(d) Analog berechnet man für in Segment 2 bzw. 3 gewonnene Kunden:

$$\widetilde{CLV}_2 = -60{,}94 \text{ €}; \quad \widetilde{CLV}_3 = 78{,}52 \text{ €}.$$

(e) Die Gewinnung von 50.000 Neukunden für Segment 1, 20.000 Neukunden für Segment 2 und 10.000 Neukunden für Segment 3 in Jahr 0 führt zu folgenden Deckungsbeiträgen in den Jahren 0 bis 3 und einem daraus resultierenden Misserfolg der Marketingaktion insgesamt:

Jahr	Deckungsbeitrag	Barwert
0	$-6.000.000$ € $-$ 80.000 · 40 €	$-9.200.000$ €
1	$-$ 18.000.000 €	$-16.981.132$ €
2	8.950.000 €	7.965.468 €
3	7.378.000 €	6.194.711 €
Erfolg der Marketingaktion (vor Bonus-Berücksichtigung):		$-12.020.953$ €

(f) Kunden, die für Segment 1 gewonnen werden und dort verbleiben, sind nicht attraktiv, da die niedrigen späteren Zinserträge die hohen Akquisitions- und Bonuskosten im ersten Jahr nicht ausgleichen. Kunden, die für die Segmente 2 und 3 gewonnen werden oder dorthin wechseln, sind vorteilhafter; aber nur für Segment 3 gewonnene Kunden führen zu positivem Customer Lifetime Value. Insgesamt reichen die angenommenen Neukundenzahlen nicht aus, um im Planungshorizont zu einem positiven Erwartungswert der Marketingaktion zu führen. Mit einer Ausdehnung des Planungshorizonts verschiebt sich dieses Problem zwar, doch wäre für eine grundsätzliche Lösung entweder der Wert des Kundenbestandes zum Ende des Planungshorizonts (vgl. Troßmann [Investition] 221) oder eine langfristige Berücksichtigung des Wechselverhaltens zweckmäßig.

Aufgabe 3: Prognose der Kundenverweildauer auf Basis von Markov-Ketten

(a) Da sich die Übergangsmatrix bereits in der Normalform befindet, lässt sich die nichtabsorbierende Teilmatrix $\hat{Q}$ unmittelbar angeben:

$$\hat{Q} = \begin{pmatrix} 0{,}3 & 0{,}2 & 0{,}1 \\ 0{,}2 & 0{,}4 & 0{,}2 \\ 0{,}1 & 0{,}3 & 0{,}5 \end{pmatrix}.$$

(b) Wegen $N = (E - \hat{Q})^{-1}$ berechnet sich die Fundamentalmatrix N zu:

$$N = \begin{pmatrix} 1{,}8182 & 0{,}9848 & 0{,}7576 \\ 0{,}9091 & 2{,}5758 & 1{,}2121 \\ 0{,}9091 & 1{,}7424 & 2{,}8788 \end{pmatrix}.$$

(c) Der Vektor t der gesamten erwarteten Verweildauern für Neukunden der drei Segmente lautet:

$$t = N \cdot e = \begin{pmatrix} 1{,}8182 & 0{,}9848 & 0{,}7576 \\ 0{,}9091 & 2{,}5758 & 1{,}2121 \\ 0{,}9091 & 1{,}7424 & 2{,}8788 \end{pmatrix} \cdot \begin{pmatrix} 1 \\ 1 \\ 1 \end{pmatrix} = \begin{pmatrix} 3{,}5606 \\ 4{,}6970 \\ 5{,}5303 \end{pmatrix} \cdot$$

Aufgabe 4: Periodenbezogene Deckungsbeiträge auf Markov-Basis

(a) K. Lugs Vorschlag führt zu folgender Verteilung der Segmentverweildauern der Fundamentalmatrix N von Neukunden des Segments 1 auf die Perioden (zum Vorgehen vgl. Baumeister/Alt [Fallstudie] 522 ff.). Da in Jahr 1 wegen der Aktionskosten andere Deckungsbeiträge gelten als in den Folgejahren, wird Jahr 1 separat ausgewiesen und die Verweildauer im betroffenen Segment gegenüber der Angabe in der Fundamentalmatrix N entsprechend verkürzt. Dies ist nachfolgend durch einen Stern * kenntlich gemacht. So gelangt man je nach Startsegment zu folgender Abfolge von Verweildauern bis zum jeweils nächsten Deckungsbeitragswechsel:

Folge-segment	Segment 1		Segment 2		Segment 3	
	(Rest-)Verweildauer	Deckungsbeitragswechsel nach ... Jahren	(Rest-)Verweildauer	Deckungsbeitragswechsel nach ... Jahren	(Rest-)Verweildauer	Deckungsbeitragswechsel nach ... Jahren
–		1		1		1
1	0,8182*	1,8182	0,9091	1,9091	0,9091	1,9091
2	0,9848	2,8030	1,5758*	3,4848	1,7424	3,6515
3	0,7576	3,5606	1,2121	4,6970	1,8788*	5,5303

Die erwarteten Deckungsbeiträge in Jahr 0 und Jahr 1 ergeben sich direkt aus 2a. In den Folgeperioden führen die gemäß dem Markov-Ansatz erwarteten Segmentwechsel zu gemischten Deckungsbeiträgen (Mdb_{it}). Beispielsweise wechseln Neukunden des Segments 1 nach der Annahme von K. Lug durchschnittlich nach 1,8182 Jahren von Segment 1 in Segment 2. Daher gilt für den gemischten Deckungsbeitrag Mdb_{12}:

$$Mdb_{12} = 0{,}8182 \cdot db_{12} + (1 - 0{,}8182) \cdot db_{22} = 92{,}73 \text{ €}.$$

Daraus ergeben sich folgende Deckungsbeiträge, ihre Barwerte und durch Kumulation bis zum Ende der erwarteten gesamten Verweilzeit der Customer Lifetime Value $MCLV_1$ gemäß dem Markov-Ansatz für Neukunden im Segment 1:

Jahr	gemischter Deckungsbeitrag bei Segment 1			
	Zeitwert Mdb_{1t}	Abzinsungsfaktor	Barwert Mdb_{1t}	Kapitalwert
0	– 40,00 €	1,00000	– 40,00 €	– 40,00 €
1	– 220,00 €	0,94340	– 207,55 €	– 247,55 €
2	92,73 €	0,89000	82,53 €	– 165,02 €
3	179,55 €	0,83962	150,75 €	– 14,27 €
4	168,18 €	0,79209	133,22 €	**118,95 €** ← MCLV₁

Für Neukunden in den Segmenten 2 und 3 sind die entsprechenden Berechnungen für fünf bzw. sechs Jahre durchzuführen. Sie lauten:

Jahr	gemischter Deckungsbeitrag bei Segment 2			gemischter Deckungsbeitrag bei Segment 3		
	Zeitwert Mdb_{2t}	Barwert Mdb_{2t}	Kapitalwert	Zeitwert Mdb_{3t}	Barwert Mdb_{3t}	Kapitalwert
0	−40,00 €	−40,00 €	−40,00 €	−40,00 €	−40,00 €	−40,00 €
1	−250,00 €	−235,85 €	−275,85 €	−200,00 €	−188,68 €	−228,68 €
2	86,36 €	76,86 €	−198,99 €	86,36 €	76,86 €	−151,82 €
3	150,00 €	125,94 €	−73,04 €	150,00 €	125,94 €	−25,87 €
4	227,27 €	180,02 €	106,98 €	202,27 €	160,22 €	134,35 €
5	209,09 €	156,24 €	**263,22 €**	300,00 €	224,18 €	358,52 €
6			$= MCLV_2$	159,09 €	112,15 €	**470,68 €** $= MCLV_3$

(b) Den Gesamtdeckungsbeitrag MDB_{it} eines Segments i erhält man durch Multiplikation des Markov-Kundendeckungsbeitrags Mdb_{it} mit der jeweiligen prognostizierten Kundenzahl.

Kundenzahl Deckungsbeitragsart Jahr	Segment 1 50.000 MDB_{1t}	Segment 2 20.000 MDB_{2t}	Segment 3 10.000 MDB_{3t}	Summe der Gesamtdeckungsbeiträge $\sum_{i=1}^{3} MDB_{it}$
0	− 2.000.000 €	− 800.000 €	− 400.000 €	− 3.200.000 €
1	− 11.000.000 €	− 5.000.000 €	− 2.000.000 €	− 18.000.000 €
2	4.636.364 €	1.727.273 €	863.636 €	7.227.273 €
3	8.977.273 €	3.000.000 €	1.500.000 €	13.477.273 €
4	8.409.091 €	4.545.455 €	2.022.727 €	14.977.273 €
5	0 €	4.181.818 €	3.000.000 €	7.181.818 €
6	0 €	0 €	1.590.909 €	1.590.909 €

Ihr Barwert beträgt 15.918.496 €. Nach Abzug der Kosten der Marketingaktion ergibt sich der gesamte Customer Lifetime Value der Aktion nach dem Markov-Ansatz von 9.918.496 €. Etwaige Bonuszahlungen sind davon noch abzuziehen.

(c) Der Markov-Ansatz führt sowohl in den einzelnen Jahren als auch insgesamt zu erheblichen Abweichungen gegenüber dem aktionsbasierten Customer Lifetime Value von − 12.020.953 € aus Aufgabe 2e. Die Unterschiede in den einzelnen Jahren erklären sich durch die unterschiedliche Zuordnung der Kunden. Im Zustandsbaum-Ansatz werden Kundenwanderungen jahresgenau ausgewiesen; entsprechend verlässlich sind die Deckungsbeiträge bis zum Planungshorizont. Deckungsbeiträge nach dem Planungshorizont werden aber entweder gar nicht (wie auch in 2e) oder nur vereinfacht berücksichtigt, so dass der Gesamterfolg der Marketingaktion unvollständig bleibt.

Im Markov-Ansatz werden alle künftigen Deckungsbeiträge bis zum Ende der Kundenbeziehung in ihrer exakten zeitlichen Länge einbezogen. Dies erlaubt eine vollständige Erfassung des direkten Erfolgs der Marketing-Aktion. Durch den Zinseffekt und die gewählte Anordnung der Segment-deckungsbeiträge ist der berechnete Customer Lifetime Value als untere Schranke anzusehen (vgl. zum Umgang mit den Auswirkungen der unter-stellten Segmentfolgen Baumeister/Alt [Fallstudie] 522 f.). Dies ergibt sich daraus, dass die Verweildauern angeben, wie lange sich ein Kunde durch-schnittlich über den gesamten Kundenlebenszyklus in einem Segment be-findet, aber nicht zu welchen Zeitpunkten. Dagegen werden die Deckungs-beiträge bis zur erwarteten Gesamtverweildauer der Kunden überzeichnet, spätere Deckungsbeiträge hingegen sind nicht mehr ersichtlich. Für kun-den- bzw. aktionsbezogene Zwecke der Erfolgsrechnung wäre daher der Markov-Ansatz vorzuziehen, für periodenbezogene Planungszwecke der Zu-standsbaum-Ansatz aus Aufgabe 2.

Die in der Annahme der Segmentfolge liegende Verzerrung des Customer Lifetime Value nach dem Markov-Ansatz könnte in einem Erwartungswert-ansatz dadurch gemildert werden, dass zunächst verweildauergewichtete Deckungsbeitragswerte berechnet werden, mit denen sämtliche Jahre der Geschäftsbeziehung mit dem Kunden gleichartig erfasst werden. Ferner ist zu berücksichtigen, dass die Matrix N die Anzahl der Aufenthalte im ein-zelnen Segment zählt. Bei kurzem Planungshorizont und längerer Perioden-dauer (wie hier gegeben) empfiehlt sich daher, zunächst die Einheitsmatrix abzuziehen, um über den Netto-Effekt die Verweildauern verlässlicher zu prognostizieren. Die Genauigkeit würde sich schließlich weiter erhöhen, wenn die durch den Bonus beeinflusste erste Verweildauer im Startsegment noch präziser abgebildet wäre.

(d) Da die Verweildauern nur die Aufenthaltsdauer im Segment, nicht aber die zeitliche Lage des Aufenthalts wiedergeben, erhält man mit einem ver-weildauergewichteten Ansatz folgende erwartete Segmentdeckungsbeiträge für $t \geq 2$, abhängig vom Startsegment:

$$Mdb_1 = (0,8182 \cdot db_{12} + 0,9848 \cdot db_{22} + 0,7576 \cdot db_{32}) : 2,5606 = 172,01 \ €$$

$$Mdb_2 = (0,9091 \cdot db_{12} + 1,5758 \cdot db_{22} + 1,2121 \cdot db_{32}) : 3,6969 = 181,97 \ €$$

$$Mdb_3 = (0,9091 \cdot db_{12} + 1,7424 \cdot db_{22} + 1,8788 \cdot db_{32}) : 4,5303 = 198,16 \ €$$

Damit ergeben sich folgende verweildauergewichtete Customer Lifetime Values gemäß dem Markov-Ansatz:

$$MCLV_1 = -40 - \frac{220}{1,06} + \frac{Mdb_1}{1,06^2} + \frac{Mdb_1}{1,06^3} + \frac{Mdb_1 \cdot 0,5606}{1,06^4} = 126,35 \ €$$

$$MCLV_2 = -40 - \frac{250}{1,06} + \frac{Mdb_2}{1,06^2} + \frac{Mdb_2}{1,06^3} + \ldots + \frac{Mdb_2 \cdot 0,6970}{1,06^5} = 277,79 \ €$$

$$MCLV_3 = -40 - \frac{200}{1,06} + \frac{Mdb_3}{1,06^2} + \quad \ldots \quad + \frac{Mdb_3 \cdot 0,5303}{1,06^6} = 493,18 \ €$$

Daraus folgt ein verweildauergewichteter Customer Lifetime Value vor Bonuszahlung von:

$MLCV_1 \cdot 50.000 + MLCV_2 \cdot 20.000 + MLCV_3 \cdot 10.000 - 6$ Mio. € $= 10.805.112$ €.

Dieser Customer Lifetime Value ist zu erwarten; der aus c ist eine vorsichtigere Abschätzung.

(e) Bei der Gestaltung eines Anreizsystems durch erfolgsabhängige Entlohnung ist auf die Zielwirksamkeit (Anreizkompatibilität) und die Beeinflussbarkeit (Controllability) zu achten. Da I. Sabel durch die Gestaltung der Marketingaktion und der Aktionskonditionen die Neukundenzahl und -verteilung zumindest mitbeeinflussen kann, ist der Customer Lifetime Value nach dem Markovansatz aus Aufgabe 4e eine zweckmäßige Bemessungsgrundlage. Will man die Belohnungsfunktion einfacher halten, sind gestaffelte Prämiensätze für die Neukundensegmente denkbar.

Kapitel VI: Gemeinkostenmanagement

1. Überblick

■ **Themenschwerpunkte**

Controlling-Aufgaben im Gemeinkostenmanagement
- Charakterisierung von Gemeinkostenproblemen
- Abgrenzung von Fixkosten, Gemeinkosten und Sunk Costs
- Problematik von Potenzialentscheidungen
- Ansätze des betrieblichen Gemeinkostenmanagements

Break-even-Analysen als Instrument des Gemeinkostenmanagements
- Break-even-Punkte für Ja/Nein-Entscheidungen
- Fixkostensteuerung mit Break-even-Analysen
- Analyse von Hold-up-Situationen
- Varianten von Break-even-Analysen

Break-even-Analysen als Instrument des Gemeinkostenmanagements
- Kostenzurechnung zur Präferenzsteuerung
- Kostenzurechnung zur Informationssteuerung

■ **Grundlegende Literatur**

Ewert, Ralf und Alfred *Wagenhofer:*	[Unternehmensrechnung] Interne Unternehmensrechnung. 7. Aufl., Berlin/Heidelberg 2008.
Pfaff, Dieter:	[Kostenrechnung] Kostenrechnung, Unsicherheit und Organisation. Heidelberg 1993.
Schweitzer, Marcell und Ernst *Troßmann:*	[Break-even-Analysen] Break-even-Analysen. Methodik und Einsatz. 2. Aufl., Berlin 1998.
Troßmann, Ernst:	[Investition] Investition als Führungsentscheidung. Projektrechnungen für Controller. 2. Aufl., München 2013.
Troßmann, Ernst und Alexander *Baumeister:*	[Rechnungswesen] Internes Rechnungswesen. München 2013 (im Druck).

2. Grundlagen zum betrieblichen Gemeinkostenmanagement

a) Controlling-Aufgaben im Gemeinkostenmanagement

Kaum ein betriebswirtschaftlicher Begriff des Rechnungswesens ist im Detail mit soviel unterschiedlichen Interpretationen belastet wie der Begriff der Gemeinkosten. Hilfreich ist deshalb ein Rückgriff auf die kostentheoretische Grundlage. Danach sind **Gemeinkosten** stets auf eine Bezugsgröße hin definiert (siehe Kapitel II). Es sind solche Kosten, die dieser Bezugsgröße nicht direkt zugerechnet werden können. Sie verhalten sich bei Änderungen dieser Bezugsgröße entweder fix oder variabel. Wird die Bezugsgröße nicht explizit genannt, ist regelmäßig die Ausbringungsmenge des betrachteten Produkts gemeint. Wird undifferenziert die Bezeichnung „Beschäftigung" verwendet, ist weiter zu spezifizieren, ob mengen- oder zeitbezogene Größen herangezogen werden – und gegebenenfalls welche Produktionsmengen bzw. welche Zeiten von Produktionsstellen, Abteilungen oder Maschinen das sind (vgl. Schweitzer/Troßmann [Break-even-Analysen] 40 ff.). Eine saubere Definition löst zwar noch keines der sogenannten Gemeinkostenprobleme, ist aber doch vielfach die Voraussetzung für eine Identifikation möglicher Lösungsmaßnahmen.

Als **Gemeinkostenproblem** werden unterschiedliche Problemkreise bezeichnet. Zum einen ist es die Tatsache, dass erhebliche Teile der Produktionsmengen-Gemeinkosten fix sind und daher bei einem Rückgang der Produktionsmengen bestehen bleiben. Zum anderen wird als Gemeinkostenproblem auch die Beobachtung angesprochen, dass die stückbezogenen Einzelkosten der Produkte durch verschiedene Effekte über die Jahrzehnte kleiner zu werden scheinen. Unabhängig davon, inwieweit dies tatsächlich empirisch nachweisbar ist (vgl. Troßmann/Trost [Gemeinkosten]), zeigt dieser plausible, teils nur vermutete, teils tatsächlich empirisch nachweisbare Zusammenhang ein gestiegenes Bewusstsein für den Tatbestand, dass viele Kosten durch stückbezogene Entscheidungen nicht beeinflussbar sind. Vielmehr sind es

- ganze Produktionsprogrammentscheidungen über verschiedene Produktarten, wie u. a. bei der Kuppelproduktion (siehe Fallstudie 11, S. 183),

- oder Entscheidungen über die Bereitstellung von Produktionspotenzialen,

die solche Produkt-Gemeinkosten bestimmen. Unter **Gemeinkostenmanagement** ist daher die Gestaltung dieser kostenbeeinflussenden Größen zu verstehen. Zum Gemeinkostenmanagement gehört u. a. die Gestaltung des Produktionsprogramms sowie das Treffen von Potenzialentscheidungen. Allgemeiner gefasst können zum Gemeinkostenmanagement produktbezogene Entscheidungen einerseits und stellenbezogene Entscheidungen andererseits gerechnet werden. In diesem Sinne gehören beispielsweise auch das schon in anderen Kapiteln angesprochene **Target Costing** (Kapitel V) und die **Budgetierung** (Kapitel III) hierzu. Das Controlling unterstützt das Gemeinkostenmanagement durch die frühzeitige Identifikation potenzieller Gemeinkostenprobleme, die Mitwirkung bei der Erarbeitung von Alternativen, die Bereitstellung der dafür notwendigen Methoden sowie durch die Beratung des Managements in gemeinkostensensiblen Entscheidungen.

b) Problematik der Potenzialentscheidungen

Potenzialentscheidungen betreffen sowohl materielle als auch immaterielle **Potenziale.** Zu den materiellen Potenzialen zählen Betriebsmittel in Form von Grundstücken und Gebäuden, Maschinen und Einrichtungen, Werkzeugen und Vorrichtungen, Transportmittel und Fördereinrichtungen. Im Einzelfall sind dies auch kombinative Ensembles, etwa die technischen Ausstattungen ganzer Fabriken, Transferstraßen und flexibler Fertigungssysteme. Andere Beispiele für Potenzialentscheidungen sind der Aufbau von Rohstoffvorräten, der Abschluss langfristiger Beschaffungsverträge oder der Aufbau neuer Fertigungs- oder Vertriebsstandorte, gegebenenfalls im Ausland. Immaterielle Potenzialgüter baut ein Betrieb beispielsweise durch die Einstellung oder Schulung von Personal auf, durch Erstellung oder Erwerb von Software, aber auch durch entsprechende Finanzierungsmaßnahmen.

Aufbau und Änderungen eines Produktionspotenzials verursachen Ausgaben. Im Extremfall fallen alle Ausgaben vor der Potenzialnutzung an. Dann stellen sie während der Potenzialnutzung **Sunk Costs** dar. Aber auch Ausgaben während der Potenzialnutzung, etwa für Mieten, Leasingraten oder Zinsen, sind möglicherweise irreversibel vordisponiert. In anderen Fällen kann ihre Höhe auch von der Potenzialnutzung abhängen. Die **Disponierbarkeit** und **Reversibilität** der Zahlungswirkungen von Potenzialentscheidungen, ihre zeitliche Verteilung und ihre Abhängigkeit von Einflussgrößen sind daher sorgfältig zu untersuchen.

Das betriebliche Potenzialmanagement wird dadurch erschwert, dass die Zusammenhänge zwischen beobachtbarer Situation, den angestrebten Zielen und dem differenzierten Wirkungsgeflecht von Potenzialentscheidungen nicht ohne weiteres zu durchschauen ist. Dies liegt an der langfristigen sowie der vergleichsweise großen sachlichen und hierarchischen Entscheidungsreichweite. Abb. VI-1 (Troßmann [Potenzialgestaltung] 114) stellt dies schematisch dar. Gewöhnungsphänomene, Gründe der Planungssicherheit und Verlässlichkeit, bisweilen auch die mit neuen Alternativen verbundenen Prognoseprobleme führen dazu, dass ein vorhandener Potenzialrahmen meist nur von Zeit zu Zeit, vielfach nur in Notfällen hinterfragt wird.

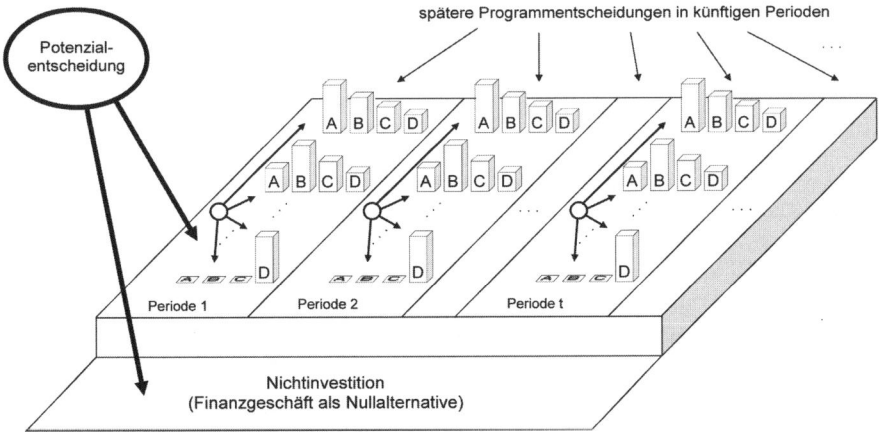

Abb. VI-1: Zusammenhang von Potenzialentscheidung und späteren Nutzungsentscheidungen

Die oft große sachliche Reichweite rührt daher, dass Potenzialentscheidungen typischerweise Inputentscheidungen betreffen, die längerfristigen Charakter haben, so etwa Investitionen in Maschinen und Personal. Dementsprechend werden auch Produktionsmöglichkeiten längerfristig festgelegt.

Hierarchisch sind Entscheidungen über die Potenzialgestaltung regelmäßig von denen über seine Nutzung getrennt. Dies birgt die Gefahr, dass es nicht erkannt wird, wenn sich die Vorteilhaftigkeit eines Projekts bzw. Potenzials schleichend verändert. Abbildung VI-2 zeigt die Besonderheiten von Potenzialentscheidungen in einer zusammenfassenden Übersicht.

Besonderheiten von Potenzialentscheidungen

- Potenzialentscheidungen eröffnen neue oder andere Aktionsmöglichkeiten; beispielsweise wird eine Produktionsbereitschaft hergestellt.
- Das Potenzial steht in der Regel längerfristig zur Verfügung. Es kann eine beschränkte Kapazität haben.
- Aufbau und Änderungen eines Produktionspotenzials unterliegen Entscheidungen, die regelmäßig nicht mit denen über konkrete Produktionsmengen übereinstimmen. Sie definieren aber für diese den Voraussetzungsrahmen. Potenzialentscheidungen haben daher in der Regel mengenfixe Kosten zur Folge. Soweit nicht mehr disponibel, handelt es sich um sunk costs.
- Zur Beurteilung von Alternativen der Potenzialgestaltung sind die Kosten- und Leistungskonsequenzen zu prognostizieren, die das jeweils geschaffene Potenzial ermöglicht. Dies umfasst die Programmentscheidungen späterer Perioden.

Abb. VI-2: Kennzeichnung von Potenzialentscheidungen

c) Break-even-Analysen als zentrales Instrument des betrieblichen Fixkostenmanagements

Break-even-Analysen zählen zu den ältesten und zugleich am weitesten verbreiteten betriebswirtschaftlichen Instrumenten (vgl. Schweitzer/Troßmann [Break-even-Analysen] 353 ff.). Ihre Beliebtheit liegt in der einfachen Struktur und der intuitiv ansprechenden Aussagefähigkeit. In ihrer Grundform stellt die Break-even-Analyse die Kosten eines Produkts seinen Erlösen gegenüber und bestimmt so den **Break-even-Punkt** (auch Gewinnschwelle genannt), in dem die Erlöse die Kosten gerade decken. Dabei berücksichtigt sie die unterschiedliche Abhängigkeit der Kosten und Erlöse von einer zentralen Einflussgröße, der Beschäftigung. Sie vereinfacht das Entscheidungsproblem durch Reduktion auf eine Kennzahl: An die Stelle der vielfach schwierig zu schätzenden Menge bzw. ihrer Wahrscheinlichkeitsverteilung tritt die einfachere Frage, ob die Absatzmenge voraussichtlich über der Break-even-Menge liegt oder nicht. Dies erleichtert anstehende Potenzialentscheidungen und erlaubt für die nachfolgende Potenzialnutzung, kritische Bereiche festzulegen, innerhalb deren eine Anpassung der Potenziale zu prüfen ist.

Die Anwendung der Break-even-Analyse für das Fixkostenmanagement liegt nahe: Die Break-even-Menge gibt an, ab welcher Ausprägung der Einflussgröße, beispielsweise der Absatzmenge, die Erlöse nicht nur die zugehörigen variablen Kosten, sondern auch die Fixkosten decken. Sie erlaubt bei Beachtung des Relevanzprinzips zudem eine entscheidungslogisch orientierte **Fix-kostensteuerung.** Dies zeigt die Gegenüberstellung von zwei Break-even-Situationen in Abb. VI-3 (vgl. Troßmann [Unternehmungssteuerung] 91). Dort unterscheidet sich die Kostenstruktur vor der Grundentscheidung über eine Produktion in den fixen und den variablen Kosten von der Kostenstruktur nach der Entscheidung. Während ursprünglich sämtliche Fixkosten für Produktentwicklung, Fertigungsanlagen und Markteinführung zu berücksichtigen sind, sind nach der Grundentscheidung nur noch Teile davon relevant, etwa Rüstkosten oder abbaubare Gehälter. Die übrigen Kostenpositionen sind unterdessen zu Sunk Costs geworden. Deshalb ist die Break-even-Menge für die Nutzung eines bereits bestehenden Produktionspotenzials deutlich geringer als die für seine Bereitstellung. Damit lohnt sich die Produktion später auch bei niedrigeren Mengen oder niedrigeren Preisen. Bei kleinen Mengen vermindert sich zumindest der dann ohnehin entstehende Verlust.

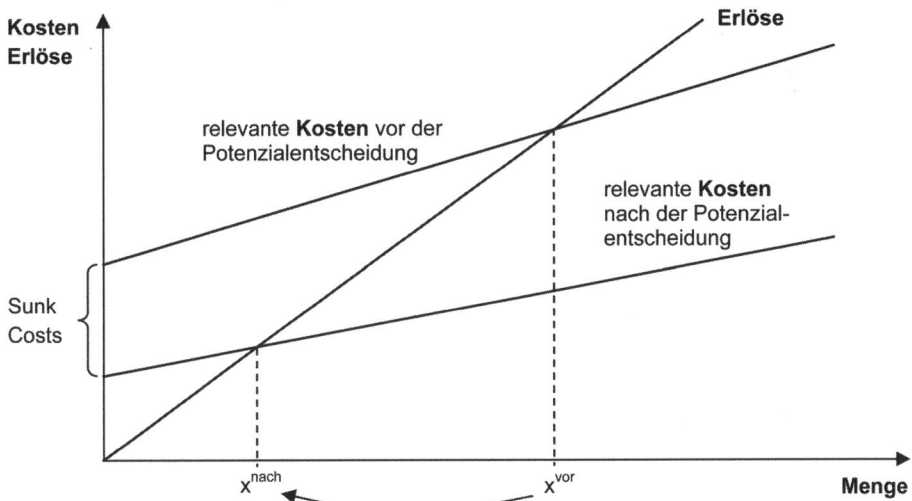

Abb. VI-3: Verringerung der Break-even-Menge durch eine Projektgrundentscheidung

Hohe Fixkosten der Grundentscheidung bedeuten eine **Selbstbindung** des Betriebs an die Potenzialentscheidung. Dies ist für die Marktstellung gegenüber Kunden und Konkurrenten von Bedeutung. Gegenüber Kunden gerät der Betrieb in eine **Hold-up-Position** (vgl. Spremann [Information] 568 ff., Troßmann [Controlling] 23). Sie ist ungünstig für den Betrieb, wenn sie ihn erpressbar macht. Dies ist der Fall, wenn ein Kunde den Betrieb auf einen Preis festnageln kann, der die ursprünglich geplanten Kosten nicht mehr deckt, ein Verzicht auf die Produktion jedoch noch größere Verluste bedeutet. Gegebenenfalls empfiehlt sich eine Absicherung gegenüber einer Ausnutzung durch marktstarke Abnehmer über den Abschluss längerfristiger Abnahmeverträge oder deren Beteiligung an den Fixkosten, z. B. in Form von Entwicklungskostenzuschüssen.

Gegenüber konkurrierenden Anbietern können mit hohen Sunk Costs verbundene Grundsatzentscheidungen dagegen Vorteile bieten, wenn sie nachdrücklich den Willen zur Behauptung im Markt signalisieren. In diesem Fall kann es sich lohnen, solche hohen Kosten auch zu kommunizieren und damit potenzielle Konkurrenten abzuschrecken. Dies ist besonders glaubwürdig, wenn die relevanten Kosten für die Potenzialnutzung niedrig sind, so dass der Betrieb über niedrige Preise (Kampfpreise) die Break-even-Mengen für den Einstieg der Konkurrenten hoch halten kann.

Bei der Anwendung von Break-even-Analysen ist zwei Aspekten besondere Aufmerksamkeit zu schenken, um Fehlinterpretationen zu vermeiden. Zum einen sind Break-even-Analysen in ihrer Grundform ein sehr pauschales Instrument, das zunächst nur die einstufige Einproduktfertigung mit den deterministischen linearen Kosten- und Erlösfunktionen abdeckt. Für andere Produktionstypen liegen zahlreiche Vorschläge zu Varianten und Erweiterungen vor (vgl. Schweitzer/Troßmann [Break-even-Analysen] 122 ff.). Vielfach beeinträchtigen sie jedoch die intuitive Einsichtigkeit des Modells. Andere Ansätze konzentrieren sich eher auf die Bewahrung der Einsichtigkeit unter Hinnahme gewisser Pauschalisierungen und daher kleinerer oder größerer Unrichtigkeiten. Hierzu gehört insbesondere die Behandlung der im betrieblichen Alltag vorherrschenden **Mehrproduktfälle** mit einer dafür nur bedingt geeigneten eindimensionalen Break-even-Analyse. Dies gelingt durch Verwendung einer geeigneten Indexgröße anstelle der einzelnen Mengengrößen der verschiedenen Produktarten, beispielsweise etwa aggregierte Fertigungsstunden oder Umsätze (siehe Fallstudie 14, S. 228).

Die zweite potenzielle Interpretationsproblematik betrifft den Charakter von Break-even-Aussagen. Break-even-Punkte sind **Grenzpunkte der Vorteilhaftigkeit** von Alternativen. Sie geben dagegen nicht an, wie gut diese Alternativen tatsächlich sind. Deshalb erlaubt ein Break-even-Punkt nur eine Aussage über die Vorteilhaftigkeit der Alternative im Vergleich zu ihrer Unterlassung. Ein Vergleich von Break-even-Punkten verschiedener Alternativen ist dagegen nicht sinnvoll. Dies ist bei der klassischen Break-even-Analyse, bei der Produktionsmengen berechnet werden, offensichtlich. Allerdings wird derselbe Zusammenhang bei anderen Analysegrößen, etwa Zinssätzen oder Zeitdauern, in der praktischen Anwendung oft weniger deutlich erkannt. So sind interne Zinsfüße und auch Amortisationsdauern ebenfalls lediglich Break-even-Größen bestimmten Typs. Als kritische Grenzwerte eignen sie sich daher prinzipiell nicht zum Vergleich unterschiedlicher Alternativen. Hierfür wären generell die Beurteilungsgrößen der jeweiligen Alternative in derjenigen Höhe anzusetzen, wie sie bei Realisierung tatsächlich geplant sind – statt nur in der erforderlichen Mindesthöhe. Der Ausbau einer Break-even-Rechnung zu einer auf den Alternativenvergleich ausgerichteten Planrechnung dürfte freilich in vielen Fällen schon deswegen leicht fallen, weil beide auf dem gleichen Zahlengerüst aufbauen und dieses nur um die Planwerte der Einflussgrößen zu ergänzen ist. Schwieriger wird diese Ergänzung dann, wenn solche Planwerte nur stochastisch angegeben werden können.

d) Gemeinkostenzurechnungen zur Steuerung in der betrieblichen Hierarchie

Zur organisatorisch-hierarchischen Steuerung dienen prinzipiell Kennzahlen, insbesondere Budgets und Lenkpreise (siehe Kapitel III). Verschiedentlich wird in der Literatur vorgeschlagen, auch Gemeinkostenbeträge hierfür einzusetzen (vgl. zum Überblick Pfaff [Kostenrechnung] 69 ff.). Unklar bleibt bei diesen

Vorschlägen allerdings vielfach, welche Art von Gemeinkosten überhaupt gemeint ist. Für das Weitere sollen sie deshalb als von der Zentrale festgelegte Beträge – unter Umständen in Abhängigkeit von variierenden Einflussgrößen – ohne weitere inhaltliche Präzisierung interpretiert werden. Die dezentralen Einheiten sollen mit diesen Beträgen belastet werden, um so insbesondere Probleme zu reduzieren, die aus Präferenz- oder Informationsunterschieden zwischen Zentrale und dezentralen Bereichen resultieren, also typische **Principal-Agent-Probleme.**

Präferenzunterschiede zwischen Zentrale und dezentralen Einheiten äußern sich darin, dass Bereichsmanager nicht ausschließlich die betrieblichen Ziele verfolgen, sondern sich auch an eigenen Motiven oder bereichsspezifischen Partikularinteressen orientieren. Mit Anreizsystemen, insbesondere Erfolgsbeteiligungen (siehe Kapitel III, VII) wird eine Kompatibilität zum betrieblichen Gesamtzielsystem angestrebt. Zugerechnete Gemeinkostenteile reduzieren die Erfolgsgröße. Indem die Gemeinkostenzurechnung mit dem Einsatz bestimmter Einsatzgüter verknüpft wird, soll sie die Ressourcenpräferenzen der Manager im Sinne der Zentrale beeinflussen. Ihre Wirksamkeit hängt davon ab, ob die zugerechneten Gemeinkostenbeträge die Präferenzen des dezentralen Managements überhaupt betreffen und ob sie in irgendeiner Weise von ihm beeinflussbar sind oder nicht. Möglicherweise sind sie aus Controlling-Sicht weniger als (anteilige) Gemeinkostenbeträge zu interpretieren denn als Ausgleich für die relative knappe Ausprägung des betrieblichen Erfolgsziels im Zielsystem des Bereichsmanagers, gemessen an dessen Ressourcenpräferenzen oder Arbeitsleid. Offen ist, ob die Vorgabe eines über dem Kapitalmarktzins liegenden Kalkulationszinssatzes (vgl. Ewert/Wagenhofer [Unternehmensrechnung] 592 ff.) ebenfalls als Anwendungsfall einer solchen Gemeinkostenzurechnung anzusehen ist oder einfach als zusätzliches Steuerungsbudget. Allerdings hängt auch seine Wirkung an den Präferenzen und Einflussmöglichkeiten des dezentralen Managements.

Informationsunterschiede, speziell knappe Informationen auf Seiten der Zentrale, sind typisch für die Principal-Agent-Poblematik. Sie verhindern bei informationssensiblen Entscheidungsproblemen vielfach die Realisierung der Optimallösung. Hier soll die Zurechnung von Gemeinkostenbeträgen den dezentralen Bereichen einen Anreiz geben, selbst in solchen Situationen wahrheitsgemäß zu berichten, in denen die Zentrale die Richtigkeit der Berichte nicht überprüfen kann. Ihr Wirkungsprinzip beruht darauf, dass die Bereiche durch die zugerechneten Gemeinkostenbeträge zumindest teilweise die Konsequenzen einer Meldung tragen, welche ansonsten nur zentral als Zielwirkung registriert werden. Dies soll die Bereiche davon abhalten, ihre Kapazitätsanforderungen mit falschen Angaben zu unterlegen. Zu dieser Grundidee gibt es unterschiedliche Ausformulierungen (vgl. Pfaff [Kostenrechnung] 182 ff.), ohne dass sich bisher begründet eine einheitliche Lösung abzeichnet.

Fallstudie 14: Computainment AG

Dynamisches Fixkostenmanagement

Problembeschreibung:

Die Computainment AG ist ein bekannter Anbieter von Computerzubehör. Der Vorstand hat die Einführung einer wöchentlichen Computer-Fachzeitschrift mit dem Titel Compusure beschlossen, für die man sich gute Marktchancen verspricht. Als inhaltlich hochwertige Zeitschrift konzipiert, soll Compusure das Hochpreissegment im Markt für Computer-Zeitschriften bedienen. Zum einen soll damit der Verdrängungswettbewerb im bereits stark gesättigten Niedrigpreissegment umgangen werden, zum anderen passt dies auch zur bisherigen Wettbewerbsstrategie der Computainment AG, die sich auf hochwertiges Zubehör spezialisiert hat. Die Zeitschriftenaktivitäten sollen in einer neu zu gründenden 100 %-igen Tochtergesellschaft der Computainment AG, der Compunews GmbH, gebündelt werden. Mit der Bereitstellung weiterer entscheidungsrelevanter Informationen hat der Vorstand Kurt Cleverle, den Chefcontroller der Computainment AG, beauftragt.

Die Zeitschrift Compusure soll in jeder Wochenauflage einen Gesamtumfang von 196 Seiten pro Exemplar aufweisen. Für die Herstellung muss eine entsprechende Druck- und Bindeanlage beschafft werden. Hierfür liegt das Angebot einer Leasinggesellschaft vor, das eine Einmalzahlung von 2,5 Mio. € zu Beginn der Nutzungszeit am 1. Januar des Jahres 13 bei jährlich nachschüssigen Leasingzahlungen in Höhe von 500.000 € vorsieht. Am Ende der Vertragslaufzeit nach fünf Jahren wird die Leasinggesellschaft die Anlage zur Weiterverwertung im Ausland auf eigene Kosten abbauen und der Computainment dafür 300.000 € zurückerstatten. Cleverle erwartet variable Druckkosten in Höhe von 1,60 € pro Exemplar sowie Kosten in Höhe von 25.000 € pro Wochenauflage für die zum Druck benötigten Klischees. Für die Herstellung eines Zeitschriftenexemplars werden 6 Meter Papier benötigt, die auf Rollen zu 1.200 Meter Länge und mit einer auf die Druckanlage ausgerichteten Breite von einem Meter bezogen werden können. Der Einkaufspreis einer Rolle Druckpapier liegt bei 120 €. Für die Beschaffung des Papiers fallen mengenunabhängige Bestellkosten in Höhe von jeweils 3.500 € an. Die Geschäftsleitung plant vier Bestellungen, jeweils zu Beginn eines jeden Quartals in Höhe des gesamten Quartalsbedarfs. Für die Einlagerung entstehen bei einjähriger Einlagerung vom Lagerwert abhängige Kosten in Höhe von 2,5 %. Daneben fallen für das Papierlager weitere fixe Kosten in Höhe von 35.000 € pro Jahr an.

Nach einer umfangreichen Marktstudie geht Cleverle von einem Verkaufspreis von 4,50 € pro Exemplar bei einer durchschnittlichen Wochenauflage von 80.000 Exemplaren aus. Er schätzt, dass die Nachfrage in den Sommermonaten geringer sein wird als in den Wintermonaten. So prognostiziert er in den Monaten April bis September eine um 10 % unter, in den restlichen Monaten eine um 10 % über dem Durchschnitt liegende Auflagenhöhe.

Da sich für lediglich eine einzige Zeitschrift der Aufbau eigener Kapazität bei der Compunews GmbH mit der damit verbundenen Fixkostenbelastung nicht empfiehlt, möchte man Arbeitsbereiche wie die Anzeigenabwicklung, die Layoutgestaltung und auch die redaktionelle Erstellung der Inhalte fremd verge-ben. Es liegt das Angebot einer Agentur vor, die für die Anzeigenabwicklung bzw. die Layoutgestaltung pro Auflage 8.000 € bzw. 12.000 € und für die re-daktionelle Arbeit 750.000 € pro Jahr fordert; letztere sind hälftig im Januar und Juli eines Jahres zu begleichen. In der redaktionellen Grobplanung der Agentur, die dem Angebotspreis zugrunde liegt, wird davon ausgegangen, dass in den Monaten Januar, Mai, August sowie Dezember jeweils fünf Wo-chenauflagen auf den Markt gebracht werden müssen, während es in den übrigen Monaten vier sind.

Cleverle rechnet mit Erlösen in Höhe von 48.000 € pro Auflage aus dem Anzei-gengeschäft. Im Vertrieb geht er von Kosten in Höhe von 1,50 € je Exemplar aus. Auch für Exemplare, die nicht verkauft werden und als Remittenden zu-rückkommen, fallen die Vertriebskosten an. Zusätzlich kalkuliert Cleverle Remissionskosten in Höhe von insgesamt 2,50 € pro Exemplar für die Rück-nahme und die Entsorgung der Zeitschrift. Die Remissionskosten fallen in der ursprünglich geplanten Verkaufsperiode an. Die Remissionsquote prognosti-ziert Cleverle auf 10 %.

Es ist vorgesehen, die Compunews GmbH eng in das Konzernfinanzmanage-ment einzubinden. Die Computainment AG kann über Kredite aus langfristi-gen Zusagen zu einem Zinssatz von 6 % pro Jahr variabel verfügen. Trotz be-reits hoher Inanspruchnahme wird die Kreditlinie für die nächsten Jahre als ausreichend gesehen. Konzerninterne Geldausleihungen bzw. -anlagen wer-den ebenfalls zum Zinssatz von 6 % pro Jahr berechnet; alle konzerninterne Konten werden monatlich abgeschlossen, die Zinsen ebenfalls monatlich be-rechnet und gutgeschrieben bzw. belastet. Würde die Compunews GmbH sich konzernextern finanzieren, müsste sie aufgrund einer schlechteren Bonitäts-einstufung 7,2 % Kreditzins pro Jahr entrichten. Überschüssige Mittel könnten dagegen für 2,5 % pro Jahr konzernextern angelegt werden.

Cleverle rechnet mit sonstigen Fixkosten der Compunews GmbH in Höhe von 450.000 € pro Jahr. Darin enthalten ist mit 80.000 € eine pauschale Abführung für die Inanspruchnahme der Leistungen des Konzernfinanzmanagements.

Cleverle ist sich unsicher, ob sich die Einführung nur einer Zeitschrift auf-grund der hohen Fixkosten für die Betriebsbereitschaft überhaupt lohnt. Er prüft als weitere Alternative, ob die Compunews nicht sofort mit einem brei-ten Angebot von Zeitschriften an den Markt treten sollte. So wird neben Com-pusure an die zusätzliche Einführung der Zeitschriften Surfnet, Compuguide und Compufreak gedacht, die in den Remissionskosten und -quoten ebenso wie den Saisonkomponenten im Absatz mit der Zeitschrift Compusure über-einstimmen. Abbildung VI-4 enthält dazu nähere Angaben.

Cleverle verspricht sich aus dem zusätzlichen Zeitschriftenangebot Vorteile, weil die Compunews GmbH die kritische Größe erreicht, um die Anzeigen-abwicklung für alle Zeitschriften in eigener Regie abzuwickeln. Für das Projekt würde eine größer dimensionierte Druck- und Bindeanlage benötigt, die für 20 Mio. € beschafft würde. Für diese prognostiziert man nach fünf Jahren ei-nen Liquidationserlös in Höhe von einer Mio. €. Die dafür anfallenden kalku-latorischen Abschreibungen und Zinsen, die Kosten für die Anzeigenabwick-lung, die Lagerung, die Redaktion sowie sämtliche bestellfixe Kosten betragen für alle vier Zeitschriften zusammen 10,2 Mio. € pro Jahr. Hierin sind bereits

	Surfnet	Compuguide	Compufreak
Papierbedarf je Stück	4 Meter	5 Meter	4 Meter
variable Druckkosten je Stück	1,20 €	1,50 €	0,90 €
Vertriebskosten je Stück	0,90 €	1,00 €	0,40 €
Kosten für Layout je Auflage	10.000,00 €	15.000,00 €	8.000,00 €
Kosten für Klischees je Auflage	15.000,00 €	16.000,00 €	10.000,00 €
Verkaufspreis je Stück	3,50 €	4,10 €	2,10 €
Anzeigenerlöse je Auflage	52.000,00 €	85.000,00 €	45.000,00 €
durchschnittlich geplante Wochenauflage	120.000 Stk.	80.000 Stk.	220.000 Stk.
Fertigungszeitbedarf je Exemplar	0,3 Sek.	1,25 Sek.	0,4 Sek.

Abb. VI-4: Grunddaten zum Zeitschriftenvergleich

die Unternehmungsfixkosten in Höhe von 450.000 € enthalten. Der Fertigungszeitbedarf für die Zeitschriften stimmt auf dieser neuen Anlage mit dem auf der kleiner dimensionierten überein. Die Zeitschrift Compusure benötigt 0,2 Sekunden Fertigungszeit je Exemplar auf der Anlage.

Aufgabenstellung zu Fallstudie 14 (Computainment AG):

Bearbeitungshinweis:

Die Aufgaben 1 bis 3 beziehen sich auf den alleinigen Absatz der Zeitschrift Compusure, die restlichen Aufgaben auf den Absatz der Zeitschriften Compusure, Surfnet, Compuguide und Compufreak.

Aufgabe 1: Statische Break-even-Analyse

(a) Erörtern Sie, ab wie vielen Exemplaren eine einzelne Wochenauflage der Zeitschrift Compusure vorteilhaft ist, falls keine Remittenden zu verzeichnen sind. Gehen Sie davon aus, dass die kleiner dimensionierte Druck- und Bindeanlage beschafft wird.

(b) Ermitteln Sie in einer statischen Break-even-Analyse die zur Erreichung der Gewinnschwelle notwendige Anzahl verkaufter Exemplare von Compusure pro Absatzjahr, falls keine Remittenden auftreten. Gehen Sie hier davon aus, dass ein gleichmäßiger Absatzverlauf und ein gleichmäßiger Wertverlust über den Nutzungszeitraum vorliegt. Stellen Sie den Sachverhalt grafisch dar.

(c) Berechnen Sie den Jahresgewinn für die geplante Wochenauflage von 80.000 Exemplaren. Wie viele Exemplare dürfen im Durchschnitt pro Woche höchstens als Remittenden zurückkommen, ohne dass Verluste in den einzelnen Absatzjahren entstehen?

(d) Diskutieren Sie die Eignung der statischen Break-even-Analyse im vorliegenden Fall.

Aufgabe 2: Verschachtelung von Gemeinkostenproblemen

Bevor er sich an eine dynamische Analyse des Gesamtprojekts macht, will Cleverle Einzelaspekte davon aufarbeiten. Einer davon ist die Bestell- und Lagerpolitik für Papier.

(a) Warum ist das Grundmodell der optimalen Bestellmenge für den vorliegenden Fall nicht geeignet?

(b) Berechnen Sie die optimalen Bestellmengen und -zeitpunkte für den Papierbedarf. Verwenden Sie dabei den Stückperiodenalgorithmus (vgl. Troßmann [Beschaffung] 169 ff.) mit

$$
\nabla = \frac{\text{bestellfixe Kosten}}{\substack{\text{Lager- und Zinskosten pro} \\ \text{Mengeneinheit und Periode}}} = \frac{K^{\text{fix}}}{e \cdot \left(\dfrac{l+p}{100}\right) \cdot T}
$$

Die Stückperiodenzahl ∇ hat die Dimension Mengeneinheiten mal Perioden. Dabei bezeichnet τ die Periodenlänge als Bruchteil eines Jahres, e den Einstandspreis pro Mengeneinheit, l den Lagerkostensatz für die Einlagerung eines Gutes für ein Jahr bezogen auf 100 € Lagerwert und p den Zinssatz pro Jahr. Ziel ist, dass bei jeder wöchentlich möglichen Bestellung möglichst genau ∇ Stückperioden an Lagerkosten entstehen. Die Lagerung in der Bedarfsperiode soll hälftig berücksichtigt werden.

(c) Geben Sie die Kosten für den optimalen Bestellplan an.

Aufgabe 3: Strukturierung der Zahlungswirkungen von Kosten und Erlösen

(a) Stellen Sie für die Compunews GmbH einen Finanzplan für das Jahr 13 mit Monatsunterteilung auf. Gehen Sie zur Vereinfachung davon aus, dass Zahlungen, sofern nicht anders vermerkt, jeweils zum Monatsende zu berücksichtigen sind und dass für das Lager einschließlich der lagerwertabhängigen Kosten Auszahlungen in Höhe von 3.500 € pro Monat fällig werden. Die Unternehmungsfixkosten werden monatlich anteilig zahlungswirksam.

(b) Veranschaulichen Sie die Entwicklung der monatlichen Ein- und Auszahlungen, des Zahlungsüberschusses sowie des konzerninternen Finanzierungssaldos im Jahr 13 mit einer Grafik. Welcher Amortisationszeitpunkt ergibt sich im vorliegenden Fall?

Lassen sich mit der Amortisationsdauer Aussagen über die Vorteilhaftigkeit eines Projekts treffen?

(c) Welche Aspekte sind bei der Abbildung von Kosten- und Leistungs- sowie Zahlungsstrukturen in Berichten zu beachten?

(d) Sehen Sie generelle Probleme der Erfolgsanalyse bei der verwendeten Informationsbasis?

Aufgabe 4: Break-even-Analysen im Mehrproduktfall mit Saisonkomponenten

(a) Ermitteln Sie in einer Durchschnittsbetrachtung die notwendige Auflagenanzahl für das Erreichen der Gewinnschwelle im Jahr 13. Bestimmen Sie dazu für die vier Zeitschriften der Compunews GmbH zunächst jeweils die durchschnittlichen Deckungsbeiträge je Wochenauflage und den gesamten Deckungsbeitrag einer Woche. Welche Probleme sehen Sie in einer derartigen Analyse?

(b) Gehen Sie davon aus, dass die Produktionsanlage fünf Tage in der Woche mit 14 Stunden pro Tag genutzt wird. Ermitteln Sie die Zusammensetzung des optimalen Absatz- und Produktionsprogramms im Zeitablauf. Welche Auflagenanzahl ist für das Erreichen der Gewinnschwelle in einer Durchschnittsbetrachtung nötig? Wie erklären Sie sich das Ergebnis angesichts der Engpasssituation?

Aufgabe 5: Statische und dynamische Break-even-Analyse im Vergleich

Auf Basis der in Aufgabe 4 b vorgenommenen Produktionsprogrammplanung erwartet man einen durchschnittlichen Wochenumsatz von 1.643.000 € bei einer umsatzbezogenen Deckungsbeitragsquote in Höhe von 12,09 %.

(a) Was besagt die Deckungsbeitragsquote?

(b) Treffen Sie eine Projektdurchführungsentscheidung für die Einführung der vier Zeitschriften einmal auf Basis des jährlichen Break-even-Umsatzes und einmal auf Basis einer Kapitalwertrechnung. Wie sind die Unterschiede in der Entscheidung zu erklären?

(c) Berechnen Sie den Break-even-Umsatz pro Jahr in einer dynamischen Breakeven-Analyse, wenn weiterhin von jährlich gleichbleibender Umsatzhöhe ausgegangen wird.

Aufgabe 6: Fixkostenentscheidungen

(a) Es wird eine Outsourcing-Maßnahme zum 1. Januar des Jahres 13 diskutiert, die zwar die fixen Ausgaben pro Jahr um 1 Mio. € senken würde, dafür aber die durchschnittliche Deckungsbeitragsquote auf 10,95 % verschlechtert. Empfehlen Sie diese Maßnahme?

(b) Gehen Sie davon aus, dass das Projekt bei Durchführung der in a genannten Outsourcing-Maßnahme gestartet wird. Es ist bereits geplant, zum Ende des Jahres 14 den Druck an eine Fremdunternehmung zu vergeben, um die Kapitalbindung und den Fixkostenanfall zu verringern. Diese hat bereits zugesagt, die Produktionsanlage zum 31. Dezember des Jahres 14 für eine Ablösesumme von 12 Mio. € zu übernehmen. Auf welchen Wert dürfte durch die erhöhten variablen Selbstkosten die durchschnittliche Deckungsbeitragsquote fallen, damit sich die Maßnahme noch lohnt?

(c) Angesichts der Bedeutung der Deckungsbeitragsquote für die Entscheidungsfindung überlegt Cleverle, künftig nur Zeitschriften mit Deckungsbeitragsquoten über diesem kritischen Wert im Programm zu behalten. Was halten Sie von dieser Idee?

Hinweis:

Vielleicht hilft Ihnen bei Ihren Berechnungen der Rentenbarwertfaktor (der Kehrwert des Annuitätenfaktors): $\dfrac{q^n - 1}{q^n \cdot (q-1)}$. Dabei steht $q = \left(1 + \dfrac{p}{100}\right)$ für den Zinsfaktor und n für die Periodenanzahl. Durch Multiplikation mit dem Rentenbarwertfaktor lässt sich eine Reihe von n jährlich gleichbleibenden, nachschüssigen Zahlungen (Annuitäten) in den Kapitalwert umrechnen.

Lösungshinweise zu Fallstudie 14 (Computainment AG):

Aufgabe 1: Statische Break-even-Analyse

(a) Die variablen Selbstkosten für ein Exemplar der Zeitschrift Compusure setzen sich aus Papier-, Druck- und Vertriebskosten zusammen und liegen bei 3,70 € pro Exemplar. Bei einem Verkaufspreis von 4,50 € ergibt sich ohne Remissionen ein Stückdeckungsbeitrag in Höhe von 0,80 € je Exemplar. Die fixen Kosten je Auflage für Anzeigenabwicklung, Layoutgestaltung und Erstellung der Klischees liegen bei 45.000 €. Dem stehen Anzeigenerlöse in Höhe von 48.000 € gegenüber. Die Fixerlöse übersteigen die Fixkosten damit um 3.000 € je Auflage.

Somit müssten zwar überhaupt keine Exemplare verkauft werden, damit eine Auflage vorteilhaft ist. Allerdings werden in diesem Fall die Anzeigenerlöse in Zukunft ausbleiben. Eine Break-even-Menge von null Exemplaren pro Auflage gilt daher allenfalls für einen eng begrenzten Zeitraum. Genauere Aussagen sind ohne nähere Informationen zur Abhängigkeit der Anzeigenerlöse von der Auflagenstärke jedoch nicht möglich; bei einer zeitlich versetzten Reaktion der Anzeigenerlöse auf Änderungen in der Auflagenstärke müsste darüber hinaus eine dynamische Break-even-Rechnung durchgeführt werden.

(b) Für eine statische Break-even-Analyse sind zunächst die gesamten den Kostenträgern nicht direkt zuordenbaren Kosten pro Durchschnittsperiode zu ermitteln (vgl. Troßmann [Investition] 67 ff.). Zu den Periodenfixkosten gehören im vorliegenden Fall auch kalkulatorische Abschreibungen und kalkulatorische Zinsen. Die kalkulatorische Abschreibung der geleasten Druckanlage berechnet sich bei gleichmäßigem Wertverlust als lineare Abschreibung aus der Aufteilung der um einen möglichen Liquidationserlös verringerten Anschaffungsauszahlung auf die Nutzungsdauer. Es ergibt sich für die Druckanlage:

$$\text{kalkulatorische Abschreibung} = \frac{2.500.000\,€ - 300.000\,€}{5\,\text{Jahre}} = 440.000\,€\,/\,\text{Jahr}.$$

Die kalkulatorischen Zinsen ergeben sich aus der Multiplikation des durchschnittlich gebundenen Kapitals mit dem Kalkulationszinssatz. Dieser muss sich an der tatsächlichen Finanzierungsposition orientieren, um die Alternativsituation abbilden zu können. Für die Berechnung ist ein Zinssatz von 6 % anzusetzen, da für die Compunews GmbH sowohl konzerninterne Geldanlagen als auch konzerninterne Geldaufnahmen vorteilhafter sind als konzernexterne. Mit diesem Zinssatz folgt für die Druckanlage:

$$\text{kalkulatorische Zinsen} = \frac{2.500.000\,€ + 300.000\,€}{2} \cdot 6\,\%\,/\,\text{Jahr} = 84.000\,€\,/\,\text{Jahr}.$$

Daneben sind die lagerwertabhängigen Kosten zu berechnen. Der gesamte Papierverbrauch pro Jahr hat einen Wert von

$$80.000\ \text{Ex.}\,/\,\text{Woche} \cdot 52\,\text{Wochen} \cdot \frac{6\,\text{m}\,/\,\text{Ex.}}{1.200\,\text{m}\,/\,\text{Rolle}} \cdot 120\,€\,/\,\text{Rolle} = 2.496.000\,€.$$

Bei vier Bestellungen pro Jahr und einem gleichmäßigen Lagerabgang ergibt sich ein durchschnittlich auf dem Lager gebundenes Kapital von

$$\frac{2.496.000 \, €}{4 \cdot 2} = 312.000 \, €.$$

Mit einem Lagerkostensatz von 2,5 % ergeben sich lagerwertabhängige Kosten in Höhe von 312.000 € · 2,5 %/Jahr = 7.800 €/Jahr sowie kalkulatorische Zinsen für das auf dem Lager gebundene Kapital in Höhe von 312.000 € · 6 %/Jahr = 18.720 €/Jahr.

Abb. VI-5 fasst sämtliche Kosten- und Erlöspositionen für 80.000 Exemplare pro Woche bei 52 Wochen pro Jahr zusammen. Die Werte gelten für alle fünf Jahre gleichermaßen.

Kosten	Zurechnung pro		
	Exemplar (pro Stk.)	Auflage (80.000 Stk.)	Jahr (52 Wochen)
Papierkosten	0,60 €	48.000 €	2.496.000 €
Druckkosten	1,60 €	128.000 €	6.656.000 €
Vertriebskosten	1,50 €	120.000 €	6.240.000 €
variable Kosten je Exemplar	3,70 €		
Anzeigenabwicklung		8.000 €	416.000 €
Layoutgestaltung		12.000 €	624.000 €
Klischees		25.000 €	1.300.000 €
auflagenfixe Kosten		45.000 €	
wertabhängige Lagerhaltungskosten			7.800 €
kalkulatorische Zinskosten Lager			18.720 €
jahresfixe Kosten für			
Redaktion			750.000 €
Papierbestellungen			14.000 €
Lagerung			35.000 €
kalkulatorische Anlagenabschreibung			440.000 €
kalkulatorische Zinsen für Anlage			84.000 €
Leasing			500.000 €
sonstige Unternehmungsfixkosten			450.000 €
nicht auflagenzahl- und größenabhängige Kosten			2.299.520 €
Gesamtkosten			20.031.520 €

Erlöse	Zurechnung pro		
	Exemplar	Auflage	Jahr
Verkaufserlöse	4,50 €	360.000 €	18.720.000 €
Anzeigenerlöse		48.000 €	2.496.000 €
Gesamterlöse			21.216.000 €

Abb. VI-5: Kosten und Erlöse pro Jahr für verschiedene Bezugsgrößen

Die Wochenauflagen erbringen einen stückzahlunabhängigen Beitrag von 3.000 € pro Woche zur Abdeckung der jahresspezifischen Kosten:

jahresspezifische Kosten	2.299.520 €
– auflagenabhängiger Deckungsbeitrag pro Jahr	– 156.000 €
noch abzudeckende Kosten	2.143.520 €

Insgesamt müssen daher mindestens

$$\frac{2.143.520 \, €}{0.80 \, € / \text{Exemplar}} = 2.679.400 \text{ Exemplare}$$

pro Jahr abgesetzt werden. Dies entspricht einer Wochenauflage von 51.527 Exemplaren.

Grafisch können die Verläufe der Gesamterlöse und Gesamtkosten oder aber der Deckungsbeiträge und der Deckungslast einander gegenübergestellt werden. In der folgenden Break-even-Abbildung werden auflagenbezogene Kosten und Erlöse zu den Jahresfixkosten bzw. -erlösen gerechnet. Die Fixkosten liegen damit bei 4.639.520 € und die Fixerlöse bei 2.496.000 €. Dies ergibt eine Deckungslast in Höhe von 2.143.520 €, die durch die Deckungsbeiträge der verkauften Exemplare abzudecken ist.

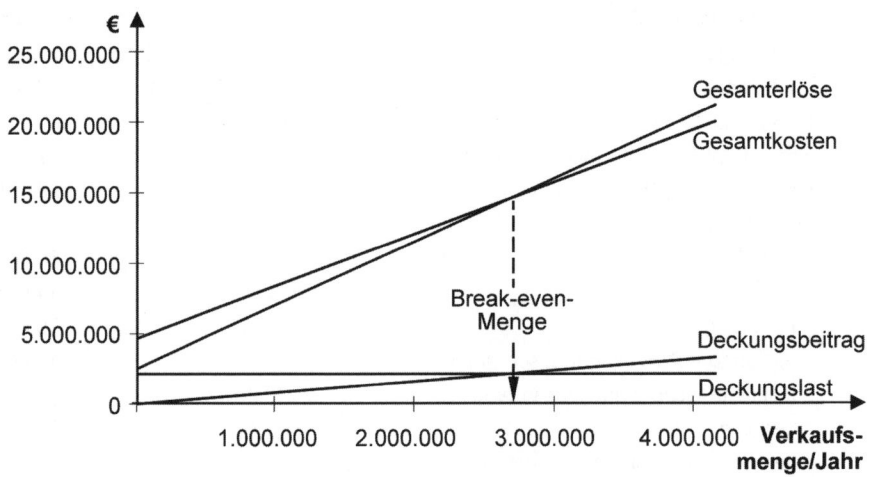

Abb. VI-6: Break-even-Diagramm für Computainment

(c) Der geplante Jahresgewinn ergibt sich zu:

Gesamterlöse pro Jahr	21.216.000,00 €
Gesamtkosten pro Jahr	– 20.031.520,00 €
Plangewinn pro Jahr	1.184.480,00 €

Ein remittiertes Exemplar mindert den berechneten Gewinn um die Remissionskosten in Höhe von 2,50 € und um die für die Gewinnermittlung bereits angesetzten Verkaufserlöse in Höhe von 4,50 € pro Exemplar. Die kritische Remissionsanzahl pro Woche ergibt sich damit zu:

$$\frac{1.184.480\,€}{52\,\text{Wochen} \cdot (2,50\,€\,/\,\text{Exemplar} + 4,50\,€\,/\,\text{Exemplar})} = 3.254\,\text{Exemplare.}$$

(d) Statische Rechnungen stellen immer eine Vereinfachung mehrperiodiger Investitionsprobleme dar, da sie die zeitliche Verteilung des Zahlungsanfalls allenfalls grob durch den Ansatz kalkulatorischer Zinsen berücksichtigen (siehe Kapitel VII). Hinzu kommt die Betrachtung der Durchschnittswerte von Ausgaben und Einnahmen über mehrere Jahre hinweg: Dies ist hier für die Abschreibungen offensichtlich, könnte sich aber auch hinter den Prognosen der Auflagenhöhe verbergen. Statische Investitionsrechenverfahren sind daher im Allgemeinen abzulehnen.

Aufgabe 2: Verschachtelung von Gemeinkostenproblemen

(a) Das Grundmodell der optimalen Bestellmenge setzt einen gleichmäßigen Lagerabgang voraus (vgl. Troßmann [Beschaffung] 164 ff., siehe auch Fallstudie 8, S. 127). Davon kann im vorliegenden Fall nicht ausgegangen werden, da der Zeitschriftenabsatz saisonal schwankt. Somit muss ein Verfahren der dynamischen Bestellmengenoptimierung angewendet werden.

(b) Als Stückperioden ergeben sich beim Zinssatz von 6 % und einem Einstandspreis e von 0,1 €/m

$$\nabla = \frac{3.500\,€}{0{,}1\dfrac{€}{m} \cdot (2{,}5\dfrac{€}{\text{Jahr}} + 6\dfrac{€}{\text{Jahr}}) \cdot \dfrac{1\,\text{Jahr}}{52\,\text{Wochen}}} \approx 21.411.765\ m \cdot \text{Wochen}$$

$$\approx 17.844\ \text{Rollen} \cdot \text{Wochen.}$$

In den Wintermonaten beträgt der Papierbedarf pro Woche:

$$88.000\ \frac{\text{Exemplare}}{\text{Woche}} \cdot 6\ \frac{\text{Meter}}{\text{Exemplar}} = 528.000\ \text{Meter.}$$

Rechnet man die Lagermenge im Verbrauchsmonat zur Hälfte in die Stückperiodenzahl ein, so werden nach der ersten Bestellung Anfang Januar 528.000 Meter durchschnittlich eine halbe Woche gelagert, falls nur der Bedarf der ersten Kalenderwoche bestellt wird. Damit ergeben sich 528.000 · 0,5 = 264.000 Stückperioden. Bestellt man zusätzlich den Bedarf der zweiten Kalenderwoche, so erhöht sich dieser Wert zum einen um 528.000 Stückperioden, da der Bestand für die zweite Woche durchgängig in der ersten Woche eingelagert werden muss, und zum anderen um weitere 264.000 als durchschnittliche Lagermenge für die zweite Kalenderwoche. Die Stückperiodenzahl bei Bestellung der ersten beiden Wochenbedarfe liegt damit bei 1.056.000. Generell ergeben sich die Stückperioden bei Bestellung des im Winter konstanten wöchentlichen Bedarfs von 528.000 Meter bis einschließlich der Woche k zu:

$$528.000 \cdot [0{,}5 + 1{,}5 + 2{,}5 + 3{,}5 + \ldots + (k-0{,}5)].$$

Kalenderwoche: 1   2   3   4   . . .   k

Die arithmetische Reihe vereinfacht sich zu $528.000 \cdot k^2/2$. Die gesuchte k-te Kalenderwoche, deren Bedarf noch mitbestellt werden sollte, ergibt sich zu:

$21.411.765 = 528.000\, k^2/2 \Leftrightarrow k = 9{,}006$ Wochen.

Würde der Wochenbedarf im gesamten Jahr konstant bleiben, so müssten also nach jeder neunten Woche 528.000 Meter/Woche · 9 Wochen = 4.752. 000 Meter Papier (genau 3.960 Papierrollen) bestellt werden. Allerdings liegt der Papierbedarf der Wochenauflagen im Sommer bei jeweils nur 432.000 Meter, so dass sich in Sommermonaten ein optimaler Bestellrhythmus von 10 Wochen mit einer Bestellmenge von 3.600 Papierrollen ergibt. An den Übergängen zwischen den Halbjahren sind also separate Abstimmungen notwendig.

Mit der ersten Bestellung zu Beginn des Jahres ist der Papierbedarf im Januar und Februar abgedeckt. Anfang März ist auf jeden Fall der Bedarf für die vier Wochenauflagen des Monats März zu bestellen, daneben die noch offene Zahl k an Kalenderwochen für die niedrigeren Bedarfsmengen des Sommerhalbjahres:

$21.411.765 = 528.000 \cdot 42/2 + 432.000 \cdot (k^2/2 + 4 \cdot k)$.

Es ergibt sich k = 5,776 Wochen, so dass Anfang März für 10 Wochen insgesamt 3.920 Papierrollen (4.704.000 Meter Papier) zu bestellen sind. Danach wird weiterhin im Rhythmus von 10 Wochen bestellt:

$21.411.765 = 432.000\, k^2/2 \Leftrightarrow k = 9{,}956$ Wochen.

Allerdings ist die Bestellmenge auf 3.600 Papierrollen (4.320.000 Meter) vermindert. Die zehnwöchige Bestellrhythmik führt dazu, dass mit der letzten Bestellung in den Sommermonaten (30. Kalenderwoche) genau der Bedarf bis zum Ende des Sommerhalbjahres gedeckt werden kann. Beim Übergang zum Winterhalbjahr kann mit der ersten Bestellung zu Beginn des dritten Quartals also direkt wieder auf den neunwöchigen Bestellrhythmus mit einer Bestellmenge von 3.960 Papierrollen gewechselt werden.

Die folgende Tabelle zeigt die optimalen Bestellmengen und -zeitpunkte mit den zugehörigen Stückperioden im Jahresablauf. Entgegen der ursprünglichen Planung sollte also häufiger bestellt werden.

Bestell-zeitpunkt	Eindeckung bis ...	Bestell-monat	Bestell-menge	Stückperioden
KW 1	KW 9	Januar	3.960 Rollen	21.384.000
KW 10	KW 19	März	3.920 Rollen	22.368.000
KW 20	KW 29	Mai	3.600 Rollen	21.600.000
KW 30	KW 39	Juli	3.600 Rollen	21.600.000
KW 40	KW 48	Oktober	3.960 Rollen	21.384.000
KW 49	KW 5	Dezember	3.960 Rollen	21.384.000

(c) Die Kosten für den optimalen Bestellplan setzen sich aus den bestellzahlabhängigen und den lagerwertabhängigen Kosten zusammen. Es gilt mit n als Anzahl der Bestellungen und m als Summe der Stückperioden

$$K = \underbrace{n \cdot k^{fix}}_{\substack{\text{bestellabhängige} \\ \text{Kosten}}} + \underbrace{m \cdot e \cdot \frac{\ell + p}{100} \cdot \frac{1}{52}}_{\substack{\text{lagerwertabhängige} \\ \text{Kosten}}}.$$

Für den Papier-Bestellplan der Compunews GmbH gilt:

$$K = 6 \cdot k^{fix} + 129.720.000 \cdot e \cdot \frac{\ell + p}{100} \cdot \frac{1}{52} = 42.204{,}23 \, €.$$

Dies ist zwar auf den ersten Blick nicht günstiger als die Kosten von

$$4 \cdot 3.500 \, € + 7.800 \, € + 18.720 \, € = 40.520 \, €$$

für den ursprünglichen quartalsweisen Bestellplan (vgl. Aufgabe 1 b). Allerdings enthält der neue Bestellplan eine Bestellung im Dezember, die weit in das Folgejahr hineinreicht und dort eine Bestellung erspart. In einer Gesamtbetrachtung ist der neue Bestellplan daher vorteilhaft.

Aufgabe 3: Strukturierung der Zahlungswirkungen von Kosten und Erlösen

(a) Die folgende Tabelle enthält die Ausgangsdaten für den Finanzplan.

Monat	Jan.	Feb.	März	April	Mai	Juni
Wochenauflage (Stück)	88.000	88.000	88.000	72.000	72.000	72.000
Remittenden (Stück)	8.800	8.800	8.800	7.200	7.200	7.200
Kalenderwochen	5	4	4	4	5	4

Monat	Juli	Aug.	Sep.	Okt.	Nov.	Dez.
Wochenauflage (Stück)	72.000	72.000	72.000	88.000	88.000	88.000
Remittenden (Stück)	7.200	7.200	7.200	8.800	8.800	8.800
Kalenderwochen	4	5	4	4	4	5

Abb. VI-7 enthält die prognostizierten Ein- und Auszahlungen der Compunews GmbH für das Jahr 13 sowie die Entwicklung des konzerninternen Finanzierungssaldos. In den Auszahlungen für Papierbestellungen sind die jeweiligen bestellfixen Kosten enthalten. Konzerninterne Finanzierungssalden werden stets zu 6 % verzinst. Der Monatszinssatz bei Beachtung der unterjährigen Verzinsung liegt bei

$$1{,}06^{\frac{1}{12}} - 1 = 0{,}487\%.$$

Kalkulatorische Zinsen und Abschreibungen sind nicht zahlungswirksam und gehen daher nicht in den Finanzplan ein. Der konzerninterne Finanzierungssaldo liegt aufgrund der Leasingzahlung für die Produktionsanlage zu Beginn des Jahres 13 bei $-2{,}5$ Mio €.

(b) Wie Abb. VI-8 zeigt, amortisiert sich das Projekt im Jahr 13 nicht, da der konzerninterne Finanzierungssaldo stets negativ bleibt. Es wird deutlich, dass sich ohne Verbesserung der Zahlungsüberschüsse oder eine Verringerung der fixen Auszahlung für das Leasingggeschäft die Zeitschrift Compusure nicht lohnt, da sich die anfängliche konzerninterne Kreditlast im Jahresverlauf durch das Projekt noch weiter erhöht.

Generell gibt die Amortisationsdauer als zeitliche Break-even-Größe nur an, ob ein Projekt isoliert betrachtet vorteilhaft werden kann. Eine Auswahl

	Januar	Februar	März	April	Mai	Juni	Juli	August	September	Oktober	November	Dezember
Auszahlungen für												
• Papierbestellungen	478.700		473.900		435.500		435.500			478.700		478.700
• Druck	704.000	563.200	563.200	460.800	576.000	460.800	460.800	576.000	460.800	563.200	563.200	704.000
• Vertrieb	660.000	528.000	528.000	432.000	540.000	432.000	432.000	540.000	432.000	528.000	528.000	660.000
• Remissionen	110.000	88.000	88.000	72.000	90.000	72.000	72.000	90.000	72.000	88.000	88.000	110.000
• Klischees	125.000	100.000	100.000	100.000	125.000	100.000	100.000	125.000	100.000	100.000	100.000	125.000
• Anzeigenabwicklung	40.000	32.000	32.000	32.000	40.000	32.000	32.000	40.000	32.000	32.000	32.000	40.000
• Layoutgestaltung	60.000	48.000	48.000	48.000	60.000	48.000	48.000	60.000	48.000	48.000	48.000	60.000
• Redaktion	375.000						375.000					
• Lager	3.500	3.500	3.500	3.500	3.500	3.500	3.500	3.500	3.500	3.500	3.500	3.500
• Leasingrate												500.000
• fixe Auszahlungen	37.500	37.500	37.500	37.500	37.500	37.500	37.500	37.500	37.500	37.500	37.500	37.500
• Konzernzinsen	12.169	15.011	14.026	15.343	14.577	15.668	14.904	18.081	17.069	16.312	17.664	16.691
Auszahlungssumme	2.605.869	1.415.211	1.888.126	1.201.143	1.922.077	1.201.468	2.011.204	1.490.081	1.202.869	1.895.212	1.417.864	2.735.391
Einzahlungen aus												
• Verkäufen	1.782.000	1.425.600	1.425.600	1.166.400	1.458.000	1.166.400	1.166.400	1.458.000	1.166.400	1.425.600	1.425.600	1.782.000
• Anzeigen	240.000	192.000	192.000	192.000	240.000	192.000	192.000	240.000	192.000	192.000	192.000	240.000
Einzahlungssumme	2.022.000	1.617.600	1.617.600	1.358.400	1.698.000	1.358.400	1.358.400	1.698.000	1.358.400	1.617.600	1.617.600	2.022.000
Zahlungsüberschuss	–583.869	202.389	–270.526	157.257	–224.077	156.932	–652.804	207.919	155.531	–277.612	199.736	–713.391
Finanzierungssaldo	–3.083.869	–2.881.480	–3.152.006	–2.994.748	–3.218.825	–3.061.893	–3.714.697	–3.506.778	–3.351.248	–3.628.860	–3.429.124	–4.142.515

Abb. VI-7: Finanzplan der Compunews GmbH für das Jahr 13

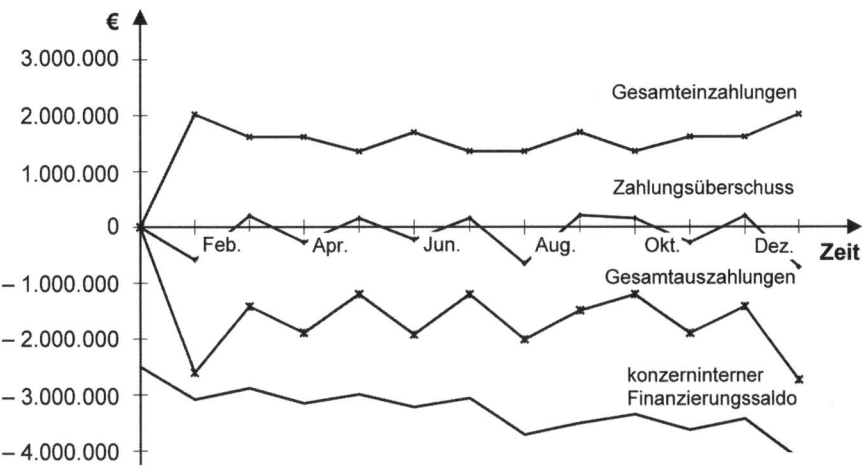

Abb. VI-8: Zahlungsentwicklungen für Compunews

aus verschiedenen vorteilhaften Projekten über die Amortisationsdauer scheidet aus, da Zahlungsüberschüsse nach dem Amortisationszeitpunkt nicht berücksichtigt werden. So kann das Projekt mit der längsten Amortisationsdauer das vorteilhafteste Projekt sein, wenn es insgesamt den höchsten Vermögenszuwachs erbringt. Insbesondere ist die Amortisationsdauer auch keine Risikokennzahl für ein Projekt, da das tatsächliche Risikoprofil der Zahlungsüberschüsse unberücksichtigt bleibt.

(c) Berichte sind stets entscheidungs- und benutzergerecht zu erstellen. Zur Abbildung bieten sich je nach Fragestellung spezielle Tabellenstrukturen an (vgl. z. B. Aufgabe 1b für die sachliche Abhängigkeit oder 3a für die zeitliche Zuordnung). Abhängigkeiten könnten zusätzlich hervorgehoben oder durch eine Verknüpfung mit Drill-Down-Berichten gekennzeichnet werden. Auch grafische Darstellungen (vgl. Aufgabe 3b) oder spezielle Hinweise auf besondere Datenkonstellationen können die Übersichtlichkeit der Informationen steigern. Grundlage der Berichtserstellung ist eine flexibel auswertbare und differenziert bestückte Grundrechnung (siehe Kapitel II).

Je nach Entscheidungssituation kann eine andere Informationsaufbereitung sinnvoll sein. So werden bei isolierter Betrachtung des Bestellmengenproblems näherungsweise Zinseffekte auf Wochenbasis berücksichtigt. Im Finanzplan hingegen ändern Ausgaben für eingelagerte Papierrollen den konzerninternen Finanzsaldo. Dies führt wegen der monatlichen Saldenfeststellung und Zinsverrechnung zu Zinseszinswirkungen. Deshalb kann man die in Teilfrage 2 c bereitgestellte Kostenfunktion erst verwenden, wenn die Informationsgrößen auf den Auswertungsbezug in der Finanzplanung angepasst sind. Generell benötigt man für die Abbildung der Zahlungsstruktur von Kosten und Leistungen die Verweilzeit der betreffenden Größen.

(d) Die hier je nach Auswertungszusammenhang unterschiedlich verwendeten Informationsgrößen stellen eine notwendige Bedingung für eine korrekte Entscheidung dar. Allerdings ist unabhängig von der Abbildungsfrage der

Zielwirkungen zu prüfen, ob tatsächlich sämtliche relevanten Entscheidungswirkungen erfasst sind. So werden mögliche Planungsunsicherheiten und die sinnvolle Ergänzung der Zeitschriften zum bisherigen Produktprogramm sowie ihr möglicher Beitrag zur Stärkung der Wettbewerbsstrategie hervorgehoben. Dennoch erfolgt eine lediglich isolierte Beurteilung der Erfolgswirkungen der Zeitschrifteneinführung, die mögliche Verbundwirkungen zu dem restlichen Güterprogramm unbeachtet lässt (siehe Kapitel II). Zu denken ist etwa an die Erweiterung des Abnehmerkreises durch direkte oder versteckte Produktwerbung in den Zeitschriften, die keine Zusatzkosten aufwirft.

Die positiven Erfolgswirkungen durch eine Umsatzsteigerung im traditionellen Produktprogramm sind der Entscheidung zur Zeitschrifteneinführung zuzurechnen. Insofern ist ein typisches Problem des **Gemeinkosten-** und **Gemeinerlös-Controlling** angesprochen. Dessen Hauptaufgabe ist es hier, Erfolgswirkungen entscheidungsgerecht abzugrenzen. Die Komplexität der Entscheidungslage kann es dabei rechtfertigen, zunächst Erfolgswirkungen isoliert zu erfassen, um sie mit möglichen Erfolgswirkungen anderer Entscheidungsbereiche zu vergleichen.

Aufgabe 4: Break-even-Analysen im Mehrproduktfall mit Saisonkomponenten

(a) Folgende Tabelle gibt einen Überblick über die durchschnittlichen Deckungsbeiträge der einzelnen Wochenauflagen.

	Compusure	Surfnet	Compuguide	Compufreak	gesamt
durchschnittlicher Deckungsbeitrag je Wochenauflage	19.000 €	75.000 €	89.200 €	13.800 €	197.000 €

Die Break-even-Auflagenanzahl ergibt sich zu:

$$\frac{\text{Fixkosten}}{\substack{\text{durchschnittlicher} \\ \text{Deckungsbeitrag} \\ \text{je Wochenauflage}}} = \frac{10.200.000 \text{ €}}{197.000 \text{ €/Wochenauflage}} = 51{,}8 \text{ Wochenauflagen.}$$

Gewinn wird damit erst innerhalb der letzten Kalenderwoche erzielt.

(b) Die Fertigungskapazität der Produktionsanlage liegt bei:

14 Stunden/Tag · 5 Tage/Woche · 3.600 Sek./Stunde = 252.000 Sek./Woche.

Es ist daher zu prüfen, ob Fertigungsengpässe drohen. Für Wochenauflagen zwischen April und September ergibt sich folgendes Bild:

	Compusure	Surfnet	Compuguide	Compufreak	gesamt
Planauflage (Stück)	72.000	108.000	72.000	198.000	---
Fertigungszeitbedarf (Sekunden)	14.400	32.400	90.000	79.200	216.000

Für diesen Zeitraum sind damit keine Fertigungsengpässe zu erwarten. Für Wochenauflagen in den restlichen Monaten des Jahres ergibt sich:

	Compusure	Surfnet	Compuguide	Compufreak	gesamt
Planauflage (Stück)	88.000	132.000	88.000	242.000	---
Fertigungszeit-bedarf (Sekunden)	17.000	39.600	110.000	96.800	264.000

Für die Wochenauflagen zwischen Oktober und März ergeben sich Fertigungsengpässe. Die Festlegung des optimalen Produktions- und Absatzprogramms muss nun direkt an den Stückdeckungsbeiträgen pro Exemplar ansetzen. Da die erwarteten Remissionsexemplare ebenfalls Druckkapazität beanspruchen, sind sie deckungsbeitragsmindernd zu berücksichtigen. Dazu wird der Erwartungswert für den Stückdeckungsbeitrag eines einzelnen Exemplars ermittelt. Er beträgt für ein Exemplar der Zeitschrift Compusure bei einer Remissionsquote von 10 %:

$$\underbrace{4{,}50\ \text{€/Stk.} \cdot 90\,\%}_{\substack{\text{erwarteter} \\ \text{Netto-Erlös}}} - \underbrace{3{,}70\ \text{€/Stk.}}_{\substack{\text{variable} \\ \text{Selbstkosten}}} - \underbrace{2{,}50\ \text{€/Stk.} \cdot 10\,\%}_{\substack{\text{erwartete} \\ \text{Remissionskosten}}} = \underbrace{0{,}10\ \text{€/Stk.}}_{\substack{\text{erwarteter} \\ \text{Stückdeckungs-} \\ \text{beitrag}}}$$

Damit kann eine engpassspezifische Optimierung vorgenommen werden:

	Compusure	Surfnet	Compuguide	Compufreak	gesamt
erwarteter Stück-deckungsbeitrag	0,10 €	0,40 €	0,44 €	− 0,06 €	---
erwarteter Stück-deckungsbeitrag (€/Sekunde)	0,50	1,33	0,35	− 0,15	---
Rang	2	1	3	4	---
Produktionsmenge in Stück	88.000	132.000	88.000	212.000	---
Fertigungszeitbedarf (Sekunden)	17.600	39.600	110.000	84.800	252.000

Compufreak zeigt einen negativen Stückdeckungsbeitrag. Es ist daher zu prüfen, ob sich die Zeitschrift überhaupt lohnt. Dies kann nur der Fall sein, wenn die von der Exemplaranzahl unabhängigen Anzeigenerlöse die Fixkosten je Wochenauflage übersteigen. Somit ist die Nettofixleistung je Wochenauflage zu bestimmen:

	Compusure	Surfnet	Compuguide	Compufreak	gesamt
Nettofixleistung je Wochenauflage	11.000 €	27.000 €	54.000 €	27.000 €	119.000 €

Compufreak ist im Produktionsprogramm zu halten, wenn der Deckungsbeitrag der Wochenauflage positiv ist. Dieser differiert je nach dem Absatzzeitraum. Z. B. ergibt sich für eine Wochenauflage der Zeitschrift Compufreak zwischen Oktober und März:

$$-0{,}06 \text{ €/Stk.} \cdot 212.000 \text{ Stk./Woche} + 27.000 \text{ €/Woche} = 14.280 \text{ €/Woche.}$$

Nach demselben Muster können die Deckungsbeiträge der Wochenauflagen für die restlichen Zeitschriften ermittelt werden. Die folgende Tabelle zeigt die Ergebnisse der saisonal unterschiedlichen Deckungsbeiträge auf Basis der Wochenauflage.

	Compusure	Surfnet	Compuguide	Compufreak	Summe
Deckungsbeitrag je Wochenauflage (April-September)	18.200 €	70.200 €	85.680 €	15.120 €	189.200 €
Deckungsbeitrag je Wochenauflage (Oktober-März)	19.800 €	79.800 €	92.720 €	14.280 €	206.600 €

Der durchschnittliche Deckungsbeitrag einer Wochenauflage liegt nun bei 197.900 €. Damit kann bereits nach

$$\frac{10.200.000 \text{ €}}{197.900 \text{ €/Wochenauflage}} = 51{,}5 \text{ Wochenauflagen}$$

die Gewinnschwelle erreicht werden. Die Verbesserung im Break-even-Zeitpunkt liegt an der reduzierten Absatzmenge der mit einem negativen Stückdeckungsbeitrag behafteten Zeitschrift Compufreak.

(c) Die Ergebnisse sind lediglich als Näherung zu verstehen, da die Wochenauflagen tatsächlich keine konstanten Deckungsbeiträge erbringen. Der saisonale Absatzverlauf, der in einer Durchschnittsrechnung unbeachtet bleibt, ist bereits ein Grund hierfür.

Ferner sind die Ergebnisse nur haltbar, wenn die Anzeigenerlöse trotz der in den Sommermonaten verringerten Absatzmenge nicht zurückgehen und generell unabhängig von den Saisonschwankungen sind. Hier müsste geprüft werden, wie lange die angesetzten Nettofixleistungen je Wochenauflage stabil gegenüber Veränderungen in der Auflagenhöhe sind. Da die Nettofixleistungen sprungfixen Charakter haben werden, sind der ergebnisverbessernden Reduzierung der Auflagenhöhe der Zeitschrift Compufreak Grenzen gesetzt, die separat ermittelt werden müssen.

Aufgabe 5: Statische und dynamische Break-even-Analyse im Vergleich

(a) Die umsatzbezogene Deckungsbeitragsquote setzt den Deckungsbeitrag ins Verhältnis zum Umsatz. Man rechnet also im Durchschnitt mit etwa 12 Cent Deckungsbeitrag bei einem Euro Umsatz.

(b) Der Break-even-Umsatz liegt bei

$$\frac{10.200.000 \text{ €}}{12{,}09\%} = 84.367.245{,}66 \text{ €.}$$

Auf Basis der Break-even-Umsätze ist das Projekt durchzuführen, da der erwartete Gesamtumsatz in Höhe von

52 Wochen / Jahr · 1.643.000 € / Woche = 85.436.000 € / Jahr

über dem Break-even-Umsatz liegt.

Für eine Kapitalwertrechnung muss entsprechend dem Finanzplan zunächst der Anteil der Fixkosten bestimmt werden, der überhaupt zahlungswirksam ist. Im vorliegenden Fall sind kalkulatorische Abschreibungen von 3,8 Mio. € und Zinsen von 630.000 € für die Produktionsanlage von den jährlichen Fixkosten als nicht zahlungswirksam abzuziehen. Die fixen Ausgaben pro Jahr liegen so bei 10,2 Mio. € – 4,43 Mio. € = 5,77 Mio. €.

Mit 12,09 % durchschnittlicher Deckungsbeitragsquote führt ein Umsatz von 85.436.000 € zu einem Deckungsbeitrag von 10.329.212,40 €. Nach Abzug der fixen Ausgaben verbleibt ein Zahlungsüberschuss in Höhe von 4.559.212,40 € pro Jahr. Als Rentenbarwertfaktor ergibt sich:

$$\frac{1{,}06^5 - 1}{1{,}06^5 \cdot 0{,}06} = 4{,}21236.$$

Der Kapitalwert C des Projekts kann aus der Summe der Anschaffungsausgaben der Produktionsanlage und den abgezinsten jährlichen Zahlungsüberschüssen sowie dem Liquidationserlös ermittelt werden:

$$C = -20.000.000\text{€} + 4.559.212{,}40\text{€} \cdot 4{,}21236 + \frac{1.000.000\text{€}}{1{,}06^5} = -47.680{,}62\text{€}.$$

Das Projekt sollte damit nicht durchgeführt werden. Die Unterschiede von dynamischer und statischer Rechnung entstehen daraus, dass nur in der Kapitalwertrechnung der Zahlungsanfall und die Zeitpräferenz des Entscheiders korrekt berücksichtigt werden. In der statischen Break-even-Rechnung wird dagegen auf eine Durchschnittsperiode abgestellt.

(c) Die Break-even-Situation wird nach dem Kapitalwertkalkül genau dann erreicht, wenn der Kapitalwert gleich null ist, da dann die Investition und die Vergleichsanlage gleichermaßen vorteilhaft sind. Den zusätzlichen Umsatz U, der nötig ist, um den negativen Kapitalwert auszugleichen, erhält man, indem man davon die Annuität berechnet und jene dann durch die durchschnittliche Deckungsbeitragsquote dividiert:

$$U = \frac{47.680.62\text{€}}{4{,}21236 \cdot 12{,}09\%} = 93.624{,}55\text{€}.$$

Der Break-even-Umsatz liegt damit bei 85.529.624,55 €.

Aufgabe 6: Fixkostenentscheidungen

(a) Die Outsourcing-Maßnahme führt zu einem Deckungsbeitrag von

85.436.000 € · 10,95 % = 9.355.242 €.

Nach Abzug der zahlungswirksamen Fixkosten in Höhe von 4.770.000 € ergibt sich ein Zahlungsüberschuss pro Jahr von 4.585.242,00 €.

Dadurch ergibt sich ein Kapitalwert für das Projekt in Höhe von

$$C = -20.000.000\,€ + 4.585.242\,€ \cdot 4,21236 + \frac{1.000.000\,€}{1,06^5} = 61.965,52\,€.$$

Da der Kapitalwert des Gesamtprojekts nun positiv wird, ist die Outsourcing-Maßnahme empfehlenswert.

(b) Die Maßnahme lohnt sich noch, wenn der Kapitalwert nicht unter den Wert der Unterlassensalternative fällt. Dieser beträgt 61.965,52 €. Der Kapitalwert des neuen Projekts ergibt sich aus der Summe der Anschaffungsausgaben, den abgezinsten Zahlungsüberschüssen sowie dem abgezinsten Liquidationserlös. Für die Jahre 15-17 berechnen sich die relevanten Überschüsse, indem aus den abgezinsten veränderten Zahlungsüberschüssen zunächst mit Hilfe der Deckungsbeitragsquote d der prognostizierte Deckungsbeitrag berechnet wird. Unter Berücksichtigung der Fixkosten und der Abzinsung wird mit Hilfe des Rentenbarwertfaktors, für drei Jahre in Höhe von 2,67301, der Gesamtkapitalwert berechnet:

$$-20.000.000\,€ + \frac{4.585.242\,€}{1,06} + \frac{4.585.242\,€ + 12.000.000\,€}{1,06^2} +$$

$$+ \frac{85.436.000 \cdot d - 4.770.000}{1,06^2}€ \cdot 2,67301 = 61.965,52\,€$$

Daraus kann die kritische Deckungsbeitragsquote d direkt ermittelt werden: d = 6,06 %. Die durchschnittliche Deckungsbeitragsquote könnte sich also bis auf 6,06 % verschlechtern.

(c) Es ist eine schlechte Idee, da Zeitschriften mit niedrigeren Deckungsbeitragsquoten ebenfalls vorteilhaft sind, soweit sie ihre auflagenspezifischen Fixkosten abdecken können.

Fallstudie 15: Projekto GmbH

Kalkulationswirkung einer Fixkostenflexibilisierung

Problembeschreibung:

Die Projekto GmbH, eine Messebauunternehmung im süddeutschen Raum, erwartet für das Jahr 13 einen kräftigen Umsatzanstieg. Allerdings befürchtet Geschäftsführer Richard Messe einen Rückgang der Umsatzrendite. Um einen Tausch „Umsatz gegen Gewinn" zu verhindern, möchte er ein Kosten- und Leistungsrechnungssystem einführen. Insbesondere ist es ihm wichtig zu wissen, welchen Zielbeitrag ein Auftrag erwirtschaftet. Daher beauftragt er seinen Assistenten Knut Helfer mit der Entwicklung geeigneter Vorschläge.

Helfer verschafft sich einen Überblick über die Projekto GmbH. Diese verfügt über sechs Abteilungen. Die Leiter der drei großen Abteilungen Projektmanagement, Vorfertigung und Montage haben jeweils einen eigenen Assistenten. An diese wendet sich Helfer, um Informationen über Abläufe und deren Kosten in den Abteilungen zu erhalten. Bei den kleineren Abteilungen Einkauf, Lager und Verwaltung spricht er, soweit nötig, direkt die Abteilungsleiter an.

Zunächst bildet Helfer für jede Abteilung eine Kostenstelle und plant Mitarbeiterzahl und Kosten für Jahr 13. Dabei geht er von 6,5 Mio. € Umsatz aus. Die 70 angestellten Mitarbeiter verteilen sich auf die einzelnen Abteilungen wie in der folgenden Tabelle angegeben. Deren fest vereinbarte Entlohnung und die damit einhergehenden Lohnnebenkosten hat Helfer von den sonstigen Kosten getrennt und den Abteilungen zugeordnet.

Kostenstelle	Projektma-nagement	Einkauf	Lager	Vor-fertigung	Montage	Ver-waltung
Mitarbeiterzahl	20	2	2	20	23	3
Gehälter/Lohn-nebenkosten	960.000 €	70.000 €	68.000 €	720.000 €	990.000 €	290.000 €
sonstige Kosten	600.000 €	50.000 €	400.000 €	880.000 €	880.000 €	110.000 €

Auf dieser Grundlage entwickelt er das folgende Kalkulationsschema, mit dem er den Angebotspreis von Aufträgen ermitteln möchte. Dabei ist es ihm wichtig, bei der Auftragskalkulation alle Kosten zu berücksichtigen.

Position		Bezugsgröße	Plan-Bezugsmenge
Materialeinzelkosten	_____ €		
Gemeinkosten für:			
• Projektmanagement	_____ €	Planungszeit	4.800 Manntage
• Einkauf	_____ €	Materialeinzelkosten	3.000.000 €
• Lager	_____ €	Anzahl Handlings	120.000 Handlings
• Vorfertigung	_____ €	Fertigungszeit	48.000 Stunden
• Montage	_____ €	Montagezeit	5.500 Manntage
= Herstellkosten	_____ €		
+ Verwaltungskosten	_____ €	Herstellkosten	8.618.000 €
= Selbstkosten	_____ €		

Als die Secorenta AG anfragt, was ein repräsentativer Stand auf einer regional ausgerichteten Messe kostet, setzt Helfer sein neu entwickeltes Schema ein, um – wie er sagt – „den Preis zu kalkulieren".

Er geht von einem Zeitbedarf von 45 Manntagen im Projektmanagement, Materialeinzelkosten von 60.000 €, 800 Güterbewegungen im Lager und 150 Stunden Zeitbedarf in der Vorfertigung aus. Zudem erwartet er wegen der aufwendigen EDV-Installation 60 Manntage Montagezeit.

Richard Messe kommen jedoch Zweifel an dem beschriebenen Vorgehen, da er dieses für nicht entscheidungsorientiert hält. Er beauftragt daher zusätzlich einen externen Berater namens Fuchs. Dieser trägt gemeinsam mit Helfer und den übrigen Assistenten weitere Informationen zusammen. So sind 40 % der sonstigen Kosten des Projektmanagements variabel zu dessen Bezugsgröße. Im Einkauf sind dies 30 %, im Lager 10 %, in der Vorfertigung 60 % und in der Montage sogar 80 %, während in der Verwaltung alle sonstigen Kosten fix sind. Auf dieser Basis werden die bisherigen Rechnungen überarbeitet.

Aufgrund des bei der Analyse festgestellten hohen Fixkostenblocks überlegt Messe, die Mitarbeiter in Projektmanagement und Montage als freie Mitarbeiter auf Tagesbasis arbeiten zu lassen. Für die zusätzliche Flexibilität im Personalbereich würde er einen Tagessatz bieten, der um 21,25 % über dem bisherigen Tagesverdienst der Mitarbeiter liegt. Dieser Aufschlag entspricht genau dem eingesparten Arbeitgeberanteil zur Sozialversicherung. Erfreulicherweise willigen alle Beschäftigten der betroffenen Bereiche ein. Kurz danach teilt die Secorenta AG mit, dass sie nicht bereit ist, mehr als 90.000 € auszugeben. Bei diesem Preis könne man sich aber treffen.

Nach Einführung der Selbstständigkeitsregelung stellt Helfer zum Ende des Jahres 13 fest, dass sich in der Kostenstelle Montage mit 1.945.800 € andere Gesamtkosten ergeben haben als geplant. Der dortige Assistent führt dies darauf zurück, dass in der Kostenstelle im Vergleich zum Planansatz eine Mehrbeschäftigung von 100 Manntagen aufgetreten ist. Die für die Kostenstelle relevanten Einsatzgüterpreise entsprachen dabei den Plansätzen.

Eine Detailanalyse der Kostenstelle Montage zeigt, dass bei den Fixkosten Ist- und Planwerte übereinstimmen. Der Assistent der Montage führt die dennoch aufgetretene Abweichung auf eine Änderung von Transportleistung und Montagezeit zurück. Nach seinen Angaben beeinflussen beide Größen die variablen Kosten der Abteilung. Helfer hatte bei der Bestimmung der notwendigen Bezugsgrößen unterstellt, dass dieses Verhältnis konstant sei und deshalb die Montagezeit als einzige Bezugsgröße verwendet.

Helfer greift diesen Erklärungsansatz auf und führt für die Kostenstelle Montage die Transportleistung als zweite Kosteneinflussgröße ein. Diese ist als Produkt aus Transportgewicht und Transportweg mit der Einheit Tonnenkilometer (tkm) definiert. Nach eingehender Analyse hält Helfer seine ursprünglichen Plankosten für die Montagekostenstelle bei einem Transportleistungs-Montagezeit-Verhältnis von 90 tkm je Manntag für passend. Bei 5.550 Manntagen und einem Transportleistungs-Montagezeit-Verhältnis von 95 tkm je Manntag plant er Sollkosten von 1.900.000 €. Die Ist-Transportleistung im Jahr 13 betrug 594.000 tkm.

Aufgabenstellung zu Fallstudie 15 (Projekto GmbH):

Aufgabe 1: Kalkulation mit Voll- und Teilkosten

(a) Ermitteln Sie die jeweiligen Plankostensätze, die Helfer seiner Kalkulation zugrundelegt.

(b) Welchen Angebotspreis kalkuliert Helfer? Ist es empfehlenswert, zu diesem Preis anzubieten?

(c) Ermitteln Sie die unter Entscheidungsgesichtspunkten zu verwendenden Plankostensätze und führen Sie eine entscheidungsorientierte Kalkulation durch. Wie hängen das Kalkulationsergebnis und der Angebotspreis zusammen?

Aufgabe 2: Analyse der Personalkostenstruktur

(a) Wie hoch sind die entscheidungsorientierten Plankostensätze der betroffenen Kostenstellen nach der beschriebenen Personalmaßnahme?

(b) Wird die Projekto GmbH den Auftrag der Secorenta AG zum genannten Preis annehmen? Hätte sie ihn akzeptiert, wenn weiterhin alle Mitarbeiter fest angestellt wären?

(c) Angesichts der Kalkulationsergebnisse fragt sich Helfer, ob die Flexibilisierung der Personalplanung wirklich Vorteile bietet. Was meinen Sie? Begründen Sie Ihre Ansicht.

Aufgabe 3: Plankostenrechnung

(a) Zeichnen Sie die Kostenfunktion der Kostenstelle Montage. Wie hoch waren die Verbrauchs- und die Budgetabweichung im Jahr 13?

(b) Ermitteln Sie für die Montage eine lineare Plankostenfunktion, die die Einflussgrößen Montagezeit und Transportleistung berücksichtigt. Gehen Sie dabei von den beiden Planwerten aus. Wie stellt sich nun die Verbrauchsabweichung dar?

(c) Nehmen Sie an, der Transportweg hin und zurück beträgt jeweils 20 Kilometer und das Transportgewicht 10 Tonnen. Hätte bei dieser Lage die Projekto GmbH den Auftrag der Secorenta AG bei Verwendung der Kostenfunktion aus Teilaufgabe b angenommen?

Aufgabe 4: Vergleich von Personalkostenstrukturen

(a) Wie würde die Kostenfunktion der Kostenstelle Projektmanagement lauten, wenn nur jeder vierte der dort Beschäftigten die freie Mitarbeit akzeptiert hätte?

(b) Stellen Sie die Kostenfunktionen

   ▪ bei vollständiger Annahme der Personalmaßnahme,

- bei der in Teilaufgabe a beschriebenen teilweisen Annahme sowie
- bei Verzicht auf die Personalmaßnahme

im gleichen Diagramm dar.

(c) Wie kann die Funktion aus Teilaufgabe a im Betriebsabrechnungsbogen abgebildet werden? Welche Informationen benötigt man dann bei der Kalkulation zusätzlich?

Aufgabe 5: Organisation des Controlling

Welche organisatorischen Zuständigkeiten für die Wahrnehmung von Controlling-Aufgaben können Sie aus der Problembeschreibung entnehmen? Stellen Sie die Organisation des Controlling bei der Projekto GmbH grafisch dar.

Lösungshinweise zu Fallstudie 15 (Projekto GmbH):

Aufgabe 1: Kalkulation mit Voll- und Teilkosten

(a) Helfer legt eine Vollkostenrechnung zugrunde. Dies wird an mehreren Stellen kenntlich. So möchte er sämtliche Kosten berücksichtigen, gleichzeitig wird bei seiner Kostenerfassung nicht zwischen variablen und fixen Kosten differenziert. Die Gehälter stellen dabei Fixkostenpositionen dar. Das von Helfer vorgeschlagene Kalkulationsschema liefert schließlich den endgültigen Nachweis, da sich der ausgewiesene Herstellkostenbetrag nur unter Einrechnung der fixen Gehaltspositionen ergibt. Damit ergeben sich im Ansatz Helfers folgende Plankostensätze:

	Projekt-manage-ment	Einkauf	Lager	Vorferti-gung	Montage	Verwaltung
Personal-kosten	960.000 €	70.000 €	68.000 €	720.000 €	990.000 €	290.000 €
sonstige Kosten	600.000 €	50.000 €	400.000 €	880.000 €	880.000 €	110.000 €
Primär-kosten	1.560.000 €	120.000 €	468.000 €	1.600.000 €	1.870.000 €	400.000 €
Plan-bezugs-menge	4.800 Tage	3.000.000 €	120.000 Handlings	48.000 Stunden	5.500 Tage	8.618.000 €
Plankos-tensatz	325 € je Tag	4 %	3,90 € je Handling	33,33 € je Stunde	340 € je Tag	4,641 %

(b) Legt man Helfers Kalkulationsschema zugrunde, so ergeben sich die folgenden vollen Selbstkosten für den Auftrag:

Position			Betrag
Materialeinzelkosten			60.000 €
+ Gemeinkosten für • Projektmanagement	45 · 325	=	14.625 €
• Einkauf	60.000 · 4 %	=	2.400 €
• Lager	800 · 3,90	=	3.120 €
• Vorfertigung	150 · 33,33	=	5.000 €
• Montage	60 · 340	=	20.400 €
Herstellkosten			105.545 €
+ Verwaltungskosten	105.545 € · 4,641 %	=	4.898 €
volle Selbstkosten des Auftrags			**110.443 €**

Helfer würde damit zu einem Preis von 110.443 € anbieten. Allerdings ist dieses Vorgehen nicht empfehlenswert. Da Helfer eine Vollkostenkalkulation durchführt, kommt es bei der Berechnung der Zuschlagsätze zu Fixkostenschlüsselungen, die nicht entscheidungsgerecht sind. So suggeriert etwa der Plankostensatz im Projektmanagement, dass eine zusätzliche Stunde im Projektmanagement zu Zusatzkosten von 325 € führt oder dass 325 € je Stunde an Kosten nicht anfallen, wenn der Auftrag abgelehnt wird.

Dies ist jedoch unzutreffend, da die Gehälter ohnehin anfallen, unabhängig davon, ob die Mitarbeiter in der Arbeitszeit Aufgaben des Projektmanagements wahrnehmen oder nicht. Die Höhe des Plankostensatzes und damit auch der vollen Selbstkosten hängt von der für die Zuschlagsatzermittlung angesetzten Planbezugsmenge ab. Sie ist nicht sicher bekannt. Veränderungen in der Bezugsmenge führen damit zu jeweils unterschiedlichen Kalkulationsergebnissen.

Neben den Problemen einer Vollkostenrechnung ist zu beachten, dass eine Kalkulation generell nicht zu einem adäquaten Angebotspreis führt (siehe Kapitel V). Vielmehr stellen Kalkulationen auf Teilkostenbaisis lediglich Preisuntergrenzen dar, die bei Preisverhandlungen nicht unterschritten werden sollten. Daher sollte die Projekto GmbH einen Angebotspreis über dem Kalkulationsergebnis wählen. Dies ermöglicht einen Gewinnbeitrag.

(c) Auf Basis variabler Plankosten ergeben sich die folgenden entscheidungsorientierten Plankostensätze:

	Projektma-nagement	Einkauf	Lager	Vor-fertigung	Montage	Ver-waltung
Personal-kosten	960.000 €	70.000 €	68.000 €	720.000 €	990.000 €	290.000 €
sonstige Fixkosten	360.000 €	35.000 €	360.000 €	352.000 €	176.000 €	110.000 €
variable Kosten	240.000 €	15.000 €	40.000 €	528.000 €	704.000 €	---
Planmenge	4.800 Tage	3.000.000 €	120.000 Handlings	48.000 Stunden	5.500 Tage	---
Plankosten-satz	50 € je Tag	0,5 %	0,33 € je Handling	11 € je Stunde	128 € je Tag	---

Damit ergeben sich die folgenden variablen Selbstkosten für den Auftrag:

Position			Betrag
Materialeinzelkosten			60.000 €
+ Gemeinkosten für • Projektmanagement	45 · 50	=	2.250 €
• Einkauf	60.000 · 0,5 %	=	300 €
• Lager	800 · 0,33	=	264 €
• Vorfertigung	150 · 11,00	=	1.650 €
• Montage	60 · 128	=	7.680 €
variable Selbstkosten des Auftrags			72.144 €

Der ermittelte Betrag von 72.144 € ist eine absolute Preisuntergrenze für den Auftrag. Liegt der Angebotspreis darüber, so wird ein Deckungsbeitrag erzielt, der zur Fixkostendeckung und schließlich zur Gewinnerzielung beiträgt.

Aufgabe 2: Analyse der Personalkostenstruktur

(a) Die personalpolitische Maßnahme führt zu einer Änderung der Kostenstruktur, da fixe Kosten abgebaut werden. Es ergeben sich dabei auch neue variable Plankostensätze:

Position	Projektmanagement	Montage
sonstige fixe Kosten	360.000 €	176.000 €
Entgelt für freie Mitarbeiter	960.000 €	990.000 €
sonstige variable Kosten	240.000 €	704.000 €
Summe der variablen Kosten	1.200.000 €	1.694.000 €
Plan-Bezugsmenge	4.800 Tage	5.500 Tage
Plankostensatz	**250,00 €/Tag**	**308,00 €/Tag**

(b) Ob der Auftrag angenommen werden sollte, hängt zunächst davon ab, ob der angebotene Erlös überhaupt die Preisuntergrenze übersteigt. Diese liegt bei:

Position	Betrag		
Materialeinzelkosten			60.000 €
+ Gemeinkosten für • Projektmanagement	45 · 250,00	=	11.250 €
• Einkauf	60.000 · 0,5 %	=	300 €
• Lager	800 · 0,33	=	264 €
• Vorfertigung	150 · 11,00	=	1.650 €
• Montage	60 · 308,00	=	18.480 €
neue variable Selbstkosten des Auftrags			**91.944 €**

Der Deckungbeitrag für den Auftrag liegt bei Durchführung der Personalmaßnahme also bei 90.000 € – 91.144 € = – 1.144 €. Ohne diese liegt er bei 90.000 € – 72.144 € = 17.856 €. Damit würde die Projekto GmbH bei Durchführung der Personalmaßnahme den Auftrag ablehnen. Ohne Personalmaßnahme würde er jedoch angenommen werden, da er einen deutlichen Beitrag zur Deckung der Fixkosten erbringt.

(c) Die Personalmaßnahme führt zu einer Veränderung in der Kostenstruktur. Werden die geplanten Mengen der Bezugsgrößen realisiert, verändert sich die Gesamtkostenhöhe nicht. Kommt es jedoch zu Abweichungen von den Planmengen, so treten Unterschiede in der Gesamtkostenhöhe auf. Sind die Istmengen kleiner als geplant, ist die Personalmaßnahme vorteilhaft, da Kosten vermieden werden können. Die Gesamtkostenbelastung ist dadurch geringer. Im umgekehrten Fall hängt die Vorteilhaftigkeit von der Überstundenregelung ab. Sofern die festangestellten Mitarbeiter diese arbeitsvertraglich unentgeltlich leisten, etwa indem diese später ausgeglichen werden, ist das Festanstellungsmodell vorteilhafter. Erhalten die Mitarbeiter jedoch eine zusätzliche Überstundenvergütung, die über der Stundenvergütung bei den Selbstständigen liegt, so ist die Personalmaßnahme günstiger.

Wegen der Variabilisierung der Personalkosten sinkt aufgrund der veränderten Kostenstruktur der Deckungsbeitrag, und zwar so stark, dass sich die Annahme des Auftrags der Secorenta AG nicht mehr lohnt. Daher liegt der (Trug-)Schluss nahe, dass sich durch die Personalmaßnahme die Kostensituation verschlechtert hat. Dies trifft nicht zwangsläufig zu. Zwar haben sich die auf den Auftrag zurechenbaren Kosten erhöht, die nicht zurechenbaren Kosten haben sich jedoch in gleichem Maße verringert. Im Fall der Unterbeschäftigung ist dies stets vorteilhaft, da die Handlungsflexibilität steigt. Bei einer Auftragsablehnung können also mehr Kosten vermieden werden als bei festen Anstellungsverhältnissen. Diese Möglichkeit wirkt sich im betrachteten Fall ergebnisverbessernd aus.

Aufgabe 3: Plankostenrechnung

(a) Zur Ermittlung der Abweichungen sind zunächst die Plan- und Sollkosten zu ermitteln.

Kostenstelle Montage	Plan	Soll	Ist
Montagezeit	5.500 Tage	5.600 Tage	5.600 Tage
variabler Kostensatz	308 €/Tag	308 €/Tag	---
variable Kosten	1.694.000 €	1.724.800 €	---
fixe Kosten	176.000 €	176.000 €	---
gesamte Kosten zu Planpreisen	1.870.000 €	1.900.800 €	1.945.800 €

Über Abweichungen der Einsatzpreise liegen keine Informationen vor. Die gefragten Abweichungen betragen damit:

Budgetabweichung = Plankosten − Sollkosten

$$= 1.870.000 € - 1.900.800 € = -30.800 €.$$

Das Budget müsste also aufgrund der Mehrbeschäftigung um 30.800 € erhöht werden.

Verbrauchsabweichung = Istkosten zu Planpreisen − Sollkosten

$$= 1.945.800 € - 1.900.800 € = 45.000 €.$$

Die Verbrauchsabweichung geht auf einen mengenmäßigen Andersverbrauch zurück. Beispielsweise kann Ineffizienz im Güterverbrauch vorliegen, für die der Kostenstellenleiter verantwortlich ist (zur näheren Kennzeichnung vgl. Fallstudie 4).

(b) Ist die tatsächliche Kostenfunktion linear und separabel und besitzt sie die Einflussgrößen Montagezeit M und Transportleistung T, ergibt sich mit k^M und k^T als variable Kostensätze für die Montagezeit und die Transportleistung folgender Funktionstyp:

$$K = f(M, T) = K^{fix} + k^M \cdot M + k^T \cdot T.$$

Die Kostenfunktion muss die beiden Plankostenwerte erklären:

$$K = f(5.550 \text{ Tage}, 527.250 \text{ tkm}) = 1.900.000 € \text{ und}$$

$$K = f(5.500 \text{ Tage}, 90 \cdot 5.500 \text{ tkm}) = 1.870.000 €.$$

Dies lässt sich wie folgt konkretisieren:

$176.000 + k^M \cdot 5.550 + k^T \cdot 527.250 = 1.900.000;$

$176.000 + k^M \cdot 5.500 + k^T \cdot 495.000 = 1.870.000.$

Daraus ergibt sich: $k^M = 260,65$ €/Tag und $k^T = 0,53$ €/tkm:

$$K = f(M, T) = 176.000 \ € + 260,65 \ \frac{€}{Tag} \cdot M + 0,53 \ \frac{€}{tkm} \cdot T.$$

Damit ergeben sich Sollkosten in Höhe von:

$$K^s = f(5.600 \ Manntage, \ 594.000 \ tkm) = 1.948.151 \ €.$$

Die Verbrauchsabweichung beträgt also – 2.351 €. Hieraus ergibt sich keinerlei Indiz etwa für ein ineffizientes Arbeiten. Es liegt ein Fall heterogener Kostenverursachung vor (vgl. Kapitel II). Fehlentscheidungen in der Erfolgsplanung und -kontrolle sind also möglich, wenn lediglich auf die Montagezeit abgestellt wird.

(c) Die Transportleistung als weitere Kosteneinflussgröße macht auch eine erneute Kalkulation erforderlich. Diese führt zu:

Position	Betrag
Materialeinzelkosten	60.000,00 €
Gemeinkosten für: • Projektmanagement	45 · 250,00 = 11.250,00 €
• Einkauf	60.000 · 0,5 % = 300,00 €
• Lager	800 · 0,33 = 264,00 €
• Vorfertigung	150 · 11,00 = 1.650,00 €
• Montage	
nach Montagezeit	60 · 260,65 = 15.638,92 €
nach Transportleistung	400 · 0,53 = 210,45 €
neue variable Selbstkosten des Auftrags	**89.313,37 €**

Der Deckungsbeitrag für den Auftrag liegt nunmehr, nach Berücksichtigung der heterogenen Kostenverursachung in der Montage, bei:

$90.000 \ € - 89.313,37 \ € = 686,63 \ €.$

Der Auftrag sollte also angenommen werden.

Aufgabe 4: Vergleich von Personalkostenstrukturen

(a) Nehmen die Mitarbeiter die Selbstständigenregelung in unterschiedlichem Ausmaß an, wird eine stückweise definierte Kostenfunktion notwendig, da zunächst auf festgestellte Mitarbeiter zurückgegriffen wird. Erst bei einem Zeitbedarf von mehr als $0,75 \cdot 4.800 = 3.600$ Tagen wird auf Selbstständige zurückgegriffen, die zu einem höheren Kostenzuwachs je Projekttag führen. Bis zu 3.600 Tagen entstehen damit fixe Kosten in Höhe von $360.000 \ € + 720.000 \ € = 1.080.000 \ €$ bei sonstigen variablen Kosten von $240.000/4.800 = 50$ €/Tag. Sie sind unabhängig davon, ob festangestellte oder selbstständige Mitarbeiter tätig werden.

Bei mehr als 3.600 Projekttagen erhöhen sich die variablen Kosten um 240.000 / 1.200 = 200 € / Tag. Gleichzeitig sind lediglich die sonstigen fixen Kosten in Höhe von 360.000 € zu berücksichtigen. Die folgende Tabelle fasst die Daten zusammen:

Kosteninformationen zur Kostenstelle Projektmanagement	
sonstige fixe Kosten	360.000 €
sonstige variable Kosten	240.000 €
Gehälter und fixe Lohnnebenkosten	720.000 €
Entgelt der freien Mitarbeiter (variabel)	240.000 €
Plan-Bezugsmenge	4.800 Tage
davon: • mit Angestellten	3.600 Tage
• mit freien Mitarbeitern	1.200 Tage
Tagessatz für variable Kosten	
• Planungszeit ≤ 3.600 Tage	50 € / Tag
• Planungszeit > 3.600 Tage	250 € / Tag

Damit erhält man die folgende Kostenfunktion:

$$K = \begin{cases} 1.080.000 + 50 \cdot T & \text{für } T \leq 3.600 \\ 360.000 + 250 \cdot T & \text{für } T > 3.600. \end{cases}$$

Der Rückgang in den Fixkosten von 720.000 € bei mehr als 3.600 Manntagen geht auf die Änderung in der Kostenstruktur durch die Personalmaßnahme zurück. Die ursprünglich fixen Kosten aus den Gehältern der Festangestellten werden durch die Personalmaßnahme zu variablen Kosten. Für 3.600 Manntage ergibt sich damit ein Zuwachs der gesamten variablen Kosten in Höhe von

3.600 Tage · (250 € / Tag – 50 € / Tag) = 720.000 €.

(b) Verlauf der Kostenfunktionen:

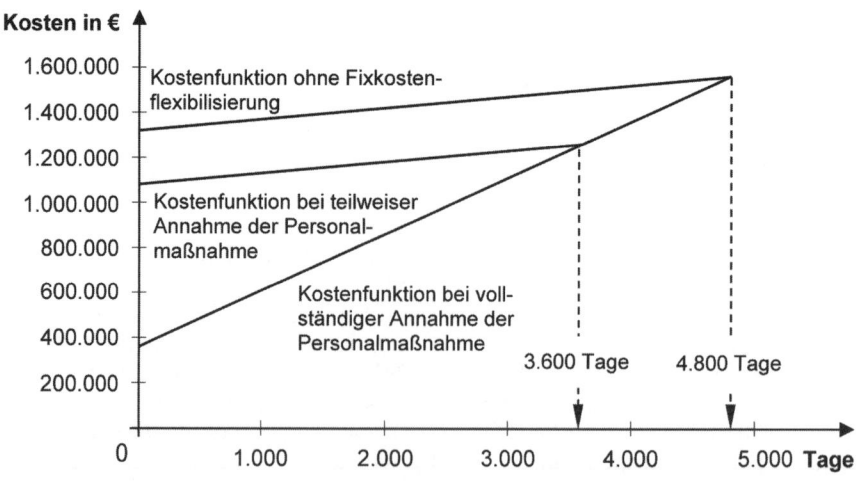

(c) Die betrachtete Kostenfunktion beruht auf einer heterogenen, verfahrens-
bedingten Kostenverursachung. Dies erfordert im Betriebsabrechnungsbogen eine weitere Spalte. So muss zwischen Normalarbeitszeit mit Festangestellten und Mehrarbeitszeit mit Selbstständigen differenziert werden:

| Kostenstelle | Projektmanagement | | ... |
| | fix | variabel | ... |
Kostenkategorie		≤ 3.600 Tage	> 3.600 Tage	...
Personal	720.000 €	---	240.000 €	...
sonstige Kosten	360.000 €	180.000 €	60.000 €	...
Kosten	1.080.000 €	180.000 €	300.000 €	...
Plan-Bezugsmenge	---	3.600 Tage	1.200 Tage	...
Plankostensatz	---	50 €/Tag	250 €/Tag	...

Bei der Kalkulation muss in der Position Projektmanagement zwischen
Planungszeiten unter 3.600 Tagen und darüber unterschieden werden. Dazu ist der Auftrag in die Gesamtauslastungsplanung einzuordnen. Da bei
Planungszeiten unter 3.600 Manntagen eine Auftragsannahme zudem das
Entscheidungsfeld für spätere Auftragsentscheidungen verändern kann,
sind bei der Kalkulation genau genommen auch Informationen zu den
mittelbaren Deckungsbeitragsänderungen (vgl. Bohr [Kostenrechnung])
notwendig. So führt bei späteren Aufträgen das frühere Überschreiten der
3.600-Tage-Grenze zu höheren Kosten.

Aufgabe 5: Organisation des Controlling

Controllingaufgaben werden bei der Projekto GmbH sowohl von den jeweiligen Stäben, als teilweise auch durch externe Berater wahrgenommen. Die beschriebene Zusammenarbeit und Zuordnung entspricht ansatzweise einem
begleitenden Controlling nach dem Dotted-line-Prinzip (vgl. Kapitel I. S. 9):

Organigramm der Projekto GmbH:

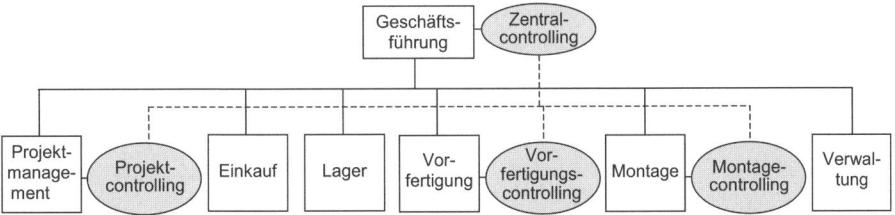

Helfer nimmt als persönlicher Stab des Geschäftsführers anscheinend sachliche Führungsaufgaben gegenüber den Funktionalbereichscontrollern wahr.
Allerdings liegt ein begleitendes Controlling nur unvollständig vor. Manche
der oberen Linieninstanzen verfügen über keinen Controllingstab.

Kapitel VII: Investitionsmanagement

1. Überblick

- **Themenschwerpunkte**

Aufgabenstellungen im Investitionsmanagement
- Arten von Investitionsentscheidungen
- Nutzungsdauer- und Ersatzprobleme
- Steuerung abhängiger Investitionsentscheidungen

Methoden zur Investitionsbeurteilung
- Ansätze zur Lösung von Mehrzielproblemen
- statische und dynamische Investitionsmodelle
- Umgang mit Unsicherheit bei Investitionsentscheidungen

Methoden des Finanzierungsmanagements
- grundsätzliche Festlegung des Kalkulationszinssatzes
- finanzielle Spielräume für Investitionen
- methodische Darstellung realer Konditionen für Geldanlagen und Kredite
- Arbitragegewinne durch Umfinanzierungen
- Berücksichtigung beliebiger Finanzgeschäfte in der Investitionsbeurteilung

Kennzahlen des wertorientierten Investitionsmanagements
- Gesamtwertgrößen, Periodenüberschussgrößen und Rentabilitäten
- Werttreiberkonzept und Werttreiberbaum

- **Grundlegende Literatur**

Baumeister, Alexander und Andreas *Meyer:* [Werttreiberbaum] Wertorientierte Steuerung mit einem Economic Value Added-Werttreiberbaum. In: WiSt (41) 2012, Teil 1: 389–391, Teil 2: 436–440.

Kruschwitz, Lutz: [Investitionsrechnung] Investitionsrechnung. 13. Aufl., München 2011.

Ewert, Ralf und Alfred *Wagenhofer:* [Unternehmensrechnung] Interne Unternehmensrechnung. 7. Aufl., Berlin/Heidelberg 2008.

Troßmann, Ernst: [Investition] Investition als Führungsentscheidung. Projektrechnungen für Controller. 2. Aufl., München 2013, insbesondere Kapitel IV.

Troßmann, Ernst: [Controlling] Controlling als Führungsfunktion. Eine Einführung in die Mechanismen betrieblicher Koordination. München 2013, insbesondere Kapitel X.

2. Aufgabenstellungen im Investitionsmanagement

a) Arten von Investitionsproblemen

Investitionsprojekte bedürfen besonderer Planungsbemühungen, weil sie typischerweise viel finanzielle Mittel binden, ihre Ergebniswirkungen sich über einen längeren Zeitraum erstrecken und zusätzlich teils schwer prognostizierbar sind. Die Anzahl der Alternativen und die der auszuwählenden Projekte erlauben eine erste Einteilung von Investitionsproblemen (vgl. Troßmann [Investition] 26 f.). Im allgemeinsten Fall ist ein **Investitionsprogramm** zusammenzustellen, das mehrere Projekte aus einer Menge von Vorschlägen enthält. Spezialfälle solcher Programmentscheidungen sind die Zusammenstellung eines Wertpapier-Portfolios und eines kurzfristigen Finanzplans (das Cash-Management-Problem). In diesen Fällen gibt es eine besonders große Zahl möglicher Einzelprojekte, da zahlreiche Finanzgeschäfte (Kredite, Geldanlagen usw.) sowohl in der Höhe als auch im Beginntermin vielfältig gestaltbar sind.

Bei der Auswahlentscheidung ist aus einer gegebenen Menge von Projekten genau eines auszuwählen. Beispiele hierfür sind der Kauf einer Maschine oder die Vergabe einer Exklusivlizenz. Ebenfalls diesem Problemtyp zuzuordnen sind **Nutzungsdauerprobleme,** da für jedes Projekt nur eine einzige Nutzungsdauer festzulegen ist.

Bei **Ja/Nein-Entscheidungen** geht es darum, ob ein Projekt in einer bestimmten Form durchgeführt werden soll oder nicht. Ja/Nein-Probleme können prinzipiell einfacher gelöst werden als Auswahlprobleme, weil nur die Tatsache der Vorteilhaftigkeit festgestellt werden muss, nicht aber deren genaue Höhe. Daher können beispielsweise kritische Lösungsparameter, etwa aus Break-even-Analysen, eingesetzt werden. Dies verringert den Informationsbedarf.

b) Methoden der Investitionsbeurteilung

Die Vorteilhaftigkeit von Investitionen, insbesondere die Wahl von Projekten, ist ebenso wie die Alternativenbeurteilung bei allen anderen betrieblichen Entscheidungen danach zu beurteilen, in welchem Ausmaß die betrieblichen Ziele erfüllt werden. Deshalb kommt dafür allgemein die **Nutzwertanalyse** als Grundtyp der Entscheidungsmodelle für mehrere Ziele in Frage (vgl. etwa Bamberg/Coenenberg/Krapp [Entscheidungslehre] 58 ff.; Dinkelbach/Kleine [Entscheidungslehre] 44 ff.; Eisenführ/Weber/Langer [Entscheiden] 129; Ossadnik [Controlling]). Insoweit haben Investitionsentscheidungen also grundsätzlich keine Besonderheiten. In einem Aspekt allerdings werfen sie eigene Beurteilungsprobleme auf: in der Messung des finanziellen Aspekts. Gerade er steht aber regelmäßig bei Investitionsprojekten im Blickpunkt. Hier besteht zunächst die Schwierigkeit, die längerfristigen Zahlungswirkungen eines Investitionsprojekts überhaupt mit einem geeigneten Kriterium zu messen. Lösungsansätze bieten die deterministischen Grundmodelle der Investitionsrechnung. Unsicherheiten lassen sich ergänzend durch Zusatzmodelle erfassen, die in der Regel bereits ein Rechenkonzept zur Projektbeurteilung bei deterministischen Vorgaben voraussetzen. Abb. VII-1 gibt einen Überblick zu den Modelltypen der Investitionsbeurteilung.

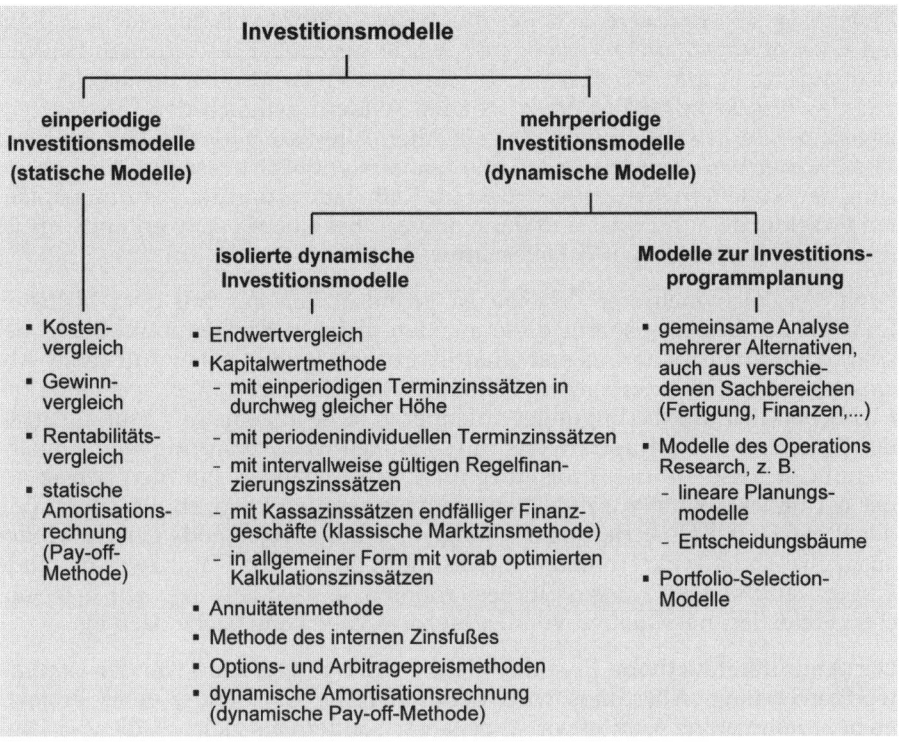

Investitionsmodelle

einperiodige Investitionsmodelle (statische Modelle)

mehrperiodige Investitionsmodelle (dynamische Modelle)

isolierte dynamische Investitionsmodelle

Modelle zur Investitionsprogrammplanung

- Kosten-vergleich
- Gewinn-vergleich
- Rentabilitäts-vergleich
- statische Amortisations-rechnung (Pay-off-Methode)

- Endwertvergleich
- Kapitalwertmethode
  - mit einperiodigen Terminzinssätzen in durchweg gleicher Höhe
  - mit periodenindividuellen Terminzinssätzen
  - mit intervallweise gültigen Regelfinan-zierungszinssätzen
  - mit Kassazinssätzen endfälliger Finanz-geschäfte (klassische Marktzinsmethode)
  - in allgemeiner Form mit vorab optimierten Kalkulationszinssätzen
- Annuitätenmethode
- Methode des internen Zinsfußes
- Options- und Arbitragepreismethoden
- dynamische Amortisationsrechnung (dynamische Pay-off-Methode)

- gemeinsame Analyse mehrerer Alternativen, auch aus verschie-denen Sachbereichen (Fertigung, Finanzen,...)
- Modelle des Operations Research, z. B.
  - lineare Planungs-modelle
  - Entscheidungsbäume
- Portfolio-Selection-Modelle

Abb. VII-1: Methoden zur Investitionsbeurteilung

Bei den deterministischen Modellen ist die Einteilung in statische und dyna-mische Modelle grundlegend. Sie unterscheiden sich danach, wie genau die zeitliche Verteilung der Projekteinnahmen und -ausgaben im Modell berück-sichtigt wird. Während **statische Investitionsmodelle** Durchschnittswerte für Einnahmen und Ausgaben verwenden, differenzieren dynamische Modelle periodenspezifisch. Offensichtlich ist die erhöhte Genauigkeit des dynamischen Ansatzes bei Schwankungen der laufenden Einnahmenüberschüsse über die Jahre hinweg. Der dynamische Ansatz ist jedoch dem statischen auch dann schon überlegen, wenn bei sonst gleichförmigem Geschäftsverlauf lediglich Anschaffungsausgaben und Liquidationserlöse zu ungleichen Einnahmenüber-schüssen führen. Dynamische Verfahren erfassen dies exakt, während stati-sche Verfahren pauschal mit Abschreibungen arbeiten. Durch derartige Nivel-lierungen können statische Investitionsmodelle zu Fehlentscheidungen führen (vgl. Troßmann [Investition] 83 ff.). Grundtypen statischer Investitionsverfahren sind der **Kostenvergleich** und der **Gewinnvergleich.** Aus methodischer Sicht kann es sich unabhängig von den verwendeten Größen um einen Vorteilhaf-tigkeitsvergleich oder um eine Break-even-Analyse handeln. In der Praxis nach wie vor verbreitet, aber selbst bei korrekter Durchführung für Projektver-gleiche ohne verbesserten Aussagegehalt gegenüber den erwähnten Verfahren sind Amortisationsdauer- und Rentabilitätsvergleiche.

Dynamische Investitionsrechenverfahren berücksichtigen die zeitlichen Unter-schiede im Anfall der Ein- und Auszahlungen. Eine wichtige Kennzahl eines

Projekts ist sein **Endwert,** d. h. der durch dieses Projekt bis zu seinem geplanten Ende erwirtschaftete Vermögenszuwachs gegenüber der Situation bei Verzicht auf das Projekt. Zu beachten ist, dass der Endwert nicht ausdrückt, wieviel das Projekt insgesamt erwirtschaftet, sondern lediglich den Zusatzerfolg gegenüber der jeweils andernfalls gewählten Alternative (der Nullalternative). Zur Endwertberechnung werden alle Einnahmenüberschüsse mit der Verzinsung der Nullalternative, ausgedrückt im Kalkulationszinssatz, bis zum geplanten Projektende aufgezinst und dann addiert. Bei einem positiven Endwert ist das Projekt besser als die Nullalternative.

Beim Vergleich mehrerer Projekte ist grundsätzlich das mit dem höchsten Endwert am besten – sofern diese auf den gleichen Endzeitpunkt berechnet sind. Andernfalls bedarf es erst einer Umrechnung, d. h. einer Auf- oder Abzinsung auf einen einheitlichen Zeitpunkt. Dieser kann sich an speziellen betrieblichen Planungsbedingungen orientieren. Eine allgemeine Lösung liegt in der Berechnung des **Kapitalwerts** durch einheitliche Abzinsung aller Einnahmenüberschüsse auf den Projektbeginn. Der Kapitalwert gibt den Betrag an, der bei Projektbeginn zusätzlich entnommen werden kann, so dass der Saldo der Projekt- und Finanzierungszahlungen bis zum Projektende gerade wieder ausgeglichen ist (vgl. Troßmann [Investition] 36 ff.). Zur Kapitalwertmethode gibt es verschiedene Ausgestaltungsvarianten, je nachdem, was zur betrieblichen Finanzierungssituation vorausgesetzt werden kann (siehe dazu c).

Der **Annuitätenmethode** liegt das gleiche Prinzip zugrunde wie der Kapitalwertberechnung. Allerdings wird der finanzielle Überschuss eines Projekts nicht als einmaliger Kapitalwert angegeben, sondern als gleichbleibender jährlicher Betrag über einen Planungszeitraum hinweg (vgl. Troßmann [Investition] 39 ff.). Dies erleichtert die Projektbeurteilung mitunter, weil die Größenordnung der Annuitäten eher vom übrigen Rechnungswesen her vertraut ist als die der Kapitalwerte. Beim Vergleich mehrerer Projekte ist darauf zu achten, dass die Annuitäten für alle Projekte, insbesondere bei unterschiedlichen Laufzeiten, auf einen einheitlichen Vergleichszeitraum berechnet werden.

Ein **interner Zinsfuß** eines Projekts ist ein solcher Kalkulationszinssatz, mit dem das Projekt gerade einen Kapitalwert von null ausweist. Es handelt sich um eine Art Break-even-Analyse mit dem Zinssatz als Einflussgröße des Projektwertes. Daher können verschiedene Projekte nicht anhand ihrer interner Zinsfüße verglichen werden. Auch für die Ja/Nein-Entscheidung ist der interne Zinsfuß mit Problemen verbunden (vgl. Troßmann [Investition] 98 ff.).

Zur Berücksichtigung der **Unsicherheit** bieten sich Szenariotechnik, Risikoanalysen sowie Sensitivitätsanalysen an. **Szenariotechniken** erarbeiten ein Ergebnisspektrum für eine Projektalternative. Ihr Schwerpunkt kann einerseits wie bei der Technikfolgenabschätzung in einer verbalen Prognose der durch das Projekt erzeugten Entwicklungen liegen. In diesem Fall stehen die Abschätzungen der Wirkungszusammenhänge zwischen Projekt und Umwelt im Mittelpunkt. Andererseits empfiehlt sich ein mehrmaliges Durchrechnen des gewählten Investitionsmodells, besonders für ein Szenario günstiger und ungünstiger Werte wichtiger Einflussgrößen. Speziell auf die Abschätzung nach unten richten sich Worst-case-Szenarien.

Eine quantitative Szenarioanalyse zeigt, wie die Ergebnisse über das Spektrum ihrer potenziellen Ausprägungen streuen. Die Verteilung kann jedoch im Allgemeinen nicht als Indiz für die Wahrscheinlichkeit bestimmter Ergebniswerte verstanden werden. Eine solche Interpretation setzt vielmehr voraus, dass für die berücksichtigten Einflussgrößen ebenfalls Wahrscheinlichkeitsverteilungen vorliegen, welche über analytische oder simulative Verfahren in eine Wahrscheinlichkeitsverteilung der Ergebnisgröße überführt werden. Dies ist die Idee der **Risikoanalyse** (vgl. insbesondere Hertz [Risk Analysis]; siehe hierzu auch Kapitel IV). Die Auswertung der Ergebnisverteilung erlaubt für ein Projekt Aussagen dazu, welches Ergebnis mit einer gegebenen Wahrscheinlichkeit oder mit welcher Wahrscheinlichkeit ein vorgegebenes Ergebnis erzielt wird. Daneben können, soweit sie definiert sind, Angaben zum Erwartungswert, zur Varianz oder zu anderen Verteilungsparametern des Ergebnisses getroffen und somit die Risikopräferenzen des Investors berücksichtigt werden (vgl. Baumeister [Währungsrisiko] 161 ff.).

Sensitivitätsanalysen untersuchen die Abhängigkeit gefundener Lösungen von einzelnen Parametern. Soweit möglich sucht man kritische Werte einzelner Einflussgrößen für die Vorteilhaftigkeit einer Alternative. Im einfachsten Fall sind dies Break-even-Werte für eine Einflussgröße, ab oder bis zu denen sich ein Projekt lohnt (siehe Kapitel VI). Differenziertere Sensitivitätsanalysen sind notwendig, wenn mehrere Einflussgrößen zusammenwirken, wie dies beispielsweise in linearen Planungsmodellen abgebildet wird. Hier bestimmt eine Sensitivitätsanalyse **Stabilitätsbereiche** für die Gesamtlösung bei partieller Änderung einzelner Einflussgrößen. Innerhalb ihres Stabilitätsbereichs bleibt die Lösung optimal. Anwendungen dazu liefern die Fallstudie 6 zur Programmplanung (siehe S. 100) sowie die Fallstudie 12 zur Projektbeurteilung (siehe S. 194).

c) Bestimmen der Standardfinanzierung zur Projektbeurteilung

Grundlegend für die Beurteilung jedes Projekts ist der Kalkulationszinssatz. Er bildet die Finanzierung des Projekts ab. Deshalb gibt der damit berechnete Kapitalwert an, welcher finanzielle Zusatzeffekt durch das beurteilte Projekt gegenüber seiner Unterlassung erreicht werden kann. Die Unterlassung des Projekts bedeutet finanziell die unveränderte Fortsetzung der bestehenden Finanzgeschäfte, also das Verzichten auf einen (weiteren) Kredit bzw. das Unterlassen der Reduzierung einer Geldanlage. Dieser durch den Kalkulationszinssatz abgebildete Vergleichszustand wird als **Nullalternative,** die damit verbundene Finanzsituation als **Standardfinanzierung** bezeichnet (vgl. Troßmann [Investition] 33, 174). Je „teurer" das Abgehen von der Nullalternative ist, desto kleiner wird der Kapitalwert des betrachteten Projekts. Teuer ist das Abgehen von der Nullalternative dann, wenn besonders günstige (hoch verzinsliche) Finanzanlagen bestehen bzw. wenn ein erforderlicher Kredit mit hohen Zinsen belegt wird.

Die zur Projektbeurteilung vorausgesetzte Standardfinanzierung ist daher von hoher Entscheidungsrelevanz, wie auch der Verlauf von Kapitalwertfunktionen und nahezu beliebig gewählte Projektbeispiele belegen. Zur Abbildung der bestehenden Finanzierungssituation bieten die Modellansätze verschiedene Möglichkeiten (vgl. Troßmann [Investition] 113 ff.):

(1) gleichbleibende Zinssätze über alle T Jahre des betrachteten Finanzierungszeitraums,

(2) für jedes Jahr einen eigenen, periodenindividuellen Zinssatz,

(3) Berücksichtigung von Höchstgrenzen der Inanspruchnahme der für den Regelfall vorgesehenen (einjährigen) Finanzgeschäfte,

(4) Finanzgeschäfte mit unterschiedlicher Laufzeit, beliebiger Struktur und begrenzt möglicher Inanspruchnahme.

Die erste Annahme entspricht dem einfachsten finanzmathematischen Kalkül, traditionell aus didaktischen Gründen zur Erklärung der dynamischen Investitionsrechnungsmethoden verwendet. Es trifft zu, wenn die relevanten Finanzgeschäfte aus **jeweils einjährigen Anlagen bzw. Krediten** bestehen, für die am Jahresende die Zinsen berechnet werden. Sie können jedes Jahr in der jeweils erforderlichen Höhe neu vereinbart werden. Für den Modellansatz typisch ist die Verwendung eines einheitlichen Zinsfaktors q für den gleichbleibenden Kalkulationszinssatz p, mit dem für jeden Verzinsungszeitraum t der jeweilige Aufzinsungsfaktor als Potenz von q und der zugehörige Abzinsungsfaktor z_t als Kehrwert berechnet werden kann:

$$z_t = \frac{1}{q^t} \quad \text{mit} \quad q^t = \left(1 + \frac{p}{100}\right)^t \quad \text{für} \quad t = 1, ..., T.$$

Nach der zweiten Annahme handelt es sich ebenfalls um je einjährige Geldanlagen bzw. Kredite; jedoch sind deren **Zinssätze** p_τ ($\tau = 1, ..., T$) im Allgemeinen **für jedes Jahr unterschiedlich**. Der Abzinsungsfaktor für Zahlungen des Jahres t berechnet sich dann aus folgendem Produkt (vgl. Troßmann [Investition] 115):

$$z_t = \frac{1}{q_t} \quad \text{mit} \quad q_t = \left(1 + \frac{p_1}{100}\right) \cdot \left(1 + \frac{p_2}{100}\right) \cdot ... \cdot \left(1 + \frac{p_t}{100}\right).$$

Die dritte Annahme erlaubt es, inhaltlich unterschiedliche Finanzierungsarten zu berücksichtigen, z. B. die teilweise Finanzierung durch eigenes Kapital und eine ergänzende Kreditaufnahme. Entsprechendes gilt für die Verwendung erzielter Projektüberschüsse; für sie kann eine vorrangige Kredittilgung vorgegeben werden, ehe darüber hinausgehende Überschüsse anschließend zu einem (niedrigeren) Zins angelegt werden. Dies erfasst das Modell der **begrenzten Regelfinanzierung** (vgl. Troßmann [Investition] 122 ff.). In ihm werden für jede Periode neben dem im Normalfall geltenden „Regelzins" mindestens zwei weitere Zinssätze, ein anschließender „Sollzins" und ein anschließender „Habenzins" vorgesehen, die bei größerem Geldbedarf bzw. bei größerem Geldüberschuss zum Zuge kommen. Mit dieser geringfügigen Erweiterung der engen Annahmenstruktur der klassischen, einfachsten Form der Kapitalwertrechnung lassen sich die in der praktischen Anwendung häufig höchst relevanten Mischfinanzierungen von Projekten realitätsnah berücksichtigen, ohne vom Prinzip der isolierten Einzelbewertung der Projekte abzugehen. Mischfinanzierungen entstehen nicht nur bei teilweiser Eigen- und ergänzender Fremdfinanzierung, sondern auch dann, wenn unterschiedlich verzinste Geldanlagen aufgelöst oder parallel mehrere Kredite zu je eigenen Konditionen in Anspruch genommen werden. Bei der Kapitalwertberechnung müssen die jeweiligen Finanzierungsgrenzen für die einzelnen Projektperioden schrittweise geprüft werden, um ggf. auf Spitzenbeträge anstelle des Regelzinssatzes den zutreffenden Anschlusszinssatz anzuwenden.

Mit der vierten Annahme schließlich kann man von der Voraussetzung je ein-jähriger Finanzprojekte abgehen. Tatsächlich sind sowohl einjährige Finanz-anlagen als auch einjährige Kredite keineswegs unüblich oder realitätsfern; sie decken allerdings nur einen kleinen Teil des Möglichkeitenspektrums ab. Eine Alternativannahme bietet die sogenannte Marktzinsmethode (vgl. ursprünglich Schierenbeck [Bankmanagement] 43 ff., Schierenbeck/Rolfes [Margenkalkula-tion]; zur Einordnung Hartmann-Wendels/Gumm-Heußen [Lärm], Wilhelm [Fristigkeitsstruktur] sowie Troßmann [Investition] 159 ff.). Freilich ersetzt sie lediglich die eine einseitige Annahme durch eine andere, ebenso einseitige.

Will man dagegen **Geldanlagen und Kredite beliebiger Struktur** vorsehen, mit denen eine Projektfinanzierung realisiert werden soll, bietet sich ein allge-meiner Ansatz an, der jedes Finanzgeschäft mit seinem Zahlungsvektor erfasst. Vorab ist die Länge T des Betrachtungszeitraums festzulegen. Er muss zumin-dest so lange sein, dass er alle zu beurteilenden Projekte abdeckt. Um in jedem der T Jahre finanziell disponieren zu können, braucht man T Finanzprojekte, die voneinander unabhängig sind und damit über den Gesamtzeitraum hinweg die erforderlichen Finanzdispositionen ermöglichen (es handelt sich um die Bedingung der linearen Unabhängigkeit, zu Details vgl. Troßmann [Investition] 178). Die Zahlungsstruktur jedes Projekts j wird in einem Spaltenvektor erfasst, dessen Komponenten a_{tj} für t = 1, ..., T die Auszahlung im Jahr t pro Euro der Projektdurchführung angeben. Hinzu kommt der Barzahlungswert a_{0j} im Jahr 0, also unmittelbar vor Beginn der Periode 1. Er ist als Einzahlung definiert. Für einen Kredit würde man die Einheit der Projektdurchführung als Kredit-bereitstellung in Höhe von 1,-- € definieren; $a_{0j} = 1$ wäre der zugehörige Bar-zahlungswert. Bei dreijähriger Laufzeit, vierprozentiger Verzinsung auf den jeweiligen Restwert sowie einer jährlichen Tilgungsrate von 8 % würden die Koeffizienten des Zahlungsvektors lauten: $a_{1j} = 0{,}12$; $a_{2j} = 0{,}1168$; $a_{3j} = 0{,}8736$. Die Höhe der Kreditinanspruchnahme kann bei dieser Symbolisierung in einer Variablen x_j erfasst werden. Ein positiver Wert x_j bedeutet eine entsprechende Krediterhöhung gegenüber dem Ausgangszustand; ein negativer eine Kredit-rückzahlung. Geldanlagegeschäfte sind analog abzubilden; bei ihnen haben die Zahlungen entsprechend umgekehrte Vorzeichen. Projekte j, die erst in späte-ren Jahren beginnen, haben einen Barzahlungswert a_{0j} von null; ihr Zahlungs-verlauf ist komplett im Zahlungsvektor erfasst. Auch in diesem Fall sind die Vektorkomponenten a_{tj} als Auszahlungen zu verstehen; eine Kreditbereitstel-lung von einem Euro im Jahr t wäre also durch $a_{tj} = -1$ darzustellen. Mit der sehr allgemeinen Abbildungsstruktur können beliebige Arten von Krediten, Finanz-anlagen und gemischten Finanzgeschäften, etwa Leasing, erfasst werden, wenn sie nur durch proportionale Zahlungsverhältnisse gekennzeichnet sind.

Die eigentliche rechnerische Behandlung ist nach der beschriebenen Abbil-dung der Finanzgeschäfte methodisch klar strukturiert. Man setzt aus den Spaltenvektoren der T Projekte, die jeweils T Komponenten umfassen, eine Matrix $A = (a_{tj})_{t,j}$ zusammen. Die Barzahlungswerte a_{0j} für j = 1, ..., T wer-den zum Barzahlungsvektor $a^{(0)}$ zusammengefasst. Sind die Konstruktions-bedingungen eingehalten, ist die Matrix A invertierbar. Dann berechnen sich die **Abzinsungsfaktoren** als Komponenten des Vektors $z' = (z_1, z_2, ..., z_T)$ nach der Formel (vgl. Troßmann [Investition] 159, 175 ff.)

$$z' = a^{(0)'} \cdot A^{-1}.$$

Diese Abzinsungsfaktoren kann man verwenden wie diejenigen perioden-individueller Zinssätze jeweils einjähriger Finanzgeschäfte. Man könnte auch die implizit enthaltenen **Forward Rates** (Terminzinssätze) als Zinssätze je einjähriger Finanzgeschäfte daraus errechnen (vgl. Troßmann [Investition] 154).

Auf die beschriebene Weise lassen sich zu jeder gegebenen Standardfinanzierung die Kapitalwerte für Projekte bestimmen. Insbesondere kann man so aber auch andere, sich beispielsweise neu bietende Finanzprojekte auf ihre Vorteilhaftigkeit hin prüfen. Haben sie bei Verwendung der Abzinsungsfaktoren der bestehenden Standardfinanzierung einen positiven Kapitalwert, dann ist es finanziell lohnend, sie zulasten bisheriger Standardfinanzgeschäfte zu realisieren. Möglich ist dies soweit, bis eine der Realisierbarkeitsgrenzen der beteiligten Geschäfte erreicht ist. Handelt es sich dabei um die Grenze eines der Standardfinanzierungsgeschäfte, dann wird es damit durch das Neugeschäft völlig ersetzt, die Standardfinanzierung ändert sich also. Dann berechnet man zur jetzt veränderten Standardfinanzierung neue Abzinsungsfaktoren und hat wieder eine eindeutige Bewertungsgrundlage (vgl. Troßmann [Investition] 176). Soweit die Standardfinanzierung aus Krediten besteht, ist dieser allgemeine Austauschvorgang in der Standardfinanzierung als **Umschuldung** anzusehen. Eine solche Umschuldung behandelt Fallstudie 17 (S. 280).

d) Kennzahlen des wertorientierten Managements zur Performancemessung

Die Vorteile des Kapitalwerts und der Annuität zur Beurteilung des finanziellen Aspekts eines Investitionsprojekts legen es nahe, diese Zahlungsgrößen auch nach der Entscheidung zur Messung und Steuerung der Projektrealisation zu verwenden. Möglich wäre es etwa, die bis zur aktuellen Periode tatsächlich erzielten Einnahmenüberschüsse mit den für den gleichen Zeitraum vorher prognostizierten zu vergleichen. Teils wegen fehlender Prognosewerte, teils wegen nicht eingetroffener Prämissen und damit der Nichtvergleichbarkeit von prognostizierten und realisierten Werten, teils auch aus weiterer Gründen, wird dieses Konzept kaum umgesetzt. Zur **wertorientierten Unternehmungssteuerung** sind spezielle Kennzahlen gebräuchlich, von denen die wichtigsten in Abb. VII-2 zusammengestellt sind (vgl. Troßmann [Controlling] 256). Man unterscheidet Gesamtwertgrößen, Periodenüberschussgrößen und Rentabilitäten.

Neben dem Periodengewinn werden verschiedene andere **Überschussgrößen** vorgeschlagen. Zu ihnen gehören der Economic Value Added (EVA; vgl. Stewart [Value]) und ähnliche unternehmungsspezifische Größen, so der Geschäftswertbeitrag bei Siemens ([Geschäftsbericht]), der Wertbeitrag bei Daimler ([Wertbeitrag]), ferner der Cash Value Added (vgl. Lewis [Unternehmenswert] 125 f.) sowie der Shareholder Value Added (vgl. Rappaport [Value] 119 f.). Alle diese Größen sind mehr oder weniger zweckmäßig definierte periodenbezogene Größen, die den projektbezogenen Wertzuwachs statisch oder dynamisch erfassen wollen. Sie entsprechen damit prinzipiell dem statischen Projektgewinn, dem Periodenzahlungsüberschuss bzw. der Annuität einer entsprechenden Investitionsrechnung. Daher ist es auch folgerichtig, in solchen Größen, wie in der Investitionsrechnung selbstverständlich, mit einem passenden Kalkulationszinssatz das finanzielle Engagement zu berücksichtigen. Dennoch wird gerade in der Verwendung für Steuerungskonzepte dieser Aspekt oft be-

sonders betont, vor allem, indem die Bezeichnung „Residualgewinn", „Über-
gewinn" oder „Cash Value Added" statt nur „Gewinn" oder „Cash flow" –
beides sind bereits ohnehin Nettogrößen – verwendet wird.

Der Zusammenhang zwischen statischem und dynamischem Periodenüber-
schuss kann über das Lücke-Theorem analysiert werden. Es gibt an, unter welchen Bedingungen periodenbezogene Gewinne auch im Blick auf die mehrperiodige dynamische Berechnung korrekte Interpretationen liefern. Mittel
dazu ist, das gebundene Kapital jeder Zwischenperiode geeignet zu definieren, dessen Verzinsung in die Berechnung der Periodengewinne eingeht. Dafür muss die Summe aller Einnahmenüberschüsse über die Projektlaufzeit
gleich der Summe der Gewinne sein (vgl. Lücke [Kosten]; Feltham/Olson [Clean
Surplus]); das ist die sogenannte **Clean-Surplus-Bedingung.**

Alternativ zu Wertgrößen werden zur wertorientierten Unternehmungssteuerung **Rentabilitäten** verwendet (vgl. Troßmann [Controlling] 257 ff.). Beispiele
hierfür sind klassische Renditezahlen, insbesondere der Return on Investment
(RoI) des Du-Pont-Kennzahlensystems, der Return on Equity (RoE) oder der
Return on Capital Employed (RoCE), ferner der Cash-flow-Return on Investment (CFRoI; vgl. Lewis [Unternehmenswert] 44). Das mit einem Kapitaleinsatz verbundene Risiko sollen der Risk Adjusted Return on Capital (RARoC)
oder der Return on Risk Adjusted Capital (RoRAC) abbilden (vgl. Ewert/Wa-
genhofer [Rechnungslegung] 38 ff.). Die Beliebtheit von Rentabilitäten in der
Praxis steht im offensichtlichen Widerspruch zu grundsätzlichen Problemen
der Verwendung dieser Kennzahlen für Entscheidungszwecke. So lassen sich
Rentabilitäten durch geringeren Kapitaleinsatz steigern. Wenn deshalb nicht
in Projekte mit positivem Kapitalwert investiert wird, weil sie eine geringere
Rentabilität versprechen als die vorhandenen Projekte, senkt dies den möglichen Gesamtwert. Ein Rentabilitätsvergleich wird korrekt, wenn die Verzinsung der Differenzinvestition beachtet wird. Dann erhält man dieselbe Aussage
wie bei der direkten Orientierung an der Zählergröße, weshalb diese grundsätzlich auch unmittelbar herangezogen werden kann (vgl. Troßmann [Investi-
tion] 78).

Alle Steuerungskennzahlen, in die der Kapitaleinsatz eingeht, werfen eine besondere Problematik der Zurechnung auf. Für bereits realisierte Projekte kann
nur unter teils weitreichenden Annahmen ein eigener Kapitaleinsatz angesetzt
werden. Hier unterscheiden sich die einzelnen Kennzahlen darin, welche Größen des internen oder externen Rechnungswesens sie heranziehen und welche
Korrekturen sie vorsehen, um die Einflussmöglichkeiten eines Managers abzubilden.

Grundsätzlich ist die Art des Kapitalansatzes nach dem Lücke-Theorem irrelevant, wenn die Clean-Surplus-Bedingung eingehalten wird (vgl. Feltham/
Ohlson [Clean Surplus]). Zumindest im externen Rechnungswesen ist nach
internationalen Rechnungslegungsvorschriften dieses Prinzip freilich nicht generell einzuhalten (vgl. Schildbach [Kongruenz]). Im internen Rechnungswesen
wiederum können projektverantwortliche Manager selbst das Prinzip durch-
brechen. Dies ist gerade bei Principal-Agent-Problemen naheliegend. So könnten alsbald ausscheidende Manager frühere Projektüberschüsse überbewerten,
um in den Genuss von Erfolgswirkungen zu kommen, die an periodenbezogene
Kennzahlen gebunden sind. Auch durch ergänzende Bedingungen können derartige ungewollte Steuerungseffekte kaum vermieden werden (vgl. Pfaff/Bärtl

Gesamtwertgrößen zum wertorientierten Management

- Kapitalwert (Discounted Cash flow, DCF): $\quad C = \sum_{t=0}^{T} \dfrac{(E_t - A_t)}{q^t}$

  $\quad E_t$ Einnahmen der Periode t A_t Ausgaben der Periode t

  $\quad p$ Kalkulationszinssatz $q = (1 + \dfrac{p}{100})$ Zinsfaktor

- Endwert zur Periode T: $EW_T = \sum_{t=0}^{T} (E_t - A_t) \cdot q^{T-t}$

- Annuität für T Perioden: $B_T = \dfrac{\text{Annuitätenfaktor}}{\text{für T Jahre}} \cdot C = \dfrac{q^T - 1}{(q-1) \cdot q^T} \cdot \sum_{t=0}^{T} \dfrac{(E_t - A_t)}{q^t}$

- Shareholder Value (SHV; nach Rappaport [Value] 119 ff.):

$$SHV = \underbrace{\sum_{t=1}^{T} \dfrac{FCF_t}{\left(1 + \dfrac{p}{100}\right)^t}}_{\substack{\text{Kapitalwert der}\\\text{freien Cash flows}\\\text{für Phase I}}} + \underbrace{\dfrac{RW_T}{\left(1 + \dfrac{p}{100}\right)^T}}_{\substack{\text{Barwert des}\\\text{Residualwerts für}\\\text{Phase II}}} + \underbrace{NBV}_{\substack{\text{nicht in die Cash-}\\\text{flow-Prognose ein-}\\\text{bezogenes Vermögen}}} - \underbrace{FK}_{\substack{\text{Fremd-}\\\text{kapital}}}$$

     FCF_t freier Cash flow der Periode t
     RW_T Residualwert am Ende der Phase I des Planungshorizonts
     NBV   Wert des nicht in die Cash-flow-Prognose einbezogenen Vermögens
     FK   Fremdkapital
     Als Kalkulationszinssatz p wird vielfach ein gewichteter Kapitalkostensatz
     (Weighted Average Cost of Capital, WACC) verwendet.

Periodenüberschussgrößen zum wertorientierten Management

- allgemein: Betriebsergebnis / operatives Ergebnis / Operating Profit,
  mit unterschiedlicher Abgrenzung im Anwendungsfall, insbesondere hinsichtlich
  Steuern, Fremdkapitalzinsen, Zinserträgen, Finanzergebnis

spezielle Beispiele:

- EBIT   Earnings before Interest and Taxes:
              operatives Ergebnis vor Zinsen und Steuern

- EBITDA   Earnings before Interest, Taxes, Depreciation and Amortization:
              operatives Ergebnis vor Zinsen, Steuern, Abschreibungen auf Sach-
              anlagen und Amortisationsraten auf immaterielle Anlagen

- NOPAT   Net Operating Profit after Taxes:
              Betriebsergebnis nach Steuern und vor Fremdkapitalzinsen

- EVA   Economic Value Added: $EVA_t = NOPAT_t - NOA_{t-1} \cdot \dfrac{p}{100}$

              NOA: betriebsbedingt eingesetztes Kapital (Net Operating Assets)
              Als Zinssatz p wird gelegentlich WACC verwendet.

Rentabilitäten zum wertorientierten Management

allgemein: Rentabilität bezogen auf X: X-Rentabilität $= \dfrac{\text{Gewinn}}{\text{X}}$

- Gewinn ist zu präzisieren (z. B. vor / nach Steuern)

- X kann sein:
  Kapital (insbesondere Eigen- oder Gesamtkapital),
  Umsatz, Verkaufsfläche („m²-Rentabilität"),
  Belegschaftsgröße („Pro-Kopf-Rentabilität").

- Eigenkapitalrentabilität (Return on Equity, RoE):

$$RoE = \dfrac{\text{Gewinn}}{\text{Eigenkapital} + \text{Kapital mit Eigenkapitalcharakter *}}$$

  * z. B. Genussrechtskapital, 50 % der Pensionsrückstellungen u. Ä.

- Gesamtkapitalrentabilität r:

$$r = \dfrac{\text{Gewinn} + \text{Fremdkapitalzinsen}}{\text{Gesamtkapital *}}$$

  * Gesamtkapital mit / ohne stille Reserven

- Return on Investment (RoI):

$$RoI = \dfrac{\text{Gewinn nach Steuern}}{\text{investiertes Kapital}}, \text{ z. B. } RoI = \dfrac{\text{Jahresüberschuss}}{\text{Gesamtkapital}}$$

- Return on Net Assets (RoNA; Daimler-Variante einer Steuerungs- und Erfolgsgröße im Konzern):

$$RoNA = \dfrac{\text{Net Operating Income}}{\text{Net Assets *}} = \dfrac{\text{Ergebnis nach Steuern und Zinsen}}{\text{Nettovermögen}}$$

  * Net Assets: Gesamtvermögen abzüglich nicht zinstragender Verbindlichkeiten (z. B. Rückstellungen außer Pensionsrückstellungen)

- Cash-flow-Return on Investment (CFRoI):

$$CFRoI = \dfrac{\text{modifizierter Cash flow} = \text{spezieller Gewinn (nach Annuitätenabschreibung, vor Zins)}}{\text{investiertes Kapital}}$$

- Return on Risk Adjusted Capital (RoRAC): $RoRAC = \dfrac{\text{Gewinn nach Steuern}}{\text{risikoangepasstes Kapital}}$

Abb. VII-2: Kennzahlen zur wertorientierten betrieblichen Steuerung

[Unternehmenssteuerung] 108 f.). Deshalb ist bei der Wahl von wertorientierten Kennzahlen zur Bereichssteuerung insbesondere zu analysieren, in welcher Weise sie auch kontraproduktiv wirken können.

Für die Bestimmung der Gesamtüberschusswerte und der Residualgewinne spielt der **Kalkulationszinssatz** eine besondere Rolle. Für Entscheidungszwecke ist es sinnvoll, dazu die Verzinsung einer Alternativanlage bzw. -finanzierung zu verwenden. Diese kann periodenspezifisch sein und kann bei entsprechend großen Projekten aus mehreren Finanzierungspositionen mit eigenen Konditionen bestehen (siehe dazu Abschnitt c). Problematisch ist die Verwendung pauschaler Zinssätze, auch zum Beispiel eines gewichteten Durchschnittswertes aus Eigen- und Fremdkapitalzinssätzen (WACC = Weighted Average Cost of Capital). Die ohnehin meist geringfügige Rechenvereinfachung kann den Verlust an Genauigkeit in der Regel keineswegs ausgleichen.

Eine differenzierte Berücksichtigung der periodenspezifischen und jeweils intervallweisen Finanzierungsbedingungen ermöglicht auch eine erste implizite Erfassung von Projektunsicherheiten. Darüber hinaus empfehlen sich zur Unsicherheitsberücksichtigung die Analyse ausgewählter Projektszenarien oder eine differenzierte Risikoanalyse. Risikofreude oder -aversion lassen sich über entsprechende Sicherheitsäquivalente abbilden. Äußerst problematisch ist hingegen die Verwendung **risikoangepasster Zinssätze** (Risk Adjusted Discount Rates), wie sie vielfach unter Rückgriff auf das **Capital Asset Pricing Model (CAPM)** bestimmt werden. Auf arbitragefreien Märkten sind ohnehin Zinssätze ohne Risikoanpassung zur Kapitalverzinsung zu verwenden (vgl. Feltham/ Ohlson [Valuation] 174). Für weniger flexible Projekt- und Bewertungssituationen sowie generell für mehrperiodige Projekte sind die Prämissen des Capital Asset Pricing Model im Allgemeinen nicht erfüllt.

Um eine konsistente wertorientierte Steuerung zu unterstützen, bietet sich ein **Werttreiberbaum** an. Er spaltet die zugrundeliegende wertorientierte Spitzenkennzahl formal- oder sachlogisch in wertbeeinflussende Faktoren auf, die als Werttreiber bezeichnet werden, wenn sie durch die Unternehmung beeinflussbar sind. Von zentraler Bedeutung ist dabei die passende Abbildung der Wirkungszusammenhänge zwischen den einzelnen Werttreibern. So können betriebliche Maßnahmen, die oft auf unterschiedliche Hierarchiestufen des Werttreiberbaums gleichzeitig einwirken, im Hinblick auf die Spitzenkennzahl bewertet werden. Ein typisches Beispiel hierfür sind Investitionen in Infrastrukturmaßnahmen, die gleichzeitig niedrigere mengenbezogene Produktionskosten, eine absatzmarktseitig relevante Qualitätsverbesserung, eine erhöhte Kundenzufriedenheit und damit eine höhere Kundennettowanderungsrate erlauben und so ein höheres Ergebnis bewirken. Gleichzeitig steigt aber das gebundene Kapital, so dass der Netto-Effekt auf eine wertorientierte Spitzenkennzahl wie den Economic Value Added nicht feststeht. Abgesehen von einfachen Sonderfällen sind dann Optimierungsüberlegungen notwendig, die bestehende Werttreiberzusammenhänge berücksichtigen. Dies ist ein Kernproblem in Fallstudie 19 (siehe S. 306).

Fallstudie 16: Ebemann AG

Beteiligungs- und Projektbeurteilung bei differenzierten Zinskonditionen

Problembeschreibung:

Die Ebemann AG ist ein alteingesessener Dienstleister für das Hotel- und Gaststättengewerbe, dessen Geschäft seit einer kräftigen Expansion vor einigen Jahren in ziemlich gleichbleibenden Bahnen verläuft. Der Vorstandsvorsitzende, Udo V. Strahler, strahlt allzeit Dynamik und Zuversicht aus.

Nach einem ausführlichen Gespräch mit seiner Hausbank grübelt er dennoch über seine **Finanzlage**. Mit dieser Bank hat er einen Kreditrahmen über 150.000 € vereinbart, von dem die Ebemann AG derzeit 55.000 € in Anspruch genommen hat. Diese Inanspruchnahme könnte die Ebemann AG jederzeit ausbauen oder zurückführen. Als Zinssatz sind 6 % für das Jahr 1 sowie marktbezogene Anpassungen für die Folgejahre vereinbart. Angesichts der allgemeinen Wirtschaftsentwicklung rechnet Udo V. Strahler mit einem Zinssatz von 8 % für das Jahr 2 sowie 9 % für das Jahr 3 und alle weiteren Jahre. Erfahrungsgemäß liegen diese Zinssätze um zwei Prozentpunkte über den Zinssätzen, zu denen die Ebemann AG jederzeit Geld anlegen könnte.

Udo V. Strahler geht zudem von folgenden **Zahlungsprognosen** aus: Er schätzt, dass er mit den Überschüssen des laufenden Geschäfts alle bisher geplanten Zahlungen leisten kann. Insbesondere sind dies: die Zinsen für diesen Kredit in der derzeit in Anspruch genommenen beziehungsweise geplanten Höhe und die Zinsen aller anderen, für einen längeren Zeitraum abgeschlossenen Kredite der Ebemann AG, außerdem die Vorstandsbezüge und eine jährliche Dividende. Als Dividende sind jährlich 80.000 € ab sofort, also ab Ende des Jahres 0 eingeplant.

Die Deckung der geplanten Zahlungen durch die Überschüsse des laufenden Geschäfts gilt trotz der steigenden Zinsen wegen der Ausnutzung verschiedener Kostenoptimierungspotenziale voraussichtlich auch für die Jahre 2 und 3 und alle Folgejahre. Eine Rückführung des Kredits erlauben die bislang geplanten Überschüsse jedoch nicht.

Immerhin kann ein Überschreiten des Kreditrahmens vermieden werden. Dieses wäre mit der Hausbank zwar grundsätzlich für bis zu 300.000 € abgesprochen, doch würde dafür ein um drei Prozentpunkte höherer Zinssatz berechnet.

Aufgabenstellung zu Fallstudie 16 (Ebemann AG):

Aufgabe 1: Darstellung der Finanzsituation

Stellen Sie die Finanzsituation der Ebemann AG für die Jahre 1 bis 3 in einer geeigneten Tabelle dar. Tragen Sie darin als **Regelfinanzierung** ein, zu welchen Zinssätzen und in welchem Umfang die Ebemann AG in den einzelnen Jahren zusätzliche Beträge im Vergleich zur derzeitigen Planung anlegen oder aufnehmen kann (zur Vorgehensweise vgl. Troßmann [Investition] 122-126). Geben Sie auch die Konditionen für darüber hinausgehende Beträge an.

Aufgabe 2: Beurteilung von Entnahmeentscheidungen

Udo V. Strahler überlegt, dass die Ebemann AG durch Aussetzung der bislang sofort (zum Ende von Jahr 0) eingeplanten Dividende die Inanspruchnahme des Kreditrahmens danach und die entsprechenden Zinsen grundsätzlich verringern könnte. Die daraus resultierenden Vorteile könnten später in Form einer entsprechend höheren Dividendenausschüttung an die Aktionäre weitergegeben werden.

Strahler unterbreitet diesen Vorschlag Ludwig Ebemann, dem Aufsichtsratsvorsitzenden und Hauptaktionär der Ebemann AG. Dieser möchte wissen, welche Zahlungskonsequenzen eine einmalige Dividendenaussetzung für ihn angesichts seiner 50 %igen Beteiligung konkret hätte. Als Nullalternative setzt er die Beibehaltung der bisherigen Dividende und damit auch der bisherigen Finanzplanung an.

(a) Bestimmen Sie die Zahlungsänderungen gegenüber der Nullalternative durch die Dividendenaussetzung, wenn statt der ausfallenden Dividende zum Jahr 0 eine entsprechend höhere Dividende in Jahr 3 gezahlt wird.

(b) Vergleichen Sie die Vorteilhaftigkeit der Dividendenalternativen aus Sicht der Ebemann AG.

(c) Wie soll L. Ebemann die beiden Dividendenalternativen finanziell bewerten, wenn er angesichts seiner angespannten privaten Finanzlage mit einem Zinssatz von 9 % rechnet?

Aufgabe 3: Projektbewertung bei differenzierten Zinssätzen

Udo V. Strahler will unter dem Projektnamen *Well Air* ein spezielles Raumbeduftungssystem entwickeln, das in vorhandene Klimaanlagen eingebaut und auf spezielle Gastduftprofile ausgerichtet werden kann. Dies würde sofort 90.000 € kosten. Strahler zufolge haben auch mehrere Hotels ernsthaftes Interesse daran gezeigt. Dennoch wäre damit zu rechnen, dass im Jahr 1 die Ausgaben die Einnahmen um 90.000 € übersteigen. Erst im Jahr 2 könnte mit Einnahmenüberschüssen von 110.000 €, in Jahr 3 mit Überschüssen von 100.000 € gerechnet werden. Spätere Überschüsse wären möglich, wenn sich das Raumbeduftungssystem auf dem Markt durchsetzt. Andererseits sind Reaktionen der Konkurrenz zu befürchten, die weitere Überschüsse verhindern.

Führen Sie für das Projekt *Well-Air* eine **Projektbewertung** zum Ende des dritten Jahres durch. Gehen Sie dabei von der ursprünglichen Finanzplanung der Ebemann AG aus und nehmen Sie zunächst an, dass nach Jahr 3 keine weiteren Einnahmenüberschüsse mehr anfallen.

Aufgabe 4: Einplanung einer Kapitalerhöhung

Udo V. Strahler legt das Projekt *Well-Air* L. Ebemann vor, dem das Projekt gefällt. Allerdings überzeugt es ihn finanziell nicht ganz. Dies führt er auf die Finanzlage der Ebemann AG zurück. Nach Rücksprache mit verschiedenen Mitaktionären glauben L. Ebemann und Udo V. Strahler, der Ebemann AG über eine einmalige **Kapitalerhöhung** 200.000 € zum Ende von Jahr 1 zuführen zu können, die dauerhaft in der Ebemann AG verbleiben.

(a) Bestimmen Sie die neue Regelfinanzierung nach dieser Kapitalerhöhung (vgl. Troßmann/Werkmeister [Arbeitsbuch] 35 ff.). Aktualisieren Sie dazu die Finanzierungssituation aus Aufgabe 1 um die Kapitalerhöhung und ihre Zinswirkungen.

(b) Berechnen Sie den Kapitalwert für das Projekt *Well-Air* aus Sicht der Ebemann AG nach beschlossener Kapitalerhöhung. Ermitteln Sie dazu den Wert der Projektüberschüsse zum Ende des dritten Jahres unter Berücksichtigung der Kapitalerhöhung und ihrer Zinswirkung und diskontieren Sie ihn mit den Grenzzinssätzen der einzelnen Jahre.

Ist dieser Barwert als **Kapitalwert** in dem Sinne zu verstehen, dass bei seiner Entnahme zu Beginn der Projektlaufzeit nach dem Projektende kein positiver oder negativer Finanzierungssaldo verbleibt? Weshalb und wie ist er gegebenenfalls zu korrigieren?

(c) Wegen seines aufwendigen Lebensstils ist die private Finanzlage von L. Ebemann ständig angespannt. Er rechnet daher mit einem Kalkulationszinssatz von 9 %. Prüfen Sie, ob sich die Teilnahme an der Kapitalerhöhung für L. Ebemann dennoch lohnt.

Aufgabe 5: Entscheidungsorientierte Projektbewertung

Die übrigen Aktionäre der Ebemann AG wären unter Umständen bereit, die Kapitalerhöhung alleine zu tragen. L. Ebemann würde ihnen dazu seine Bezugsrechte kostenfrei übertragen. Offen ist, wie viele Aktien für die 200.000 € ausgegeben werden sollen, und damit auch, wie groß die künftige **Beteiligung** von L. Ebemann und den übrigen Aktionären ist. Bisher ist das Eigenkapital der Ebemann AG in 100.000 Stückaktien aufgeteilt, von denen L. Ebemann die Hälfte hält und die übrigen Aktionäre zusammen die andere Hälfte.

L. Ebemann geht davon aus, dass die Finanzlage der übrigen Aktionäre weniger angespannt ist als seine eigene. Er schätzt ihren Kalkulationszinssatz daher auf 6 %.

(a) Gemäß ihrer ursprünglichen Planung beabsichtigt die Ebemann AG zum Ende des jetzigen Jahres und zum Ende der folgenden Jahre Dividendenzahlungen von jeweils insgesamt 80.000 €. Bestimmen Sie den Wert der künftigen Dividenden für die übrigen Aktionäre, wenn die Kapitalerhöhung und das Projekt *Well-Air* nicht durchgeführt werden.

L. Ebemann und Udo V. Strahler grübeln über den **Wert der Beteiligung** der übrigen Aktionäre bei Durchführung der Kapitalerhöhung und des Projekts *Well-Air*. Udo V. Strahler bemerkt, dass die Kapitalerhöhung der Ebemann AG einen Zinsvorteil erbringt, der sich ab dem Ende des Jahres 3 jährlich auf 16.017 € beläuft. Dieser Zinsvorteil könne in Jahr 3 und allen Folgejahren in Form einer höheren Dividende ausgeschüttet werden. Wenn man zusätzlich in Jahr 3 einmalig den geschätzten Endwert des Projekts *Well-Air* von 6.555 € ausschütten würde, könne man den Kapitalwert aller künftigen Ausschüttungen berechnen.

(b) Stellen Sie die Zahlungsreihe der gesamten künftigen Dividenden der Ebemann AG ab Jahr 1 unter den geschilderten Annahmen auf. Bestimmen Sie den Gesamtwert dieser Zahlungen aus Sicht der übrigen Aktionäre.

(c) Welchen Anteil an der Ebemann AG muss L. Ebemann den übrigen Aktionären künftig mindestens zugestehen, damit es für sie vorteilhaft ist, die Kapitalerhöhung über 200.000 € zum Ende von Jahr 1 alleine zu finanzieren? Wie viele Aktien sind auszugeben und zu welchem Preis?

(d) Welchen Anteil an der Ebemann AG sollte L. Ebemann höchstens vorschlagen, falls sich die Aktionäre mit dem Mindestanteil aus c nicht zufrieden geben?

Aufgabe 6: Marktorientierte Projektbewertung

Angesichts der Ergebnisse aus Aufgabe 4 sind sich die Beteiligten unschlüssig über die zu wählenden Parameter der Kapitalerhöhung. Sie geben daher bei der renommierten CBMG Capital Beratung Max Gwinner ein Wertgutachten in Auftrag. Max Gwinner will sich am „objektivierten Shareholder Value" orientieren und dazu die künftigen Cash flows mit einem **gewichteten und risikoangepassten Durchschnittszinssatz** abzinsen. Zur Cash-flow-Prognose greift er auf Udo V. Strahlers Angaben zurück. Den Durchschnittszinssatz berechnet er aus den Fremdkapitalzinssätzen der Ebemann AG, gewichtet mit der Fremdkapitalquote, sowie den aus allgemeinen Marktkonditionen und Risikokorrelationen geschätzten Verzinsungsanforderungen der Eigenkapitalgeber, gewichtet mit der Eigenkapitalquote (vgl. zu diesem Ansatz, seinen Annahmen und Problemen Kruschwitz/Husmann [Finanzierung] 395 ff.). Nach langem Rechnen mit vielen Korrekturposten, unter anderem zur passenden Zuordnung der Pensionsrückstellungen und Lieferantenkredite der L. Ebemann AG, kommt Max Gwinner auf den Zinssatz 8,5 % für den Fall, dass die Kapitalerhöhung und das Projekt *Well-Air* durchgeführt werden. Andernfalls wäre er 8,2 %.

(a) Berechnen Sie den Wert der künftigen Dividenden, die Beteiligung der übrigen Aktionäre und den Preis der neuen Aktien für diese beiden Zinssätze.

(b) Beurteilen Sie die Orientierung an diesem „objektivierten Shareholder Value" aus Sicht der Beteiligten.

Lösungshinweise zu Fallstudie 16 (Ebemann AG):

Aufgabe 1: Darstellung der Finanzsituation

Abb. VII-3 enthält die Finanzierungssituation der Ebemann AG bis zum Jahr 3. Der Regelzinssatz gilt für zusätzliche Beträge im Vergleich zur derzeitigen Finanzplanung, wobei Geldanlagen (auch in Form einer Kreditreduzierung) bis zu einer anderen Grenze (Obergrenze) möglich sind als zusätzliche Kredite (Untergrenze der Regelfinanzierung). Die Anlage höherer Beträge wird im Folgenden als **Habenfinanzierung** bezeichnet. Für sie gelten die angegebenen Habenzinssätze. Für höheren Kreditbedarf (die sogenannte **Sollfinanzierung**) gelten bis zu einem Gesamtbedarf von 395.000 € die Sollzinssätze aus Abb. VII-3 (vgl. zur Methodik allgemein Troßmann [Investition] 116 – 138).

Jahr	Untergrenze der Sollfinanzierung	Sollzinssatz	Untergrenze der Regelfinanzierung	Regelzinssatz	Obergrenze der Regelfinanzierung	Habenzinssatz
0						
1	– 395.000 €	9 %	– 95.000 €	6 %	55.000 €	4 %
2	– 395.000 €	11 %	– 95.000 €	8 %	55.000 €	6 %
3	– 395.000 €	12 %	– 95.000 €	9 %	55.000 €	7 %

Abb. VII-3: Regelfinanzierung der Ebemann AG mit Anschlusszinssätzen

Aufgabe 2: Beurteilung von Entnahmeentscheidungen

(a) Zahlungsänderungen durch Aussetzung der Dividende im Jahr 0 im Vergleich zur bisherigen Dividendenzahlung als Nullalternative:

Jahr	Regelfinanzierung	Habenfinanzierung	Grenzzinssatz	Regelzinsen	Habenzinsen	Projektüberschuss	kumulierter Überschuss
0						80.000 €	80.000 €
1	55.000 €	25.000 €	4 %	3.300 €	1.000 €	0 €	84.300 €
2	55.000 €	29.300 €	6 %	4.400 €	1.758 €	0 €	90.458 €
3	55.000 €	35.458 €	7 %	4.950 €	2.482 €	0 €	97.890 €

Die Sollfinanzierung ist nicht betroffen und nicht abgebildet.

(b) Wenn der aus den Zinseffekten stammende Überschuss der Dividendenaussetzung zum Ende von Jahr 3 ausgeschüttet wird, bleibt der Ebemann AG danach kein Vorteil. Zwar beträgt der Überschussbarwert der höheren Dividende 97.890 € / (1,04·1,06·1,07) = 82.988 €. Doch ist er wegen der Überschreitung der Intervallgrenzen wieder auf 80.000 € zu korrigieren, um tatsächlich als ausschüttbarer Kapitalwert interpretierbar zu sein.

Ein Verzicht auf die Dividende von 80.000 € in Jahr 0 senkt lediglich die Finanzierungskosten für weitere Projekte bis Jahr 3, da die Grenzzinssätze niedriger sind als die Regelzinssätze. Die Finanzierungsgrenzen sind entsprechend anzupassen. Für die neue Regelfinanzierung sind keine Obergrenzen bekannt. Die Untergrenzen der Finanzierungsintervalle lauten:

Jahr	Untergrenze der zweiten Sollfinanzierung	Sollzinssatz	Untergrenze der ersten Sollfinanzierung	Regelzinssatz	Untergrenze der Regelfinanzierung	Habenzinssatz
1	−475.000 €	9 %	−175.000 €	6 %	−25.000 €	4 %
2	−479.300 €	11 %	−179.300 €	8 %	−29.300 €	6 %
3	−485.458 €	12 %	−185.458 €	9 %	−35.458 €	7 %

(c) Für L. Ebemann ergibt sich bei einem Zinssatz von 9 % folgender Kapitalwert der Dividendenaussetzung:

$$C = -40.000 € + \frac{1}{2} \cdot 97.890 € \cdot 1{,}09^{-3} = -2.205 €.$$

Die Dividendenaussetzung ist für L. Ebemann daher nicht vorteilhaft.

Aufgabe 3: Projektbewertung bei differenzierten Zinssätzen

Das Projekt *Well-Air* nimmt die Finanzierungskonditionen aus Abb. VII-3 wie unten angegeben in Anspruch. Die zugehörigen Zinsen sind ebenfalls aufgeführt. Zusammen mit den Projektüberschüssen führt dies zu den unten angegebenen kumulierten Überschüssen.

Jahr	Sollfinanzierung	Regelfinanzierung	Grenzzinssatz	Sollzinsen	Regelzinsen	Projektüberschuss	kumulierter Überschuss
0						−90.000 €	−90.000 €
1	0 €	−90.000 €	6 %	0 €	−5.400 €	−90.000 €	−185.400 €
2	−90.400 €	−95.000 €	11 %	−9.944 €	−7.600 €	110.000 €	−92.944 €
3	0 €	−92.944 €	9 %	0 €	−8.365 €	100.000 €	−1.309 €
	Zinsfaktor: 1,2825				Projektbarwert:		−1.021 €

Die Habenfinanzierung ist nicht betroffen und nicht abgebildet. Abzinsen des Endwertes mit dem Zinsfaktor 1,2825 ergibt den negativen **Überschussbarwert** von −1.021 €. Das Projekt lohnt sich in dieser Finanzierungssituation nicht.

Aufgabe 4: Einplanung einer Kapitalerhöhung

(a) Die Zinskonditionen und Grenzen der neuen Regelfinanzierung ergeben sich aus der **Kapitalerhöhung** um 200.000 € zum Ende von Jahr 1 und den nachfolgenden Zinswirkungen. Diese bestehen zum Ende von Jahr 2 aus einer Zinsersparnis in Höhe von 55.000 € · 8 % = 4.400 € sowie zusätzlichen Zinseinnahmen über 145.000 € · 6 % = 8.700 €, zusammen also 13.100 €. Insgesamt hat die Ebemann AG am Ende von Jahr 2 daher 213.100 € mehr als ohne Kapitalerhöhung. Diese Rechnung ist in der nachfolgenden Tabelle durchgeführt.

Jahr	Regel-finan-zierung	Haben-finan-zierung	Grenz-zins-satz	Regel-zinsen	Haben-zinsen	Projekt-überschuss	kumulierter Überschuss
0						0 €	0 €
1	0 €	0 €	6 %	0 €	0 €	200.000 €	200.000 €
2	55.000 €	145.000 €	6 %	4.400 €	8.700 €	0 €	213.100 €
3	55.000 €	158.100 €	7 %	4.950 €	11.067 €	0 €	229.117 €

Wegen der geänderten Beanspruchung der bisherigen Finanzierungen ist eine **neue Regelfinanzierung** als Grundlage der Beurteilung weiterer Projekte zu bestimmen (vgl. Troßmann/Werkmeister [Arbeitsbuch] 141 – 147). Folgende Tabelle zeigt ihre Zinssätze und Finanzierungsgrenzen.

Jahr	Untergrenze neue Soll-finanzierung	neuer Soll-zins-satz	Untergrenze neue Regel-finanzierung	neuer Regel-zins-satz	Obergrenze neue Regel-finanzierung	neuer Haben-zins-satz
0						
1	– 395.000 €	9 %	– 95.000 €	6 %	55.000 €	4 %
2	– 295.000 €	8 %	– 145.000 €	6 %	keine Angabe	
3	– 308.100 €	9 %	– 158.100 €	7 %	keine Angabe	

Hinzu kommen in Jahr 1 zusätzliche Untergrenzen für eine weitere Sollfinanzierung. Diese betragen – 595.000 € beim Zinssatz von 11 % in Jahr 2 sowie 608.100 € beim Zinssatz von 12 % in Jahr 3.

(b) Der Endwert für *Well-Air* nach der Kapitalerhöhung berechnet sich wie folgt:

Jahr	Soll-finan-zierung	Regelfinan-zierung	Grenz-zins-satz	Soll-zinsen	Regel-zinsen	Projekt-über-schuss	kumulierter Überschuss
0						– 90.000 €	– 90.000 €
1	0 €	– 90.000 €	6 %	0 €	– 5.400 €	– 90.000 €	– 185.400 €
2	– 40.400 €	– 145.000 €	8 %	– 3.232 €	– 8.700 €	110.000 €	– 87.332 €
3	0 €	– 87.332 €	7 %	0 €	– 6.113 €	100.000 €	6.555 €
	Zinsfaktor: 1,2249				**Projektbarwert:**		**5.351 €**

Diskontiert man den Endwert von 6.555 € mit dem angegebenen Zinsfaktor, erhält man als Barwert der Projektüberschüsse 5.351 €. Entnimmt man diesen Barwert zum Projektbeginn in Jahr 0, ergibt sich gemäß Abb. VII-4 nach dem Ende der betrachteten Projektzahlungen ein Saldo von – 12 €.

Die anfängliche Entnahme ist daher um den zugehörigen Barwert von – 10 € auf 5.341 € zu korrigieren. Bei Entnahme dieses Betrags ergibt sich schließlich zum Projektende ein Saldo von null. Er ist daher der **Kapitalwert** des Projekts (vgl. Troßmann [Investition] 127).

(c) Da die Grenzzinssätze der AG weiterhin geringer sind als L. Ebemanns Kalkulationszinssatz von 9 %, ist für ihn die Projektbeteiligung nach wie vor

Jahr	Sollfinan-zierung	Regel-finan-zierung	Grenz-zinssatz	Soll-zinsen	Regel-zinsen	Projekt-über-schuss	kumulierter Überschuss
0		Entnahme des Projektbarwertes:				−5.351 €	
						−90.000 €	−95.351 €
1	−351 €	−95.000 €	9 %	−32 €	−5.700 €	−90.000 €	−191.083 €
2	−46.083 €	−145.000 €	8 %	−3.687 €	−8.700 €	110.000 €	−93.469 €
3	0 €	−93.469 €	7 %	0 €	−6.543 €	100.000 €	−12 €
	Zinsfaktor:	1,2596		**neuer Projektbarwert:**			**−0 €**

Abb. VII-4: Der Überschuss-Barwert als Kapitalwert des Projekts

unvorteilhaft. Für seinen Anteil am Gesamtwert $C^{(1)}$ als Summe der Kapital-erhöhung zum Ende von Jahr 1 und des Projekts *Well-Air* gilt:

$$C^{(1)} = \frac{1}{2} \cdot \frac{229.117 \ € + 5.341 \ €}{1{,}09^2} - 100.000 = -1.330{,}67 \ €.$$

Aufgabe 5: Entscheidungsorientierte Projektbewertung

(a) Ohne Dividendenaussetzung, Kapitalerhöhung oder das Projekt *Well-Air* erhalten die übrigen Aktionäre eine **unendliche Reihe** von 40.000 €. Bei ihrem Zinssatz von 6 % beträgt deren Wert 666.667 €.

(b) Die Zahlungsreihe und der Wert der gesamten künftigen Dividenden der Ebemann AG für die beiden relevanten Zinssätze:

Jahr	Zeitwert der Dividenden	Zeitwert der Divi-denden mit abgezinster unendlicher Rente	Barwert bei p = 6 % (für die übrigen Aktionäre)	Barwert bei p = 9 % (für Ludwig Ebemann)
1	80.000 €	80.000 €	75.472 €	73.394 €
2	80.000 €	80.000 €	71.200 €	67.334 €
3	96.017 € + 6.555 €	102.572 € + 96.017 €/p	1.429.750 €	903.013 €
4	96.017 €	0 €	0 €	0 €
5 ff.	96.017 €	0 €	0 €	0 €
	Kapitalwert:		**1.576.421 €**	**1.043.741 €**

(c) Der Anteil x der übrigen Aktionäre am Kapitalwert der künftigen Dividenden muss abzüglich der Kapitalerhöhung zum Ende von Jahr 1 mindestens soviel wert sein wie der Wert der bisherigen Dividenden als Nullalternative. Es gilt für diese **Mindestbeteiligung** der übrigen Aktionäre an der Ebemann AG:

$$1.576.421 \ € \cdot x - \frac{200.000}{1{,}06} \ € \geq 666.667 \ €$$

bzw.

$$x \geq \frac{666.667 + 200.000 \,/\, 1{,}06}{1.576.421} = 54{,}26 \ \%.$$

Die 50.000 Aktien von L. Ebemann entsprechen dann 45,74 %. Die neue Gesamtaktienzahl beträgt 50.000/0,4574 = 109.314 Aktien. Die übrigen Aktionäre erhalten gemeinsam alle 9.313 jungen Aktien zum Preis von 200.000 € : 9.313 Aktien = 21,48 € / Aktie.

(d) Der Kapitalwert der Nullalternative beträgt für L. Ebemann 40.000 €/0,09 = 444.444 €, der Kapitalwert der Dividenden nach Kapitalerhöhung und Projekt *Well-Air* 1.043.741 €. Behält er an der Ebemann AG einen Anteil über 444.444/1.043.741 = 42,58 %, ist es für L. Ebemann vorteilhaft, der Kapitalerhöhung zuzustimmen und zugleich sämtliche Bezugsrechte an die übrigen Aktionäre abzutreten. Er sollte den übrigen Aktionären also höchstens 57,42 % zugestehen. Im Grenzfall wären dies 17.426 junge Aktien zum Preis von dann 200.000 € : 17.426 Aktien = 11,48 € / Aktie; die Obergrenzenbedingung lässt sich jedoch auch bei kleinerer Aktienzahl zu entsprechend höherem Preis erfüllen. In Verbindung mit den Ergebnissen aus Aufgabe 4 ist also eine für beide Seiten annehmbare Lösung möglich.

Aufgabe 6: Marktorientierte Projektbewertung

(a) Der **objektivierte Marktwert** als Wert der Dividenden beim jeweiligen Durchschnittszinssatz beträgt im Fall

- ohne Kapitalerhöhung und Projekt *Well-Air*:

$$C(8,2\,\%) = \frac{80.000}{0,082} = 975.610\ €.$$

- mit Kapitalerhöhung und Projekt *Well-Air*:

$$C(8,5\,\%) = \frac{80.000}{1,085^1} + \frac{80.000}{1,085^2} + \frac{102.572}{1,085^3} + \frac{96.017}{0,085 \cdot 1,085^3} = 1.106.376\ €.$$

Entsprechend gilt für den Anteil x der übrigen Aktionäre:

$$1.106.375\ € \cdot x - \frac{200.000\ €}{1,085} \geq \frac{1}{2} \cdot 975.610\ €$$

somit: $x \geq 60,75\,\%.$

Die 50.000 Aktien von L. Ebemann entsprechen 39,25 % der neuen Gesamtzahl von 50.000/0,3925 = 127.389 Aktien. Die übrigen Aktionäre erhielten nach dem **Shareholder-Value-Ansatz** von Max Gwinner 27.389 junge Aktien zum Preis von 7,30 € je Aktie.

(b) Ein Vergleich mit den Einzelperspektiven aus Aufgabe 4 zeigt, dass die übrigen Aktionäre sehr wohl mit dem Vorschlag von Gwinner leben können, L. Ebemann jedoch nicht. Generell sind derartige **objektivierte Bewertungsansätze** für Projekte oder Beteiligungen lediglich dann aussagekräftig, wenn beiden interessierten Parteien die unterstellten objektivierten Zinskonditionen tatsächlich zur Verfügung stehen (vgl. auch die Prämissen entsprechender Kapitalmarktmodelle bei Kruschwitz/Husmann [Finanzierung]). Dies dürfte in der vorliegenden Beispielsituation nicht der Fall sein, da sonst L. Ebemann die günstigeren Finanzierungs- und die übrigen Aktionäre die günstigeren Anlagemöglichkeiten ausnutzen würden, über die sie unabhängig von der Kapitalerhöhung und dem Projekt *Well-Air* verfügen.

Fallstudie 17: Edelfunken GmbH

Optimierung der Projektfinanzierung durch Umschuldungsmaßnahmen

Problembeschreibung:

Die Edelfunken GmbH ist ein alteingesessener Hersteller von Satellitenempfängern, dessen Produkte für ihre hohe Qualität bekannt sind. Der gute Ruf hat stets für gute Verkaufszahlen gesorgt. In den vergangenen beiden Geschäftsjahren ist der Absatz allerdings drastisch eingebrochen. Grund für den deutlichen Rückgang der Verkaufszahlen ist das derzeitige Sortiment von Edelfunken. Es enthält ausschließlich analoge Satellitenempfänger. Durch die Einstellung des analogen Satellitensignals für europäische Sender ist dieser ehemals absatzstärkste Markt komplett weggebrochen. Die wenigen derzeit noch produzierten Einheiten sind allesamt für den außereuropäischen Markt bestimmt.

Stefan Funk, der Geschäftsführer der Edelfunken GmbH, hat den stetigen Übergang der Nachfrage von analogen zu digitalen Satellitenempfängern bisher ignoriert. Bis zuletzt hat er sich gegen die Entwicklung und Produktion digitaler Satellitenempfänger gewehrt. Die jetzige Unternehmenssituation zwingt ihn allerdings dazu, nun auch digitale Satellitenempfänger in das Sortiment aufzunehmen. S. Funk beauftragt daher den Produktionsleiter Martin Macher und die Leiterin der Marketingabteilung Wilma Werber, ein Konzept für die Produktion und Vermarktung von digitalen Satellitenempfängern zu entwerfen.

Nach zwei Wochen präsentieren M. Macher und W. Werber ihre Ergebnisse. Um möglichst bald digitale Satellitenempfänger auf den Markt bringen zu können, schlägt M. Macher vor, eine Produktionsanlage aus der Insolvenzmasse eines ehemaligen Wettbewerbers zu kaufen. Dies wäre mit Ausgaben von 6 Mio. € verbunden, zu denen noch 200.000 € für Transport und Neuaufbau kommen. Die Maschine könnte sofort in Betrieb genommen werden, um Satellitenempfänger vom Typ DigiSat herzustellen. Auch die Produktionskosten für Empfänger dieses Typs konnte M. Macher in Erfahrung bringen. W. Werber hat eine Marktanalyse für DigiSat-Empfänger durchgeführt und zusammen mit M. Macher die günstigste Preis-Mengen-Kombination für dieses Produkt herausgefunden. Unter Berücksichtigung regelmäßig anfallender Ausgaben für Betrieb und Wartung der Maschine sowie begleitende Werbemaßnahmen ergeben sich daraus folgende Periodenüberschüsse:

Jahr	1	2	3	4
Projekt-überschuss	1.420.000 €	2.300.000 €	1.650.000 €	2.000.000 €

S. Funk zeigt sich begeistert von dem Vorschlag seiner Mitarbeiter. Er beauftragt daher umgehend den Leiter der Finanzabteilung, Robert Blanc, das Projekt zu bewerten.

R. Blanc analysiert zunächst die Finanzierungssituation der Edelfunken GmbH: Bei der Edelfunken GmbH bestehen derzeit vier Kreditvereinbarungen für jeweils unterschiedliche Zeiträume. Mit Kredit A_1 hat sie 650.000 € zu einem Zinssatz von 3¼ % für ein Jahr aufgenommen. Daneben hat sie den Kredit A_2 mit einer Restlaufzeit von zwei Jahren und Zinsen von 5½ % über 840.000 € in Anspruch genommen sowie den Kredit A_3 mit einer Restlaufzeit von drei Jahren zu einem Zinssatz von 5¾ % über 350.000 €. Ferner besteht der Kredit A_4 zu einem Zinssatz von 7 % und einer Restlaufzeit von vier Jahren, der mit 550.000 € beansprucht wurde. Der Kredit A_2 ist zwischentilgungsfrei, ebenso Kredit A_3. Die Zinsen für die Kredite A_1, A_2, A_3 werden jeweils jährlich zum Jahresende fällig. A_4 ist ein Annuitätendarlehen über vier Jahre. Die Kredite A_1 bis A_4 könnte die Edelfunken GmbH derzeit zu gleichbleibenden Konditionen jeweils bis zu einem Gesamtbetrag von 2 Mio. € (für A_1), 3 Mio. € (je für A_2 und A_3) bzw. 7,5 Mio. € (für A_4) aufstocken. Eine Ausweitung der Kredite zu einem späteren Zeitpunkt ist allerdings nicht möglich. Alle Kreditgeschäfte können am Jahresende auch teilweise oder vollständig abgebaut werden.

R. Blanc ist verwirrt. Welchen Zinssatz soll er nun für seine Investitionsrechnung verwenden? Noch verzwickter erscheint ihm die ganze Sache, als er in der Zeitung liest, dass das allgemeine Zinsniveau in den nächsten Jahren steigen soll. Das würde er gerne in seiner Rechnung berücksichtigen. Er weiß aber nicht genau, wie er das anstellen soll. Schon ohne Zinsänderungen schafft er es nicht, den Erfolg des Projekts zu berechnen, wenn er dabei berücksichtigen will, dass es über die bestehenden Kredite finanziert wird. Mehrfach hat er das Buch „Investitionen zügig entscheiden – so rechnet der Chef" zu Rate gezogen, das „klare Lösungen für alle praktischen Fragen" verspricht, ohne dass er weitergekommen wäre. Da entschließt er sich, weitere Lehrbücher zur Investition heranzuziehen. In der Landesbibliothek arbeitet er fast das ganze Regal der nach Autoren geordneten Investitionsbücher durch, bis er schließlich fündig wird und zu einem Ergebnis kommt. Allerdings ist es wenig erfreulich. Er muss nämlich feststellen, dass das geplante Investitionsvorhaben nach seinen Berechnungen nicht vorteilhaft ist. Geschäftsführer Funk ist von diesem Ergebnis sehr enttäuscht. Er hätte das Projekt gerne durchgeführt. Nun sieht er die Existenz des Unternehmens bedroht.

Während noch um eine Entscheidung gerungen wird, erfährt der Seniorchef des Hauses, Hans-Peter Weise, von der Diskussion. Da auch er den dringenden Handlungsbedarf in seinem Unternehmen erkannt hat, lässt er sich von R. Blanc die Situation erläutern. Dabei stellt sich heraus, dass neben den von R. Blanc berücksichtigten Krediten A_1 bis A_4 weitere Kreditgeschäfte bestehen, die H.-P. Weise bereits vor einem halben Jahr abgeschlossen und teilweise schon zur Finanzierung laufender Zahlungen genutzt hat – allerdings ohne es deutlich zu kommunizieren. Da H.-P. Weise immer noch sehr gute Verbindungen zur Hausbank der Edelfunken GmbH hat, waren ihm dort Kredite mit speziellen Konditionen angeboten worden, die ihm sehr günstig erschienen sind. Sein Bauchgefühl hat ihn in seinem langen Berufsleben noch nie fehlgeleitet. Deshalb griff er bei den Kreditangeboten kurzerhand zu. Dementsprechend wurden die Kredite bereits in einer gewissen Höhe in Anspruch genommen. Die Kreditbestände können jedoch kurzfristig getilgt oder auch erhöht werden, allerdings wegen der Sondervereinbarung nur noch bis Jahresende. In Abb. VII-5 sind die Konditionen der Kredite, ihre derzeitige Inanspruchnahme sowie der jeweilige Maximalbetrag zusammengestellt.

Kredit	Typ / Konditionen	Zinssatz	maximale Höhe	derzeitiger Bestand
B_1	einjähriger Kredit	6 %	1.500.000 €	1.500.000 €
B_2	Annuitätendarlehen über zwei Jahre	6 ¼ %	2.000.000 €	500.000 €
B_3	Annuitätendarlehen über drei Jahre	7 ½ %	2.000.000 €	1.400.000 €
B_4	Kredit über vier Jahre, gleichmäßige Ratentilgung über vier Jahre, Zinsberechnung jährlich auf die Restschuld	6 %	10.000.000 €	1.000.000 €

Abb. VII-5: Die B-Finanzierung der Edelfunken GmbH

H.-P. Weise schlägt vor, das Investitionsprojekt mit den Krediten B_1 bis B_4 zu finanzieren, die er für günstiger hält als die A-Kredite. Etwas ungläubig macht sich R. Blanc an die Rechnung. Zum allgemeinen Erstaunen führt die neue Berechnung tatsächlich zu einem positiven Kapitalwert des Projekts. Der Seniorchef schmunzelt. Aber vor allem S. Funk ist jetzt völlig verunsichert und fordert von R. Blanc eine Erklärung. Der kann aber auch nur vermuten, dass der Seniorchef wohl nicht ganz unrecht hatte und die B-Kredite tatsächlich günstiger sind als die von ihm gewählte Finanzierung. Das würde den besseren Kapitalwert erklären. Aber, so führt S. Funk ins Feld, er sehe nicht ein, warum Kredit B_1 mit seinen 6 % Zinsen günstiger sein soll als Kredit A_1 mit nur 3 ¾ %. Auch die Kredite B_2 und B_3 seien ja eindeutig teurer als die Kredite A_2 und A_3. Nach diesem Einwurf sind zunächst alle ratlos.

Alle sind sich einig, dass es für das Unternehmen nicht optimal sein kann, wenn zwei Experten – sei es auch in guter Absicht – Finanzgeschäfte tätigen, ohne sich abzustimmen. Vermutlich hält man jetzt zur gleichen Laufzeit sowohl günstige als auch ungünstige Kredite. Deshalb sollen die Kredite verglichen und die ungünstigen umgeschuldet werden. Wie das aber konkret zu berechnen ist, weiß selbst R. Blanc nicht so recht. Und dann möchte S. Funk endlich wissen, ob das Investitionsprojekt nun eigentlich finanziell lohnend ist oder nicht. R. Blanc soll einen Vorschlag zur Neuordnung der Finanzierungssituation machen und auf dieser Basis die Vorteilhaftigkeit des Projekts bewerten.

Aufgabenstellung zu Fallstudie 17 (Edelfunken GmbH):

Aufgabe 1: Darstellung der Finanzsituation

(a) Systematisieren Sie die Finanzierungssituation A der Edelfunken GmbH, wie sie sich mit den Krediten A_1 bis A_4 darstellt, in einer geeigneten Tabelle. Geben Sie jeweils Zinssatz und Laufzeit der Kredite sowie die Ober- und Untergrenzen der finanziellen Dispositions-Spielräume an.

(b) Stellen Sie für die Kredite A_1 bis A_4 jeweils die Zahlungsstruktur zusammen. Normieren Sie die Kredite auf einen Kreditbereitstellungsbetrag von 1,00 €.

(c) Ist in der vorliegenden Situation ein Kapitalwert eines Investitionsprojekts überhaupt berechenbar? Welche Informationen bräuchte man ggf. zusätzlich? Wie könnten mögliche künftige Zinsänderungen berücksichtigt werden?

(d) Betrachten Sie jetzt das DigiSat-Projekt. Wie würden Sie hier vorgehen? Was empfehlen Sie Herrn Blanc zu seinem Problem der erwarteten Zinssteigerungen?

Aufgabe 2: Beurteilung des Investitionsprojekts

(a) Berechnen Sie den Kapitalwert des Projekts, wenn es mit den Krediten A_1 bis A_4 finanziert würde. Geben Sie an, wie die A-Kredite der Edelfunken GmbH zum Zeitpunkt der Investitionsentscheidung erhöht bzw. verringert werden müssen, um die Projektzahlungen in den einzelnen Perioden auszugleichen. Hat Blanc mit seiner negativen Projektbeurteilung recht?

(b) Berechnen Sie die Abzinsungsfaktoren sowie die impliziten Terminzinssätze, die mit der Finanzierungssituation A der Edelfunken GmbH verbunden sind. Wie sind sie zu interpretieren? Können Sie den niedergeschlagenen Geschäftsführer Funk irgendwie aufmuntern?

Aufgabe 3: Beurteilung alternativer Finanzierungen

(a) Prüfen Sie, ob der Seniorchef Weise recht hat. Ist das Projekt vorteilhaft, wenn zu seiner Finanzierung die B-Kredite herangezogen werden? Berechnen Sie den Kapitalwert. Geben Sie ergänzend an, wie die einzelnen B-Kredite der Edelfunken GmbH zum Zeitpunkt der Investitionsentscheidung erhöht oder verringert werden müssten, um die Projektzahlungen in den einzelnen Perioden auszugleichen.

(b) Was hat es mit dem Funkschen Argument auf sich, die Kredite B_1, B_2 und B_3 seien ungünstiger als A_1, A_2 und A_3? Stimmt das? Falls ja: Wieso konnte dann das Projekt mit der B-Finanzierung günstiger erscheinen?

(c) Was schlagen Sie jetzt der verwirrten Geschäftsführung vor? Raten Sie dazu, das Projekt zu realisieren?

Aufgabe 4: Umschuldung

(a) Helfen Sie R. Blanc bei der Neuordnung der Finanzierungssituation. Nehmen Sie dazu die vier A-Kredite als Standardfinanzierung an. Prüfen Sie, welche der B-Kredite in die Standardfinanzierung aufgenommen werden sollten. Führen Sie ggf. die erforderliche Substitution durch. Welche Kredite werden dabei in welchem Ausmaß umgeschuldet?

(b) Welcher Arbitragegewinn entsteht durch die Umschuldung?

(c) Wie stellt sich das DigiSat-Projekt nach der Umschuldung dar? Wie hoch ist jetzt sein Kapitalwert? Falls er nicht mit einem der bisherigen Werte übereinstimmt: wie erklären Sie sich das? Empfehlen Sie nun das Projekt insgesamt?

Lösungshinweise zu Fallstudie 17 (Edelfunken GmbH):

Aufgabe 1: Darstellung der Finanzsituation

(a) Abb. VII-6 enthält die Finanzierungssituation der Edelfunken GmbH bis zum Jahr 4.

Kredit-Nr. A_i	Finanzierung A			maximale Reduzierung: Untergrenze B_i^u	maximale Erhöhung: Obergrenze B_i^o
	Kredittyp	Laufzeit	Zinssatz		
A_1	einjähriger Kredit	1 Jahr	3,25 %	– 650.000 €	1.350.000 €
A_2	endfälliger Kassakredit mit jährlicher Zwischenzinszahlung	2 Jahre	5,50 %	– 840.000 €	2.160.000 €
A_3	endfälliger Kassakredit mit jährlicher Zwischenzinszahlung	3 Jahre	5,75 %	– 350.000 €	2.650.000 €
A_4	Annuitätendarlehen über vier Jahre	4 Jahre	7,00 %	– 550.000 €	6.950.000 €

Abb. VII-6: Detailangaben zu den Finanzierungsmöglichkeiten durch Variation der A-Kredite

Alle vier Kredite beginnen sofort. Der Zinssatz gilt für zusätzliche Beträge im Vergleich zum derzeitigen Finanzplan. Die Kredite können bis zur angegebenen Obergrenze ausgeweitet oder auch bis zur Untergrenze zurückgezahlt werden.

(b) Die Zahlungsverläufe der einzelnen Kredite der A-Finanzierung sind spaltenweise in der Tabelle VII-7 aufgeführt.

Kredit A_i / Jahr t	A_1	A_2	A_3	A_4
0	1,00000 €	1,00000 €	1,00000 €	1,00000 €
1	– 1,03250 €	– 0,05500 €	– 0,05750 €	– 0,29523 €
2	–	– 1,05500 €	– 0,05750 €	– 0,29523 €
3	–	–	– 1,05750 €	– 0,29523 €
4	–	–	–	– 0,29523 €

Abb. VII-7: Zahlungsverläufe der vier A-Kredite

(c) Es liegt eine eindeutige Finanzierungssituation über einen Zeitraum von vier Jahren vor, die offensichtlich für jedes Jahr eine unabhängige Disposition erlaubt. Daher kann für jedes Projekt mit einer maximalen Laufzeit von vier Jahren ein Kapitalwert berechnet werden. Für länger laufende Projekte müssten weitere Finanzgeschäfte vorliegen, und zwar für jedes weitere Laufzeitjahr eines, mit dem auch dort eine unabhängige finanzielle Disposition möglich wird. Künftige Zinsänderungen würde man erfassen, indem man Termingeschäfte einbringt, die zu einem entsprechend späteren Zeitpunkt beginnen. Jene könnten aus heutiger Sicht prognostiziert sein und würden dann, wenn die Einschätzung R. Blancs berücksichtigt wird, einen gegenüber heutigen Einjahreskrediten höheren Zinssatz enthalten.

(d) Das DigiSat-Projekt erstreckt sich insgesamt auf nur vier Jahre, liegt also innerhalb des durch die bestehenden A-Kredite abgedeckten Finanzierungszeitraums. Deshalb kann die Edelfunken GmbH das Projekt mit den gegebenen Konditionen sicher finanzieren und braucht Schlimmeres nicht zu befürchten. Das Projekt ist zudem „regulär" (vgl. Troßmann [Investition] 107), da es außer der Anfangsausgabe nur positive Netto-Cash-flows aufweist. Daher weiß man, dass bei je einjähriger Verzinsung der Projekt-Kapitalwert kleiner wird, wenn der Zinssatz steigt. Für dieses Projekt ist es deshalb prinzipiell besser, mit niedrigen Zinsen zu finanzieren als mit hohen (bei anderen Projekten mag es anders sein). Die sichere heutige Finanzierung ist aber möglicherweise teuer (vgl. Troßmann [Investition] 160 f.). Es kann also sein, dass trotz steigender Zinsen ein einjähriger Kredit eines späteren Projektjahres bei Erreichen des betreffenden Jahres immer noch günstiger ist als die heutige Finanzierung über langlaufende Kredite.

Herrn Blanc würde man demnach empfehlen, das Projekt zunächst auf der Basis einer Finanzierung mit den A-Krediten zu beurteilen. Durch kurzfristige Kredite, die in späteren Jahren aufzunehmen wären, könnte sich ein errechneter Kapitalwert noch verbessern. Die Wahrscheinlichkeit, dass das gelingt, ist durch die Erwartung steigender Zinsen etwas kleiner als sonst. Dadurch wird aber dadurch die Projektbeurteilung keinesfalls schlechter als die mit den A-Krediten errechnete.

Aufgabe 2: Beurteilung des Investitionsprojekts

(a) Einen Projekt-Kapitalwert kann man in der vorliegenden Situation auf zwei Arten berechnen (vgl. Troßmann [Investition] 138 ff.): entweder durch direkte Ermittlung der erforderlichen ausgleichenden Finanzströme in der **retrograden Kapitalwertrechnung** oder über vorher bereitgestellte Abzinsungsfaktoren. Da auch die Höhe der jeweils veränderten Inanspruchnahme der A-Kredite interessiert, wird hier die erste Möglichkeit gewählt. Bei der retrograden Kapitalwertrechnung werden die bestehenden Finanzangebote so genutzt, dass sich damit in allen Jahren außer dem Anschaffungsjahr die Zahlungsströme des Projekts ausgleichen. Abb. VII-8 zeigt das Vorgehen.

Jahr t	Zahlungsverlauf des Projekts	Ausgleich im ...				Zahlungssumme
		... Jahr 4 durch A_4	... Jahr 3 durch A_3	... Jahr 2 durch A_2	... Jahr 1 durch A_1	
0	− 6.200.000 €	6.774.423 €	− 330.969 €	302.399 €	− 559.420 €	− 13.568 €
1	1.420.000 €	− 2.000.000 €	19.031 €	− 16.632 €	577.601 €	− €
2	2.300.000 €	− 2.000.000 €	19.031 €	− 319.031 €		− €
3	1.650.000 €	− 2.000.000 €	350.000 €			− €
4	2.000.000 €	− 2.000.000 €				− €

Abb. VII-8: Retrograde Kapitalwertrechnung für das Projekt der Edelfunken GmbH bei A-Finanzierung

Man beginnt im letzten, also hier vierten Jahr und neutralisiert die dort entstehende Nettoeinnahme von 2 Mio. € durch die zusätzliche Aufnahme des Annuitätendarlehens A_4 in Höhe von 6.774.423 €. Dieses Finanzierungsprojekt gleicht die Projektzahlung in Jahr 4 aus, führt jedoch durch die Annuitätenzahlungen gleichzeitig zu einer geänderten Lage in den Jahren 1 bis 3. Daher ist es zweckmäßig, retrograd vorzugehen. In Jahr 3 entsteht bisher ein Zahlungssaldo von 1.650.000 € – 2.000.000 € = – 350.000 €. Dieses Defizit wird durch Reduzierung des Kassakredits A_3 um 330.969 € ausgeglichen. Entsprechend berechnet man die weiteren Jahre. Im Ergebnis müssen zur Projektfinanzierung die Kredite A_4 und A_2 um 6.774.423 € bzw. 302.399 € erhöht sowie die Kredite A_3 und A_1 um 330.969 € bzw. 559.420 € reduziert werden. Per Saldo verbleibt in Jahr 0 ein Defizit von 13.568 €. Von der Durchführung des Projekts ist daher finanziell abzuraten. Insofern hat Herr Blanc mit seiner negativen Projektbeurteilung recht.

(b) Den Berechnungsregeln für die vorliegende allgemeine Finanzierungssituation folgend (siehe oben, S. 284 sowie Troßmann [Investition] 172 f.), stellt man die Matrix A der Rückzahlungskoeffizienten sowie den Barzahlungsvektor $a^{(0)}$ auf. Sie lauten nach den Angaben in Abb. VII-7:

$$a^{(0)'} = \begin{pmatrix} 1 & 1 & 1 & 1 \end{pmatrix}$$

$$A = \begin{pmatrix} 1{,}03250 & 0{,}05500 & 0{,}05750 & 0{,}29523 \\ 0 & 1{,}05500 & 0{,}05750 & 0{,}29523 \\ 0 & 0 & 1{,}05750 & 0{,}29523 \\ 0 & 0 & 0 & 0{,}29523 \end{pmatrix}$$

Als Inverse dieser Matrix erhält man:

$$A^{-1} = \begin{pmatrix} 0{,}96852 & -0{,}05049 & -0{,}04992 & -0{,}86811 \\ 0 & 0{,}94787 & -0{,}05154 & -0{,}89633 \\ 0 & 0 & 0{,}94563 & -0{,}94563 \\ 0 & 0 & 0 & 3{,}38721 \end{pmatrix}$$

Die Abzinsungsfaktoren erhält man aus dem Produkt $a^{(0)'} \cdot A^{-1}$ als:

$$z' = \begin{pmatrix} 0{,}96852 & 0{,}89738 & 0{,}84417 & 0{,}67714 \end{pmatrix}$$

Mit ihnen hätte man auch direkt den Kapitalwert des Projekts berechnen können. Aus den Abzinsungsfaktoren ergeben sich gemäß Abb. VII-9 die impliziten Terminzinssätze.

Ein **Terminzinssatz** für das Jahr t gibt an, zu welchem Zinssatz aus heutiger Sicht, ggf. auch aufgrund heutiger Vereinbarungen, eine einjährige Finan-

Jahr	1	2	3	4
Abzinsungsfaktor	0,96852	0,89738	0,84417	0,67714
Aufzinsungsfaktor	1,03250	1,07928	1,06303	1,24667
Terminzinssatz	3,25 %	7,93 %	6,30 %	24,67 %

Abb. VII-9: Implizite Terminzinssätze zur Finanzierungssituation A

zierung im Jahr t möglich ist. Die ermittelten Terminzinssätze sind jedoch keine Konditionen von tatsächlich auf dem Markt vorkommenden Geschäften. Vielmehr liegen sie implizit der Kombination der vorliegenden Kredite zugrunde, die erforderlich ist, um eine Zahlung im Jahr t bereits im Jahr t–1 verfügbar zu machen. Im Fall der Edelfunken GmbH ist insbesondere der Terminzinssatz des Jahres 4 interessant. Während die der anderen drei Jahre in einem eher üblichen Rahmen liegen, berechnet sich jener auf 24,67 %. Man könnte also Herrn Funk aus seiner Niedergeschlagenheit dadurch befreien, dass man ihn darauf hinweist, am Ende des Jahres 3 könne ja ein einjähriger Kredit verfügbar sein, der weniger als 24,67 % Zins kostet. Das ist gar nicht so unwahrscheinlich. Würde man einen solchen Kredit prognostizieren und in der Standardfinanzierung für das Projekt berücksichtigen, würde sich jedenfalls der Kapitalwert verbessern (siehe Antwort zu 1 d). Ob dies reicht, jenen positiv werden zu lassen, wäre allerdings erst noch zu prüfen.

Aufgabe 3: Beurteilung alternativer Finanzierungen

(a) Die Finanzierungssituation B ist in Abb. VII-10, die normierten Zahlungsströme der zugehörigen Kredite B_1 bis B_4 sind in Abb. VII-11 zusammengestellt.

Kredit-Nr. B_i	Kredittyp	Laufzeit	Zinssatz	maximale Reduzierung: Untergrenze B_i^u	maximale Erhöhung: Obergrenze B_i^o
		Finanzierung B			
B_1	einjähriger Kredit	1 Jahr	6 %	– 1.500.000 €	0 €
B_2	Annuitätendarlehen über zwei Jahre	2 Jahre	6,25 %	– 500.000 €	1.500.000 €
B_3	Annuitätendarlehen über drei Jahre	3 Jahre	7,50 %	– 1.400.000 €	600.000 €
B_4	Kredit über vier Jahre	4 Jahre	6 %	– 1.000.000 €	9.000.000 €

Abb. VII-10: Detailangaben zu den Finanzierungsmöglichkeiten durch Variation der B-Kredite

Kredit B_i / Jahr t	B_1	B_2	B_3	B_4
0	1,00000 €	1,00000 €	1,00000 €	1,00000 €
1	– 1,06000 €	– 0,54735 €	– 0,38454 €	– 0,31000 €
2	–	– 0,54735 €	– 0,38454 €	– 0,29500 €
3	–	–	– 0,38454 €	– 0,28000 €
4	–	–	–	– 0,26500 €

Abb. VII-11: Zahlungsverläufe der vier B-Kredite

Methodisch wie in Aufgabe 2a berechnet man gemäß Abb. VII-12 retrograd den Kapitalwert für das DigiSat-Projekt und erhält 186.313 €. Aus der Herleitung ergibt sich, dass zur Realisation die Kredite B_2 und B_4 um 980.714 €

Jahr t	Zahlungs-verlauf des Projekts	Ausgleich im				Zahlungs-summe
		Jahr 4 durch B_4	Jahr 3 durch B_3	Jahr 2 durch B_2	Jahr 1 durch B_1	
0	− 6.200.000 €	7.547.170 €	− 1.204.583 €	980.714 €	− 936.988 €	186.313 €
1	1.420.000 €	− 2.339.623 €	463.208 €	− 536.792 €	993.208 €	− €
2	2.300.000 €	− 2.226.415 €	463.208 €	− 536.792 €		− €
3	1.650.000 €	− 2.113.208 €	463.208 €			− €
4	2.000.000 €	− 2.000.000 €				− €

Abb. VII-12: Retrograde Kapitalwertrechnung für das Projekt der Edelfunken GmbH bei B-Finanzierung

bzw. 7.547.170 € erhöht werden können, während die Kredite B_1 und B_3 in Höhe von 936.988 € bzw. 1.204.583 € zurückzuzahlen wären. Damit wäre mit dem Projekt der errechnete positive Kapitalwert tatsächlich realisierbar. Der Seniorchef Weise hat also recht.

(b) Weil sowohl alle A-, als auch B-Kredite sofort beginnen, unterschiedliche Konditionen, insbesondere auch unterschiedliche Rückzahlungen haben, ist der direkte Vergleich schwierig – allenfalls mit der Ausnahme von A_1 und B_1, bei denen alles außer dem Zinssatz übereinstimmt. Dass das Ensemble der B-Kredite für manche Finanzierungsjahre günstiger ist als das der A-Kredite kann man u. a. auch deutlich an den impliziten Terminzinssätzen erkennen. Für die B-Finanzierung errechnet man beispielsweise 6,77 % für das Jahr 2 anstelle 7,93 % bei A; für Jahr 4 weist B sogar einen negativen impliziten Terminzinssatz gegenüber 24,67 % bei A aus. Damit kann man zwar nicht exakt sagen, welcher B-Kredit nun im Vergleich zu einem bestimmten A-Kredit besser ist; aber bei der gegenwärtigen Konstellation wäre zumindest eine Mischfinanzierung, die auch manche B-Kredite enthält, insgesamt zinsgünstiger. Welche B-Kredite es sind, die zweckmäßig genutzt werden sollten, wäre in einer separaten Analyse festzustellen (siehe Aufgabe 4).

Angesichts dessen, dass für vier Jahre insgesamt acht Kreditarten zur Finanzierung bereitstehen, kann der Geschäftsführung von Edelfunken nur vorgeschlagen werden, erst einmal ihre **Standardfinanzierung** zu optimieren. Dazu ist herauszufinden, welches die günstigsten Kreditarten sind. Auf jene sollte man zunächst die bestehenden Kredite umschulden. Danach steht fest, welche davon für einen weiteren Kreditaus- oder abbau zur Verfügung stehen – und wo man erforderlichenfalls bei weiterem Finanzbedarf auf einen ungünstigeren Kredit zurückgreifen muss. Erst dann sollte über das diskutierte Projekt endgültig entschieden werden. Bisher ist wegen der unklaren Finanzierung die Projektbewertung nicht eindeutig.

Aufgabe 4: Umschuldung

(a) Da A als Standardfinanzierung gilt, sind zuerst die B-Kredite auf ihre Vorteilhaftigkeit gegenüber der A-Finanzierung zu prüfen. Dazu wird mithilfe der Abzinsungsfaktoren der A-Finanzierung von Seite 286 für jeden B-Kredit der Kapitalwert berechnet. Dies zeigt Abb. VII-13.

Jahr t	Abzin- sungs- faktor	Kredit B_1		Kredit B_2		Kredit B_3		Kredit B_4	
		Zeitwert	Barwert	Zeitwert	Barwert	Zeitwert	Barwert	Zeitwert	Barwert
(1)	(2)	(3)	(4)	(5)	(6)	(7)	(8)	(9)	(10)
0	1,00000	1,00000	1,00000	1,00000	1,00000	1,00000	1,00000	1,00000	1,00000
1	0,96852	−1,06000	−1,02663	−0,54735	−0,53012	−0,38454	−0,37243	−0,31000	−0,30024
2	0,89738			−0,54735	−0,49118	−0,38454	−0,34507	−0,29500	−0,26473
3	0,84417					−0,38454	−0,32462	−0,28000	−0,23637
4	0,67714							−0,26500	−0,17944
Kapitalwert:			−0,02663 €		−0,02130 €		−0,04212 €		0,01922 €

Abb. VII-13: Kapitalwerte der B-Kredite bei der Standardfinanzierung A

Bei positivem Kapitalwert lohnt sich eine Erhöhung des B-Kredits; bei negativen Kapitalwert ist eine Rückzahlung vorteilhaft. Aufgrund der betragsmäßigen Größenordnung wird zunächst Kredit B_3 gewählt. Er ist zu reduzieren. Mit der inversen Matrix A^{-1} aus Aufgabe 2b kann berechnet werden, mit welchen Veränderungen in den (bisherigen) Standardfinanzgeschäften die Rückzahlung von B_3 zu bewerkstelligen ist (vgl. zur Methode Troßmann [Investition] 177):

$$\begin{pmatrix} x_1 \\ x_2 \\ x_3 \\ x_4 \end{pmatrix} = - \begin{pmatrix} 0,96852 & -0,05049 & -0,04992 & -0,86811 \\ 0 & 0,94787 & -0,05154 & -0,89633 \\ 0 & 0 & 0,94563 & -0,94563 \\ 0 & 0 & 0 & 3,38721 \end{pmatrix} \cdot \begin{pmatrix} 0,38454 \\ 0,38454 \\ 0,38454 \\ 0 \end{pmatrix} y_3 = \begin{pmatrix} -0,33382 \\ -0,34467 \\ -0,36363 \\ 0 \end{pmatrix} y_3.$$

Darin geben die Variablen x_i $(i = 1, \ldots, 4)$ die Veränderungen der A-Kredite an, y_3 die Veränderung von B_3. Zur Bestimmung der maximalen Kreditreduktion von B_3 sind die Variationsgrenzen der Standardfinanzgeschäfte sowie des Kredits B_3 zu beachten. Aus Abb. VII-14 ergibt sich 1.400.000 € als relevante Grenze dafür.

i	b_i^u	$\leq$	x_i	$\leq$	b_i^o	Ergebnis für negatives y_3
A_1	−650.000 €	$\leq$	$x_1 = -0,33382\, y_3$	$\leq$	1.350.000 €	−4.044.062 € $\leq y_3$
A_2	−840.000 €	$\leq$	$x_2 = -0,34467\, y_3$	$\leq$	2.160.000 €	−6.266.828 € $\leq y_3$
A_3	−350.000 €	$\leq$	$x_3 = -0,36363\, y_3$	$\leq$	2.650.000 €	−7.287.648 € $\leq y_3$
A_4	−550.000 €	$\leq$	$x_4 = 0,00000\, y_3$	$\leq$	6.950.000 €	
B_3	−1.400.000 €	$\leq$	y_3	$\leq$	600.000 €	−1.400.000 € $\leq y_3$

Abb. VII-14: Beschränkungen für die Finanzierungsmaßnahmen zur Reduktion des Kredits B_3

Damit wird das Annuitätendarlehen B_3 in vollem Umfang zurückgezahlt. Es wird daher auch nicht in die Standardfinanzierung eingebunden. Die erforderlichen Änderungen in den Krediten A_1 bis A_4 berechnen sich zu

$$\begin{pmatrix} x_1 \\ x_2 \\ x_3 \\ x_4 \end{pmatrix} = \begin{pmatrix} -0,33382 \\ -0,34467 \\ -0,36363 \\ 0 \end{pmatrix} \cdot (-1.400.000) = \begin{pmatrix} 467.352 \\ 482.541 \\ 509.081 \\ 0 \end{pmatrix}.$$

Zur Ablösung des Kredits B_3 sind also die Kredite A_1, A_2 und A_3 zu erhöhen, und zwar um 467.352 €, 482.541 € bzw. 509.081 €. Damit erhält die Edelfunken GmbH bei gleicher Zahlungsverpflichtung wie bisher in der Summe 58.973 € mehr; dies ist der **Substitutionsgewinn**. Die neuen Intervallgrenzen für weitere Finanzierungen sind damit:

Kredit	A_1	A_2	A_3	A_4
Untergrenze b_i^u	− 1.117.352 €	− 1.322.541 €	− 859.081 €	− 550.000 €
Obergrenze b_i^o	882.648 €	1.677.459 €	2.140.919 €	6.950.000 €

In der ersten Substitutionsrunde ist damit Kredit B_3 ausgeschieden. Nach den Kapitalwerten aus Abb. VII-13 ist in einer zweiten Runde Kredit B_1 zu reduzieren. Die dafür erforderlichen Variationen der Standardfinanzierung berechnen sich mit y_1 als Veränderungsvariable für Kredit B_1 zu

$$\begin{pmatrix} x_1 \\ x_2 \\ x_3 \\ x_4 \end{pmatrix} = - \begin{pmatrix} 0,96852 & -0,05049 & -0,04992 & -0,86811 \\ 0 & 0,94787 & -0,05154 & -0,89633 \\ 0 & 0 & 0,94563 & -0,94563 \\ 0 & 0 & 0 & 3,38721 \end{pmatrix} \cdot \begin{pmatrix} 1,06000 \\ 0 \\ 0 \\ 0 \end{pmatrix} y_1 = \begin{pmatrix} -1,02663 \\ 0 \\ 0 \\ 0 \end{pmatrix} y_1.$$

Damit wird die maximale Tilgung von B_1 lediglich durch die Grenze von A_1 und durch die bestehende Kredithöhe von B_1 selbst bestimmt:

Beschränkung durch A_1:

$$-1.117.352 € \leq x_1 = -1,02663\, y_1 \leq 882.648 €, \quad \text{somit} -859.749 € \leq y_1$$

Beschränkung durch B_1 selbst:

$$-1.500.000 € \leq y_1.$$

Die maximale Substitution ist also erreicht, wenn Kredit A_1 um den Betrag 859.749 € · 1,0266 = 882.648 € erhöht und B_1 um 859.749 € reduziert wird. Beides wirkt sich unmittelbar in Jahr 0 aus und erbringt einen Substitutionsgewinn in Höhe des Saldos von 22.899 €. Durch diese Maßnahme hat Kredit A_1 sein Maximum erreicht. Damit kann er nicht mehr beidseitig variiert werden und scheidet aus der Standardfinanzierung aus. Statt seiner rückt B_1 nach. Die aktualisierten Intervallgrenzen sind:

Kredit	B_1	A_2	A_3	A_4
Untergrenze b_i^u	− 640.251 €	− 1.322.541 €	− 859.081 €	− 550.000 €
Obergrenze b_i^o	859.749 €	1.677.459 €	2.140.919 €	6.950.000 €

Für die neue Standardfinanzierung sieht die Matrix A der Rückzahlungskoeffizienten und ihre Inverse wie folgt aus:

$$A = \begin{pmatrix} 1,06000 & 0,05500 & 0,05750 & 0,29523 \\ 0 & 1,05500 & 0,05750 & 0,29523 \\ 0 & 0 & 1,05750 & 0,29523 \\ 0 & 0 & 0 & 0,29523 \end{pmatrix}; \quad A^{-1} = \begin{pmatrix} 0,94340 & -0,04918 & -0,04862 & -0,84559 \\ 0 & 0,94787 & -0,05154 & -0,89633 \\ 0 & 0 & 0,94563 & -0,94563 \\ 0 & 0 & 0 & 3,38721 \end{pmatrix}.$$

Das Produkt des (neuen) Barzahlungsvektors $a^{(0)'} = (1, 1, 1, 1)$ mit A^{-1} ergibt die neuen Abzinsungsfaktoren 0,94340, 0,89869, 0,84547, 0,69966 für die Jahre 1 bis 4. Mit ihnen können für die dritte Substitutionsrunde die Kapitalwerte der beiden noch verbliebenen Kredite B_2 und B_4 berechnet werden. Man erhält − 0,00826 € für B_2 und + 0,02029 € für B_4. Damit ist es vorteilhaft, Kredit B_4 zu erhöhen. Die für den Erhöhungsbetrag y_4 erforderlichen Änderungen in der aktuellen Standardfinanzierung berechnet man zu

$$\begin{pmatrix} y_1 \\ x_2 \\ x_3 \\ x_4 \end{pmatrix} = -\begin{pmatrix} 0,94340 & -0,04918 & -0,04862 & -0,84559 \\ 0 & 0,94787 & -0,05154 & -0,89633 \\ 0 & 0 & 0,94563 & -0,94563 \\ 0 & 0 & 0 & 3,38721 \end{pmatrix} \cdot \begin{pmatrix} 0,31000 \\ 0,29500 \\ 0,28000 \\ 0,26500 \end{pmatrix} y_4 = \begin{pmatrix} -0,04025 \\ -0,02766 \\ -0,01418 \\ -0,89761 \end{pmatrix} y_4.$$

Aus den bestehenden Intervallgrenzen ermittelt man 612.738 € als maximalen Erhöhungsbetrag für B_4. Dies ist mit folgenden Änderungen in der Standardfinanzierung verbunden:

$$\begin{pmatrix} y_1 \\ x_2 \\ x_3 \\ x_4 \end{pmatrix} = \begin{pmatrix} -0,04025 \\ -0,02766 \\ -0,01418 \\ -0,89761 \end{pmatrix} \cdot 612.738 = \begin{pmatrix} -24.661 \\ -16.950 \\ -8.691 \\ -550.000 \end{pmatrix}.$$

Diese Umschuldungsmaßnahme sorgt dafür, dass Kredit A_4 vollständig zurückgezahlt wird. Er scheidet damit aus der Standardfinanzierung aus und wird durch B_4 ersetzt. Der Substitutionsgewinn beträgt 12.435 €. Die aktualisierten Intervallgrenzen lauten:

Kredit	B_1	A_2	A_3	B_4
Untergrenze b_i^u	− 615.589 €	− 1.305.591 €	− 850.389 €	− 1.612.738 €
Obergrenze b_i^o	884.411 €	1.694.409 €	2.149.611 €	8.387.262 €

Die Standardfinanzierung nach der dritten Substitutionsrunde, bestehend aus den Finanzgeschäften B_1, A_2, A_3 und B_4, führt zu den Abzinsungsfaktoren 0,94340, 0,89869, 0,84547, 0,77624. Der einzige noch nicht veränderte Kredit B_2 weist einen Kapitalwert von − 0,00826 € auf, ist also zu reduzieren. Das Durchlaufen der Substitutionsschritte ergibt, dass das Annuitätendarlehen B_2 vollständig abgebaut werden soll. Im Gegenzug werden die Kredite B_1 und A_2 erhöht. Der Substitutionsgewinn beträgt 4.130 €. An der Standardfinanzierung und somit an den Abzinsungsfaktoren ändert sich daher nichts. Die neuen Intervallgrenzen der Standardfinanzierung lauten:

Kredit	B_1	A_2	A_3	B_4
Untergrenze b_i^u	− 860.313 €	− 1.564.998 €	− 850.389 €	− 1.612.738 €
Obergrenze b_i^o	639.687 €	1.435.002 €	2.149.611 €	8.387.262 €

(b) Die Summe der Umschuldungsgewinne aus den vier Substitutionsrunden beträgt 98.437 €.

(c) Nach abgeschlossener Umschuldung liegt jetzt eine eindeutige Standardfinanzierung für die Edelfunken GmbH vor. Deren Abzinsungsfaktoren sind bereits bekannt. Das DigiSat-Projekt kann nun eindeutig finanziell beurteilt werden. Sein Kapitalwert berechnet sich gemäß Abb. VII-15 zu 154.105 €.

Jahr t	Abzinsungsfaktor	Projekt	
		Zeitwert	Barwert
0	1,00000	− 6.200.000 €	− 6.200.000 €
1	0,94340	1.420.000 €	1.339.623 €
2	0,89869	2.300.000 €	2.066.977 €
3	0,84547	1.650.000 €	1.395.019 €
4	0,77624	2.000.000 €	1.552.487 €
Kapitalwert			**154.105 €**

Abb. VII-15: Kapitalwertberechnung für das DigiSat-Projekt nach der endgültigen Standard-finanzierung

Damit kann das Projekt finanziell empfohlen werden. Gegenüber der Kapitalwertberechnung aus Aufgabe 3a auf Basis der B-Kredite ist der jetzige Kapitalwert etwas niedriger. Dies liegt u. a. daran, dass bei Realisation des Projekts mit der ursprünglichen B-Finanzierung eine Geldanlage über drei Jahre möglich wird. Damit hätte man, wie Abb. VII-12 zeigt, den ungünstigen Kredit B_3 reduziert. Jener ist aber jetzt durch die Umschuldungsmaßnahmen ohnehin völlig substituiert (und der entsprechende Substitutionsgewinn ist auch ohne das neue Projekt erwirtschaftet). Deshalb kann jetzt nur noch ein zinsgünstigerer Kredit abgebaut werden. Der durch das Projekt zusätzlich noch erzielbare finanzielle Vorteil, der sich im Kapitalwert ausdrückt, wird dadurch kleiner.

Gegenüber einer Finanzierung nur mit A-Krediten ist der Projekt-Kapitalwert indessen deutlich höher. Der (sehr) ungünstige Kredit A_4 ist inzwischen vollständig getilgt und braucht wegen des Vorhandenseins besserer B-Kredite auch nicht mehr herangezogen zu werden. Das macht den Kapitalwert gegenüber der bisherigen A-Finanzierung besser. In die gleiche Richtung wirkt der Austausch von Kredit A_1. Er ist zinsgünstiger als der entsprechende Kredit B_1. Weil er aber (unabhängig vom Projekt) nach den Umschuldungsmaßnahmen jetzt bereits vollständig ausgeschöpft ist, steht er nicht mehr zur Verfügung. Sowohl bei der reinen A-Finanzierung als auch bei der neuen Standardfinanzierung erlauben die Zahlungsströme des Projekts aber direkt in Periode 1 eine Kreditreduzierung, so dass jetzt ein größerer Betrag an Kreditzinsen gespart werden kann. Auch das erhöht den Kapitalwert des Projekts gegenüber der A-Finanzierung.

Wenn jetzt das DigiSat-Projekt realisiert wird, hat die Edelfunken GmbH aus Umschuldung und Projekt insgesamt einen zusätzlichen Kapitalwert von 252.542 € erwirtschaftet.

Fallstudie 18: Koimann AG

Beteiligungs- und Risikocontrolling

Problembeschreibung:

Stephanie Rechner ist Beteiligungscontrollerin in der Koimann AG und brütet zum Ende des Jahres 21 über dem Entwurf des Jahresabschlusses der Filia AG. Da die Koimann AG an der Filia AG eine wesentliche Beteiligung hält und Stephanie Rechners Chefin Dr. Strober zugleich Finanzvorstand der Koimann AG und Aufsichtsratsvorsitzende der Filia AG ist, soll Stephanie Rechner eine Stellungnahme zu dieser Vorlage abgeben. Aus der Vorlage der Filia AG sind im folgenden die Bilanz und die Gewinn- und Verlustrechnung verkürzt wiedergegeben:

Bilanz der Filia AG (verkürzt) zum	31.12.20	31.12.21
Anlagevermögen		
immaterielle Vermögensgegenstände	4.800 €	4.200 €
Sachanlagen	16.200 €	17.400 €
Finanzanlagen	4.800 €	4.600 €
Umlaufvermögen		
Vorräte	3.900 €	3.900 €
Forderungen	7.400 €	7.300 €
Wertpapiere	4.200 €	4.300 €
Kassenbestand	2.600 €	2.700 €
Summe der Aktiva	**43.900 €**	**44.400 €**
Eigenkapital	17.100 €	17.300 €
Fremdkapital		
Rückstellungen	7.100 €	7.600 €
Verbindlichkeiten aus Lieferungen und Leistungen	4.700 €	5.500 €
sonstige Verbindlichkeiten	15.000 €	14.000 €
Summe der Passiva	**43.900 €**	**44.400 €**

Gewinn- und Verlustrechnung für das Jahr 21		
Umsatzerlöse	46.500 €	
Bestandsveränderungen	2.300 €	
Materialaufwand	− 24.100 €	
Personalaufwand	− 10.200 €	
Abschreibungen	− 3.900 €	
sonstiger betrieblicher Aufwand	− 7.200 €	
Beteiligungsergebnis	600 €	
Zinsergebnis	− 400 €	
Ergebnis der gewöhnlichen Geschäftstätigkeit		**3.600 €**
Steuern vom Einkommen und vom Ertrag		− 900 €
Jahresüberschuss		**2.700 €**

Für die Beurteilung des Jahresabschlusses hat S. Rechner die Gegebenheiten der Filia AG und die eigenen Interessen der Koimann AG zu beachten. Sie geht davon aus, dass die vorgelegten Werte korrekt sind und auf linearen Abschreibungen über die Nutzungsdauer beruhen.

Der Vertrag von Frau Dr. Strober läuft noch drei Jahre und wird wegen ihres Alters voraussichtlich nicht verlängert. Sie will sich mit einem guten Beteiligungsergebnis verabschieden. Die Koimann AG hat vor kurzem eine größere fünfjährige Anleihe mit einem Kupon von 6 % und einem Disagio von 2 % platziert, um verschiedene, noch nicht endgültig festgelegte Projekte zu finanzieren. Die Anleihekonditionen gewähren der Koimann AG ein jährliches partielles Rückkaufsrecht. Ein Verkauf der Beteiligung an der Filia AG aus Finanznot kommt daher für Dr. Strober nicht in Frage. Auch eine Kapitalerhöhung der Filia AG steht auf absehbare Zeit nicht zur Debatte, doch soll Frau Rechner immerhin auf eine wirtschaftliche Mittelverwendung der diversen Beteiligungen der Koimann AG hinwirken. Mangels Zeit, mangels technischer Detailkenntnis und wegen der nötigen Rücksicht auf die übrigen Aktionäre wollen weder Rechner noch Dr. Strober direkt in die Geschäftspolitik der Filia AG eingreifen und ihr einzelne Investitionsentscheidungen oder die Steuerung des Alltagsgeschäfts vorschreiben: Ihr Interesse konzentriert sich einerseits auf die Wahl geeigneter Steuerungsparameter, andererseits auf die Gestaltung der Ausschüttungspolitik für die Filia AG.

S. Rechner richtet ihr Augenmerk auf die Feststellung und Verwendung des Bilanzgewinns. Der Jahresüberschuss des Jahres 20 in Höhe von 2.500 € wurde zu Beginn des Jahres 21 im Rahmen der gesetzlichen Grenzen fast in voller Höhe ausgeschüttet. Eine solche Abschöpfungsstrategie schwebt Dr. Strober für die zu Beginn des Jahres 22 zu zahlende und damit zu Ende des Jahres 21 eingeplante Dividende des Jahres 21 ebenfalls vor. Stephanie Rechner soll ihr vor allem Daten liefern, um dies gegenüber dem anders gesinnten Vorstand der Filia AG, P. Last, zu untermauern. Alle Beurteilungsgrößen will Dr. Strober jedenfalls nach Steuern messen, da der Vorstand der Tochtergesellschaften am ehesten die Entwicklung und Wirkung der Steuersätze antizipieren oder darauf reagieren könne. Sie rechnet – auch für die Filia AG – mit einem Steuersatz von 25 %. Die Koimann AG plant mögliche Steuerzahlungen zum Ende des Veranlagungszeitraums ein und macht steuerliche Verluste gegebenenfalls zum Ausgleich anderer Einkünfte der gleichen Periode geltend.

Bislang wird P. Last unter anderem anhand der von der Filia AG erzielten Rentabilität beurteilt und entsprechend vergütet. Dazu wird ein Netto-Return-on-Investment (Netto-RoI) als Quotient aus dem Jahresüberschuss abzüglich des Zinsergebnisses und dem Gesamtkapital berechnet:

$$\text{Netto-RoI} = \frac{\text{Jahresüberschuss} - \text{Zinsergebnis}}{\text{Gesamtkapital}} \, .$$

Die Überschussgröße im Zähler bezieht Rechner auf das Ergebnis eines Jahres, als Kapitalgröße im Nenner verwendet sie den Wert zum Ende des Vorjahres.

Stephanie Rechner will sich nicht nur auf einfache Rentabilitäten verlassen, sondern weitere Kennzahlen heranziehen. Zunächst analysiert sie den Cash-flow-Return-on-Investment (CFRoI), der ihr in seiner mehrperiodigen Form eine zahlungs- und zukunftsorientierte Perspektive verspricht. Sie berechnet ihn daher aufgrund der von P. Last vorgelegten vorläufigen Ergebnisse als internen Zinsfuß aus der Gleichung

$$-b_0 + \sum_{t=1}^{T} \frac{c_t}{(1 + \text{CFRoI}_t)^T} + \frac{b_T}{(1 + \text{CFRoI}_t)^T} \overset{!}{=} 0 \, .$$

Die darin auftretenden Größen hat sie nach der bekannten Quelle von Lewis (vgl. [Unternehmenswert] 40 ff.) definiert und wie folgt symbolisiert:

Bruttoinvestitionsbasis b_0:   Sachanlagen zum Ende des Vorjahres + kumulierte Abschreibungen, berechnet durch Multiplikation der Abschreibungen des Jahres t mit der Nutzungsdauer T;

mittlere Nutzungsdauer T: Schätzwert fünf Jahre;

Brutto-Cash-flow c_t: Jahresüberschuss + Abschreibungen + Zinsen;

nicht abschreibbare Aktiva b_T: Finanzanlagen + Umlaufvermögen zum Ende des Vorjahres, bewertet zum Ende von Jahr T.

Alternativ überlegt Stephanie Rechner, P. Last für die anstehenden Jahre eine Entlohnung in Abhängigkeit des Economic Value Added (EVA) vorzuschlagen. Sie definiert EVA als Gewinngröße nach Steuern und Zinsen wie folgt:

$$EVA = NOPAT - r \cdot NOA.$$

Als Net Operating Profit After Tax (NOPAT) verwendet sie den Jahresüberschuss abzüglich der Beteiligungs- und Zinsergebnisse. Zu den Net Operating Assets (NOA) zählt sie alle Aktiva bis auf Finanzanlagen und Wertpapiere. Als kalkulatorischen Zinssatz r verwendet Rechner in Anlehnung an die Literatur ein mit dem Verhältnis von Eigen- und Fremdkapital gewichtetes Mittel aus dem Fremdkapitalzinssatz der Filia AG von 6 % sowie einem Eigenkapitalkostensatz, den sie vorläufig auf 8 % festsetzt. Zur Berücksichtigung zinsbedingter Steuereffekte geht S. Rechner von einer vollständigen Steuerwirkung der Zinsen aus. Deshalb korrigiert sie den Fremdkapitalzinssatz um den Steuersatz von 25 %.

In ihren Gesprächen mit P. Last hat S. Rechner erfahren, dass dieser mit der Filia AG ein größeres Investitionsprojekt Alpha ins Auge gefasst hat, das jetzt, zum Ende von Jahr 21, zu beginnen wäre und auf zwei Jahre angelegt ist. Er gibt dafür einen durchschnittlichen RoI von 17,1 % an. Auf ihr Nachhaken nennt er ihr folgende Prognosen:

Jahr	Jahr 21	Jahr 22	Jahr 23
Einnahmen		2.800 €	3.000 €
Ausgaben	900 €	2.440 €	2.300 €
Einnahmenüberschuss (vor Steuern)	− 900 €	360 €	700 €

Die Ausgaben in Jahr 21 wären in voller Höhe zu aktivieren und linear über die Projektlaufzeit abzuschreiben. Ein Liquidationserlös wird nicht erwartet. Stephanie Rechner überlegt, ob das Projekt Alpha aus Sicht der Koimann AG vorteilhaft ist und ob dies bei der Wahl der Beurteilungsgröße zu berücksichtigen ist. Sie stellt ihre Überlegungen für die gesamten Zahlungswirkungen des Projektes an. Zwar ist die Koimann AG an der Filia AG nur anteilmäßig beteiligt, doch hält sie die Wirkungen der Projekte auf die Koimann AG für proportional zu deren Gesamtwirkung.

Aufgabenstellung zu Fallstudie 18 (Koimann AG):

Aufgabe 1: Erfolgsbeurteilung mit Rentabilitätskennzahlen

(a) Bestimmen Sie den Netto-RoI und den CFRoI der Filia AG für das Jahr 21.

(b) Beurteilen Sie die Eignung von RoI und CFRoI zur Messung des Erfolgs.

(c) Welche Anhaltspunkte liefern RoI und CFRoI für die Ausschüttungspolitik der Filia AG?

Aufgabe 2: Erfolgsbeurteilung mit Überschussgrößen

(a) Bestimmen Sie die Kennzahl EVA der Filia AG für das Jahr 21.

(b) Beurteilen Sie grundsätzlich und für den Fall der Filia AG die Verwendung der Kennzahl EVA als Erfolgsmaß. Welche Anhaltspunkte liefert sie für die Ausschüttungspolitik der Filia AG aus Sicht der Koimann AG?

(c) Welche Konsequenzen für die Geschäftspolitik der Filia AG erwarten Sie, wenn die Beurteilung und Entlohnung von P. Last anhand der Kennzahl EVA statt wie bisher anhand des Netto-RoI erfolgt?

Aufgabe 3: Projektbeurteilung mit Überschussgrößen

(a) S. Rechner überlegt, zur Beurteilung des Projekts Alpha den Fremdkapitalzinssatz nach Steuern zu verwenden. Was spricht für, was gegen diesen Kalkulationszinssatz?

(b) Bestimmen Sie den Kapitalwert des Projekts Alpha zum Ende des Jahres 21 aus Sicht der Koimann AG.

(c) Wie beeinflusst das Projekt Alpha in den einzelnen Jahren seiner Laufzeit den Economic Value Added? Legen Sie zur Verzinsung des gebundenen Kapitals ebenfalls den Fremdkapitalzinssatz nach Steuern zugrunde.

S. Rechner befürchtet, dass P. Last insgeheim auf den Vorstandsvorsitz einer anderen Gesellschaft schielt, der zum Ende von Jahr 22 zu besetzen sein wird. Es könnte sein, dass ihm der Erfolg von Projekt Alpha zu spät eintritt und er das Projekt schon deswegen ablehnt, da er erfolgsabhängig vergütet wird. Sie überlegt deshalb, durch eine Verteilung der kalkulatorischen Abschreibungen gemäß den Projektüberschüssen nach Steuern den Economic Value Added so zu modifizieren, dass er immer dann über die ganze Laufzeit eines Projektes positiv ist, wenn der Kapitalwert des Projektes positiv ist.

(d) Zeigen Sie anhand des Kapitalwerts, dass sich P. Last bei einem Planungshorizont bis zum Jahre 22 gegen Projekt Alpha entscheiden wird.

(e) Überprüfen Sie anhand des modifizierten Economic Value Added, ob dieser Ansatz zur Vorteilhaftigkeit von Projekt Alpha in Jahr 22 führt. Gelingt die Kongruenz von positiven Kapitalwerten und Economic Value Added durch passende Wahl der Abschreibung immer? Löst dies das Problem der zeitlichen Präferenzunterschiede zwischen Zentrale und Agent?

Aufgabe 4: Management von Projektrisiken

Immer noch aus ihren Gesprächen mit P. Last weiß Rechner, dass der Erfolg des Projektes Alpha in hohem Maße von der Entwicklung des Dollar-Kurses abhängen wird, da 20 % der geplanten Einnahmen in US-\$/€ fakturiert werden. Den bisherigen Zahlen liegt die Annahme einer langfristigen Parität von US-Dollar und Euro zugrunde. Doch will Rechner nicht ausschließen, dass der Wechselkurs sich um jährlich 5 US-Cent/€ verändert und der Wert der künftigen Einnahmen in Euro entsprechend anzupassen wäre.

(a) Rechner geht von jährlichen Wechselkursänderungen aus und hält jeweils ein Ansteigen und ein Sinken des Wechselkurses für gleich wahrscheinlich. Zeichnen Sie einen Zustandsbaum für Projekt Alpha unter der zusätzlichen Annahme, dass die Wechselkursentwicklung sich nicht auf den Absatz auswirkt.

(b) Bestimmen Sie den Kapitalwert des Projekts Alpha für die beiden extremen Wechselkursszenarien, in denen der Wechselkurs entweder nur fällt oder nur steigt.

(c) Nach längerem Bemühen kommt Rechner auf die Kapitalwerte 116,75 €, 70,96 €, 30,67 € sowie - 6,79 € für die prognostizierten Wechselkursentwicklungen. Zeichnen Sie ein Risikoprofil für Projekt Alpha. Berechnen Sie Erwartungswert und Standardabweichung des Kapitalwertes.

(d) Die Koimann AG ist risikoavers und will nur Projekte berücksichtigen, bei denen der Erwartungswert des Kapitalwerts größer ist als seine Standardabweichung. Würde sie Projekt Alpha realisieren? Handelt es sich um ein sinnvolles Kriterium zum Vergleich mehrerer Projekte?

(e) Die Koimann AG besitzt endfällige Dollar-Anleihen, unter anderem mit einem jährlichen Zinssatz von 6 % bei einer Restlaufzeit von einem Jahr und von 8 % bei einer Restlaufzeit von zwei Jahren. Rechner überlegt, durch den Verkauf solcher Anleihen die Währungsunsicherheit des Projektes Alpha so abzusichern, dass die Projektdurchführung die gesamte bisherige Währungsposition nicht verändert. Bestimmen Sie den Kapitalwert von Projekt Alpha unter Berücksichtigung dieser Absicherungsmaßnahmen. Ist eine solche Währungsabsicherung sinnvoll?

(f) Da P. Last für die Währungsschwankungen nicht verantwortlich ist, überlegt Rechner, den für seine Entlohnung bedeutsamen Economic Value Added wechselkursabhängig festzulegen. Die Konsequenzen will sie bei Projekt Alpha für den Fall testen, dass in beiden Jahren der gleiche Wechselkurs eintritt. Sie hält jeweils die Wechselkurse 0,90 US-\$/€, 0,95 US-\$/€, 1,00 US-\$/€, 1,05 US-\$/€ sowie 1,10 US-\$/€ für möglich. Berechnen Sie den jeweiligen Economic Value Added für die beiden Projektjahre auf Basis der modifizierten Abschreibungen aus 3c sowie der Kapitalwerte von Projekt Alpha für diese Wechselkurse. Formulieren Sie entsprechende Plangewinnfunktionen. Führt dies zur angestrebten Senkung der Währungsrisiken?

Lösungshinweise zu Fallstudie 18 (Koimann AG):

Aufgabe 1: Erfolgsbeurteilung mit Rentabilitätskennzahlen

(a) Aus dem geplanten Jahresabschluss der Filia AG ergibt sich ein Netto-RoI von 3.100 € / 43.900 € = 7,06 % für das Jahr 21 bezogen auf den Kapitaleinsatz zum Ende des Jahres 20:

Die Bestimmungsgleichung des CFRoI für das Jahr 21 lautet:

$$-35.700 + \sum_{\tau=1}^{5} \frac{7.000}{(1+\text{CFRoI})^{\tau}} + \frac{22.900}{(1+\text{CFRoI})^{5}} \overset{!}{=} 0$$

und hat eine Lösung mit CFRoI = 14,21 %.

(b) Grundsätzlich ist gegen den Netto-RoI und allgemein gegen **Rentabilitätskennzahlen** einzuwenden, dass sie lediglich die Werte einer einzigen Periode exakt erfassen und die Werte anderer Perioden allenfalls über die Bildung von Durchschnitten berücksichtigen. Dadurch ist der Erfolgsausweis über diese Kennzahlen in vielfältiger Weise beeinflussbar (im vorliegenden Fall durch die Art der Bilanzierung), ohne dass die Folgewirkungen dieser Maßnahmen erfasst werden.

Hinzu kommt, dass Rentabilitäten von der zugrunde gelegten Kapitalgröße abhängen und entsprechende Substitutionseffekte fördern können. Beispielsweise erhöhen einfache erfolgsneutral bilanzverkürzende Maßnahmen zum Bilanzstichtag den RoI ohne ersichtlichen Vorteil für die Eigentümer. Auch das Leasing von Anlagen anstelle ihres Kaufs oder der verstärkte Rückgriff auf Lieferantenkredite können unter Umständen erfolgsneutral ausfallen und dennoch den RoI in der hier verwendeten Form steigern. Diese Einschränkung der Aussagekraft von Rentabilitätskennzahlen kann nur mit zusätzlichem Informationsaufwand und auch dann nur begrenzt aufgefangen werden. Das stellt die Verwendbarkeit als sinnvoll interpretierbare Kennzahl zusätzlich in Frage.

Die Orientierung an Rentabilitäten, speziell auch an ihren Veränderungen, führt zu einem **Unterinvestitionsproblem,** wenn Manager von Investitionen Abstand nehmen, deren Kapitalwert zwar positiv ist, die aber eine zunächst höhere Rendite senken. Entsprechend droht ein **Überinvestitionsproblem,** wenn Manager eine niedrige Rendite zu steigern versuchen, indem sie Projekte durchführen, die zwar eine bessere Rendite zeigen als die vorhandenen, aber dennoch ihre Kapitalkosten nicht decken.

(c) Die naheliegende Interpretation der Renditekennzahlen lautet, dass Ausschüttungen bzw. Entnahmen vorteilhaft sind, wenn die Rendite niedriger ist als die Kapitalkosten des Kapitalgebers. Allerdings liegen Informationen lediglich zur Finanzierung der Koimann AG, nicht zu alternativen Verwendungen der Filia AG vor. Prinzipiell spricht gegen dieses naheliegende Kriterium für die Vorteilhaftigkeit von Kapitalausschüttungen bzw. -erhöhungen sowohl die zeitliche Beschränkung auf Informationen von nur einer Periode, im Falle der Filia AG noch dazu einer bereits abgelaufenen Periode, als auch die sachliche Beschränkung auf Kennzahlen des externen Rechnungswesens. Ausschüttungs- und Investitionsentscheidungen sollten sich an zukünftigen Erfolgsaussichten orientieren, worüber die vorliegenden Daten und Annahmen keine Anhaltspunkte liefern.

Aufgabe 2: Erfolgsbeurteilung mit Überschussgrößen

(a) Für den Economic Value Added gilt aufgrund der geplanten Jahresabschlussangaben und mit dem aus den gewichteten Eigen- und Fremdkapitalzinssätzen nach Steuern ermittelten Zinssatz von 5,86 %:

$$2.500 \ € \ - \ 5,86 \ \% \cdot 34.900 \ € \ = \ 453,70 \ €.$$

(b) Beim Economic Value Added handelt es sich zunächst um eine einperiodige Überschussgröße, die ohne Informationen zu den Folgeperioden denselben Einschränkungen unterliegt wie die oben diskutierten Rentabilitätsgrößen. Hier wird zudem der Zinssatz auf Basis einer Verschuldungsquote berechnet, die sich ausschüttungs- oder projektbedingt ändert. Im Vergleich zu den Rentabilitäten ist die Abgrenzung der Kapitalgröße weniger bedeutend, da sie lediglich die Kapitalkosten, nicht jedoch das Betriebsergebnis beeinflusst. Zur Untermauerung von Ausschüttungsentscheidungen taugen die historischen Werte des externen Rechnungswesens für die Filia AG wenig. Sinnvoll wären Prognosen zur Entwicklung der Filia AG und zu Anlagealternativen.

(c) Ein Übergang auf den Economic Value Added bietet in der vorliegenden Abgrenzung der Kennzahlen insbesondere Anreize, weniger Rückstellungen und Lieferantenkredite auszuweisen als bei RoI-Orientierung. Abgesehen von der Zulässigkeit geringerer Rückstellungen wäre jedoch zu prüfen, ob eine Verringerung der Lieferantenkredite über die Beschaffungskonditionen den Jahresüberschuss im Zähler beeinflusst.

Aufgabe 3: Projektbeurteilung mit Überschussgrößen

(a) Zur Entscheidungsfundierung hat die Koimann AG die Konditionen ihrer Alternative zu berücksichtigen. In der geschilderten Situation ist dies eine höhere Ausschüttung der Filia AG und deren Verwendung zur (partiellen) Anleihentilgung. Daher sollte die Koimann AG den Anleihenzinssatz nach Korrektur um die Steuerquote ansetzen. Das Disagio ist für den Kalkulationszinssatz irrelevant, da sich Verzinsung und Tilgung auf den Nominalwert der Emission beziehen. Der Kalkulationszinssatz nach Steuern beträgt somit 4,5 %. Gegen diesen Zinssatz sprechen allenfalls die vermutlich anders verzinsten Nullalternativen der übrigen Aktionäre, doch sind diese für das Kalkül der Koimann AG nicht relevant.

(b) Zur Berechnung des Kapitalwerts nach Steuern werden die erfolgsabhängigen Steuern explizit und die zinsbedingten Steuern über einen Zinssatz nach Steuern berücksichtigt (vgl. Kruschwitz [Investitionsrechnung] 102 ff.; Troßmann [Investition] 48 ff.). Er beträgt 4,5 %. Zusammen mit der direkten Steuerberechnung ergibt sich folgende Kapitalwertberechnung aus Sicht der Koimann AG:

Jahr	Jahr 21	Jahr 22	Jahr 23
Einnahmenüberschuss	− 900,00 €	360,00 €	700,00 €
Abschreibungen		− 450,00 €	− 450,00 €
Gewinn		− 90,00 €	250,00 €
Steuern		22,50 €	− 62,50 €
Gewinn nach Steuern		− 67,50 €	187,50 €
Cash flow nach Steuern	− 900,00 €	382,50 €	637,50 €
Zinsfaktor nach Steuern ($1{,}045^{-\tau}$)	1	0,95694	0,91573
Barwert der Cash flows nach Steuern	− 900,00 €	366,03 €	583,78 €
Kapitalwert	**49,81 €**		

(c) Geht Rechner vom bereits berechneten Gewinn nach Steuern und dem Nachsteuerzinssatz von 4,5 % aus, so gilt für den Economic Value Added des Projekts Alpha in den Jahren 21 bis 23:

Jahr	Jahr 21	Jahr 22	Jahr 23
Gewinn nach Steuern		− 67,50 €	187,50 €
gebundenes Kapital	900,00 €	450,00 €	–
kalkulatorische Zinsen		− 40,50 €	− 20,25 €
Economic Value Added EVA		− 108,00 €	167,25 €
Barwert des EVA		− 103,35 €	153,16 €
Kapitalwert	**49,81 €**		

Der Economic Value Added des Projekts ist im ersten Jahr der Projektlaufzeit negativ, später positiv. Dies ist durchaus typisch für Normalprojekte bei linearem Wertverlust und würde beispielsweise durch degressive Abschreibungen noch verstärkt. Zur Gesamtbeurteilung der Projektvorteilhaftigkeit sind die periodenbezogenen Economic-Value-Added-Werte insgesamt zu betrachten. Dies geschieht über ihren Kapitalwert. Er beträgt 49,81 € und entspricht damit dem Kapitalwert der Cash flows nach Steuern. Das Projekt Alpha ist bei isolierter Betrachtung insgesamt vorteilhaft.

Zur gesamtbetrieblichen Betrachtung in den einzelnen Jahren sind die jeweiligen Economic-Value-Added-Werte zu addieren. Unproblematisch ist dies nur dann, wenn die verwendeten Kalkulationszinssätze übereinstimmen oder unabhängig voneinander sind. Beim Fremdkapitalzinssatz von 4,5 % nach Steuern trifft dies zu, nicht jedoch beim gewichteten Zinssatz in Aufgabe 2a, der von der Eigen- bzw. der Fremdkapitalentwicklung und damit den Projektergebnissen und der Ausschüttungspolitik abhängt.

(d) Der Kapitalwert der Cash flows nach Steuern aus den Jahren 21 und 22 ergibt − 900 € + 366 € = − 534 €. Bei einer daran orientierten Entlohnung hätte P. Last keinen Nutzen aus dem Projekt.

(e) Die Modifikation des Economic Value Added sieht kalkulatorische Abschreibungen nach einem Tragfähigkeitsprinzip in Abhängigkeit der Cash flows nach Steuern vor. Der modifizierte Economic Value Added berechnet sich durch Abzug dieser Abschreibungen und der kalkulatorischen Zinsen von den Cash flows nach Steuern:

	Jahr 21	Jahr 22	Jahr 23
Cash flow nach Steuern	− 900,00 €	382,50 €	637,50 €
kalkulatorische Abschreibungen		− 337,50 €	− 562,50 €
gebundenes Kapital	900,00 €	562,50 €	− €
kalkulatorische Zinsen		− 40,50 €	− 25,31 €
modifizierter EVA		4,50 €	49,69 €
Barwert des modifizierten EVA		4,31 €	45,50 €
Kapitalwert	49,81 €		

Der modifizierte Economic Value Added ist über die gesamte Laufzeit von Projekt Alpha positiv, so dass Projekt Alpha selbst für einen kürzerfristig orientierten Manager P. Last vorteilhaft wäre.

Die Modifikation des Economic Value Added erfasst zusätzliche Informationen über die Cash-flow-Entwicklung der Folgeperioden und ist daher grundsätzlich dem einperiodigen Ansatz vorzuziehen. Zudem erlaubt es die Abkehr von rein zeitbezogenen Abschreibungsregeln grundsätzlich, eine Kongruenz von positiven Kapitalwerten und Economic Value Added herzustellen (vgl. Lücke [Kosten]; Rogerson [Incentives]; Pfaff [Unternehmenssteuerung]). Dies gilt zumindest, falls die Cash-flow-Prognosen zwischen allen Beteiligten unstrittig sind und die zeitliche Verteilung des Zahlungsanfalls durch Diskontierung angemessen berücksichtigt wird (dies ist bei der vorgeschlagenen einfachen Modifikation noch nicht der Fall). Allerdings ist sicherzustellen, dass die Modifikation der Bemessungsgröße keine anderweitigen Fehlanreize bietet (vgl. Kapitel VI). Unter den vorliegenden Annahmen (speziell identische Cash-flow-Prognosen, identische Zinssätze von Geldgeber und Management, jedoch unterschiedlicher Planungshorizont) bietet die Beurteilung mit Projektannuitäten eine Alternative zur Economic-Value-Added-Orientierung.

Aufgabe 4: Management von Projektrisiken

(a) Da in den zwei Projektjahren jeweils zwei mögliche Wechselkurse unterschieden werden, sind insgesamt vier Umweltzustände zu unterscheiden. Ihre Wahrscheinlichkeit beträgt wegen der Gleichverteilungsannahme jeweils 25 %. Zu beachten ist, dass die in US-$ fakturierten Einnahmen zur Umrechnung durch den Wechselkurs zu teilen sind. Abb. VII-16 zeigt den **Zustandsbaum** mit den Ergebnissen nach Steuern.

(b) Für Projekt Alpha ergibt eine **Szenarioanalyse** für die extremen Entwicklungen der unsicheren Wechselkurse die Best-case- und Worst-case-Szenarien der Abb. VII-17 für die Höhe der umgerechneten Einnahmen und der Kapitalwerte.

(c) Das **Risikoprofil** in Abb. VII-18 bildet grafisch die Wahrscheinlichkeit ab, mit der das Projekt Alpha mindestens einen bestimmten Kapitalwert erzielt und wertet damit die Information aus dem Zustandsbaum auf übersichtliche Weise aus. Es verdeutlicht, dass der Kapitalwert von Projekt Alpha mit hoher Wahrscheinlichkeit positiv ist. Als Erwartungswert des Kapitalwertes berechnet man 53 €, als Standardabweichung 46 €.

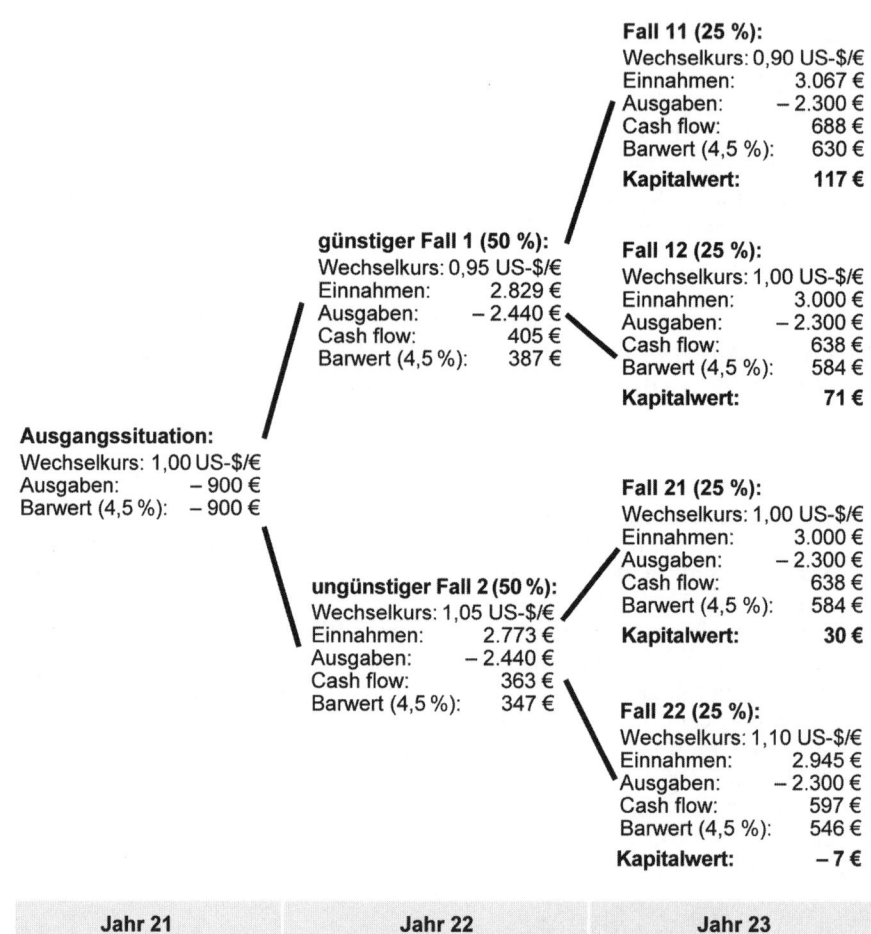

Fall 11 (25 %):
Wechselkurs: 0,90 US-$/€
Einnahmen: 3.067 €
Ausgaben: − 2.300 €
Cash flow: 688 €
Barwert (4,5 %):   630 €
Kapitalwert: **117 €**

günstiger Fall 1 (50 %):
Wechselkurs: 0,95 US-$/€
Einnahmen: 2.829 €
Ausgaben: − 2.440 €
Cash flow: 405 €
Barwert (4,5 %):   387 €

Fall 12 (25 %):
Wechselkurs: 1,00 US-$/€
Einnahmen: 3.000 €
Ausgaben: − 2.300 €
Cash flow: 638 €
Barwert (4,5 %):   584 €
Kapitalwert: **71 €**

Ausgangssituation:
Wechselkurs: 1,00 US-$/€
Ausgaben: − 900 €
Barwert (4,5 %):   − 900 €

Fall 21 (25 %):
Wechselkurs: 1,00 US-$/€
Einnahmen: 3.000 €
Ausgaben: − 2.300 €
Cash flow: 638 €
Barwert (4,5 %):   584 €
Kapitalwert: **30 €**

ungünstiger Fall 2 (50 %):
Wechselkurs: 1,05 US-$/€
Einnahmen: 2.773 €
Ausgaben: − 2.440 €
Cash flow: 363 €
Barwert (4,5 %):   347 €

Fall 22 (25 %):
Wechselkurs: 1,10 US-$/€
Einnahmen: 2.945 €
Ausgaben: − 2.300 €
Cash flow: 597 €
Barwert (4,5 %):   546 €
Kapitalwert: **− 7 €**

Jahr 21	Jahr 22	Jahr 23

Abb. VII-16: Zustandsbaum für die Wechselkursentwicklungen

(d) Die Zielfunktion $z = \mu - \sigma$ drückt in der Tat Risikoaversion aus, da bei gleichem Erwartungswert μ Projekte mit größerer Standardabweichung σ einen schlechteren Zielwert aufweisen. Bei Projekt Alpha ist der Erwartungswert größer als die Standardabweichung, dieses Zielkriterium ist daher erfüllt.

Allerdings entspricht diese Regel ebenso wie weitere μ-σ-Entscheidungsregeln mit anderen μ-σ-Gewichtungsfaktoren trotz ihrer Einfachheit und Aussagekraft nur in sehr spezifischen Fällen den Konsistenzbedingungen für rationales Verhalten (vgl. Bamberg/Coenenberg/Krapp [Entscheidungslehre] 81 ff.), so dass diese vor Anwendung der Regel sorgfältig zu prüfen sind. Bei alternativ denkbaren nichtlinearen **Risikonutzenfunktionen** ist zu beachten, dass wegen des Niveaueffekts die Höhe der Beteiligung der Koimann AG an der Filia AG von Bedeutung sein kann.

(e) Durch den Verkauf von endfälligen Anleihen mit jährlicher Verzinsung können die Auswirkungen der Wechselkursunsicherheit von Projekt Alpha im Vergleich zur bisherigen Position neutralisiert werden. Der Umfang der

	Jahr 21	Jahr 22	Jahr 23
Einnahmen in Euro		2.240,00 €	2.400,00 €
Einnahmen in US-$		560 US-$	600 US-$
pessimistisches Szenario:			
Wechselkurs US-$/€	1,00	1,05	1,10
Summe der Einnahmen		2.773,33 €	2.945,45 €
Ausgaben	900,00 €	2.440,00 €	2.300,00 €
Projektzahlungsüberschüsse	− 900,00 €	333,33 €	645,45 €
Abschreibungen (linear)		− 450,00 €	− 450,00 €
Gewinn vor Steuern		− 116,67 €	195,45 €
Steuerzahlung		29,17 €	− 48,86 €
Gewinn nach Steuern (NOPAT)		− 87,50 €	146,59 €
Cash flow nach Steuern	− 900,00 €	362,50 €	596,69 €
Barwert nach Steuern	− 900,00 €	346,89 €	546,32 €
Kapitalwert im pessimistischen Szenario	**− 6,79 €**		
optimistisches Szenario:			
Wechselkurs US-$/€	1,00	0,95	0,90
Summe der Einnahmen		2.829,47 €	3.066,67 €
Ausgaben	900,00 €	2.440,00 €	2.300,00 €
Projektzahlungsüberschüsse	− 900,00 €	389,47 €	766,67 €
Abschreibungen (linear)		− 450,00 €	− 450,00 €
Gewinn vor Steuern		− 60,53 €	316,67 €
Steuerzahlung		15,13 €	− 79,17 €
Gewinn nach Steuern (NOPAT)		− 45,39 €	237,50 €
Cash flow nach Steuern	− 900,00 €	404,61 €	687,50 €
Barwert nach Steuern	− 900,00 €	387,18 €	629,56 €
Kapitalwert im optimistischen Szenario	**116,75 €**		

Abb. VII-17: Szenarioanalyse für Projekt Alpha

notwendigen Geschäfte wird retrograd analog zur **Marktzinsmethode** bestimmt (vgl. Troßmann [Investition] 138 ff.).

Um eine Einzahlung von 1 US-$ in Jahr 23 mit einer zweijährigen Anleihe mit dem Zinssatz 8 % auszugleichen, ist diese Anleihe bei einem Steuersatz von 25 % in Jahr 21 im Umfang von

$$\frac{1}{1 + 0{,}08 \cdot (1 - 0{,}25)} = \frac{1}{1{,}06} = 0{,}94340 \, \text{US-\$}$$

zu verkaufen. Dadurch entgehen allerdings die Zinsen darauf in Jahr 22 in Höhe von $0{,}08 \cdot (1 - 0{,}25) \cdot 0{,}94340$ US-$ = 0,05660 US-$. Um dies auszugleichen, ist in Jahr 21 eine einjährige Anleihe zu kaufen, und zwar bei einem Zinssatz von 6 % vor Steuern bzw. 4,5 % nach Steuern im Umfang von 0,05660 US-$ / 1,045 = 0,05417 US-$. Mit diesem Gegengeschäft sind alle zwischenzeitlichen Zahlungssalden ausgeglichen. Es verbleiben nur die Zahlungssalden von 1 US-$ in Jahr 23 sowie von −0,94340 US-$ + 0,05417 US-$ = −0,88923 US-$ in Jahr 21. Der Betrag in Jahr 21 ist der Abzinsungsfaktor für eine Zahlung in Jahr 23 bei der vorliegenden Finanzsituation.

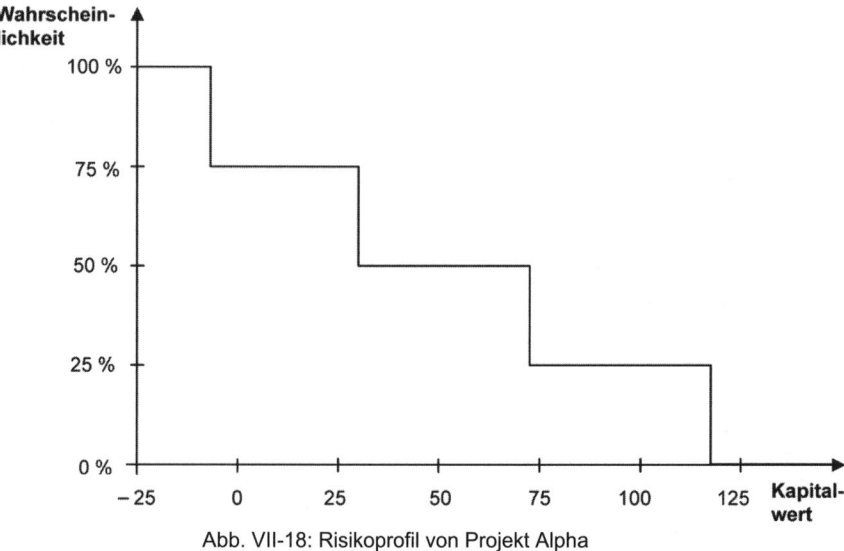
Abb. VII-18: Risikoprofil von Projekt Alpha

Der entsprechende Abzinsungsfaktor für die Zahlung in Jahr 22 wird durch einfaches Abzinsen bestimmt, da keine zwischenzeitlichen Zahlungen anfallen und auszugleichen sind. Die folgende Tabelle fasst die Rechenschritte zusammen:

Barwert einer Einzahlung mit Gegengeschäft zum		in Jahr 23 Ausgleich zwischenzeitlicher Zinsen:			in Jahr 22
	Finanzprojekt	zweijährige Anleihe	einjährige Anleihe	Summe	einjährige Anleihe
Zinssatz vor Steuern		8,0 %	6,0 %		6,0 %
Zinssatz nach Steuern		6,0 %	4,5 %		4,5 %
Zahlung • in Jahr 21		−0,94340	0,05417	−0,88923	−0,95694
• in Jahr 22		0,05660	−0,05660		1,00000
• in Jahr 23		1,00000		1,00000	

Für die Einnahmen in US-Dollar ergibt dies einen Barwert von 560 US-$ · 0,95694 + 600 US-$ · 0,88923 = 536 US-$ + 534 US-$ = 1.070 US-$ und nach Umrechnung zu pari einen Barwert in Euro in gleicher Höhe. Durch Aufzinsen mit den Eurozinssätzen erhält man gemäß Abb. VII-19 die Zeitwerte der Jahre 22 und 23 als Grundlage der weiteren Kapitalwertberechnung.

Diese Umrechnung folgt den Prinzipien der Marktzinsmethode und erlaubt eine Berechnung des Kapitalwertes als Verbesserung gegenüber der bisherigen Situation einschließlich der vorhandenen Währungspositionen und damit unabhängig von Wechselkursunsicherheiten. Der Kapitalwert gilt, sofern die Dollar-Überschussprognose eintrifft und die Anleihen wie geplant bedient werden. Verfügt die Koimann AG nicht über Anleihen mit den benötigten Fristen, könnten die Dollar-Überschüsse gleichermaßen durch entsprechende Leerverkäufe gehedgt werden. Wenn die Marktpreise der Anleihen von der Zerobond-Bewertung abweichen, ist der Barwert in US-$ bzw. der aufzuzinsende Eurobarwert entsprechend anzupassen (vgl. zu diesem Ansatz Dixit/Pindyck [Investment] 35 ff.).

	Jahr 21	Jahr 22	Jahr 23
Einnahmen in US-Dollar		560,00 $	600,00 $
Barwert in US-Dollar		535,89 $	533,54 $
Barwert in Euro		535,89 €	533,54 €
Zeitwert in Euro		560,00 €	582,64 €
gesamte Einnahmen		2.800,00 €	2.982,64 €
Ausgaben	900,00 €	2.440,00 €	2.300,00 €
Einnahmenüberschuss	- 900,00 €	360,00 €	682,64 €
Cash flow nach Steuern	- 900,00 €	382,50 €	624,48 €
Zinsfaktor (nach Steuern)	1	0,95694	0,91573
Barwerte	- 900,00 €	366,03 €	571,85 €
Kapitalwert	**37,88 €**		

Abb. VII-19: Kapitalwertberechnung für das Projekt Alpha

Die Kapitalwertberechnung für die Absicherung beantwortet nicht die
Frage, ob das Abdecken der vorhandenen Dollarposition überhaupt im Inte-
resse der Koimann AG ist. Dazu wären ihre Risikoeinstellung sowie mög-
liche Transaktionskosten für Absicherungsmaßnahmen zu berücksichtigen.
Zudem besteht die Gefahr der doppelten Absicherung, wenn sowohl die
Koimann AG als auch P. Last für die Filia AG separat risikomindernde
Maßnahmen wählen, ohne dies zu koordinieren.

(f) Berechnet man für die angegebenen Wechselkurse die Projektergebnisse für
den Fall, dass die Wechselkurse sowohl in Jahr 22 wie auch in Jahr 23 gelten, ergeben sich die nachfolgenden modifizierten Economic-Value-Added-
Werte und Kapitalwerte. Die Abhängigkeit vom Wechselkurs wird durch
eine lineare Regressionsfunktion hinreichend angenähert. Ihre Koeffizienten
sind in der folgenden Tabelle ebenfalls aufgeführt.

Wechselkurs	Residualgewinn in Jahr 22	Residualgewinn in Jahr 23	Kapitalwert
0,90 US-$ / €	42,77 €	108,46 €	140,25 €
0,95 US-$ / €	22,44 €	77,73 €	92,65 €
1,00 US-$ / €	4,50 €	49,69 €	49,81 €
1,05 US-$ / €	- 11,39 €	23,97 €	11,05 €
1,10 US-$ / €	- 25,53 €	0,26 €	- 24,19 €
Parameter der Regressionsgeraden			
Steigung	- 340,87 €	- 540,32 €	- 820,98 €
Achsenabschnitt	347,43 €	592,34 €	874,89 €

Bei der flexiblen Erfolgsbemessung am wechselkursabhängigen Economic
Value Added kann P. Last sich selbst in Fällen für Projekt Alpha entscheiden, in denen der Erwartungswert des Economic Value Added negativ wird.
Dies könnte angesichts des Kapitalwerts für die Koimann AG bis zum kritischen Wechselkurs von 1,07 US-$/€ vorteilhaft sein. Allerdings verlagert
es die Projektentscheidung weiter zur Koimann AG und mindert P. Lasts
Interesse an präventiv risikomindernden Maßnahmen.

Fallstudie 19: EuroTours AG

Erfolgsorientiertes Werttreibermanagement

Problembeschreibung:

Nach dem Fall des Bahnmonopols hat sich die EuroTours AG als Billiganbieterin im Fernbusmarkt etabliert. Möglich war dies durch die günstige Übernahme der Busflotte eines illiquiden Konkurrenten. So konnte sie bei einem Ticketpreis von 5 Cent pro Kilometer einen beachtlichen Kundenstamm aufbauen. Nachdem die verbliebene Konkurrenz inzwischen auf ein durchschnittliches Preisniveau von 6 Cent pro Kilometer nachgezogen hat, ist die EuroTours AG zwar immer noch Preisführerin, doch fällt die Neukundenakquisition schwerer als zuvor. Zudem häufen sich Beschwerden über eine schlechte Gestaltung des Liniennetzes sowie unzureichenden Kundenservice, und die EuroTours AG verzeichnet eine hohe Kundenabwanderung. Momentan nutzen monatlich noch etwa 400.000 Kunden das Linienangebot der EuroTours AG, die Tendenz ist allerdings fallend. Um weiterer Kundenabwanderung entgegenzuwirken, hat die EuroTours AG zuletzt auf Marketingaktionen mit stark reduzierten Tarifen für Fahrten außerhalb der Hauptverkehrszeiten gesetzt. Die begrenzte Wirkung dieser Strategie zeigt sich auch im nach wie vor rückgängigen Aktienkurs.

Der weiteren Strategieentwicklung will der Vorstand daher die Idee einer wertorientierten Steuerung mit dem Economic Value Added (EVA) als Spitzenkennzahl zugrunde legen. Dazu wurde das Konzept des Economic Value Added bereits an die Gegebenheiten der EuroTours AG angepasst. Zur Verknüpfung der Strategien mit dem Economic Value Added sollen Werttreiber und Ursache-Wirkungs-Zusammenhänge identifiziert und aus ihnen ein übersichtlicher EVA-Werttreiberbaum aufgebaut werden (vgl. zu einem ähnlichen Fall Baumeister/Meyer [Werttreiberbaum] 389 ff.).

Basis des Werttreiberbaums ist die Umsatzprognose. Sie beruht auf dem durchschnittlichen Umsatz je Kunde und der Kundenzahl. Der durchschnittliche Umsatz je Kunde ist mit 425 zurückgelegten Kilometern pro Monat vergleichsweise stabil. Dagegen treffen bei der Kundenzahl Zuwanderungs- und Abwanderungseffekte aufeinander. Deren Saldo gegenüber dem Vorjahr misst die Churn-Rate CR (Change-and-Return-Rate) als prozentuale Veränderung.

Ein beauftragtes Marktforschungsunternehmen hat folgende Einflussfaktoren auf die Entwicklung des Kundenbestands und damit die Churn-Rate CR ermittelt:

- die Kundenzufriedenheit Z: Sie wird auf einer Notenskala von 0 bis 10 gemessen. Fällt die Kundenzufriedenheit unter die Note 5, wandern die Kunden ab. Noten über 5 führen zu einem Kundenzuwachs, etwa durch Weiterempfehlungen:

$$CR_Z = \begin{cases} 0{,}100 \cdot (Z-5) & \text{für} \quad Z \le 5 \\ 0{,}025 \cdot (Z-5) & \text{für} \quad Z > 5 \end{cases}$$

- der Nettoverkaufserlös e als Preis der EuroTours AG pro zurückgelegtem Kilometer im Vergleich zum Durchschnitt e^{Markt} auf dem Markt: Für die Erlöskomponente der Churn-Rate wird eine klassische Preis-Absatz-Funktion unterstellt:

$$CR_e = \frac{1}{4} \cdot \frac{e^{Markt} - e}{e^{Markt}}$$

- die Marketingausgaben M in Mio. Euro: Sie führen zu einem prozentualen Kundenzuwachs, der wie folgt prognostiziert wird:

$$CR_M = 0{,}05 \cdot M^{0{,}55}$$

Die gesamte prozentuale Änderung der Kundenanzahl gegenüber der Vorperiode ergibt sich als Summe dieser Komponenten:

$$CR_{ges} = CR_Z + CR_e + CR_M$$

Speziell für die Kundenzufriedenheit liegen folgende Ergebnisse einer Kundenbefragung vor:

- Die **Kundenzufriedenheit Z** ergibt sich durch Gewichtung der empfundenen Qualität der Fahrplanabdeckung und der Servicequalität im Verhältnis 2 : 1.

- Auch die empfundene **Qualität Q** des Liniennetzes wird auf einer Notenskala von 0 bis 10 gemessen. Damit die Kunden überhaupt eine positive Qualität des Liniennetzes empfinden, bedarf es einer Netzabdeckung NA von mindestens 90 %. Die Netzabdeckung misst den prozentualen Anteil der angefahrenen deutschen Großstädte mit mehr als 100.000 Einwohnern. Unterhalb einer Netzabdeckung von 90 % ist mit erheblichen Kundenabwanderungen zu rechnen, die durch die Modellannahmen nicht adäquat erfasst werden. Höhere Netzabdeckungsgrade lassen die empfundene Netzqualität linear ansteigen, bis bei einer Netzabdeckung von 100 % auch die maximale Netzqualität von 10 empfunden wird.

- Gründe für die mit Note 4 (ebenfalls auf der Skala von 0 bis 10) derzeit als schlecht empfundene **Servicequalität S** sind häufige Ausfälle des Online-Bestellportals und schlecht ausgebildete Mitarbeiter des Callcenters.

Die Kosten der EuroTours AG entstehen zu einem erheblichen Teil als Betriebskosten der Busflotte und Abschreibungen auf den entsprechenden Fuhrpark. Derzeit betreibt die EuroTours AG 138 Busse mit einem Buchwert von 60 Mio. €. Zur Verbesserung der Qualität des Liniennetzes ist in Busse zu investieren. Jeder weitere Bus verursacht ebenso wie die bestehenden Fahrzeuge Anschaffungskosten von 650.000 €, die linear über 10 Jahre abgeschrieben werden, und durchschnittliche jährliche Betriebskosten von 425.000 €. Zwischen der Netzabdeckung NA und der Anzahl B an Bussen wird folgender Zusammenhang festgestellt:

$$NA = 0{,}5 + 0{,}01 \cdot \sqrt[3]{500 \cdot B}$$

Darüber hinaus fallen Betriebsausgaben in Höhe von 8 Mio. € für den Betrieb des Online-Bestellportals sowie die angebotene kostenlose Kundenhotline an.

Für die Marketingaktivitäten, speziell die vergünstigte Abgabe von Tickets für Fahrten außerhalb der Hauptverkehrszeiten plant die EuroTours AG mit Kosten von 5 Mio. €. Steuerzahlungen werden pauschal über einen Steuersatz von 30 % auf den Erfolg erfasst.

Zur Bestimmung des Economic Value Added berechnet man im ersten Schritt das operative Ergebnis NOPAT nach Steuern und vor Fremdkapitalzinsen als Umsatz abzüglich betrieblicher Kosten sowie Steuerzahlungen. Im zweiten Schritt werden vom NOPAT die kalkulatorischen Kapitalkosten auf das gebundene Kapital abgezogen. Die EuroTours AG verwendet dazu einen durchschnittlichen Kapitalkostensatz WACC nach Zinsen von p = 8 %. Gebunden ist das Kapital der EuroTours AG vorwiegend im Busfuhrpark, der Verwaltung (6 Mio. €) sowie dem Callcenter (4 Mio. €).

Aufgabenstellung zur Fallstudie 19 (EuroTours AG):

Aufgabe 1: Werttreiberbäume für die wertorientierte Steuerung bei EuroTours

(a) Eignet sich der Economic Value Added als Steuerungsgröße, wenn die EuroTours AG den Unternehmenswert steigern will? Was muss in diesem Zusammenhang beachtet werden?

(b) Warum ist es empfehlenswert, zum Economic Value Added einen Werttreiberbaum als hierarchisches System untergeordneter Kennzahlen zu entwickeln?

(c) Bilden Sie aus den bei EuroTours bestehenden Zusammenhängen einen Werttreiberbaum für den Economic Value Added und stellen Sie ihn graphisch dar. Welche Wirkungszusammenhänge lassen sich für EuroTours vermuten?

Aufgabe 2: Erfassung des Einflusses nichtquantitativer Werttreiber

(a) Berechnen Sie die aktuelle Kundenzufriedenheit Z. Welchen formalen Zusammenhang zwischen der Netzabdeckung und der von den Kunden empfundenen Netzqualität legen Sie dabei zugrunde?

(b) Wie wirkt sich die Kundenzufriedenheit auf die Entwicklung der Kundenanzahl CR_Z aus? Kann dieser Effekt durch eine reine Marketingstrategie ausgeglichen werden?

(c) Berechnen Sie die gesamte Churn-Rate CR_{ges} und die damit erreichte Kundenanzahl der aktuellen Periode, wenn wie geplant 5 Mio. € für Marketingmaßnahmen eingesetzt und keine weiteren Maßnahmen ergriffen werden.

Aufgabe 3: Analyse der EVA-Wirkung isolierter Maßnahmen

(a) Welcher Economic Value Added der EuroTours AG ergibt sich für das anstehende Geschäftsjahr? Was sagt dieser Wert aus?

(b) Lässt sich durch eine Verdopplung oder Verdreifachung der Marketingausgaben ein positiver Economic Value Added erzielen?

(c) Alternativ zu einer Erhöhung der Marketingaktivitäten will die EuroTours
AG prüfen, wie sich die Kundenbeziehung durch eine größere Netzabdeckung verbessern ließe. Welche Auswirkung hat eine Steigerung der Netzabdeckung um zwei Prozentpunkte auf die Kundenzufriedenheit und den
Economic Value Added?

*Aufgabe 4: Unternehmenswertoptimierung mithilfe von Werttreibern für den Economic
Value Added*

(a) Stellen Sie den Zusammenhang zwischen Netzabdeckung, Marketingaktivitäten und Economic Value Added formal dar.

(b) Bestimmen Sie die optimale Kombination von Netzabdeckung, Marketingaktionen und den resultierenden Economic Value Added.

(c) Welche weiteren Aspekte würden Sie genauer untersuchen?

Lösungshinweise zu Fallstudie 19 (EuroTours AG):

Aufgabe 1: Werttreiberbäume für die wertorientierte Steuerung bei EuroTours

(a) Als einperiodige Residualgewinngröße ist der Economic Value Added nur unter bestimmten Voraussetzungen mit dem Ziel der Unternehmenswertsteigerung kompatibel. Dies präzisiert insbesondere das Lücke-Theorem (vgl. Troßmann [Investition] 94 ff. sowie Fallstudie 18, S.293). Eine zentrale Voraussetzung, der korrekte Ansatz kalkulatorischer Zinsen auf das gebundene Kapital, ist mit dem Economic Value Added prinzipiell erfüllbar.

(b) Werttreiberbäume verknüpfen Werttreiber bzw. die sie messenden Kennzahlen auf definitions- oder sachlogische Weise mit Spitzenkennzahlen. Sie unterstützen damit die Kernaufgaben des Controlling, indem sie Informationen über wichtige Einflussgrößen des Erfolgs herausarbeiten und sie messbar, planbar und kommunizierbar machen (vgl. auch Weber u. a. [Wertorientierung] 109 ff. und Baumeister/Meyer [Werttreiberbaum] 444). Dies schließt nichtmonetäre Ergebnisgrößen mit ein.

(c) Für den EVA-Werttreiberbaum der EuroTours AG empfiehlt sich ein Aufbau in drei Stufen: Zuerst wird die Spitzenkennzahl EVA nach dem Standardberechnungsschema in ihre Grundkomponenten NOPAT, gebundenes Kapital und Kalkulationszinssatz zerlegt. In der zweiten Stufe untergliedert man weiter in für die EuroTours AG relevante monetäre Komponenten. Jene verknüpft man dann in einer dritten Stufe mit Detail-Einflussgrößen tieferer Hierarchiestufen, den eigentlichen Werttreibern. Einige davon sind zwar noch monetärer Art, überwiegend handelt es sich aber um nichtmonetäre Größen aus dem Leistungsprozess. Einen möglichen Werttreiberbaum für die EuroTours AG zeigt Abb. VII-20 (vgl. auch Baumeister/ Meyer [Werttreiberbaum] 445).

Aufgabe 2: Erfassung des Einflusses nichtquantitativer Werttreiber

(a) Die Kundenzufriedenheit ist ein im Verhältnis 2 : 1 gewichteter Mittelwert der von den Kunden empfundenen Qualität Q des Liniennetzes und der Servicequalität S:

$$Z = 2/3 \cdot Q + 1/3 \cdot S.$$

Die Servicequalitätsnote von 4 ist gegeben, die Qualität des Liniennetzes noch zu bestimmen. Grundlage dafür ist die realisierte Netzabdeckung, die selbst von der Anzahl B eingesetzter Busse abhängt. Wegen der sonst drohenden Kundenabwanderungen werden nur Netzabdeckungen über 90 % einbezogen. Dann gilt:

$$
\begin{aligned}
Q &= (NA - 0{,}9) \cdot 100 && (\text{für} \quad NA \geq 90\,\%) \\
&= (0{,}5 + 0{,}01 \cdot \sqrt[3]{500 \cdot B} - 0{,}9) \cdot 100 \\
&= \sqrt[3]{500 \cdot B} - 40 && (\text{für} \quad B \geq 128)
\end{aligned}
$$

Mit 138 Bussen erreicht man derzeit eine Netzabdeckung von 91 % und damit eine Qualitätsnote von lediglich 1. Die Kundenzufriedenheit beträgt:

$$Z = \frac{2}{3} \cdot \left(\sqrt[3]{500 \cdot B} - 40 \right) + \frac{1}{3} \cdot S = \frac{2}{3} \cdot 1 + \frac{1}{3} \cdot 4 = 2.$$

(b) Die Wirkung der Kundenzufriedenheit auf die Kundenanzahl orientiert sich an der Skalenmitte ($Z = 5$). Höhere Kundenzufriedenheiten bewirken moderate Kundenzuwächse, niedrigere führen zu beträchtlichen Abwanderungen. Wegen der rechnerischen Zusammenhänge kann die kritische Kundenzufriedenheit – bei gegebener Servicequalität – auch in eine kritische Netzabdeckung NA* umgerechnet werden, oberhalb der mit Zuwanderung zu rechnen ist. Es gilt:

$$Z = 5 \;\Rightarrow\; \frac{2}{3} \cdot (NA^* - 0{,}9) \cdot 100 + \frac{1}{3} \cdot S = 5 \;\Rightarrow\; NA^* = 0{,}955 = 95{,}5\,\%$$

Die schlechte Kundenzufriedenheit von $Z = 2$ bewirkt einen Abwanderungssaldo von 30 % des Kundenbestandes. Für den Ausgleich der qualitätsbe-

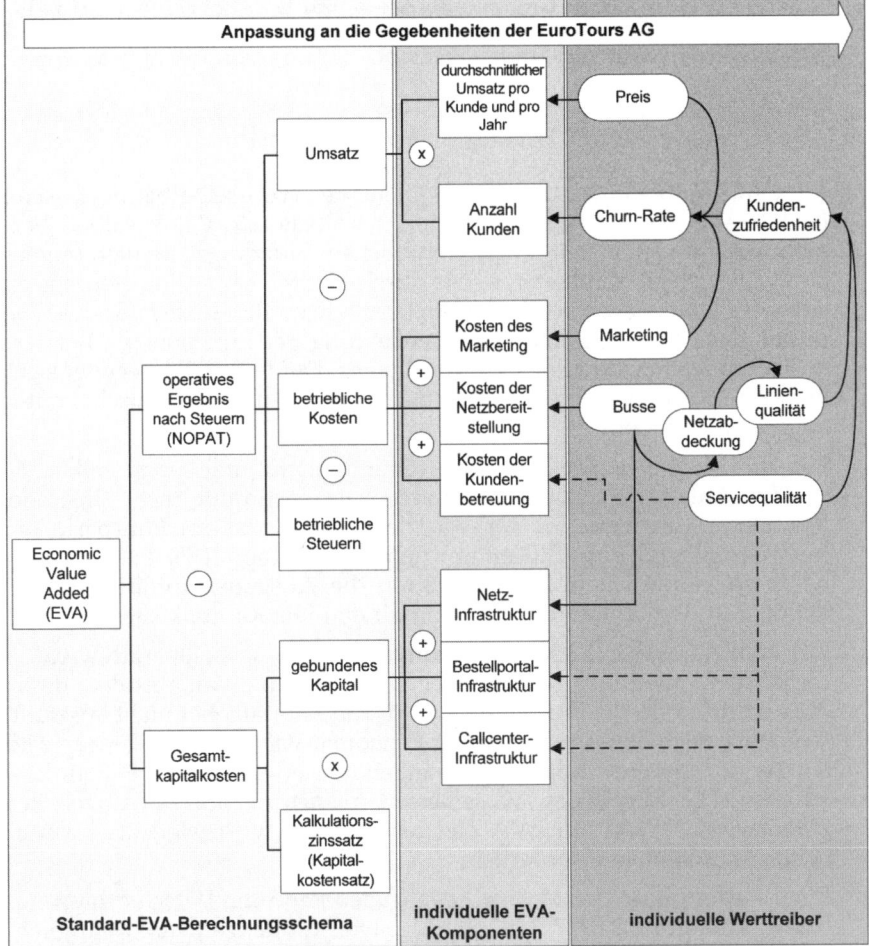

Abb. VII-20: Werttreiberbaum der EuroTours AG

dingten Abwanderung durch einen Kundenzuwachs aus Marketingaktionen muss gelten:

$$CR_M = 0{,}05 \cdot M^{0{,}55} = 0{,}3 \quad \Rightarrow \quad M = 25{,}991 \, \text{Mio.} \, \text{€}$$

(c) Der noch geringfügig unter dem Branchendurchschnitt liegende Durchschnittspreis der EuroTours AG führt zu einem Kundenzuwachs von

$$CR_e = \frac{1}{4} \cdot \frac{e^{\text{Markt}} - e}{e^{\text{Markt}}} = \frac{1}{4} \cdot \frac{0{,}06 - 0{,}05}{0{,}06} = 4{,}1667 \, \%.$$

Die Marketingaktionen von im Umfang von 5 Mio. € führen zu einem Kundenzuwachs von

$$CR_M = 0{,}05 \cdot M^{0{,}55} = 0{,}05 \cdot 5^{0{,}55} = 12{,}1172 \, \%.$$

Beides gleicht die geringe Kundenzufriedenheit jedoch nicht aus. Für die gesamte Churn-Rate gilt:

$$CR_{ges} = CR_Z + CR_e + CR_M = -30 \, \% + 4{,}1667 \, \% + 12{,}1172 \, \% = -13{,}7161 \, \%.$$

Damit werden 345.136 Kunden erreicht.

Aufgabe 3: Analyse der EVA-Wirkung isolierter Maßnahmen

(a) Mit den Komponenten der dritten Ebene des Werttreiberbaums lassen sich gemäß Abb. VII-21 die Summanden des Economic Value Added berechnen. Aus Kundenanzahl, durchschnittlichem Nutzungsverhalten (gemessen als zurückgelegte Kilometer) sowie durchschnittlichem Kilometerpreis ergibt sich der Planumsatz. Die Plankosten beruhen auf den Kosten für das Onlineportal, das Marketing und die Bereitstellung des Liniennetzes. Letztere ist auch eine Komponente des Fuhrparkplans. Der NOPAT errechnet sich aus dem Umsatz abzüglich der betrieblichen Kosten und der pauschal mit 30 % angesetzten Steuern.

Für die Zinsberechnung ist das gebundene Kapital festzustellen. Dazu werden Anlage- und Umlaufvermögen um bestimmte nicht zinstragende Positionen korrigiert. Im vorliegenden Fall ist das im Fuhrpark, in der Verwaltung und den Callcentern gebundene Kapital zu berücksichtigen. Nicht zu gebundenem Kapital führen die Ausgaben für die Marketingaktion. Mit dem Zinssatz von 8 % erhält man die Kapitalkosten.

Der NOPAT von 5,173 Mio. € verdeutlicht, dass zwar operativ Geld „verdient" wird; allerdings zeigt der negative Economic Value Added, dass sich die Investition in die EuroTours AG für die Kapitalgeber nicht auszahlt. Im Gegenteil: nach den Annahmen des Economic-Value-Added-Konzepts könnten sie mit anderen Kapitalmarktangeboten etwa 427.000 € mehr erwirtschaften. Die EuroTours AG generiert in diesem Sinne finanziell keinen „Mehrwert". Wenn am EVA-Ziel festgehalten wird, sind also werterhöhende Maßnahmen erforderlich.

(b) Eine Verdopplung der Marketingausgaben kann die Verschlechterung der Churn-Rate auf $-8{,}0927 \, \%$ begrenzen. Die Kundenzahl sinkt lediglich auf 367.629. Damit ergibt sich ein positiver Economic Value Added in Höhe von 87.838 €. Eine Verdreifachung der Marketingaktivitäten auf 15 Mio. € führt

Berechnung des Economic Value Added der EuroTours AG

NOPAT			
Umsatz:			
durchschnittlicher Umsatz pro Kunde und Jahr		255,00 €	
Anzahl der Kunden		345.136	88.009.579 €
Liniennetzbereitstellung:			
Betriebskosten des Fuhrparks	58.650.000 €		
Abschreibungen des Fuhrparks	8.970.000 €	67.620.000 €	
betriebliche Kosten:			
– Online-Bestellportal		– 8.000.000 €	
– Marketing		– 5.000.000 €	–80.620.000 €
– Ertragssteuern:			
Ertrag vor Steuern und Fremdkapital-Zinsen		7.389.579 €	
Ertragssteuersatz		30 % – 2.216.874 €	5.172.705 €
Kapitalkosten			
Kapitalbasis:			
Fuhrpark		60.000.000 €	
Verwaltung		6.000.000 €	
Callcenter		4.000.000 €	70.000.000 €
Netto-Kalkulationszinssatz (nach Zinssatzkorrektur)			8 % – 5.600.000 €
Economic Value Added			**– 427.295 €**

Abb. VII-21: Berechnung des Economic Value Added ohne Ausbau des Liniennetzes

– bei unverändert geltenden Wirkungsannahmen – zu einem deutlich niedrigeren EVA von – 247.633 €. Dies weist auf einen negativen Grenzertrag der Marketingausgaben hin.

(c) Mit einer Fahrzeugflotte von 159 Bussen kann die Netzabdeckung auf 93 % verbessert werden. Dies wirkt positiv auf die Netzqualität (Note 3), die Kundenzufriedenheit (Note 3,33), die Churn-Rate (– 0,3828 %) und schließlich auf den Umsatz (101.609.579 €) und den NOPAT (7.489.705 €). Die Umsatzerhöhung übertrifft die zusätzlichen Betriebskosten und Zinsen. Der Economic Value Added erhöht sich auf 797.705 €.

Aufgabe 4: Unternehmenswertoptimierung mithilfe von Werttreibern für den Economic Value Added

(a) Dank der übersichtlichen Struktur des EuroTours-Werttreiberbaums lassen sich die obigen fallweisen Berechnungen ohne weiteres in ein formales Modell übertragen:

$$\text{Umsatz}\,(\text{NA,M}) = \underbrace{400.000\cdot(1 + CR_{ges})}_{\text{Kundenanzahl}} \cdot \underbrace{12\cdot425\cdot0,05\,€}_{\substack{\text{durchschnittlicher Umsatz}\\\text{pro Kunde und Jahr}}} =$$

$$= \left(1 + CR_{ges}\right)\cdot102\,\text{Mio.}\,€ = (1 + CR_Z + CR_E + CR_M)\cdot102\,\text{Mio.}\,€$$

$$= \begin{cases} \left[\left(1 + \left(0{,}100 \cdot (Z - 5) + \dfrac{1}{4} \cdot \dfrac{0{,}06 - 0{,}05}{0{,}06} + 0{,}05 \cdot M^{0{,}55} \right) \right) \cdot 102\,\text{Mio.}\,€ \right] & \text{für} \quad Z \le 5 \\[3ex] \left[\left(1 + \left(0{,}025 \cdot (Z - 5) + \dfrac{1}{4} \cdot \dfrac{0{,}06 - 0{,}05}{0{,}06} + 0{,}05 \cdot M^{0{,}55} \right) \right) \cdot 102\,\text{Mio.}\,€ \right] & \text{für} \quad Z > 5 \end{cases}$$

$$= \begin{cases} (0{,}100 \cdot Z + 0{,}54167 + 0{,}05 \cdot M^{0{,}55}) \cdot 102\,\text{Mio.}\,€ & \text{für} \quad Z \le 5 \\ (0{,}025 \cdot Z + 0{,}91667 + 0{,}05 \cdot M^{0{,}55}) \cdot 102\,\text{Mio.}\,€ & \text{für} \quad Z > 5 \end{cases}$$

Bei der weiteren Aufgliederung in die Werttreiber Netz- und Servicequalität ist die Einschränkung der Wertebereiche zu beachten. Im Fall $Z \le 5$ gilt:

Umsatz $(NA,M) =$

$$= \frac{1}{10} \cdot \left(\left(\frac{2}{3} \cdot Q + \frac{1}{3} \cdot S \right) + 0{,}54167 + 0{,}05 \cdot M^{0{,}55} \right) \cdot 102\,\text{Mio.}\,€$$

für $Z \le 5$ mit $Q \in [0;7{,}5]$ und $S \in [0;10]$

$$= \left(\frac{2}{30} \cdot (NA - 0{,}9) \cdot 100 + \frac{1}{30} \cdot S + 0{,}54167 + 0{,}05 \cdot M^{0{,}05} \right) \cdot 102\,\text{Mio.}\,€$$

für $Z \le 5$ mit $NA \le 95{,}5\%$ und $S \in [0;10]$

Setzt man die aktuelle Servicequalität $S = 4$ ein, ergibt sich für $Z \le 5$:

Umsatz $(NA,M) = \left(\dfrac{20}{3} \cdot NA - 5{,}325 + 0{,}05 \cdot M^{0{,}55} \right) \cdot 102\,\text{Mio.}\,€$ mit $NA \le 95{,}5\%$

Im Fall $Z > 5$ führen die entsprechenden Umformungen zu:

Umsatz $(NA,M) =$

$$= \frac{1}{40} \cdot \left(\left(\frac{2}{3} \cdot Q + \frac{1}{3} \cdot S \right) + 0{,}91667 + 0{,}05 \cdot M^{0{,}05} \right) \cdot 102\,\text{Mio.}\,€$$

für $Z > 5$ mit $Q \in [2{,}5;10]$ und $S \in [0;10]$

$$= \frac{1}{4} \cdot \left(\frac{2}{30} \cdot (NA - 0{,}9) \cdot 100 + \frac{1}{30} \cdot S + 0{,}91667 + 0{,}05 \cdot M^{0{,}05} \right) \cdot 102\,\text{Mio.}\,€$$

für $Z > 5$ mit $NA \le 95{,}5\%$ und $S \in [0;10]$

Für die aktuelle Servicequalität $S = 4$ ergibt sich im Fall $Z > 5$:

Umsatz $(NA,M) = \left(\dfrac{5}{3} \cdot NA - 0{,}55 + 0{,}05 \cdot M^{0{,}55} \right) \cdot 102\,\text{Mio.}\,€$ mit $NA > 95{,}5\%$

Betriebskosten und Abschreibungen der Busflotte hängen von der Netzabdeckung ab. Hinzu kommen die Kosten für das Online-Bestellportal sowie die Marketingkosten:

$$\text{betriebliche Kosten}(NA,M) = (425.000\,€ + 65.000\,€) \cdot B + (8 + M) \cdot \text{Mio.}\,€$$

$$= 490.000\,€ \cdot \frac{(100 \cdot NA - 50)^3}{500} + (8 + M) \cdot \text{Mio.}\,€$$

$$= 980\,€ \cdot (100 \cdot NA - 50)^3 + (8 + M) \cdot \text{Mio.}\,€$$

Unter Berücksichtigung der Steuerwirkung gilt für den NOPAT:

$$\text{NOPAT (NA,M)} = (\text{Umsatz} - \text{betriebliche Kosten}) \cdot (1 - 0,3) =$$

$$= \begin{cases} \left(\left(\dfrac{20}{3} \cdot NA - 5,325 + 0,05 \cdot M^{0,55} \right) \cdot 102 \text{ Mio. €} \atop - 980 \text{ €} \cdot (100 \cdot NA - 50)^3 - (8 + M) \cdot \text{Mio. €} \right) \cdot 0,7 \quad \text{für} \quad NA \leq 95,5\,\% \\[4mm] \left(\left(\dfrac{5}{3} \cdot NA - 0,55 + 0,05 \cdot M^{0,55} \right) \cdot 102 \text{ Mio. €} \atop - 980 \text{ €} \cdot (100 \cdot NA - 50)^3 - (8 + M) \cdot \text{Mio. €} \right) \cdot 0,7 \quad \text{für} \quad NA > 95,5\,\% \end{cases}$$

Mit der Zahl der Busse und der besseren Netzabdeckung steigen auch die Kapitalbindung und die Kapitalkosten an:

$$\text{Kapitalkosten (NA)} = \left(60\,\text{Mio. €} + (B - 138) \cdot 650.000\,\text{€} + 10\,\text{Mio. €} \right) \cdot \frac{p}{100} =$$

$$= \left(60\,\text{Mio. €} + \left(\frac{(100 \cdot NA - 50)^3}{500} - 138 \right) \cdot 650.000\,\text{€} + 10\,\text{Mio. €} \right) \cdot \frac{p}{100}$$

$$= \left((100 \cdot NA - 50)^3 \cdot 1.300\,\text{€} - 19,7\,\text{Mio. €} \right) \cdot 0,08 = (100 \cdot NA - 50)^3 \cdot 104\,\text{€} - 1.576.000\,\text{€}$$

Als Saldo aller Werttreiber ergibt sich der Economic Value Added in Abhängigkeit der Netzabdeckung und der Marketingaktivitäten wie folgt:

$$\text{EVA (NA,M)} =$$

$$= \begin{cases} \left(\begin{array}{l} (6,67 \cdot NA + 0,05 \cdot M^{0,55}) \cdot 102 \text{ Mio. €} \\ - 980 \text{ €} \cdot (100 \cdot NA - 50)^3 - M \text{ Mio. €} \\ - 5,325 \cdot 102 \text{ Mio. €} - 8 \text{ Mio. €} \end{array} \right) \cdot 0,7 \quad \text{für} \quad NA \leq 95,5\,\% \\ \quad - 104\,\text{€} \cdot (100 \cdot NA - 50)^3 + 1.576.000\,\text{€} \\[4mm] \left(\begin{array}{l} (1,67 \cdot NA + 0,05 \cdot M^{0,55}) \cdot 102 \text{ Mio. €} \\ - 980 \text{ €} \cdot (100 \cdot NA - 50)^3 - M \cdot \text{Mio. €} \\ - 0,55 \cdot 102 \text{ Mio. €} - 8 \text{ Mio. €} \end{array} \right) \cdot 0,7 \quad \text{für} \quad NA > 95,5\,\% \\ \quad - 104\,\text{€} \cdot (100 \cdot NA - 50)^3 + 1.576.000\,\text{€} \end{cases}$$

$$= \begin{cases} \left(\begin{array}{l} (6,67 \cdot NA + 0,05 \cdot M^{0,55}) \cdot 0,7 \cdot 102 \text{ Mio €} \\ - (980 \text{ €} \cdot 0,7 + 104\,\text{€}) \cdot (100 \cdot NA - 50)^3 - 0,7 \cdot M \text{ Mio. €} \\ - 5,325 \cdot 0,7 \cdot 102 \text{ Mio. €} - 0,7 \cdot 8 \text{ Mio. €} + 1.576.000\,\text{€} \end{array} \right) \quad \text{für} \quad NA \leq 95,5\,\% \\[4mm] \left(\begin{array}{l} (1,67 \cdot NA + 0,05 \cdot M^{0,55}) \cdot 0,7 \cdot 102 \text{ Mio. €} \\ - (980 \text{ €} \cdot 0,7 + 104\,\text{€}) \cdot (100 \cdot NA - 50)^3 - 0,7 \cdot M \cdot \text{Mio. €} \\ - 0,55 \cdot 0,7 \cdot 102 \text{ Mio. €} - 0,7 \cdot 8 \text{ Mio. €} + 1.576.000\,\text{€} \end{array} \right) \quad \text{für} \quad NA > 95,5\,\% \end{cases}$$

$$
= \begin{cases}
\begin{pmatrix}
(6{,}67 \cdot NA + 0{,}05\,M^{0{,}55}) \cdot 71{,}4 \text{ Mio.} \, \text{€} \\
- 790 \cdot (100 \cdot NA - 50)^3 - 0{,}7 \cdot M \text{ Mio. } \text{€} \\
- 384.229.000\text{€}
\end{pmatrix}
& \text{für} \quad NA \leq 95{,}5\,\% \\[2em]
\begin{pmatrix}
(1{,}67 \cdot NA + 0{,}05 \cdot M^{0{,}55}) \cdot 71{,}4 \text{ Mio. } \text{€} \\
- 790 \cdot (100 \cdot NA - 50)^3 - 0{,}7 \cdot M \cdot \text{ Mio. } \text{€} \\
- 43.294.000 \, \text{€}
\end{pmatrix}
& \text{für} \quad NA > 95{,}5\,\%
\end{cases}
$$

(b) Die bisherigen Fallbetrachtungen zeigen, dass die positiven Wirkungen einer Steigerung der Marketingausgaben oder der Netzabdeckung begrenzt sind. Zur optimalen Kombination von Netzabdeckung und Marketingaktionen ist der obige Ausdruck zu maximieren. Da die beiden Werttreiber in diesem Modell additiv in der Churn-Rate zusammenwirken, ergeben die partiellen Ableitungen jeweils nur isoliert-einvariable Bedingungen. Damit lassen sich Marketingaktion und Netzabdeckung unabhängig voneinander festlegen. Für die Netzabdeckung gilt:

$$\frac{\partial\, EVA(NA,M)}{\partial\, NA} = 0$$

$$
\Leftrightarrow \begin{cases}
476 \text{ Mio. } \text{€} - 237.000\text{€} \cdot (100 \cdot NA - 50)^2 = 0 & \text{für} \quad NA \leq 95{,}5\,\% \\
119 \text{ Mio. } \text{€} - 237.000\,\text{€} \cdot (100 \cdot NA - 50)^2 = 0 & \text{für} \quad NA > 95{,}5\,\%
\end{cases}
$$

$$
\Leftrightarrow \begin{cases}
NA = 6{,}2\,\% \ \lor \ NA = 94{,}8\,\% & \text{für} \quad 90\,\% \leq NA < 95{,}5\,\% \\
NA = 27{,}6\,\% \ \lor \ NA = 72{,}4\,\% & \text{für} \quad\quad\quad NA > 95{,}5\,\%
\end{cases}
$$

Da für die zulässigen Netzabdeckungen nur ein inneres Maximum des EVA vorliegt, ist auf die Randmaxima zurückzugreifen. Hier erweist sich eine Netzabdeckung von 95,5 % vorteilhaft. Für die Marketingaktion gilt:

$$\frac{\partial\, EVA(NA,M)}{\partial\, M} = 0$$

$$
\Leftrightarrow \begin{cases}
1.963.500 \cdot M^{-0{,}45} - 700.000 \, \text{€} = 0 & \text{für} \quad 90\,\% \leq NA \leq 95{,}5\,\% \\
1.963.500 \cdot M^{-0{,}45} - 700.000 \, \text{€} = 0 & \text{für} \quad\quad\quad NA \geq 95{,}5\,\%
\end{cases}
$$

$$
\Leftrightarrow \begin{cases}
M = 9{,}89 & \text{für} \quad 90\,\% \leq NA < 95{,}5\,\% \\
M = 9{,}89 & \text{für} \quad\quad\quad NA \geq 95{,}5\,\%
\end{cases}
$$

Optimal ist also eine gemischte Strategie: Für Marketingausgaben von 9.894.785 € und einen Netzausbau bis zu 95,5 % Abdeckung (188 Busse) prognostiziert das Modell einen Economic Value Added von 1.758.013 €.

(c) Angesichts der Preisdynamik im Fernbusmarkt ist auch der Preis als Gestaltungsparameter für den Economic Value Added zu beachten. Hierzu bietet sich eine Sensitivitätsanalyse an (siehe auch Fallstudie 12, S. 194).

Literaturverzeichnis

Bamberg, Günter, [Entscheidungslehre] Betriebswirtschaftliche Entschei-
Adolf G. *Coenenberg* dungslehre. 15. Aufl., München 2012.
und Michael *Krapp:*

Baumeister, Alexander: [Budgetierung] Währungsgerechte Budgetkontrolle im
internationalen Controlling. In: Internationale Rechnungslegung und Internationales Controlling. Herausforderungen – Handlungsfelder – Erfolgspotentiale. Hrsg. von
W. Funk und J. Rossmanith. 2. Aufl., Wiesbaden 2011,
S. 333–354.

Baumeister, Alexander: [Lebenszykluskosten] Lebenszykluskosten alternativer
Verfügbarkeitsgarantien im Anlagenbau. Wiesbaden
2008.

Baumeister, Alexander: [Währungsrisiko] Portfolioorientierte Preisgrenzenbestimmung bei Währungsrisiko. Wiesbaden 2002.

Baumeister, Alexander [Fallstudie] Customer Lifetime Value-Berechnung bei
und Thomas *Alt:* Markov-Prozessen (mit Lösung). In: WiSt (39) 2010,
Teil 1: S. 471–472, Teil 2: S. 521–524.

Baumeister, Alexander [Verweildauerprognose] Verweildauerprognose in der
und Thomas *Alt:* Kundendeckungsbeitragsrechnung. In: WiSt (39) 2010,
S. 456–458.

Baumeister, Alexander [Werttreiberbaum] Wertorientierte Steuerung mit einem
und Andreas *Meyer:* Economic Value Added-Werttreiberbaum. In: WiSt (41)
2012, Teil 1: 389–391, Teil 2: 436–440.

Bohr, Kurt: [Kostenrechnung] Zum Verhältnis von klassischer Inves-
titions- und entscheidungsorientierter Kostenrechnung.
In: Zeitschrift für Betriebswirtschaft (58) 1988, S. 1171–
1180.

Brockhoff, Klaus: [Prognosen] Prognosen. In: Allgemeine Betriebswirtschaftslehre. Hrsg. v. F. X. Bea und M. Schweitzer. Bd. 2:
Führung. 10. Aufl., Konstanz, München 2011, S. 785–825.

Brunner, Jürgen: [Management] Value-Based Performance Management.
Wertsteigernde Unternehmensführung: Strategien –
Instrumente – Praxisbeispiele. Wiesbaden 1999.

Burr, Wolfgang, Michael *Stephan* und Clemens *Werkmeister:*	[Unternehmensführung] Unternehmensführung. 2. Aufl., München 2011.
Charnes, A. und William W. *Cooper:*	[Programming] Chance-Constrained Programming. In: Management Science (6) 1959, S. 73–79.
Daimler AG:	[Wertbeitrag] Wertbeitrag. In: http://www.daimler.de/Projects/c2c/channel/documents/2287151_Daimler_Geschaeftsbericht_2012.pdf, abgerufen am 30. Juli 2013.
Dinkelbach, Werner und Andreas *Kleine:*	[Entscheidungslehre] Elemente einer betriebswirtschaftlichen Entscheidungslehre. Berlin u. a. 1996.
Dixit, Avinash und Robert S. *Pindyck:*	[Investment] Investment Under Uncertainty. Princeton 1994.
Domschke, Wolfgang und Andreas *Drexl:*	[Operations Research] Einführung in Operations Research. 8. Aufl., Berlin u. a. 2011.
Eisenführ, Franz, Martin *Weber* und Thomas *Langer:*	[Entscheiden] Rationales Entscheiden. 5. Aufl., Heidelberg u. a. 2010.
Ewert, Ralf und Alfred *Wagenhofer:*	[Rechnungslegung] Rechnungslegung und Kennzahlen für das wertorientierte Management. In: Wertorientiertes Management. Hrsg. v. A. Wagenhofer und G. Hrebicek. Stuttgart 2000, S. 3–64.
Ewert, Ralf und Alfred *Wagenhofer:*	[Unternehmensrechnung] Interne Unternehmensrechnung. 7. Aufl., Berlin, Heidelberg 2008.
Feltham, Gerald A. und James A. *Ohlson:*	[Clean Surplus] Valuation and Clean Surplus Accounting for Operating and Financial Activities. In: Contemporary Accounting Research (11) 1995, S. 689–731.
Feltham, Gerald A. und James A. *Ohlson:*	[Valuation] Residual Earnings Valuation With Risk and Stochastic Interest Rates. In: The Accounting Review (74) 1999, S. 165–183.
Friedl, Birgit:	[Controlling] Controlling. 2. Aufl., Konstanz, München 2013.
Gutenberg, Erich:	[Produktion] Grundlagen der Betriebswirtschaftslehre. Bd. 1: Die Produktion. 24. Aufl., Berlin 1983.
Hansen, Hans R. und Gustaf *Neumann:*	[Wirtschaftsinformatik] Wirtschaftsinformatik I. Grundlagen und Anwendungen. 10. Aufl., Stuttgart 2009.
Hartmann-Wendels, Thomas und Martina *Gumm-Heußen:*	[Lärm] Zur Diskussion um die Marktzinsmethode: Viel Lärm um Nichts? In: Zeitschrift für Betriebswirtschaft (64) 1994, S. 1285–1301.
Hertz, David B.:	[Risk Analysis] Risk Analysis. In: Harvard Business Review (42) Nr. 1/1964, S. 95–106.

Homburg, Carsten und Jörg *Stephan:* [Risikocontrolling] Kennzahlenbasiertes Risikocontrolling in Industrie- und Handelsunternehmen. In: ZfCM (48) 2004, S. 313–325.

Horváth, Péter: [Controlling] Controlling. 12. Aufl., München 2011.

Jackson, Barbara B.: [Customers] Winning and Keeping Industrial Customers. Lexington (MA) 1985.

Kaplan, Robert S. und David P. *Norton:* [Scorecard] Balanced Scorecard. Strategien erfolgreich umsetzen. Stuttgart 1997.

Kilger, Wolfgang, Jochen *Pampel* und Kurt *Vikas:* [Plankostenrechnung] Flexible Plankostenrechnung und Deckungsbeitragsrechnung. 13. Aufl., Wiesbaden 2012.

Kloock, Josef: [Prozesskostenmanagement] Prozesskostenmanagement zur Sicherung von Erfolgspotentialen. In: Betriebswirtschaftliche Forschung und Praxis (47) 1995, S. 582–608.

Kruschwitz, Lutz und Sven *Husmann:* [Finanzierung] Finanzierung und Investition. 7. Aufl., München 2012.

Kruschwitz, Lutz: [Investitionsrechnung] Investitionsrechnung. 13. Aufl., München 2011.

Kruschwitz, Lutz: [Kalkulation] Die Kalkulation von Kuppelprodukten. In: Kostenrechnungspraxis (o. Jg.) 1973, S. 219–230.

Küpper, Hans-Ulrich u. a.: [Controlling] Controlling. 6. Aufl., Stuttgart 2013.

Laux, Helmut: [Anreiz] Unternehmensrechnung, Anreiz und Kontrolle. 3. Aufl., Berlin u. a. 2006.

Lewis, Thomas G.: [Unternehmenswert] Steigerung des Unternehmenswertes. Landsberg am Lech 1994.

Lücke, Wolfgang: [Kosten] Investitionsrechnung auf der Grundlage von Ausgaben oder Kosten? In: Zeitschrift für handelswissenschaftliche Forschung (7) 1955, S. 310–324.

Mertens, Peter, Joachim *Griese* und Marco C. *Meier:* [Informationsverarbeitung] Integrierte Informationsverarbeitung. Bd. 2: Planungs- und Kontrollsysteme in der Industrie. 10. Aufl., Wiesbaden 2009.

Neumann, Klaus und Martin *Morlock:* [OR] Operations Research. 2. Aufl., München, Wien 2004.

Nieschlag, Robert, Erwin *Dichtl* und Hans *Hörschgen:* [Marketing] Marketing. 19. Aufl., Berlin 2002.

Ossadnik, Wolfgang: [Controlling] Mehrzielorientiertes strategisches Controlling. Heidelberg 1998.

Pfaff, Dieter: [Kostenrechnung] Kostenrechnung, Unsicherheit und Organisation. Heidelberg 1993.

Pfaff, Dieter: [Unternehmenssteuerung] Wertorientierte Unternehmens-
                                      steuerung, Investitionsentscheidungen und Anreizpro-
                                      bleme. In: Betriebswirtschaftliche Forschung und Praxis
                                      (50) 1998, S. 491–516.

Pfaff, Dieter und   [Unternehmenssteuerung] Wertorientierte Unternehmens-
Oliver *Bärtl:*   steuerung – Ein kritischer Vergleich ausgewählter Kon-
                                      zepte. In: Zeitschrift für betriebswirtschaftliche For-
                                      schung. Sonderheft 41, 1999, S. 85–115.

Pfohl, Hans-Christian   [Planung] Planung und Kontrolle. 2. Aufl., Berlin u. a.
und Wolfgang *Stölzle:*   1997.

Rappaport, Alfred: [Value] Creating Shareholder Value. 2. Aufl., New York,
                                      London 1998.

Reichmann, Thomas: [Kennzahlen] Controlling mit Kennzahlen und Manage-
                                      mentberichten. 8. Aufl., München 2011.

Riebel, Paul: [Einzelkosten] Einzelkosten- und Deckungsbeitragsrech-
                                      nung. Grundfragen einer markt- und entscheidungs-
                                      orientierten Unternehmensrechnung. 7. Aufl., Wiesba-
                                      den 1994.

Rogerson, William P.:   [Incentives] Intertemporal Cost Allocation and Manage-
                                      rial Investment Incentives: A Theory Explaining the Use
                                      of Economic Value Added as a Performance Measure.
                                      In: Journal of Political Economy (105) 1997, S. 770–795.

Schierenbeck, Henner   [Bankmanagement] Ertragsorientiertes Bankmanagement.
und Bernd *Rolfes:*   Bd. 1: Grundlagen, Marktzinsmethode und Rentabilitäts-
                                      Controlling. 8. Aufl., Wiesbaden 2003.

Schierenbeck, Henner   [Margenkalkulation] Entscheidungsorientierte Margen-
und Bernd *Rolfes:*   kalkulation. Frankfurt 1988.

Schildbach, Thomas: [Kongruenz] Externe Rechnungslegung und Kongru-
                                      enz. In: Der Betrieb (52) 1999, Sp. 1813–1820.

Schmalenbach, Eugen: [Kostenrechnung] Kostenrechnung und Preispolitik. 8.
                                      Aufl., Köln, Opladen 1963.

Schüller, Stefan: [Controllingsysteme] Organisation von Controllingsys-
                                      temen in Kreditinstituten. Münster 1984.

Schweitzer, Marcell   [Break-even-Analysen] Break-even-Analysen. Methodik
und Ernst *Troßmann:*   und Einsatz. 2. Aufl., Berlin 1998.

Schweitzer, Marcell und   [Systeme] Systeme der Kosten- und Erlösrechnung. 10.
Hans-Ulrich *Küpper:*   Aufl., München 2011.

Seidenschwarz, Werner: [Target Costing] Target Costing. Marktorientiertes Ziel-
                                      kostenmanagement. München 1993.

Siegwart, Hans und   [Life Cycle] Product Life Cycle Management. Stuttgart
Richard *Senti:*   1995.

Siemens AG: [Geschäftsbericht] Geschäftsbericht 2012. In: http:// www.siemens.com/investor/pool/de/investor_relation/ siemens_gb_2012.pdf, abgerufen am 5. August 2013.

Simon, Hermann und Martin *Faßnacht:* [Preismanagement] Preismanagement. 3. Aufl., Wiesbaden 2009.

Spremann, Klaus: [Information] Asymmetrische Information. In: Zeitschrift für Betriebswirtschaft (60) 1990, S. 561–568.

Stahlknecht, Peter und Ulrich *Hasenkamp:* [Wirtschaftsinformatik] Einführung in die Wirtschaftsinformatik. 11. Aufl., Berlin u. a. 2005.

Stiefl, Jürgen und Kolja *von Westerholt:* [Management] Wertorientiertes Management. Wie der Unternehmenswert gesteigert werden kann. München 2008.

Stewart, G. Bennett: [Value] The Quest For Value. The EVA Management Guide. New York 1991 (Nachdruck 1999).

Troßmann, Ernst: [Beschaffung] Beschaffung und Logistik. In: Allgemeine Betriebswirtschaftslehre. Bd. 3: Leistungsprozess. Hrsg. von F. X. Bea, B. Friedl und M. Schweitzer. 9. Aufl., Stuttgart 2006, S. 77–144.

Troßmann, Ernst: [Budgetierung] Gemeinkosten-Budgetierung als Controlling-Instrument in Bank und Versicherung. In: Controlling. Grundlagen, Informationssysteme, Anwendungen. Hrsg. von K. Spremann und E. Zur. Wiesbaden 1992, S. 511–540.

Troßmann, Ernst: [Controlling] Controlling als Führungfunktion. Eine Einführung in die Mechanismen betrieblicher Koordination. München 2013.

Troßmann, Ernst: [Finanzplanung] Finanzplanung mit Netzwerken. Berlin 1990.

Troßmann, Ernst: [Investition] Investition als Führungsentscheidung. Projektrechnungen für Controller. 2. Aufl., München 2013.

Troßmann, Ernst: [Kennzahlen] Kennzahlen als Instrument des Produktionscontrolling. In: Handbuch Produktionsmanagement. Hrsg. v. H. Corsten. Wiesbaden 1994, S. 517–536.

Troßmann, Ernst: [Kilger] Flexible Plankostenrechnung nach Kilger. In: Handbuch Kostenrechnung. Hrsg. von W. Männel. Wiesbaden 1992, S. 226–246.

Troßmann, Ernst: [Planung] Prinzipien der rollenden Planung. In: Wirtschaftswissenschaftliches Studium (21) 1992, S. 123–130.

Troßmann, Ernst: [Potentialgestaltung] Planungs- und Steuerungssysteme für die Potentialgestaltung. In: Einführung in das Produktionscontrolling. Hrsg. v. H. Corsten und B. Friedl. München 1999, S. 105–139.

Troßmann, Ernst: [Prozesskostenmanagement] Aufgaben und Methoden im Prozesskostenmanagement. Arbeitsbericht 2001/1 des Lehrstuhl Controlling an der Universität Hohenheim. Hrsg. v. E. Troßmann. Stuttgart 2001.

Troßmann, Ernst: [Rechnungswesen] Internes Rechnungswesen. In: Betriebswirtschaftslehre. Hrsg. von H. Corsten und M. Reiß. 4. Aufl., München, Wien 2008, S. 99–220.

Troßmann, Ernst: [Unternehmungssteuerung] Die Bedeutung von Break-even-Analysen für die ergebnisorientierte Unternehmungssteuerung. In: Entwicklungsperspektiven des Controlling. Sonderheft 3/2001 der Kostenrechnungspraxis. Hrsg. v. W. Männel und W. Weber. Wiesbaden 2001, S. 89–93.

Troßmann, Ernst und Alexander *Baumeister:* [Rechnungswesen] Internes Rechnungswesen. München 2013 (im Druck).

Troßmann, Ernst und Alexander *Baumeister:* [Risikocontrolling] Risikocontrolling bei Auftragsfertigung. Berlin 2006.

Troßmann, Ernst und Alexander *Baumeister:* [Risiko] Risikocontrolling in kleinen und mittleren Unternehmungen mit Auftragsfertigung. In: Zeitschrift für Controlling & Management (48) 2004, Sonderheft Nr. 3. Hrsg. von D. Hachmeister, S. 74–85.

Troßmann, Ernst und Stefan *Trost:* [Gemeinkosten] Was wissen wir über steigende Gemeinkosten? Empirische Belege zu einem vieldiskutierten betrieblichen Problem. In: Kostenrechnungspraxis (40) 1996, S. 65–74.

Troßmann, Ernst und Clemens *Werkmeister:* [Arbeitsbuch] Arbeitsbuch Investition. Stuttgart 2001.

Trost, Stefan: [Verrechnungspreise] Koordination mit Verrechnungspreisen. Wiesbaden 1998.

Voeth, Markus: [Gruppengütermarketing] Gruppengütermarketing. München 2003.

Weber, Jürgen u. a. *(Hrsg.):* [Wertorientierung] Wertorientierte Unternehmenssteuerung. Konzepte – Implementierung – Praxisstatements. Wiesbaden 2004.

Werkmeister, Clemens: [Kundenwert] In: http://contro-wiki.de/index.php?title= Kundenwert, abgerufen am 5. August 2013.

Wild, Jürgen: [Unternehmungsplanung] Grundlagen der Unternehmungsplanung. 4. Aufl., Opladen 1982.

Wilhelm, Jochen: [Fristigkeitsstruktur] Fristigkeitsstruktur und Zinsänderungsrisiko. In: Zeitschrift für betriebswirtschaftliche Forschung (44) 1992, S. 209–246.

Sachwortregister